预拌混凝土实用技术

Practical Technology of Ready-mixed Concrete

主　编　耿加会　周成科　刘志杰

参　编　肖永涛　康海燕　李　钢　王海伟
王亚坤　张建华　张　华　孙向阳
武建辉　杨国有　魏志强　时荣晖
焦田运　刘向敏　刘清茂　刘凤军

中国电力出版社
CHINA ELECTRIC POWER PRESS

内 容 提 要

本书根据近年混凝土行业发展状况，结合先进技术成果，总结生产实践经验，以将科技成果转化为生产力为切入点，对混凝土技术进行详细阐述。本书内容包括混凝土的发展历程与高性能化、胶凝材料、骨料、外加剂、混凝土用水、混凝土配合比设计、预拌混凝土质量控制和施工、预拌混凝土常见裂缝及缺陷等内容，涉及面广，对预拌混凝土原材料选用、混凝土配合比设计、预拌混凝土生产和施工具有较高的指导作用和参考价值。

本书以服务预拌混凝土行业为宗旨，内容从实践中来，可作为混凝土生产企业的管理人员、技术人员、销售人员以及施工单位技术人员的必备书，也可作为高等学校土木工程及相关专业的参考教材。

图书在版编目（CIP）数据

预拌混凝土实用技术 / 耿加会，周成科，刘志杰主编．—北京：中国电力出版社，2021.1
ISBN 978-7-5198-4524-7

Ⅰ．①预…　Ⅱ．①耿…②周…③刘…　Ⅲ．①预搅拌混凝土–教材　Ⅳ．①TU528.52

中国版本图书馆 CIP 数据核字（2020）第 050908 号

出版发行：中国电力出版社
地　　址：北京市东城区北京站西街 19 号（邮政编码 100005）
网　　址：http://www.cepp.sgcc.com.cn
责任编辑：未翠霞（010-63412611）
责任校对：黄　蓓　马　宁
装帧设计：张俊霞
责任印制：杨晓东

印　　刷：北京天宇星印刷厂
版　　次：2021 年 1 月第一版
印　　次：2021 年 1 月北京第一次印刷
开　　本：787 毫米×1092 毫米　16 开本
印　　张：17.75
字　　数：437 千字
定　　价：69.00 元

序

2015年，耿加会与余春荣、刘志杰三位作者联合完成了《商品混凝土生产与应用技术》书稿，耿加会邀请我作序，我爱惜在行业中深耕细作的年轻人，欣然从命。如今，这本被正式出版四年的书籍带给我国混凝土行业新老专业人士知识和营养，保障了预拌混凝土行业的蓬勃发展。非常感谢耿加会、余春荣和刘志杰三位作者的辛勤劳动和聪明才智。

在为《商品混凝土生产与应用技术》一本书的序言里我就曾说过：耿加会是混凝土行业的“外行”青年，学法律的，但就是这样一位“外行”，硬是凭着自己对混凝土专业的热爱和如痴如醉的自学、钻研和实践，将自己变为一位混凝土行业真正的行家里手。

今天，应耿加会的请求，我十分高兴地向大家郑重推荐耿加会与周成科、刘志杰联合完成的第二本著作《预拌混凝土实用技术》。

首先，作为高等教育战线的工作者，我一直主张将“商品混凝土”这个用词变换为“预拌混凝土”，耿加会听从了我的建议。追根溯源，我们国家一开始用“商品混凝土”这个词，主要是源于“混凝土拌和物不再由施工单位在施工现场配制和搅拌，而开始由集中搅拌的单位作为商品卖给施工单位使用”这一行为。实际上，在1979年江苏省常州市建筑材料供应总公司在我国建立第一家“商品混凝土”搅拌站以前，预制混凝土构件早已大量生产、交易和应用了，我们国家的预制混凝土构件企业在新中国成立前就已经存在了。所以，我一直认为，将“预拌混凝土”称作“商品混凝土”是不妥当的。

其次，与从前相比，2016—2019年的中国预拌混凝土行业，经历了一场原材料的大变革：聚羧酸系减水剂开始大面积占据减水剂市场，随之而来的聚羧酸系减水剂与水泥掺合料间的适应性问题已经让混凝土技术人员焦头烂额；优质粉煤灰和矿渣粉短缺，石灰石粉、岩石粉和各种复合掺合料登上历史舞台；河砂资源枯竭和为保护环境而禁止开采河砂、江砂政策的落实，使2017年和2018年成为“机制砂”年，2019年成为“淡化海砂”年；正当人们在2015年聚羧酸系减水剂大幅度取代萘系减水剂和脂肪族减水剂而在预拌混凝土行业中独占鳌头之时，随着机制砂和淡化海砂大量应用而带来更多的减水剂–细骨料之间的“不适应”问题，某些地区预拌混凝土企业开始寻找更多有效的外加剂措施加以解决。

再者，随着我国城市建设和基础设施建设的结构向更高大、更复杂、建设环境和服役环境更苛刻，而耐久性要求更严格、服役寿命期望值更高远的方向发展，大流动性、高强度等级、高早期强度发展速率，而且能够应对相应的服役环境而实现高耐久性和长寿命的预拌混凝土成为市场急需。本著作顺应了新时代混凝土结构的发展趋势和对混凝土性能的更高要求，在预拌混凝土原材料选择、配合比设计和生产质量控制等方面做了富有经验的阐述。

最后要强调的是，本著作名为《预拌混凝土实用技术》，其内容非常注重实用性，不论是从事预拌混凝土原材料生产和供应的读者，从事预拌混凝土设计、生产与质量控制的读者，从事预拌混凝土搅拌站建设和运营管理的读者，从事预拌混凝土施工、养护和质量检验的读者，还是从事混凝土工程监理等工作的读者，都可以在本著作中寻到相应的有用的知识。

四年前，笔者带领课题组创立了微信公众号“同济混凝土外加剂”，在课题组研究人员与全国混凝土外加剂工作者之间建立了畅通无阻的交流桥梁，课题组应同行的要求，每周在公众号上发表一篇原创性的文章，帮助读者了解行业最新研究成果，收到良好效果。鉴于此，笔者三年前建议耿加会创立了他自己的微信公众号“砼话”，耿加会笔耕不止，写作发表了大量与工程实际相关性更强的文章，而且十分注重反映“砼仁们”的心声，有些文章读者达到数万人。我注意到本著作很多内容都是耿加会通过微信公众号“砼话”与读者交流后总结的精华。

我强烈地向预拌混凝土和相关行业的读者推荐这本由中国电力出版社出版的《预拌混凝土实用技术》。

于同济大学材料科学与工程学院

2021 年 1 月

前　言

随着城市化水平的提升，预拌混凝土行业也得到快速发展，特别是近十年来，无论是预拌混凝土企业数量还是年生产量都呈两位数增长，预拌混凝土已成为应用最为广泛的建筑材料。近年来环境保护力度的加大，优质砂、石材料短缺，致使混凝土原材料发生了较大变化，预拌混凝土生产出现了很多技术和管理上的难题，有点变得难以克服，如机制砂使用中的问题，粉煤灰脱硫、脱硝工艺带来的问题等。究其原因是多方面的：从事预拌混凝土行业的部分人员素质不高，对预拌混凝土原材料（水泥、砂、石、外加剂、水）等的性能和要求认识不足；在混凝土配合比设计方面，仍然依靠经验，缺少对混凝土拌和物内部规律的把握，不能根据原材料、环境、工程特点迅速调整配合比；原材料进场缺乏质量控制，生产过程中不能有效执行试验室设计配合比，存在混凝土生产配合比严重偏离设计配合比的现象；混凝土在施工过程中养护认识不到位，环境发生变化时，施工措施针对性不强。随着混凝土工程的日趋复杂，对预拌混凝土行业的技术要求及管理水平都需要进一步规范。预拌混凝土行业新技术、新工艺、新材料等的大量涌现，对混凝土企业的管理、技术等从业人员提出了更高的要求。

针对上述诸方面问题，我们根据工程实践，吸收国内外专家的研究成果，编写了本书。本书主要论述预拌混凝土领域的原材料性能及选用和预拌混凝土的生产、运输、施工以及养护管理技术等方面的内容。试验数据来源于预拌混凝土生产实践，内容真实、可参考、可操作性强。希望此书的出版能满足混凝土行业从业人员的需求，对混凝土行业有所帮助。

由于近几年预拌混凝土理论和技术发展迅速，新材料、新技术、新观点不断涌现，加之时间仓促和编者水平有限，书中难免存在疏漏、不当乃至错误之处，恳请从事预拌混凝土、外加剂以及其他混凝土原材料的科研、生产、应用及管理的企事业单位和专业人士批评指正。谢谢！

编　者

2021 年 1 月

前言

目　　录

序
前言

第 1 章　混凝土的发展历程与高性能化 …… 1
1.1　混凝土的发展历程 …… 1
1.2　预拌混凝土的高性能化 …… 5
1.3　预拌混凝土存在原问题及其管理对策 …… 10
第 2 章　胶凝材料 …… 19
2.1　水泥 …… 19
2.2　粉煤灰 …… 29
2.3　矿渣粉 …… 36
2.4　其他矿物掺合料 …… 41
2.5　矿物掺合料的减水性及应用 …… 47
2.6　“混凝土强度—粉煤灰掺量—水胶比”三者的关系 …… 56
第 3 章　骨料 …… 63
3.1　砂、石常用标准的差异 …… 64
3.2　砂、石骨料 …… 70
3.3　机制砂 …… 89
第 4 章　外加剂 …… 99
4.1　外加剂的种类 …… 99
4.2　如何调整外加剂与混凝土的相容性 …… 123
第 5 章　混凝土用水 …… 138
5.1　混凝土用水性能指标及用水量的选定 …… 138
5.2　预拌混凝土搅拌站废水的回收利用 …… 143
第 6 章　混凝土配合比设计 …… 154
6.1　混凝土配合比设计原则与参数 …… 154
6.2　常规混凝土配合比设计 …… 169
6.3　预拌混凝土配合比设计——坍落度法 …… 179

第7章　预拌混凝土质量控制和施工 …… 191
7.1　预拌混凝土生产质量控制 …… 191
7.2　预拌混凝土施工技术交底 …… 215
7.3　预拌混凝土季节施工要点 …… 226
第8章　预拌混凝土常见裂缝及缺陷 …… 238
8.1　预拌混凝土裂缝形成的因素 …… 238
8.2　混凝土主体结构早期裂缝成因及对策 …… 251
8.3　混凝土工程出现的其他缺陷 …… 258
附录 …… 270
参考文献 …… 274

第1章 混凝土的发展历程与高性能化

1.1 混凝土的发展历程

1.1.1 古代的混凝土

人类对混凝土的使用可以追溯到上古时期，那时人类就对自己住所和公共建筑的坚固性和耐久性给予极大的关注。古埃及、古希腊、古罗马人为此进行了不懈的努力，从干砌石块到黏土、石膏、石灰砂浆，再到火山灰石灰砂浆，并对其配比和工艺进行了不断探索，并有详细的记载。在有火山灰的地方，罗马人把当地产红色或紫色的火山凝灰岩磨细并与石灰和碎石混合建造建筑物；在没有火山灰的地方，罗马人将陶器碎片磨细过筛，以 1 份细粉加入 3 份的河砂或海砂，制成耐久性能良好的砂浆用于建筑。著名建筑如古希腊的万神庙、那不勒斯（Naples）港灯塔以及古罗马的斗兽场等，历经 2000 多年至今仍存在，甚至发挥着原有的功能（见图 1–1～图 1–3）。

图 1–1　古希腊万神庙

图 1–2　那不勒斯港灯塔

1974 年 4 月，我国甘肃天水秦安县一个叫张德禄的农民翻地时发现一个女人头葫芦身形的彩陶罐并报当地文化局，经省文物考古 7 年时间的发掘，被证实是一处有房屋遗址 241 座的秦安大地湾古人类遗址。作为部落首领祭祀、议事的编号为 F901 的大型宫殿式建筑，其面积达 $420m^2$，主室面积达 $130m^2$，地面由类似于水泥混凝土水磨石组成，集中体现了当时建筑的水平。经 7000 年以上的地下水侵蚀，宫殿地面仍坚硬平整，光洁如新，回弹强度仍在 10MPa 以上（见图 1–4）。

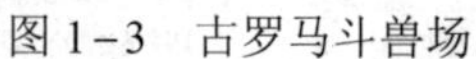
图 1–3　古罗马斗兽场

图 1–4　秦安大地湾古人类地坪

公元 7 世纪后，在罗马帝国后期，建筑砂浆的质量逐渐降低，建筑质量的下降引起了人们的思考，并猜想古罗马时期极其坚固的建筑物是由失传的秘方建造的。但当他们把古代的著述方法与砂浆分析之后，才证实这种猜想是没有根据的。后来又有很多猜想与争论，直到 1805 年隆德莱特（Rondelet）在他关于建筑的著作中认为是由于“对砂浆混合均匀与捣固很致密所致”。他还在上古建筑的砂浆中发现了未碳化的石灰，说明了这种砂浆的气密性很高，长时间连续捣固是有效的。

在印度、孟加拉国的古建筑中，曾记载有用石灰与砖粉在轮碾上加水拌和，形成黏性物料，将骨料加入均匀混合后再浇筑，并夯实捣固直到再渗不进水为止。1756 年，约翰・斯梅顿（John・Smeaton）在爱迭斯顿（Eddystone）礁石上建造一个灯塔时发现通常用于水下的砂浆（就是细骨料混凝土）是由“两份消石灰干粉与一份荷兰产的凝灰岩粉混合，并用尽可能少的水将它们很仔细地调成净浆的稠度所组成的”。他将上述净浆在凝结后放入水中观察采用不同产地石灰对其坚固性的影响，结果发现在所用凝灰岩不变的条件下，格拉莫根（Glamorgan）的阿伯桑（Aberthaw）石灰石所烧制的石灰比普通石灰石烧制的石灰好。他发现凡是质量较好的砂浆，石灰石中均含有相当数量的黏土。这是第一次揭示耐水性石灰的性质，并同时对几种天然火山灰和人工火山灰质（褐铁矿渣粉和炉渣）代替荷兰粗面凝灰岩的比较。最后，在这一工程上确定用蓝色的水硬性石灰和西维塔・维契阿（Civita Vecchia）的火山灰以 1:1 的配比，充分混合所制成的砂浆，这可称为有记载的历史上第一次混凝土配合比试验研究。历史证明约翰・斯梅顿用上述试验结果建造的灯塔是成功的。但他对耐水性石灰（实为“罗马水泥”）的研究发现并未引起人们的注意，在后来的长时间内仍是采用古老的石灰火山灰混合物，此种情况一直延续到 18 世纪末。以上近 2000 年的混凝土发展历史，说明了以下两个问题。

（1）公元前古罗马时期，石灰火山灰为胶凝材料的建筑工程，遵循“尽量用少的水”“混合均匀与捣固很致密”的规律，建造了许多辉煌的巨大工程。但在中世纪，人们忽视了前人的经验，导致几百年内工程质量下降。然而在欧洲 18 世纪中期开始的第一次工业革命，用于港口建设等工程的混凝土材料需求量增加推动了早期混凝土技术的发展，力学、数学等学科的进步，并对其坚固性、耐久性进行了前所未有的研究。混凝土的发展是为人类充分接受和实践先人的经验，不是重复，而是在原有经验基础上进行着更高层次的实践，呈螺旋上升式发展。

（2）混凝土的坚固性（那时还谈不上“强度”）和耐久性是随用水量的减少而提高，并与“混合均匀”“捣固很致密”等施工工艺和原材料的品质及其配比有不可分割的关系。但是，这个历史时期还只是经验性的，远没有上升到理论高度。

1.1.2　近代水泥混凝土的发展

1796 年人们发现在烧制石灰时，如石灰石中含有 20%～25%的黏土时，烧成的生石灰具有水硬性，既可在空气中硬化，又可在水中硬化，被称为罗马水泥。有了水硬性的罗马水泥胶凝材料，解决了当时建设水工、海工工程的需要。罗马水泥生产有很大的局限性，它受石灰石中黏土含量的影响，很多地方都难以找到这样的黏土质石灰岩，难以满足资本主义社会初期建筑业发展的需要。

1824 年，英国的泥瓦工约瑟夫·阿斯普汀在观察罗马水泥和其他人工配制水泥失败的基础上，以黏土和石灰石为主要原料，用立窑煅烧石灰的方法首次制成水泥。用这种水泥拌成的混凝土，外观颜色很像英国波特兰那个地方的石头，因此称之为波特兰水泥。该水泥生产方法于当年的 10 月 24 日取得英国政府颁发的专利证书，即今天的硅酸盐水泥。波特兰水泥的出现，可以说是世界建筑材料史上的一个里程碑。但是，波特兰水泥的发明很长时间不被人接受，人们一直习惯于罗马水泥。直到 1838 年重修泰晤士河水底隧道时，阿斯普汀的波特兰水泥以 2 倍于罗马水泥的价格中标，从此才逐渐被人们广泛接受。1848 年法国、1850 年德国、1871 年美国、1875 年日本相继引进了生产波特兰水泥的专利技术。美国在引进波特兰水泥的生产技术后，将原来的立窑煅烧工艺改变为旋窑煅烧，从此水泥才真正进入工业化生产时代。日本在 20 世纪 80 年代发明了窑外分解技术。中国的安徽宁国海螺水泥厂引进该技术后在全国推广。

1876 年中国在唐山建立第一个水泥厂，名为“启新洋灰公司”。1876～1949 年历经 73 年，年产量也只有 66 万 t，而且只有一个品种。新中国成立后随着国家建设的发展，到 1978 年产量达到 6500 万 t，为新中国成立初期的 100 倍。2005 年我国水泥产量已达 10.6 亿 t，占世界水泥总产量的 48%。2008 年我国水泥产量达到 14.5 亿 t，已远超过世界总产量的 50%，品种也发展到百余种。

在水泥生产技术发展的同时，水泥混凝土的理论和应用技术也得到巨大的发展。钢材在使用中容易生锈，混凝土是脆性材料，抗压强度虽然很高，但抗拉强度极低，难以用于抗弯构件，人们尝试将两者结合起来，可以取长补短。

1855 年法国人郎波特在第一届巴黎万国博览会上用钢筋混凝土制造了一条小船，宣告了钢筋混凝土制品的问世。随后欧美几个国家的科学家在大量试验的基础上，建立了钢筋混凝土结构的计算公式。进入 20 世纪，钢筋混凝土材料又有两次大的飞跃。第一次飞跃是 1928 年法国人弗列什涅发明了预应力钢丝和锚头，完善了预应力技术。第二次飞跃是 1934 年，美国人发明了减水剂（木钙），可大大改善混凝土的工作性能，对混凝土技术产生革命性的影响。近年来，多种高效减水剂的相继出现，以及对掺合料的研究，又给混凝土技术注入新的活力。

国外的预拌混凝土技术发展十分迅速，自1903年德国建造第一座商品（预拌）混凝土厂以来，已有100多年的历史。20世纪六七十年代，西方发达国家的预拌混凝土进入全盛时期，一些经济发达国家的预拌混凝土已在混凝土总产量中占据绝对的优势，并呈现出不断增长的趋势，预拌混凝土搅拌站已经成为经济建设中不可或缺的工业部门。我国的预拌混凝土起步于20世纪50年代中期，之后虽然在一些中大型工程中建立了混凝土的集中搅拌站，但属于分散的、小范围的自产自用的性质。为适应大规模基本建设和确保混凝土质量的需要，中国从1978年开始，学习国外先进的混凝土生产技术和确保混凝土拌和质量，将以往分散搅拌改为集中搅拌，大力发展集中搅拌的预拌混凝土。20世纪70年代末北京、上海等大中城市逐渐建立预拌混凝土供应站，开始以商品的形式向用户提供混凝土。在历经8年的徘徊后，1986年我国预拌混凝土发展到年产360万m^3。1987年4月13日全国混凝土协会成立大会在北京召开后，建设部领导和吴中伟院士等行业专家在大会上作了报告，表明了政府大力支持发展预拌混凝土的鲜明态度。预拌混凝土以其质量好、省劳力、消耗低、技术先进、施工进度快等优点，成为城市建筑业中不可缺少的重要组成部分。

人们无论对水泥和混凝土的研究还是施工应用的研究从未停止过，水泥混凝土既是古老的科学技术，又是在不断发展进步并具有强大生命力的科学技术。硅酸盐水泥及其混凝土、预应力混凝土及其施工应用技术的发展和完善，使硅酸盐水泥和混凝土成为世界上最重要、用量最大、用途最广的建筑材料之一。

1.1.3 预拌混凝土有别于传统普通混凝土的特性

随着现代科技的发展与进步，基础设施工程建设规模日益扩大，现代建设工程向高层、超高层、大跨度框架工程发展，对混凝土的需求越来越大，对混凝土的性能要求越来越高，从一定程度上带动了预拌混凝土的发展。预拌混凝土是由水泥、骨料、水及根据需要掺入的外加剂、矿物掺合料等组分按照一定比例，经搅拌站计量、拌制后出售，并采用运输车在规定时间内运送到使用地点的混凝土拌和物。其实质就是把混凝土这种主要建筑材料从备料、拌制到运输等生产环节，从传统的现场施工中脱离出来，通过专业化的集中生产，成为一个独立核算生产的建材商品。

（1）预拌混凝土一个特点是半成品，并由一系列高技术成果支撑起来的新型混凝土。传统普通混凝土只有四组分，配合比设计是以满足强度要求为主，以限制最小水泥用量、最大水灰比来满足结构对耐久性的要求；在生产上，分散搅拌、污染环境、计量难控制、简单粗放、生产速度慢，且为自拌自用。预拌混凝土在混凝土组分、配合比设计、生产与质量控制等方面有别于传统的四组分普通混凝土。预拌混凝土的配合比设计由四组分改为多组分，现代技术加工的机制砂、石材料、矿物掺合料作用机理的深入研究及第二代萘系、三代聚羧酸盐类外加剂的普遍应用，计量、上料和搅拌等生产环节的自动化控制等，已远非传统普通混凝土可比。因此，预拌混凝土是以一系列高科技成果支撑起来的一种新型的高技术混凝土。

（2）预拌混凝土配合比设计的复杂性。预拌混凝土的生产面对的用户点多、面广、情况各异，其配合比设计要复杂得多。首先是预拌混凝土所用的组成材料多达6～8种或及其以上。配合比设计要求大多是大流动性混凝土，设计中要考虑的因素复杂多样。预拌混凝土的配合比设计不仅要依据当地原材料的技术性能及《预拌混凝土》（GB/T 14902—2012）标准，而且要按合同要求和具体建筑工程的结构类型、强度等级、部位、气候条件、运距等要求。涉及 10 余个相关因素，甚至具体地区的人文和经济发展状况对配合比设计也会产生大的影响。任何一个合理、适宜的配合比都是在一定原材料和环境条件下，通过反复试配取得的。任何一个因素变化，都可使制备的混凝土性能产生较大波动。因此，混凝土配合比设计已不但是技术的，而且是社会、自然环境的综合体。

（3）预拌混凝土的品种多样性。从 C10～C60 常用的最基本混凝土配合比有 11 个，而要考虑工程的上述多种因素，送交搅拌楼的基准配合比仅凭 11 个配合比是远远不够的。以 C30 为例：必须事先有适应上述不同工程情况条件下的配合比应急处理预案。如 C30 梁板柱、C30 道路、C30 钻孔桩、C30 大体积、C30 斜屋面、C30 细石多达 6 个以上，再加上满足抗渗、自密实等不同性能要求的 C30 混凝土。这样看来，满足业主对混凝土从 C10～C60 的要求，就要多达 100 个左右。预拌混凝土根据季节和气温变化调整并随原材料的动态变化而在生产中及时进行调控品种就更多。

（4）预拌混凝土的适应这种原材料的多变性。原材料的动态变化中，除砂、石因含水量的变化引起和易性波动，更有其他，包括常见的砂子细度模数、含泥量、石子级配和针片状、粉煤灰、水泥、外加剂的质量异常变化等，都需要对原设计配合比进行必要的调整，否则，混凝土出厂前质量将出现波动。在搅拌楼生产过程中，预拌混凝土需要在近百个“基准配合比应急预案”的基础上，根据原材料的性质变化，对生产配合比进行相应调控工作。这不是一般搅拌楼操作工能够胜任得了的，需要试验室派专人去搅拌楼值班调控。另外，预拌混凝土公司为确保产品质量，须设专人目测混凝土拌和物的和易性状态，发现异常停止出厂，以免把和易性不合格的产品送到现场。

（5）预拌混凝土生产的数控技术应用。预拌混凝土的生产自动化、计量控制可靠、精度高、生产速度快、技术含量高。搅拌楼目前已有砂、石含水量的在线自动检测，自动调控加水量，部分混凝土公司磁化水的应用技术等，在生产技术上远非传统自拌混凝土可比。相信在不久的将来，砂、石级配得在线自动检测，自动调控配合比技术，在我国已有光电颗粒分析和计算机高速运算等技术的基础上，搅拌楼生产不久将会实现全自动化。搅拌楼的自动计量采用计算机控制系统，水泥、矿物掺合料、外加剂和水的计量精度误差可在 1%，砂石的计量精度误差可在 2%以内。

1.2　预拌混凝土的高性能化

1.2.1　高性能混凝土及预拌混凝土高性能化的特点

高效减水剂的出现，大幅度降低了用水量和水胶比，为提高预拌混凝土强度和耐久性提供了条件。另外，矿物掺合料的研究，已证明了不仅具有节约水泥、降低成本的作用，还可以改善工作性，减少孔隙率、提高混凝土密实性、抗渗性，可使侵蚀性液体或气体难以进入，而且可用常规材料和工艺生产高工作性、高体积稳定性、高耐久性的混凝土。预拌混凝土作为集中搅拌后再以商品形式供应给用户，使混凝土的生产趋于社会化与专业化。由于预拌混凝土的集中生产与统一供应，为高效减水剂和矿物掺合料等新材料和新技术的使用、质量管理制度的严格执行、运距的优选以及施工方法改进，为预拌混凝土的高性能化创造了有利条件。预拌混凝土是通过选用优质材料、优化配合比、降低水胶比、优化施工工艺，实现混凝土的高性能。预拌混凝土的高性能化应视为一种利用高效减水剂和矿物掺合料实现高性能混凝土的技术要求，是预拌混凝土的一种特殊表现形式。

1. 高性能混凝土的定义

1990 年，在美国国家标准与技术研究所（NIST）及美国混凝土协会（ACI）召开的一次会上，将此种混凝土命名为高性能混凝土（high performance concrete，HPC），并定义为：高性能混凝土是具有某些性能要求的匀质混凝土，必须采用严格的施工工艺，采用优质材料配制的便于浇捣，不离析，力学性能稳定，早期强度高，具有韧性和体积稳定性等性能的耐久的混凝土，特别适用于高层建筑、桥梁及暴露在严酷环境中的建筑结构。近年来的研究又证明：高耐久性不一定要高强度；一个好的高性能混凝土配合比，即使是强度只达到 C30 也能达到高性能的要求。

2015 年 1 月出版的《高性能混凝土应用技术指南》一书中对 HPC 的定义为："高性能混凝土，是以建设工程设计、施工和使用，对混凝土性能特定要求为总体目标，选用优质常规原材料，合理掺加外加剂和矿物掺合料，采用较低水胶比并优化配合比，通过预拌和绿色生产方式以及严格的施工措施，制成具有优异的拌和物性能、力学性能、耐久性能和长期性能的混凝土。"

高性能混凝土是新一代混凝土，使传统的混凝土技术进入高科技时代。它对人们对混凝土的观念和施工工艺产生巨大的影响，未来必将逐步取代普通混凝土，使预拌混凝土逐步高性能化。世界最高的建筑加拿大多伦多电视塔、杭州湾跨海大桥、上海金茂大厦等著名建筑已成为高性能混凝土成功生产、使用的例证。

2. 预拌混凝土高性能化的特点

（1）预拌混凝土高性能化的针对性。针对工程具体要求，尤其是针对特定的要求而制作混凝土。例如，对于某一海洋工程混凝土结构的典型腐蚀环境条件下应考虑混凝土的耐久性能，必须针对耐久性要求而制作相应混凝土；又如针对钢筋密集、不利于振捣的结构部位，在满足预拌混凝土强度的条件下制作自密实性混凝土，以满足免振捣施工的技术要求。

（2）对常规原材料的质量要求高。某些原材料不仅应满足标准的基本要求，而且必须达到较高的指标要求，比如用于预拌混凝土的粉煤灰为Ⅱ级粉煤灰（Ⅲ级粉煤灰虽然符合标准要求，但不属于预拌混凝土高性能化的优质原材料）。根据材料的技术性能确定其应用范围十分重要，即便采用的是优质原材料，但应用不好，也不能发挥作用。例如，严寒地区抗冻要求的混凝土宜采用硅酸盐水泥或普通硅酸盐水泥，而不是其他品种的通用硅酸盐水泥。

（3）采用"双掺"技术。在混凝土中掺加外加剂和矿物掺合料推动了混凝土技术的发展，也是预拌混凝土高性能化的基础。预拌混凝土如果能够合理地采用矿物掺合料品种和掺量，并充分考虑外加剂与原材料的相容性，混凝土的高性能化效果会更加显著。

（4）预拌混凝土高性能化具有水胶比较低的特点。一般来说，在不与混凝土拌和物施工性能和硬化混凝土抗裂性能相抵触的前提下，低水胶比的混凝土性能相对较好。第一，水胶比以满足预拌混凝土高性能化的技术目标为好，不必一味追求低水胶比；第二，应涵盖部分施工性能、力学性能、耐久性能（含抗裂）、长期性能、经济性等综合情况较好，且应用面较广的混凝土，从而有利于提高预拌混凝土行业整体的高性能化水平。

（5）优化配合比，是实现预拌混凝土高性能关键技术之一。优化配合比主要体现在配合比设计的试配阶段，通过试验、调整和验证来实现预拌混凝土的某种性能要求并具有良好的经济性。常用的原材料仅有水泥、矿物掺合料、骨料、外加剂和水等，但针对不同特定目标要求，各个原材料的不同用量的配合比例不同，真所谓“味不过五，五味之变，不可胜尝也”。因此，无论工程要求的混凝土性能对配合比要求有何不同，配合比都应进行优化并符合技术规律，这是实现预拌混凝土高性能化的必由之路。

（6）采用绿色预拌生产方式进行生产。绿色生产内容主要包括节约资源和环境保护，是当今生产技术的基本要求，也是预拌混凝土高性能化所必须遵循的。

（7）采用严格的施工措施。精心施工，严格管理，是实现预拌混凝土高性能化的重要手段，也是制作高性能混凝土的重要环节。

3. 实现预拌混凝土高性能化的配合比设计思路

基于预拌混凝土的高工作性、高耐久等高性能化的基本性能要求，如何确保高工作性、高耐久性是配合比设计需要考虑的首要因素。配合比设计的思路：依据工程结构特点和施工环境条件，结合混凝土具体的工作性、耐久性要求，制定出保证混凝土高工作性和高耐久性针对性强、适宜的方法。解决此类问题，要采取相应的针对性措施。分析历史资料，了解各类原材料的性能进行优选，满足设计对混凝土工作性、耐久性的要求。针对不同地区、不同的环境介质、工程结构所处的具体部位以及工作性和影响耐久性的外部因素，在设计中应研究影响耐久性的主要因素以及采取的措施和相应的检测手段等。

1.2.2　预拌混凝土配合比高性能化所要考虑的问题

目前，我国预拌混凝土仍然是以强度指标作为混凝土配合比设计的基础，接受以耐久性为目标的配合比设计新观念已成为混凝土行业的当务之急。对处于不遭受恶劣气候作用和侵蚀环境作用的混凝土结构，强度指标当然是混凝土质量的主要指标，混凝土按强度指标设计是正确的；对处于中等严酷程度的暴露环境的混凝土，如处在水中、有冷凝水、交替干湿、不太严酷的冻融交替等环境条件下，混凝土应同时满足强度和耐久性要求；对处于恶劣暴露环境下的混凝土，如处于酸性介质、侵蚀性土壤、海水浪溅区、严寒区受冻融交替及撒除冰盐的路面、潮湿条件下且用碱活性骨料时，混凝土强度相对来说已不是主要因素，混凝土应首先按耐久性设计，同时满足强度指标要求。

除暴露环境外，结构的重要程度和使用年限是混凝土耐久性设计的重要依据。如何根据不同的使用年限要求，在耐久性设计中采用相应参数，按耐久性设计的混凝土应该是按使用年限设计混凝土，这也是混凝土科学的发展方向。如果在修订施工规范、结构设计和混凝土材料设计中完成了从按强度设计到耐久性设计的转变后，预期我国混凝土工程的耐久性、安全性以及使用年限将有很大的提高，维修费用将大幅度下降，可以避免混凝土结构潜在的破坏现象。

1. 抗渗性

混凝土是通过水泥水化固化胶结砂石骨料而成的气、液、固三相并存的非匀质材料。它具有一定的透水性，这是因为：首先为使拌和物施工方便，用水量一般要大于水泥水化所需的水量，这些多余的水会造成空隙和空洞，它们可能相互串通，形成连续的通道；其次水化产物的绝对体积小于水泥和水原有的体积之和，硬化水泥石不可能占据与原来新鲜水泥浆相同的空间，这样在硬化的水泥石中会增加孔隙。混凝土中的孔隙主要为结构孔隙，结构孔隙的胶凝孔是不透水的，混凝土的毛细孔数量、透水性与水胶比、水泥水化程度和养护条件等有直接关系。混凝土的渗透性不是其孔隙率的直线函数，与孔隙的尺寸、分布及连续性有关，并随着水化程度而变化。

由于骨料颗粒在混凝土中多为水泥石所包裹，因此在密实混凝土中，对渗透性影响最大的是水泥石的渗透性（骨料本身的渗透性则影响不大）。在混凝土凝结过程中砂石骨料沉降形成的沉降孔和由于砂浆和骨料变形不一致或因骨料表面水膜蒸发而形成的接触孔往往是连通的，其直径比毛细孔大，是造成混凝土渗水的主要原因。

凝结硬化过程形成的微裂缝也影响混凝土的抗渗性。水泥水化硬化产生的化学减缩、水泥水化产生热量形成的内外温度梯度、混凝土内部水分蒸发引起的干缩等原因引起的体积变化等因素，使混凝土在凝结硬化过程中表面和内部会形成许多微裂缝，当裂缝宽度超过 0.1mm 时，混凝土便渗水。

混凝土的渗透性高低影响液体（或气体）的渗入速度，而有害的液体或气体渗入混凝土内部后，将与混凝土组成成分发生一系列的物理化学和力学作用；水还可以把侵蚀产物及时运出混凝土体外，再补充进去侵蚀性离子，从而引起恶性循环。此外，当混凝土遭受反复冻融的环境作用时，混凝土的饱和水还会引起冻融破坏，水还是碱–骨料反应的必要条件之一。因此，抗渗性是提高和保证耐久性首先要控制的性能。

2. 抗碳化耐久性

什么是混凝土的碳化？碳化是一种碳酸侵蚀。在空气和某些地下水中常含有 CO_2，城市中一般为 0.04%，而农村为 0.03%，而室内可达 0.1%，室内结构是室外的 2～3 倍。在空气湿度为 50%～75%时，CO_2 以 H_2CO_3 的形式与混凝土水泥水化产物的 $Ca(OH)_2$（占水化产物的 20%～25%）反应，生成 $CaCO_3$，使混凝土中性化，降低混凝土的碱度，当 pH 值低于 11.5 时，钢筋钝化膜被破坏，而钢筋被锈蚀。如环境中有不断补充的 H_2CO_3 来源，已形成的 $CaCO_3$ 会进一步反应，形成极易溶于水的碳酸氢钙，随水流失使混凝土变得酥松。其反应如下：

$$Ca(OH)_2 + CO_2 + H_2O \longrightarrow CaCO_3 + 2H_2O$$

$$CaCO_3 + CO_2 + H_2O \longrightarrow Ca(HCO_3)_2$$

《水工混凝土施工规范》（DL/T 5144—2015）中，处于浪溅区的钢筋或预应力钢筋混凝土 *W/B* 北方不大于 0.5，南方不大于 0.4。贝克特 1986 年就给出了普通硅酸盐水泥同保护层厚度的混凝土碳化到钢筋表面的时间，见表 1–1。

表 1–1　　混凝土碳化到钢筋表面的时间　　（年）

W/C	混凝土保护层厚度/mm					
	5	10	15	20	25	30
0.45	19	75	100+	100+	100+	100+
0.50	6	20	50	99	100+	100+
0.55	3	12	27	49	76	100+
0.60	1.8	7	16	29	45	65
0.65	1.5	6	13	23	36	62
0.70	1.2	5	11	19	30	43

国内外大量的试验和工程实践表明：混凝土中掺用粉煤灰和矿粉，在正常养护的条件下，由于对混凝土和易性改善、密实度提高，对碳化影响不大。湿养护时间对混凝土碳化深度影响很大，正常制备的混凝土，一般每年碳化速度小于 1mm。因混凝土碳化引起的钢筋锈蚀破坏，大多数是由于混凝土质量低劣、保护层太薄和养护不好所致。对碳化影响耐久性的防治主要是限制水胶比和保护层的最小厚度。

3. 抗冻害耐久性

抗冻害耐久性设计按微冻、寒冷、严寒地区划分，根据冻害程度对耐久性的影响强弱，对水胶比加以限制。对于微冻地区，只要水胶比不大于 0.5 就可满足抗冻害耐久性的要求，抗碳化的耐久性问题不是重点。对于高寒地区的耐久性必须重点考虑，饱和含水的混凝土结冰后水的体积膨胀 9%，反复冻融可对混凝土带来破坏。不同冻害地区或盐冻地区混凝土水胶比最大值见表 1–2。

表 1–2　不同冻害地区或盐冻地区混凝土水胶比最大值

混凝土结构所处环境条件	最大水胶比（W/B）
微冻地区	0.50
寒冷地区	0.45
严寒地区	0.40

4. 抗硫酸盐侵蚀耐久性

混凝土的硫酸盐侵蚀问题主要是环境中含有 SO_4^{2-} 离子，首先与水化产物中的 $Ca(OH)_2$ 反应生成易溶于水，或毫无黏结力的产物，并进一步与水化铝酸三钙二次反应生成体积膨胀 2.5 倍的钙矾石，使混凝土产生由表及里的破坏。反应如下：

$$Na_2SO_4 \cdot 10H_2O + Ca(OH)_2 \longrightarrow 2NaOH + CaSO_4 \cdot 2H_2O + 8H_2O$$

$$CaSO_4 \cdot 2H_2O + 3CaO \cdot Al_2O_3 \cdot 6H_2O + 24H_2O \longrightarrow 3Cao \cdot Al_2O_3 \cdot 3CaSO_4 \cdot 32H_2O$$

硫酸盐侵蚀对混凝土耐久性的影响在我国的西北、西南是常见的一种侵蚀，据资料介绍 SO_4^- 在水中为 568.8mg/L，占总侵蚀介质的 5.8%，仅次于 Cl^-和 Na^-，处于第三位。

5. 抑制碱–骨料反应混凝土结构耐久性问题

碱–骨料反应是混凝土的总有效碱（$Na_2O+0.628K_2O$）与骨料中活性成分（活性 SiO_2 或镁质碳酸盐）在有水存在条件下的反应，产生类似水玻璃的产物体积膨胀，使混凝土发生由里及表的开裂。碱–骨料反应一度被称为混凝土的“癌症”，试验研究和工程实践证明碱–骨料反应必须具备三个条件：有活性骨料；有一定量碱的存在；混凝土内有可引起反应的水。干燥的环境（相对湿度低于 50%）不可能发生碱–骨料反应。

在混凝土中使用粉煤灰、矿粉、沸石粉和高效减水剂等材料，一是发挥矿物细粉料提高水泥石的密实度和抗渗性；二是发挥矿物细粉料对碱离子的吸附、阻滞作用，并将部分碱离子转化为相应的水化产物，减少对混凝土碱–骨料反应的危害。碱–骨料反应对混凝土结构物的危害并非“癌症”，认真做是完全可以避免的。

6. 抗氯盐侵蚀对混凝土结构耐久性

我国港口、海工工程混凝土的耐久性都会受氯盐的影响，甚至世界范围内氯盐都是混凝土工程重点防治的内容，氯盐对钢筋混凝土耐久性的影响是双重性的。首先，氯盐对水泥石的腐蚀：

$$2NaCl+Ca(OH)_2+H_2O \longrightarrow 2NaOH+CaCl_2$$

反应生成的 NaOH 毫无黏结力，腐蚀水泥石；其次，$CaCl_2$ 极易溶于水，破坏原有的氢氧化钙平衡，并使其分解，使混凝土 pH 值降低。当 pH 值降低到 11.5 时，钢筋的钝化膜开始破坏，钢筋锈蚀。

在海水中有 80 多种化学元素，其含量多少各不相同，不同的海域中变化也不相同。在淡水流入量较小，而蒸发量较大的海域，其海水中的含盐量比大洋中高；在雪水、河水汇集较大的近海中，其含盐量比大洋中低。海水中的盐分都以离子形式存在，其中氯离子含量危害最大。混凝土中的钢筋处于高碱性环境（pH 值为 12.5～13.0）。高碱性环境中混凝土中的钢筋，其表面形成一层非常致密的、厚度约为（2～10）$\times 10^{-9}$m 的钝化膜（$Fe_3O_4 \cdot H_2O$ 或 Fe_2O_3），这层钝化膜牢牢地吸附于钢筋表面，使钢筋难以进行阳极反应。

混凝土的碱度 pH 值低于 11.5 时，氯离子使钢筋的去钝化（阳极活化），其作用要比碳酸盐作用去钝化大得多。反应如下：

$$Fe^{2+}+2Cl^-+4H_2O \longrightarrow FeCl_2 \cdot 4H_2O$$

$$FeCl_2 \cdot 4H_2O \longrightarrow Fe(OH)_2\downarrow +2Cl^-+2H_2O$$

$$Fe(OH)_2+nH_2O \longrightarrow Fe_2O_3 \cdot (n+1)H_2O\uparrow$$

在这里氯离子只起搬运电子的作用，没有任何消耗，使铁变成铁锈，而锈蚀钢筋。只要 pH 值低于 11.5，钢筋就有锈蚀的可能。因此如何防止氯离子产生对钢筋的锈蚀危害，成为耐久性设计的大问题。

1.3　预拌混凝土存在原问题及其管理对策

1.3.1　预拌混凝土在生产与应用中存在的问题

伴随着现代城市建设的高速发展，预拌混凝土在城市建设中的应用范围越来越广泛。混凝土工厂化集中生产，具有促进工程进度，保证工程质量，减少城市污染，加速施工作业，节约成本和提高经济效益等诸多优点。在实际施工应用中，预拌混凝土生产中出现的问题如下。

1. 原材料控制不当

混凝土的原材料主要包括胶凝材料、粗骨料、细骨料、水和外加剂等组分。

（1）胶凝材料。实际生产中，水泥和矿物掺合料等原材料的性能指标得不到有效检测。

（2）骨料。长期以来，预拌混凝土企业管理和技术人员存在“重胶凝材料、轻砂石”的思想，认为砂石价格便宜，就是一种填充料，只要水泥质量好，就能配制出优良的混凝土。技术人员忽视对砂石含水率、含泥量、颗粒级配等技术指标的检控，对砂石质量的控制不严，严重影响了混凝土的质量。

（3）外加剂。部分企业经营管理者不顾外加剂质量，一味追求外加剂的低价格，认为只要价格低，利润就高。这就造成外加剂价格一降再降，外加剂的固含量也随之降低。拿聚羧酸减水剂来说，固含量 8%左右在市场上十分常见。甚至很多生产外加剂的企业为了降低成本，在聚羧酸复配过程中不愿意“先消后引”处理气泡问题。

2. 混凝土用水量失控

混凝土生产过程中，试验室质量控制人员不是根据砂石的含水率、水泥的标准稠度用水量、矿物掺合料和外加剂等原材料的质量波动有效调整混凝土生产用水量，完全是凭经验随意加水；在运输过程中，有些混凝土运输司机受利益驱动，随意向罐车内加水；在施工过程中，施工人员违规随意加水。这些现象却造成混凝土实际用水量偏大，水胶比变大，严重影响了混凝土的强度和耐久性。

3. 混凝土运输管理控制失控

首先，没有认真评估从混凝土搅拌站到施工工地的运输时间，根据时间需要调整混凝土拌和物的工作性能；其次，没有根据交通问题和天气变化提出相应的措施；最后，缺乏与施工单位的沟通，不能及时了解施工进度。

4. 对泵送前后混凝土性能的变化关注不够

混凝土生产企业技术人员进行现场检测取样，往往是在混凝土泵送前进行取样检测，对泵送后混凝土的性能很少关注。作者曾经对 C30 混凝土进行过泵送前后混凝土性能检测，C30 混凝土生产配合比试验结果见表 1－3。37m 泵车泵送前后混凝土性能的变化见表 1－4。

表 1－3　C30 混凝土生产配合比

原材料	水泥	粉煤灰	水	外加剂	砂	石子
用量/（kg/m³）	280	90	170	7.4	760	1050

表 1－4　37m 泵车泵送前后混凝土性能的变化

序号	状态	坍落度/mm	扩展度/mm	表观密度/（kg/m³）	含气量（%）	7d 强度/MPa	28d 强度/MPa
1	泵送前	190	450×455	2350	2.7	28.7	36.8
	泵送后	180	400×400	2380	2.0	27.9	34.3
2	泵送前	200	500×505	2345	4.5	28.9	37.2
	泵送后	190	460×465	2390	3.5	27.2	35.3
3	泵送前	190	460×465	2360	2.4	29.4	36.8
	泵送后	170	400×400	2385	1.8	28.2	36.4
4	泵送前	180	460×455	2355	2.3	28.8	37.9
	泵送后	175	380×405	2380	1.7	28.6	35.7
5	泵送前	185	465×460	2340	3.2	29.1	38.6
	泵送后	180	400×400	2375	2.6	28.4	36.9

从表 1－4 的试验结果可知，泵送前后混凝土的性能均不同程度地受到影响。尤其是工作性，混凝土工作性的泵送损失使混凝土的流动性变差，为了达到“满意”的工作度，现场施工工人就采用加水的办法增加工作性。通过现场观察发现，施工工人加水大多是因为混凝土的流动性差，达不到理想的“自流平”。如果重视一下泵送前后混凝土的变化，克服混凝土工

作性的泵送损失，保持混凝土的良好工作状态，也是解决现场加水的有效方法。

5. 浇筑后养护不足

混凝土浇筑后，很少有施工单位严格依照规范的要求进行养护，再加上为了加快模板的运转，普遍存在拆模较早。混凝土早期养护不足，造成表面水泥失水不能充分水化，尤其是剪力墙，经常见到墙体粉化严重。

1.3.2 混凝土技术人员如何突破认识"瓶颈"，提高创造性思维

随着科学技术的进步和建筑业的发展，土木工程对混凝土材料的性能，提出了越来越高的要求。虽然混凝土技术和应用已有悠久的历史，但是仍然是一门基于实验的科学，传统的配合比设计方法在很大程度上依赖于设计者的经验。我们总希望可以通过一个图表或者一个万能公式，就能表达出或准确计算出混凝土各种配合比，这样就方便实践和进行质量控制了。但由于混凝土原材料的品种、质量、形态甚至产地的差异，对混凝土各项性能产生的影响各异。混凝土工程环境的差异以及气温高低，空气湿度，风速大小及养护的好坏都会对混凝土产生不容忽视的影响。再加上混凝土是非匀质、不连续结构……使得采用一张图表或一个万能公式的设想变得不可能实现或很难实现。20世纪后半叶，混凝土领域最伟大的成就之一，就是我们终于可以用科学的方法来描述、研究、预测、评估混凝土这个非常复杂的材料，让混凝土技术成为材料科学新的研究对象。与牛顿三大定律、爱因斯坦质能方程这种达到美学级的科学相比，统计学的确还破漏不堪，数学逻辑不如以上那些那么严密，但对于混凝土要求的精确级别来说，这行业不得不依赖统计学。

1. 认识混凝土体系的复杂性

认识混凝土体系的复杂性是实现创造性思维的客观条件，物质是客观存在的，是可以被认识的。混凝土体系这一客观存在的物质决定人们认识混凝土体系的意识，正确的意识可以反作用于物质。混凝土是由水泥、水、砂、石、矿物掺合料和外加剂等多种组分构成的混合体系，该体系各组分之间相互影响，相互制约，"牵一发而动全身"。水胶比、用水量和砂率是构成混凝土配合比的三个重要参数，其中任何一个参数发生变化，必然会引起其他参数发生相应改变。

混凝土体系是客观事物确定性和随机性的对立统一，具有稳定性的因素也有变化的不确定性，是简单和复杂的共同体，有序和无序并存。例如，混凝土强度的大小主要受到水胶比的影响，一般来说水胶比越小，混凝土强度越高。但在水胶比确定的情况下，水泥强度的高低，矿物掺合料的品种、掺量，骨料的品种、品质都间接对混凝土强度产生影响，在看似确定性的规律中，具有很大的随机性。随着对混凝土体系的深入认识，这种随机性又可以被预测。混凝土技术人员要实现创造性思维，就应具有丰富的知识，要认识到混凝土体系的复杂性，深入认识混凝土体系的内部联系，提升对混凝土的认识，才能实现思维质的飞跃。

（1）确定性与随机性的辩证关系。在混凝土体系中，一些从表面上看起来是随机的、杂乱无章的，其实在表面现象背后却具有混凝土体系自身固有的规律，体现着确定性和随机性的对立统一。混凝土原材料和配合比确定后，各组分之间的比例也相对确定，气候、温度、施工工艺条件下，混凝土的性能也会表现出很大的差异性、随机性和无序性。例如，同一天、同一配比、不同的工程结构、不同的环境条件，有的工程结构开裂，有的不开裂，就是混凝土随机性的体现。但在相同原材料、配合比条件下，混凝土的随机性和无序性也是有一定限

度的，在认识和把握混凝土体系内部规律的基础上可以将随机性控制到一定范围内。正是对混凝土内在确定性和随机性规律的把握，才使很多生产一线的工程技术人员，根据原材料、工程特点，结合气候环境、施工工艺，可以迅速根据混凝土内部的规律，迅速确定符合实际施工要求的配合比。

（2）简单与复杂的辩证关系。混凝土体系不是简单的各组分性能相加，不是简单的线性系统，常常是简单表面现象背后隐藏着复杂，复杂中具有某种固有规律。混凝土泌水、离析这一简单的表观现象，蕴藏着原材料之间的相容性，骨料级配是否合理，配合比设计是否得当，既有单一因素的影响，又有多种因素相互叠加的复合效应。混凝土科学的发展就是从复杂中发现简单的规律，用简单的规律去作用着复杂的混凝土工程实践，体现着简单性与复杂性的辩证统一。

（3）有序与无序的辩证关系。混凝土体系不是杂乱无序的排列，而是无序中蕴含着有序。混凝土结构开裂是一种常见的现象，开裂的根本原因是混凝土所受的力大于自身抵抗这种力的能力，才形成裂缝。虽然不同结构，不同条件下裂缝的大小形态各不相同，这看似无序的现象，却蕴含着有序，裂缝有其规律性。混凝土早期（或称幼龄期）的开裂主要由收缩引起的，在配合比和原材料确定的情况下，失水和温差引起的收缩可以认为是裂缝形成的主导。这两种收缩哪个占主导地位，取决于结构的尺寸，一般来说对于厚度接近或超过 1m 的大体积混凝土，失水造成的收缩没有温度造成的收缩严重；对于路面、楼板等厚度较薄的板式结构，失水造成的收缩是不容忽视的；对于厚度在 30～50mm 的墙体结构两者的影响相对会复杂些，混凝土浇筑后处于饱水状态，只要失水必然会引起收缩，在水化前期（温度达到顶峰前）混凝土在水化的作用下，一直在失水，一直在收缩，但混凝土结构在升温过程中会产生一定的膨胀抵消一部分失水造成收缩的力，达到温峰后，在环境温度差异的情况下结构会降温，产生收缩，在这个阶段再叠加上失水造成的收缩，形成裂缝的概率也在加大。可见，混凝土体系应是有序与无序的统一体，它们是一对矛盾，既对立又统一。

2. 实现创造性思维的主观条件

思维是透过事物的现象，对事物的本质和内部规律的思考和概括，并形成认识事物和改造事物的行为方式、程序和方法的一种精神活动。创造性思维是建立在对混凝土的观察、综合、想象、分析、推理的基础上，利于原有的认识和思维方法提出新的看法，创造出新的想法，解决实践中的问题。创造性思维的核心是具有发散性思维的特征：流畅性，在较短的时间内可以持续不断地对事物表达出种种设想；灵活性，想问题、办事情能从不能角度、不同方位灵活地思考问题；独创性，对事物的现象和本质及发展历程提出与众不同的想法和解决问题的思路；系统性，能想象或描述出事物的具体细节，同时提出一整套系统解决这些细节的具体方法。

目前，很多混凝土企业正积极参与和从事技术创新活动，以求在技术上有较大的突破。但大多数混凝土企业是在引起和吸收外来技术的基础上发展起来的，因此混凝土企业从事的大多数工作是制造，而不是创造，要真正形成创新、创造的局面还有很长的路要走。混凝土企业在参与创造的过程中所暴露出来的问题其实很简单，就是模仿过程中对事物的本质规律不理解或认识不足造成的。

由于混凝土技术人员长期模仿，缺乏创造，造成思维固化，遇到问题就利用已有的经验，忽视矛盾的特殊性，简单地凭借已有的方案去分析问题，不能从事物本身认识“是什么、为什么、怎么办”，不敢轻易改变，缺乏创造性思维，很难做到具体问题具体分析。因此，我们想问题、办事情要以科学的思维和态度分析问题，具体问题具体分析，在凭借经验处理问题的基础上，区别对待矛盾的特殊性，进行创造性思考。

混凝土技术人员应该具有扎实的基础知识，活跃的思维，不局限于经验，善于思考、善于学习、分析问题。混凝土技术人员在工作实践中遇到的问题复杂、多变，要解决混凝土技术难题，有时并不是智力因素不够，也不是理论知识不丰富，而是思维定式、从众心理、个性发展不足、知识结构不合理和急于求成等因素造成思维僵化，不敢打破常规，大胆假设，多方求证。

（1）打破思维定式。所谓思维定式是指遇到问题，解决问题时往往在已有经验或原有知识的基础上想办法，受经验或原有知识束缚，不敢打破，往往感觉凭借原有经验和已有知识解决问题有安全感，在处理问题中有依据，胸有成竹。在实践中往往就是这种思维定式忽略了时间和空间的变化，影响对事物具体特征的辨别和思考，难以做到具体问题具体分析，找不到问题产生的根源，难以从根本上解决问题。混凝土技术人员之所以会形成思维定式，主要有两方面原因造成：一方面，混凝土技术人员在工作实践中长期形成思维惯性，遇到问题时，往往优先在以往的经验或相似的经验上找原因和解决方法，造成在查找问题原因的过程中，只关注事物的表面现象，忽视事物的本质原因；另一方面，混凝土技术人员在实践中改变原有经验将会造成不确定因素增加，带来不安或恐慌，因此，宁愿固守现有的经验和思维方法，也不愿意推翻已有的经验或思维，即便这些经验和思维方法会使自己走弯路，也不愿意冒风险进行创造性思维。对于水泥比表面积，行业技术人员普遍存在一个思维定式，一提到当前水泥的缺点就会想到细度偏细，比表面积偏大是造成水泥水化速度过快、水化热集中释放，是混凝土收缩产生温差裂缝的主要原因。其实，对于水泥的细度问题，应该突破原有的思维定式，如果水泥生产厂家通过粉磨工艺将水泥粉磨得很细，来提高早期强度，显然是对混凝土耐久性不利的。但如果水泥厂家将水泥熟料和掺加的混合材分别粉磨，水泥熟料的比表面积不大，由于掺加粉磨的很细的混合材而造成水泥的比表面积偏大对混凝土的耐久性是没有危害的。此外，也需要水泥厂家技术人员转变利用水泥磨细的思维来提高水泥早期强度，利用磨细的混合材填充水泥颗粒间的空隙，改善水泥颗粒级配，同样也能达到满意的强度，又不会造成水化过快，水化热集中释放，不会损害混凝土的耐久性。

事物在不断地发展变化，如果忽视这些变化，一味采取已有的经验处理问题势必会误入歧途。思维定式具有稳定性和持续性，它是混凝土技术人员在某一特定时间、环境和条件下产生的。混凝土技术人员应建立在实践的基础上，从事物的客观反映上深化认识，不断丰富自己的认知和阅历，根据具体条件变化，多角度多层次观察、了解和分析事物，从感性认识上升到理性认识，克服思维定式。

（2）克服从众心理。从众心理是遇到问题时，不敢提出自己的看法和理解，一味从别人的看法中找依据，以为这样符合主流意识（多数人的观点），形成盲从。混凝土技术人员在遇到困惑不解的新问题时，往往不知道怎么说或怎么做才对的或合理的。此时，通常会询问别人的看法，并将别人的看法作为重要的依据，选择合适的行为方式，这就形成了从众心理，其中专家权威的信息对从众心理的产生有重要影响。有时混凝土技术人员害怕自己的看法不被认可，不敢说，怕“行高于人，众必非之”的心理，也会形成从众心理。这都会造成混凝土技术人员遇到问题不是深入分析问题的根本所在，了解情况，应该怎么去做，而是为了与别人保持一致，避免遭到嘲笑或批评带来的尴尬和痛苦，难以克服从众心理。大多数混凝土技术人员都反对在混凝土抹压、收光过程中洒水，这样做可能造成混凝土表面水分增大，抹压过程中洒的水会破坏混凝土表层已经水化的表层结构，容易造成混凝土表面起砂现象。这种大众化的心理在通常情况下是正确的，但在高温、大风、空气干燥的天气进行大面积混凝土施工时，在进行抹压工艺以后，混凝土内部泌水通道在抹压过程中被封堵密实，内部水分泌出的难度增加，此时水分蒸发速度远远大于泌水速度，混凝土失水造成收缩应力增加，混凝土塑性开裂变得难以控制，尤其是在温度较高的中午（上午 11 点～下午 2 点）。如果在施工工程中适当地洒水，可以弥补混凝土泌水量过小的缺点，减小混凝土失水收缩应力，表面洒的水仅仅存在混凝土表面，通过蒸发不会改变混凝土水胶比，通过抹压、收光并不会造成混凝土表面结构起砂。

混凝土技术人员要进行创造性思维，其本质就是探索新发现、新规律，积累新知识，建立新理论，改变现有不合理认识，服务工程实践。现有的理论和书上的知识虽然是经过众多专家学者经过长期实践中总结出来的，但不一定都是绝对正确的。真理是在一定条件下产生的，是有条件的，不是一成不变的，随着时间、条件的变化，真理也会发生变化，实践是检验真理的唯一标准。混凝土技术人员要具有创新精神，敢于质疑传统理论，不迷信权威，不唯书是崇，敢于打破从众心理。正如清华大学廉慧珍教授所说的：存在的不一定都合理，专家权威不一定都正确，国外的不一定都先进。

对于混凝土技术人员而言，具有独立思考问题的能力很重要，能够发现问题、提出问题和解决问题，并具有预测、解释和说明问题的能力。混凝土技术人员要冷静地思考，仔细地验证，增强辨别、判断工程技术问题发展方向的能力，养成批判、怀疑的态度，不能故步自封，照猫画虎，正确认识、对待思维异质。

（3）善于运用非逻辑思维。逻辑思维是在认识事物的过程中借助概念进行推理、判断，然后分析、比较、综合、抽象和概括等反映事实本质的认识过程。通常情况下，逻辑思维具有严密性、确定性而不自相矛盾，过程单一且不可逆。非逻辑思维则是依靠直觉、灵感和想象等思维形式来揭示事物的本质和规律的一种思维方式，具有偶然性、可逆性、不确定性，不受时间、空间及各种框架约束和限制，灵活性很强。混凝土技术人员对传统的认识进行整合、重组，开拓新的认识领域，其独创性、模糊性、突发性的特征是逻辑思维所无法具备的。混凝土技术人员要实现创造性思维往往需要借助非逻辑思维不受固定条框、时间、空间的直觉、灵感和想象来实现突破，再依靠逻辑思维提供判断、推理、概念和分析，二者协作互补、相互渗透、相互联系。非逻辑思维的产生的新的认识和方法要依靠逻辑思维来检验、推理、比较，非逻辑绝不是“不逻辑”，具有辩证性的思维模式。

混凝土技术人员要重视非逻辑思维能力的培养，在混凝土生产实践中应重视以下能力的培养。首先，混凝土实践中遇到问题，要敢于质疑现有理论，摆脱现有经验、理论体系的束缚，混凝土理论技术的发展是无数混凝土工作者批判和怀疑的结晶。其次，在生产实践中，重视对混凝土长期探究和经验积累，为实现非逻辑思维提供重要条件。再次，对混凝土问题的类似或近视属性进行对比，在两种或多种毫无联系的事物之间，捕捉某种已经出现或可能出现的相似点给予特别关注。最后，善于与他人交流、阅读和总结记录混凝土方面的知识，可以从不同的角度认识混凝土问题，也可能在不经意间获得某种启示而产生非逻辑思维的灵感。

（4）不合理的知识结构因素。混凝土技术人员的创造性思维不仅要依靠对事物本质规律深入思考，也要具有精深的专业知识和广博的知识组成最合理、最优化的知识结构。钱学森曾说：创新思维往往是在不同学科知识和思维方式的交叉渗透中产生的。混凝土技术人员只有具备了丰富的知识，正确的思维方法，才能在遇到问题时产生新的思想方法。混凝土技术人员学习混凝土知识，不能先入为主，要重视独立思考，善于学习，从正、反两方面把握混凝土知识结构特征，是实现创新思维的基础。

1）混凝土技术人员要实现思维创新，既要具有丰富的混凝土专业知识，又要具有与混凝土相邻、相关的其他学科知识机构，如混凝土结构设计与施工、水泥、外加剂等相关知识，甚至必要的人文科学知识，否则思维创新容易受限。

2）混凝土技术人员既要有理论知识，也要有经验知识并加以概括和区分，两者相互渗透，相互结合才是合理的知识。如果混凝土技术人员有理论知识，而缺少实践经验，常常会在思维和行动上产生缺陷；反之，有混凝土实践经验，而忽视混凝土理论的学习，很难有突破性的提高。

3）混凝土技术人员应以混凝土各领域各学科的一般性知识为创新思维的基础，并灵活运用多元的、多层次的方法，才能使创新思维得以实现。

4）混凝土技术人员具有扎实的基础知识的同时，还要重视前沿性的混凝土知识。如果不了解混凝土前沿的发展状况，很难产生具有启发性的创新思维，如果混凝土基础知识不扎实，无法对前沿知识进行消化，缺乏敏感性，很难实现创新思维。

混凝土技术人员认识和掌握混凝土知识结构的性质和特点，是实现创新思维的前提。混凝土知识结构一个复杂的、多维的系统关系，各要素之间不是相互孤立的，而是多维的。提高混凝土技术人员的知识结构，要从以下几方面入手。

1）混凝土技术人员要提高创新思维能力，不但要学习混凝土知识结构，还要探索混凝土知识之间的联系，从不同交叉学科中接受启发。

2）混凝土技术人员要不断更新新知识，深化认识，知识结构的完善与创新思维的展开是辩证协调地发展。

3）混凝土技术人员应及时对分散的、零碎的经验进行整理、总结，对混凝土现象运用抽象法、比较法使感性认识上升到理性认识。

4）由于混凝土知识结构是多方面的，难免出现混凝土技术人员的某方面知识过于薄弱，成为创新思维的“瓶颈”，必须注意提高知识结构的薄弱环节。

5）混凝土技术人员要重视与他人交流、讨论，从不同的角度看问题，丰富自己的知识结构。

3. 实现创造性思维的方法步骤

传统解决问题的办法是根据问题的特点，按照固有的逻辑思维，一步一步地有序地解决问题，一旦解决问题的思维方法受阻就会沮丧、紧张，无所适从。创造性思维是解决突破原有的思维体系另寻蹊径，是解决混凝土技术问题的重要途径和必备技能，如何运用创造性思维提高解决问题是工程实践的一项重要内容。

创造性思维是一种认识事物、解决问题的新方法，这种方法既避免了与问题直接拼斗，又能以完全出乎意料的方式使问题得到解决。每一个混凝土问题都不是单一因素影响的，都是几个因素相互影响产生的结果，而且每种因素起的作用并不相同，有的起直接的、主要的作用，有的起次要的作用。更为复杂的是，有时我们控制住主要因素，次要因素又转变成起作用的主要因素，这是我们常常顾此失彼，问题多发的原因。一个问题出现时，我们可以试着从以下几步骤入手。

（1）该问题是怎么发生的，为什么会发生，导致这一形象最有可能的原因有哪些，先把这些因素罗列出来。

（2）产生问题的因素中，哪些我们已经做到了有效避免，把控制着的因素剔除。

（3）没有控制着的因素，是不是导致问题产生的直接原因，或主要原因，有没有办法克服和改善，这些因素能否用其他问题来替换，可否逆向思维。

（4）以往出现的类似的问题，与新问题有何差异，哪些是发生变化的因素，哪些因素没有变化，变化的因素可以带来什么启示。

（5）问题难以解决时，在思想放松时，大脑中会偶然出现什么想法，能否将注意力换一个方向？

1.3.3 预拌混凝土行业面临的问题与对策

预拌混凝土伴随着我国经济社会的发展迅速壮大，已成为一个产业，避免了自拌混凝土带来的一系列的问题，为土木工程行业的发展做出了巨大贡献。但由于预拌混凝土行业市场准入门槛低，市场竞争机制不完善，面临的问题依然严峻。

1. 预拌混凝土行业面临的问题

（1）理论研究与创新。现代科学技术已经进入高科技时代，混凝土原材料、配制技术、生产工艺、制备、浇筑、施工都有很大的进步，然而混凝土质量问题不是越来越少，反而是越来越多，比如强度偏低、裂缝、耐磨性差、渗漏及耐久性差等问题，安全使用寿命一般只有二三十年，而不是混凝土使用寿命应该或者可以达到100年以上的年限。

预拌混凝土已经从传统的四组分发展到六组分及以上组分的混凝土，它的组成已经变化，强度发展规律，特别是后期强度、工作性及耐久性规律都有较大的变化。过去的混凝土理论是建立在四组分和中低强度等级的情况下的研究结果，预拌混凝土的推广和应用中出现的问题有时很难用传统的混凝土理论解释。因此，对传统的混凝土理论、公式乃至规范、技术标准都产生了困惑，提出了质疑。对现代预拌混凝土缺乏长期系统的研究，未能提出适合现代预拌混凝土发展的新学说，对现在预拌混凝土出现的问题有共识，而没有理论的指导，不能从根本上解决问题。

（2）从强度到耐久性。混凝土是一种主要承载压力的结构材料，提高工程结构强度成为百余年来混凝土技术发展的主要方向，传统的混凝土设计主要是强度指标，预拌混凝土增加了对流动度（坍落度和扩展度）的要求，对于耐久性的内容在设计给定的混凝土中根本不提。其实很多设计人员不太了解混凝土的耐久性的内容，而结构设计规范中也没有给出混凝土耐久性指标的强制性条文。无耐久性指标要求，实验配制人员、搅拌操作人员也不考虑混凝土耐久性问题，成为裂缝和诸多问题产生的重要原因。

（3）发展规模小，产能过剩。预拌混凝土企业多数规模较小、过度分散导致无序竞争加剧，社会、经济和技术成本居高不下。近几年，我国预拌混凝土搅拌站数量增长过快，再加上混凝土产业区域性的发展，缺乏科学投资和长远规划建设，导致出现了预拌混凝土的产能过剩现象，同时出现企业同行的无序竞争，重价格、轻质量，严重扰乱了市场，制约了预拌混凝土企业的科学发展。以上种种，造成了企业资金周转困难，社会资源极大浪费，从而抑制了预拌混凝土企业的发展壮大。

（4）企业资金需求量大。预拌混凝土生产经营不但混凝土原材料和设备、能源消耗成本比例大，而且许多时候要垫资经营，造成企业资金运转困难。从我国目前预拌混凝土企业投资上来看，主机设备仅占总投资12.5%，运输设备占到总投资的1/2，泵送设备大约占15%，其他投资总和仅为22.5%。

2. 破解行业难题的对策

目前预拌混凝土行业面临的主要突出问题和矛盾依然尖锐，主要表现为：产业结构不合理、市场准入门槛低、有些地区产能过剩、对混凝土质量重视不够、企业创新能力不足、企业生产经营成本上升和资金压力等问题，制约预拌混凝土企业的发展。预拌混凝土企业面对行业的新问题和新特点应从以下几点入手，提高企业的竞争力。

（1）改变企业产品结构模式。预拌混凝土企业将企业的发展模式从数量扩张向质量效益发展转变，从单一的混凝土产品向多元化的水泥制品转型。依靠科技进步，管理创新，提高企业人员的综合素质，达到快速提高运营效率的目的，使企业能够向建筑工程、交通工程、市政工程、水电工程等多个领域提供高性能混凝土和特种混凝土产品。向市场提供生产差异化、技术含量高、附加值高的混凝土产品。

（2）提高企业自主创新能力。预拌混凝土企业要不断增强企业的自主创新能力，创新发展思路，更新管理经验，以成本管理为要点，更加注重产品质量和企业效益，以创造社会效益为最终目的，进行技术升级，降本增效，增强企业核心竞争力。预拌混凝土的转型升级，必须以提升企业的技术水平和管理水平为基础，尤其要重视节能环保和废弃物的综合利用技术对混凝土企业发展所起的重要作用。把各种尾矿石、机制砂、石粉、卵石、建筑垃圾等经过加工分选之后，作为混凝土的原材料利用。既可以降低成本，缓解资源日趋紧张的状况，同时又可以充分利用“三废”利用率30%的国家政策，争取享受国家税收优惠政策。

（3）加强合作，解决企业资金压力。有条件的大型龙头骨干企业，以把企业做大做强为动力，审时度势，可直接与资本市场对接。对于中、小预拌混凝土企业可结合本地区行业和企业的实际情况，依靠国家法律、法规和政策，采用市场运作的方式，积极探索和尝试多种合作模式，努力在资本市场获得融资与整合平台，克服混凝土企业融资渠道窄、融资方式单一、融资成本高等难题，缓解企业资金压力。

第2章 胶凝材料

胶凝材料是指混凝土材料中除骨料、水及外加剂之外的所有具有凝结作用的粉体材料，不同胶凝材料的胶结性见表2–1。有些胶凝材料自身具有水硬性，即材料自身可以水化并提高混凝土的强度或者具有潜在水硬性，它们能与拌和物中共存的水泥水化产物发生化学反应，进而表现出水化活性。也有一些胶凝材料基本上是化学惰性，但对其他材料水化有催化作用或对新拌混凝土的性能有物理作用。

表2–1　　不同胶凝材料的胶结性

材料	胶结性
硅酸盐水泥熟料	完全胶结性（水硬性）
矿渣粉	潜在水硬性，部分水硬性
天然火山灰	掺入硅酸盐水泥中具有潜在水硬性
低钙粉煤灰（F类）	掺入硅酸盐水泥中具有潜在水硬性
高钙粉煤灰（C类）	掺入硅酸盐水泥中具有潜在水硬性，但自身也具有较小的水硬性
硅灰	掺入硅酸盐水泥中具有潜在水硬性，但物理作用很大
石灰石粉	主要表现为物理作用，但掺入硅酸盐水泥中具有较低的潜在水硬性
其他填充料	化学惰性，只具备物理作用

2.1 水　泥

水泥是一种水硬性的胶凝材料，加水拌和成塑性浆体，能胶凝砂、石等材料并能在空气中和水中硬化的粉状水硬性胶凝材料。水泥是混凝土中最重要的组成成分之一，其性能直接影响混凝土的性能，如工作性、凝结时间、强度和耐久性等。水泥广泛应用于工业、农业、国防、交通、城市建设、水利和海洋开发等工程建设中，混凝土企业使用的水泥通常为普通硅酸盐水泥，其产品标准依据《通用硅酸盐水泥》（GB 175—2007）。

2.1.1　硅酸盐水泥的技术指标

1. 细度

细度是指水泥颗粒的粗细程度，是影响水泥性能的主要指标。水泥颗粒越细，与水发生反应的比表面积越大、水化反应越快，早期强度越高。若水泥颗粒过粗，则不利于水泥活性的发挥，一般认为水泥颗粒小于30μm时才具有活性，大于90μm后水泥的活性就很小了。为保证水泥具有一定的活性和凝结硬化速度，必须对水泥提出细度的要求。水泥的细度可用筛析法和比表面积法检测。

在目前我国大多数水泥粉磨条件下，水泥磨得越细，其中的细颗粒越多。增加水泥的比表面积能提高水泥的水化速率，提高早期强度，但是粒径在1μm以下的颗粒水化很快，几乎对后期强度没有任何贡献，倒是对早期的水化热、混凝土的自收缩和干燥收缩有贡献。水化快的水泥颗粒水化热释放得早，消耗混凝土内部的水分较快，引起混凝土的自干燥收缩；细颗粒容易水化充分，产生更多的易于干燥收缩的凝胶和其他水化物。粗颗粒的减少，减少了稳定体积的未水化颗粒，影响到混凝土的长期性能。

2. 标准稠度用水量

水泥的技术性质中有体积安定性和凝结时间，为了使其检验结果具有可比性，国家标准规定必须采用标准稠度用水量的水泥净浆来测定，获得这一稠度时所需的水量称为标准稠度用水量。影响标准稠度用水量的因素有水泥熟料的矿物组成、水泥的细度、混合材料的种类和数量等。

水泥的标准稠度用水量在一定程度上反映了水泥的需水量，水泥标准稠度用水量与混凝土用水量有一定的关系。在其他因素不发生变化时，水泥的标准稠度用水量增加，要达到相同的坍落度，混凝土用水量也要相应地增加。匡楚胜以水泥标准稠度用水量25%作为标准值，得出混凝土用水量与水泥标准稠度用水量变化的经验公式：

$$\Delta W=C(N-0.25)\times 0.8 \tag{2-1}$$

式中 ΔW——每立方米混凝土用水量变化值，kg/m^3；

C——每立方米混凝土水泥用量，kg/m^3；

N——水泥标准稠度用水量，%。

从式（2-1）可以看出，当水泥用量为300kg/m^{3}时，水泥标准稠度用水量变化1%，保持混凝土坍落度不变，混凝土用水量要增加2.4kg/m^3。

3. 凝结时间

水泥的凝结时间是指水泥从开始加水拌和到失去流动性质所需的时间，分为初凝时间和终凝时间。初凝时间为水泥从开始加水拌和起至水泥浆开始失去塑性所需的时间；终凝时间是水泥开始加水拌和起至水泥浆完全失去可塑性并开始产生强度所需的时间。水泥的凝结时间对施工有重要实际意义，其初凝时间不宜过早，以便在施工中有足够的时间完成混凝土或砂浆的搅拌、运输、浇筑等操作；终凝时间不宜过迟，以使水泥能尽快硬化和产生强度，进而缩短施工工期。

水泥的凝结时间是基于用净浆达到标准稠度用水量的情况下，且在标准养护室养护等条件下测得的，水灰比在0.24～0.27，而混凝土中既有砂石骨料，水胶比随强度等级变化（一般均大于0.27）。预拌混凝土一般还掺有粉煤灰和缓凝剂，即使在同等养护条件下混凝土的凝结时间一般都大于水泥的凝结时间。单位体积混凝土中骨料含量越高，水胶比越大，粉煤灰掺量越大，缓凝剂用量越多，则混凝土的凝结时间越长。水泥凝结时间波动1h，配制混凝土后的凝结时间变化一般要大于1h，往往被“放大”到几个小时。

4. 体积安定性

水泥体积安定性是指反应水泥浆体在硬化过程中或硬化后体积是否均匀变化的性能。安定性不良的水泥，在浆体硬化过程中或硬化后可能产生不均匀的体积膨胀，甚至引起开裂，进而影响和破坏工程质量，甚至引起严重的工程事故。体积安定性不良的水泥不能用于工程中，按废品处理。造成水泥安定性不良的因素主要有：① 熟料中的游离氧化钙含量过多，游离氧化钙水化慢，而且水化生成氢氧化钙时体积膨胀，给硬化的水泥石造成破坏；② 熟料中游离氧化镁含量过多，熟料中的游离氧化镁的水化速度更缓慢，且体积膨胀，造成水泥石膨胀破坏；③ 水泥中三氧化硫含量过多。

5. 水泥的强度等级

水泥的强度是水泥的重要力学性质，它与水泥的矿物质组成、水灰比大小、水化龄期和环境温度、湿度等因素密切相关，同一水泥在不同条件下所测得的强度值有差异。为使试验具有可比性，水泥强度必须按《通用硅酸盐水泥》（GB 175—2007）和《水泥胶砂强度检验方法（ISO 法）》（GB/T 17671—1999）的规定来检测。根据检测结果，将硅酸盐水泥分为 42.5、42.5R、52.5、52.5R、62.5 和 62.5R 六个强度等级。水泥强度等级的高低直接影响混凝土抗压强度的高低。

6. 烧失量和不溶物

烧失量是指水泥在一定灼烧温度和时间内，烧失的质量占原质量的百分数。烧失量越大，说明水泥质量越差。国家标准规定，Ⅰ型硅酸盐水泥的烧失量不得大于 3.0%；Ⅱ型硅酸盐水泥的烧失量不得大于 3.5%。

不溶物是指经盐酸处理后的残渣，再以氢氧化钠溶液处理，经盐酸中和过滤后所得的残渣经高温灼烧所剩的物质。不溶物含量高对水泥质量有不良影响，Ⅰ型硅酸盐水泥的不溶物不得大于 0.75%；Ⅱ型硅酸盐水泥的不溶物不得大于 1.5%。

7. 水化热

水泥在水化过程中放出的热量称为水泥的水化热。水泥的水化放热量和放热速度主要决定于水泥的矿物组成和细度。若水泥中 C_3A 和 C_3S 含量越高，颗粒越细，则水化热越大，放热速度越快。

8. 碱含量

当骨料中含有活性的二氧化硅，且水泥的碱含量又高时，则水泥会与骨料发生碱–骨料反应，在骨料表面生产复杂的碱–硅酸凝胶，凝胶吸水体积膨胀，从而导致混凝土开裂破坏。

2.1.2　助磨剂对水泥的影响

水泥生产企业为获得满意的早期强度常常使用助磨剂将水泥磨细。助磨剂的组分种类繁多，大多是表面活性物质，它们的加入不仅会影响水泥的粉磨效率，也会对水泥的性能产生影响。关于助磨剂对水泥与外加剂相容性的影响看法还不统一，主要由于助磨剂为多种组分复配而成，组分复杂，对水泥作用效果也有差异。有的助磨剂可以显著地提高水泥的粉磨效率，但可能对水泥的某些性能产生不利作用，因而影响水泥的质量。

1. 助磨剂对水泥粉磨的影响

在熟料粉磨过程中，助磨剂组分可以改善磨制水泥粉体的流动性，减小粉体的休止角，改变颗粒的粒径分布。加水泥颗粒的形状和粒径分布对水泥标准稠度用水量、凝结时间和强度等有决定性作用，掺入不同种类助磨剂，对磨制水泥的物理性质有显著影响。没有添加助磨剂时，熟料与石膏共同粉磨时，大量石膏微粒吸附在 C_3A 矿物相的表面；加入助磨剂进行粉磨时，助磨剂会强烈吸附在C_3A矿物相和石膏粉体的表面，阻碍了石膏微粉在熟料颗粒表面的吸附。这会导致采用助磨剂粉磨的水泥在加水拌和时，C_3A水化速率加快，导致减水剂的消耗量增加，从而影响水泥与减水剂的适应性。

2. 助磨剂对减水剂分子吸附特性的影响

水泥粉磨过程中，熟料颗粒表面及内部会发生大量的-Si-O键和Ca-O键的断裂，因此断面两侧出现一系列交错的Si^{4+}、Ca^{2+}和O^{2+}的活性点，产生强烈的电子密度差异，这些强极性的活性点会彼此吸引，又逐渐积聚成松散的团聚体。在机械应力的进一步作用下，再陆续发生类似于金属焊接的过程，形成较为坚固的大颗粒。当粉磨过程中掺加助磨剂时，极性的助磨剂分子可以吸附于断裂面的活性点上，使得断裂面上的电子密度降低，从而减弱甚至消除积聚的趋势，阻止物料颗粒团聚，提高风选效率，起到分散物料的作用。由此可见，助磨剂在粉磨过程中会大量吸附在水泥颗粒表面，形成具有一定取向和结构的吸附层，从而使水泥与减水剂的适应性产生变化。

助磨剂组分对水泥颗粒表面性质会产生影响，如果使颗粒吸附能力降低，则可以改善水泥与减水剂的适应性。李宪军研究发现：掺助磨剂组分磨制的水泥对萘系减水剂分子的吸附量大小为：丙三醇＞乙二醇＞三乙醇胺＞空白＞多聚磷酸盐，掺多聚磷酸盐磨制水泥对减水剂分子的吸附量最小，对水泥与减水剂的适应性有一定改善作用。水泥颗粒表面既是助磨剂分子的吸附场所，又给减水剂分子提供活性吸附点。因此，颗粒的表面状态会对减水剂分子的吸附产生重要影响，磨制水泥的比表面积、孔隙率、表面能以及表面活性点的数目等对减水剂吸附情况有重要作用。

3. 助磨剂对水泥初期水化进程的影响

助磨剂组分不仅直接改变水泥颗粒表面性质、颗粒对减水剂分子的吸附情况，而且直接对水泥初期水化过程产生影响，包括水泥凝结、水化速率、进程以及水化产物形态和结构等，同样也会对水泥净浆流动性产生影响。

（1）醇胺类助磨剂。大都是以三乙醇胺（TEA）或其衍生物作为主要组分。大量试验发现，以三乙醇胺作为助磨剂所磨制的水泥与大多数减水剂都存在适应性不良的问题。TEA分子结构特殊，具有很强的极性，易于吸附到水泥颗粒断面的活性点上，降低比表面能从而达到助磨的效果。三乙醇胺在助磨剂中的有效掺量小于0.02%时，三乙醇胺会加速C_3A水化，产生快促凝早强作用，水化产物增加了减水剂分子的无效吸附量，抑制减水剂的分散作用，致使流动度及其保持性均较差。三异丙醇胺（TIPA）具有同三乙醇胺相似的促进水泥水化的作用。三异丙醇胺可以促进水泥水化中间相的溶解，促进水泥早期水化。另外，三异丙醇胺更有利于C_4AF的溶解和水化，能够加快石膏耗尽后中间相水化生成AFm的反应，这些作用效果均会影响到减水剂分子的吸附分散作用。

（2）多元醇类助磨剂。二元以上极性有机基团（特别是羟基）有机物具有较好的助磨效果，而且随着极性官能团数量的增加和非极性官能团结构的增大，助磨性能更好。不同聚合度的聚合甘油（单体为丙三醇）与木质素磺酸钙、糖蜜和三乙醇胺之间助磨效果的差异。多元醇类助磨剂由于存在大量的羟基，可以优化水泥颗粒分布情况，具有良好的助磨效果，并且在水泥拌和阶段对水化影响较小，有轻微的缓凝作用，在与其他助磨剂组分复配后，经济效益和助磨效果更佳。多羟基的醇类物质能够有效延缓水化放热和初始结构形成，适量的多羟基糖类助磨剂对水泥与减水剂的适应性无不良影响甚至有改善作用，适当掺量的多元醇类

能够有效抑制 C_3A 的初期水化，不影响其最终水化。

（3）盐类助磨剂。目前最常用的主要有硫酸盐类、磷酸盐类和有机酸盐类等。水泥中的微量盐类助磨剂吸附在水泥颗粒表面，显著改变了水泥颗粒的表面性质，尤其是盐类助磨剂对 Ca^{2+}和 Fe^{3+}的结合作用起到关键作用，这对于后期水泥与减水剂分子之间的相互作用产生间接的但极为重要的影响。硫酸盐具有明显的早强效果，其电离出的 SO_4^{2-}在颗粒表面的吸附能力比减水剂分子的吸附能力强，从而会抑制其他减水剂分子的吸附，宏观上就表现出减水剂的减水率下降，流动度损失加快，导致水泥与减水剂适应性不良。多聚磷酸盐可以减缓水泥颗粒水化，有利于减水剂的有效吸附，不仅不会影响减水剂的减水效果，甚至能改善减水剂后期的减水作用。改变多聚磷酸钠的掺量可有效调控硅酸盐水泥的水化热历程以及结构形成过程，在水泥初始水化阶段，延缓 C_3A 的水化，从而减少了水泥水化产物对减水剂的吸附，某种程度上会改善水泥与减水剂的适应性。

2.1.3　水泥水化过程

硅酸盐水泥与水拌和后，水泥熟料矿物与水发生的水解或水化作用，称为水泥的水化，水化反应产生新的水化产物，并放出一定的热量。这一水化过程最初形成具有可塑性又有流动性的浆体，经过一段时间，水泥浆体逐渐变稠而失去塑形，这一过程称为凝结。随着时间的继续增长，水泥产生强度且逐渐提高，并变成坚硬的石状物体（水泥石），这一过程称为硬化。

水泥的凝结与硬化是一个连续的复杂的过程，这些变化决定了水泥一系列的技术性能。了解水泥的凝结与硬化的动态过程（见图 2－1），对于了解水泥的性能有重要的意义。

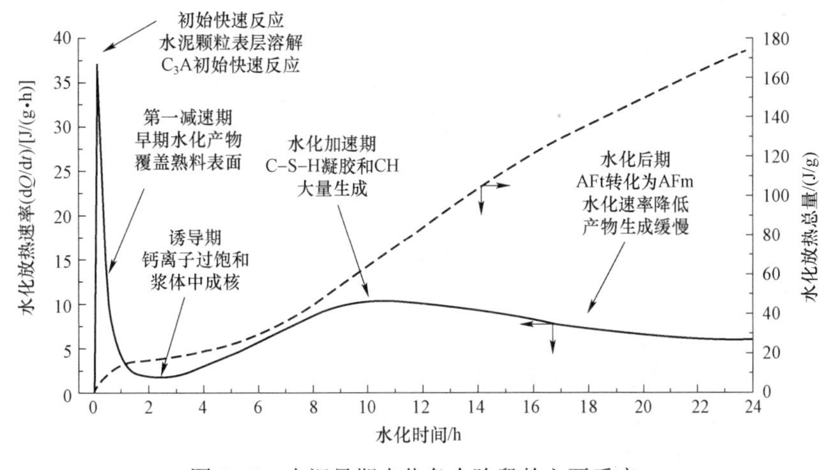

图 2－1　水泥早期水化各个阶段的主要反应

从图 2－1 可将水泥水化分为四个阶段：初始快速反应期、诱导期、水化加速期、水化后期，各阶段水化特点描述分析如下。

第 I 阶段，初始快速反应期（诱导前期）。这个阶段的最初约 15min 为诱导前期，该阶段主要是石膏的溶解，C_3A、C_4AF 和 C_3S 的水化反应，其次碱金属无机盐也会迅速溶解，部分 f－CaO 也会水化。最主要的反应是石膏的溶解和 C_3A 的水化，决定着新拌混凝土的流动性。水泥初期水化速率影响水泥塑性阶段的性能主要包括以下三个方面：① 最早期水化产物的数量和形貌影响水泥浆体的流动性；② 最早期水化产物大量吸附减水剂；③ 最早期水化产物覆盖吸附到固相表面的减水剂，使其失去分散作用。

第Ⅱ阶段，诱导期（潜伏期）。这一阶段为相对的不活泼期，这就是硅酸盐水泥为什么能在几个小时内保持塑形状态的原因，这一阶段的时长要求保证水泥材料有较合理的施工时间。

第Ⅲ阶段，水化加速期（凝结期）。由于渗透压的作用，水泥表面的水化产物包裹层破裂，水泥水化进入溶解反应控制的加速阶段。随着以C-S-H凝胶等为主的水化产物的积累，游离的水分不断减少，浆体开始失去塑性，即出现凝结现象。

第Ⅳ阶段，水化后期（硬化期）。C-S-H凝胶、氢氧化钙晶体、三硫型水化硫铝酸钙晶体增加，然后由于石膏的进一步消耗，三硫型水化硫铝酸钙转化为单硫型水化硫铝酸钙晶体。随着水化产物的不断增加，水泥颗粒之间的毛细孔不断被填充，逐渐形成水化产物网状结构，得到具有一定强度的水泥石。水化产物的增加带来了空隙率的减少、渗透性能的降低，以及离子导电通道的减少和强度的增加。

2.1.4 预拌混凝土行业使用水泥的现状

近年来，预拌混凝土企业普遍反映水泥行业存在水泥早期强度高、细度细、碱含量高、熟料中C_3A和C_3S含量偏高；混合材掺加混乱，存在超掺、品种不明，夏季水泥出厂温度高与外加剂适应性差等现象。这些现象造成混凝土早期强度高，收缩大，开裂现象增多，已经影响到混凝土的耐久性。

1. 水泥混合材掺加零乱

预拌混凝土生产企业使用较多的水泥是普通硅酸盐水泥（P·O 42.5），为了限制普通硅酸盐水泥中的混合材超掺合、品种零乱现象，《通用硅酸盐水泥》（GB 175—2007）规定普通硅酸盐水泥中混合材的掺量限值不超过20%，并规定了混合材的品种。在所谓的“P·O 42.5”水泥中，混合材掺量超过《通用硅酸盐水泥》的规定，普通硅酸盐水泥的混合材掺量超过30%；复合硅酸盐水泥的水泥熟料用量在40%左右，惰性的石灰石粉掺量超过20%的情况很普遍。由于水泥生产企业混合材供应存在多种因素，混合材品种多种多样，化学与矿物组成无人知晓。如果水泥生产企业能够明示产品中水泥混合材的品种及掺量比例，混凝土生产企业技术人员可以据此调整混凝土的配合比，生产出满足工程要求的混凝土且不存在技术问题，能保证混凝土工程质量。问题在于水泥生产企业不告知其水泥中混合材的品种及掺量，使混凝土企业技术人员无法针对水泥情况采取有针对性的措施，有时可能造成工程事故，这也是混凝土生产企业对于水泥品质不满意的原因之一。

《通用硅酸盐水泥》（GB 175—2007）中有关水泥组分的规定不是强制性条文，仅仅依靠混凝土生产企业自己检验，缺乏监督管理，再加上大多数混凝土生产企业技术人员对该条文和检验方法不熟悉，不能有效地维护自己的合法权益。因此，建议粉煤灰、矿渣粉以及其他矿物掺合料供应充足的地区，优先选用P·Ⅰ或P·Ⅱ硅酸盐水泥，由混凝土生产企业自己掺加粉煤灰、矿渣粉以及其他矿物掺合料，不仅可以降低生产成本，也便于混凝土质量控制。在当地没有适宜的矿物掺合料的地区，由于使用矿物掺合料可以提高混凝土的耐久性能，所以应尽量采用矿渣硅酸盐水泥、粉煤灰硅酸盐水泥或火山灰质硅酸盐水泥。

2. 水泥早期强度高

水泥早期强度高，后期强度增长速率缓慢、停滞增长，甚至出现强度倒缩现象，是混凝土企业技术人员对水泥品种不满意的另一个原因。早期强度高的水泥普遍具有以下共性：① 熟料早期水化速率（强度）高；② 水泥中含有较多的熟料细粉（<3μm）；③ 水泥中石膏的形态和数量没有得到正确的优化；④ 碱含量高。水泥和混凝土的唯强度论，即“强度第一，甚至强度唯一”，再加上施工单位为了缩短工期，提高模板周转速率，要求混凝土早期强度高，使这一错误观念从混凝土行业传递到水泥行业，很多人错误地认为水泥强度的唯一来源就是水泥（或掺合料）的化学反应能力。水泥生产企业为满足水泥使用者的要求，被动采用磨细的手段提高水泥熟料反应速率，提高早期强度。水泥粉磨得过细会加快早期水化速率，提高早期水化热，增加早期收缩，提高减水剂掺量，增加坍落度损失。毋庸置疑，半个多世纪以来混凝土耐久性劣化，很大一部分原因源于水泥强度特别是早期强度提高、细度变细。

影响水泥早期强度的因素包括化学作用和物理作用两个方面，如图 2-2 所示。即水泥早期水化速率高和水泥粉体堆积密度高。图 2-2 中影响水泥早期水化速率的因素主要有熟料早期水化速率高，较多的熟料细粉（即熟料偏细）C_3A 含量高和水泥碱含量高，这几种因素均促进水泥早期水化，造成水泥早期强度偏高，其中，C_3S、C_3A 含量高、水泥水化速率快，对水泥早期强度影响更为显著。高含量、高活性的 C_3S、C_3A 是水泥劣化的主要因素。水泥粉体堆积密度的高低往往可以反映水泥的颗粒级配情况。水泥堆积密度高时，水泥的空隙率相对低，较少的水化产物就可以有效填充，从而提高水泥早期强度，这种情况下的高早期强度是无害的。长期以来，普遍认为提高水泥活性是提高水泥强度的唯一途径，忽视物理作用对水泥强度的影响，实际上通过优化水泥的粒度分布，提高水泥水化前的堆积密度，既可以显著提高水泥强度，又可以降低水化速率。危害混凝土耐久性的本质是水泥熟料早期水化速率快，而不是水泥的早期强度高。在水泥熟料中掺加较细的混合材，改变胶凝材料的粒度分布，提高水泥早期强度的同时，不加快水泥的早期水化速率，则对混凝土耐久性没有明显危害。因此，从水泥细度角度而言，符合混凝土耐久性要求的水泥应：① 单位立方米混凝土中尽量低的熟料含量；② 早期（数分钟至 3d）尽量低的水化速率；③ 28d 之内足够的水化程度，且至少保持 5～10 年持续提供水化产物的能力；④ 粉体颗粒具有较高的堆积密度。为满足上述要求，熟料的细粉（<3μm 颗粒）要有一个较低的限量，建议一般性的标准小于 10%，严格标准小于 8%，在水泥粉磨时采用分别粉磨工艺。

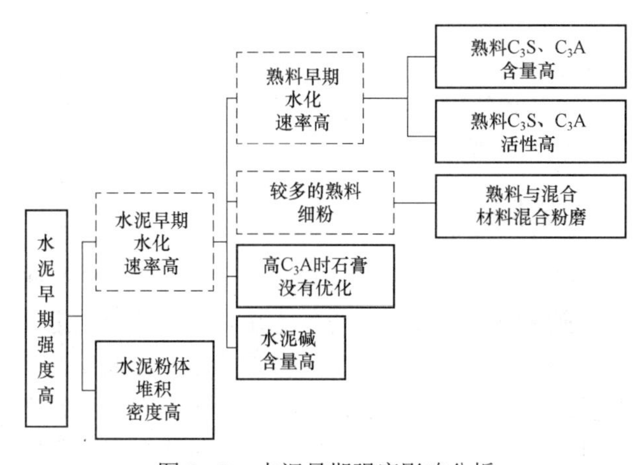

图 2-2　水泥早期强度影响分析

3. 水泥早期水化速率快

水泥早期水化速率高的原因如图 2-2 所示，其中熟料 C_3S 数量和活性的增加是半个多世纪以来水泥质量方面最大的变化，如图 2-3 所示。自 20 世纪 70 年代，水泥行业窑外分解窑和与之配套的高效篦冷机开始应用，显著提高了熟料的煅烧强度，使得明显提高熟料饱和比成为可能。不仅饱和比的提高使得熟料中鲍格计算式法计算的 C_3S 可以高达 60%以上，而且，窑外分解窑普遍采用快烧急冷的工艺方式，一方面使得熟料中实际存在的 C_3S 可以比计算值高 8%～10%（绝对值）；另一方面，熟料中的硅酸盐矿物晶格缺陷显著增加，使得熟料水化反应速率增加。这些都使熟料早期水化速率显著加快。由于我国一直采用混合粉磨工艺，水泥中熟料细粉的含量随着水泥细度变细而增加。这又使得水泥早期水化速率增加。熟料 C_3S 数量可以调整，但其活性却很难降低，或者说降低 C_3S 活性需要付出很高的经济、能源和环境代价。

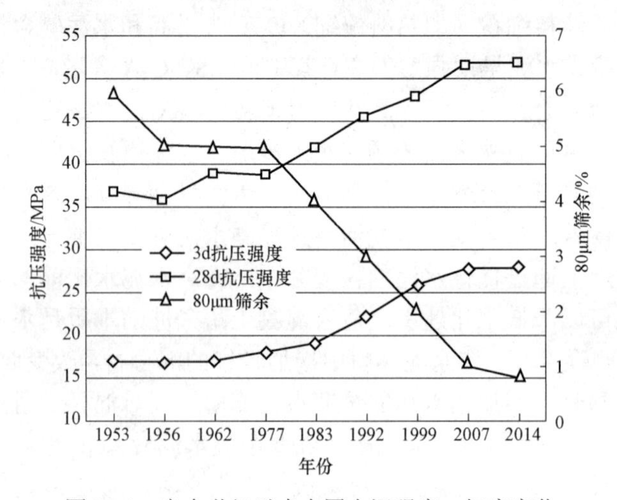

图 2-3 半个世纪以来中国水泥强度、细度变化

4. 水泥碱含量高

水泥碱含量高是由于水泥生产企业采用窑外分解窑技术，降低能耗、提高窑单位容积产量造成的。熟料碱含量是伴随窑系统粉尘排放量的减少而提高的，窑内高温区气相的碱无法在窑外冷凝到粉尘表面排除到窑外，使所有原燃材料带入窑内的碱几乎全部留在熟料中。除非在水泥厂附近找到低碱的替代原料，避免使用高碱原料，否则能有效降低熟料碱含量的措施只有旁路放风，但会显著增加热耗和粉尘排放。

2.1.5 水泥的选择和技术约定

目前预拌混凝土生产实践中所使用的水泥比较单一，大部分搅拌站使用 P·O 42.5 普通硅酸盐水泥。预拌混凝土企业使用的水泥应具有良好的匀质性和稳定性、低开裂敏感性、与外加剂良好的相容性、有利于混凝土结构长期性能的发展以及无损混凝土结构的耐久性。预拌混凝土企业应选择规模大、产品质量稳定、生产工艺先进的水泥生产厂家。预拌混凝土企业可以根据自己的特点制定详细的技术合同，如水泥的最低强度和强度标准差、混合材的品种及掺量、C_3A 的含量、碱含量、比表面积等。预拌混凝土企业在水泥的选择问题上应综合考虑以下几点。

1. 与外加剂具有良好的相容性

水泥和外加剂的相容性直接影响混凝土的质量，水泥与外加剂的相容性差会产生一系列的问题，如混凝土流动性差、坍落度损失过快、泌水严重、凝结时间异常等等。水泥与外加剂相容的问题如果不能有效解决，会对混凝土的性能造成严重的影响，如混凝土的坍落度损失过快，混凝土流动性差，工人为了达到他们所理想的流动性，便会进行现场加水。

影响水泥和外加剂相容性的因素很多，有些因素可以通过外加剂的复配和调整混凝土配合比的方式解决，但有些因素通过调整外加剂的方式很难解决。比如水泥的 C_3A 和可溶性碱含量高的水泥，欠硫现象十分严重，有时补硫的量超出外加剂所能溶解的最大溶解度，此时，如果水泥厂家调整 C_3A 的含量或者可溶性碱的含量会相对简单得多。此外，与外加剂相容性好的水泥，较低的外加剂掺量就可以达到满意的效果，经济性也好。

2. 具有良好的质量稳定性

水泥的各项技术指标除必须满足国标外，还应保持产品的匀质性和稳定性，其化学矿物成分、细度、各龄期强度、凝结时间、标准稠度用水量等不能有太大的波动，特别是水泥强度不能大起大落，早期强度应适宜。

3. 标准稠度用水量低

水泥的标准稠度用水量与混凝土用水量具有很强的相关性，水泥标准稠度用水量高，相应的混凝土的用水量也高。较低的标准稠度用水量有利于降低混凝土用水量，降低水胶比，克服用水量过高对混凝土强度和耐久性的危害。

4. 比表面积要适宜

水泥的比表面积不宜过大，也不宜过小。过大的比表面积虽然可以提高混凝土的早期强度，满足施工单位工程进度的要求，但水泥的水化速率过快，对混凝土坍落度损失和裂缝控制带来一定的难度。比表面积也不宜过小，比表面积过小，水泥水化速率慢，混凝土易出现泌水现象。

2.1.6 水泥质量突变及应对措施

在预拌混凝土生产实践中偶然会遇到水泥质量突变，混凝土状态明显异常，混凝土的颜色、需水量、初始坍落度及坍落度经时损失、保水性、黏聚性甚至出现更为特殊的情况，如闪凝、假凝、膨胀、开裂等。当出现水泥质量突变时，往往正处在混凝土生产供应状态，不论是否知道水泥质量发生变化的原因，保障混凝土的质量都应放在首位。

一般水泥质量发生突变持续的时间不会很长，应急措施则显得重要，而水泥的供需双方及时进行信息沟通必不可少，尤其是预拌混凝土企业的技术人员与水泥厂的质量控制人员之间的沟通。此外，预拌混凝土企业应制订应急预案，具有相应能力的技术人员及时介入处理，以保证混凝土的生产正常，质量受控。

1. 水泥颜色明显异常

在混凝土生产过程中，发现混凝土颜色发生变化，经检查原材料确定是由于水泥颜色异常引起的，应立即与水泥生产厂家和运输单位联系，确定水泥是否发错或在装车、运输过程中掺杂。若发货错误，则按实际品种和规格使用；若掺杂则要考虑杂质的危害程度，至少要降低等级使用或非重要部位使用，如垫层。若因水泥的原材料颜色变化而引起混凝土的颜色变化，对于混凝土表观颜色有特殊要求的项目应停供，其他项目可正常供应。

2. 水泥需水量增加

水泥需水量增加导致混凝土初始坍落度过小，可提高减水剂用量或增加用水量。在提高外加剂用量时，应及时与外加剂供应商联系，了解外加剂中的引气、缓凝等组分的含量，控制最高掺量，防止由于外加剂超掺引起混凝土缓凝或含气量过大而引发次生质量事故。若增加外加剂掺量到外加剂厂家推荐的最大掺量，混凝土仍然达不到理想的工作度，应保持水胶比的情况下，增加用水量。在解决因水泥需水量增加引起的混凝土工作性变差的问题时，首先要考虑增加外加剂掺量，其次辅以增加用水量，因为保持水胶比不变的情况下，用水量增加，胶凝材料相应增加，混凝土浆体变大，混凝土抗裂性变差。

3. 水泥化学成分变化导致混凝土坍落度损失过快

水泥的化学成分变化时间很有规律性，一般是在春末夏初和秋末冬初变化比较大，导致水泥和外加剂发生严重的不适应，混凝土坍落度损失过快。一般是水泥中的某一或某些组分变化导致 C_3A、可溶性 SO_3 和可溶性碱三者的平衡关系被打破，造成浆体流动性损失过快。一方面是水泥烧制过程中原材料发生变化，造成水泥中的可溶性碱增加促进 C_3A 溶解，导致水泥“欠硫”造成混凝土坍落度损失过快。在水泥粉磨过程中，石膏形态发生变化造成可溶性 SO_3 不足，由于磨机温度过高使二水石膏脱水变成半水石膏或者无水石膏，或者有时水泥生产过程中更换石膏品种，由于石膏形态的差异造成水泥浆体中可溶性石膏不足或过量，均会造成混凝土坍落度损失过快。此外，水泥中的 C_3A 因某种原因活性降低，而水泥中的半水石膏较多，此时石膏溶解速率过快，二水石膏晶体大量形成，水泥浆体的流动度降低造成坍落度损失过快。

由于水泥的化学成分变化导致水泥与外加剂相容性差，造成混凝土坍落度损失过快的情况，应及时通知外加剂厂家针对水泥调整外加剂，但一般采用增加现有外加剂掺量的办法很难控制混凝土坍落度损失。在混凝土生产过程中应急的办法是保持水胶比不变，增加用水量，提高初始混凝土初始坍落度。也可以采用施工现场二次添加外加剂的办法增大混凝土坍落度，但要注意外加剂的最大掺量，二次添加外加剂后需充分搅拌。

4. 水泥保水性差，造成混凝土泌水

水泥质量发生波动，造成混凝土泌水，应降低外加剂掺量，降低用水量，增加粉煤灰用量，提高砂率，增加细砂的使用量，采用上述措施的一种或几种来提高混凝土保水性。若出现滞后泌水，应通知外加剂厂家调整配方。

5. 水泥温度过高

在夏季，水泥供应紧张时，水泥温度一般大于 60℃，有时高达 80～90℃就出厂。温度过高的水泥立即使用时，会出现早期水化速度快，需水量增加，对外加剂吸附量的增大，混凝土坍落度损失大和凝结时间缩短等异常现象。针对这些情况，可以采用增加外加剂用量的办法，外加剂掺量在原有掺量的基础上提高 0.2%左右可以获得较好的效果。夏季温度高，使用温度过高的水泥进行生产时，有时会遇到实验室试验效果很好，但实际生产中混凝土坍落度损失过快。其原因是实验室的同批或同车水泥样品数量少，降温速度快，大罐的水泥不易降温。即使是从生产罐体里取出的水泥拿到实验室试验，在试验过程中水泥温度下降也会影响到混凝土坍落度损失，一般表现为实验室的试验好于生产。

2.2 粉 煤 灰

粉煤灰又称飞灰，是由燃烧煤粉的锅炉烟气中收集到的细粉末，一部分呈球形，表面光滑，由直径以 μm 计的实心或空心玻璃微珠组成；另一部分为玻璃碎屑以及少量的莫来石、石英等结晶物质。通常情况下，粉煤灰呈银灰色，颗粒粒径在 0.5～80μm，平均值在 10～30μm。《用于水泥和混凝土中的粉煤灰》（GB/T 1596—2017）对其技术进行规定，但该标准对磨细、粉煤灰没有明确规定，因此预拌混凝土企业可以参照《矿物掺合料应用技术规范》（GB/T 51003—2014）对进场粉煤灰进行质量控制，见表 2-2。

表 2-2　　粉煤灰和磨细粉煤灰的技术要求

项目		技术指标			
		F 类粉煤灰		磨细粉煤灰	
		级别			
		Ⅰ	Ⅱ	Ⅰ	Ⅱ
细度	45μm 方孔筛筛余量（%）	≤12.0	≤25.0	—	—
	比表面积/（m^2/kg）	—		≥600	≥400
需水量比（%）		≤95	≤105	≤95	≤105
烧失量（%）		≤5.0	≤8.0	≤5.0	≤8.0
氯离子含量（%）		≤1.0			
含水量（%）		≤1.0			
三氧化硫（%）		≤3.0			
游离氧化钙（%）		≤1.0			

2.2.1 粉煤灰的物理性质

粉煤灰的物理性质是粉煤灰品质分级、分类的一个重要依据，包括颜色、密度、细度和需水量比等几个方面的内容。

1. 颜色

受燃烧条件及化学组成的影响，粉煤灰的颜色在乳白色至灰色或灰黑色之间变化。粉煤灰的颜色与它的化学组成、细度、含水量和燃烧条件有关。粉煤灰颜色浅，一般烧失量较小，需水量较低。随着含碳量变化，粉煤灰的颜色可以从乳白色变到黑色。高钙粉煤灰往往呈浅黄色，含铁较高的粉煤灰也可能呈现比较深的颜色。

2. 密度

粉煤灰的密度与其颗粒组成有关，密实颗粒比重越大，密度越大。粉煤灰密度为 1.77～2.43g/cm^3，平均密度为 2.1g/cm^3。

3. 细度

粉煤灰颗粒整体的粗细程度用细度指标表示，是粉煤灰一项非常重要的性能指标。粉煤灰细度对其质量的影响主要体现在以下两个方面。

（1）影响粉煤灰的活性。粉煤灰颗粒越细，其活性成分参与火山灰反应的面积越大，则反应能力越强，反应速度越快，反应程度也越充分。在粉煤灰颗粒中粒径小于 45μm 的颗粒对粉煤灰的活性起到积极作用，粒径在 10～20μm 的颗粒对活性发挥十分有利，粉煤灰的火山灰活性通常与粒径小于 10μm 的颗粒含量成正比。而大于 45μm 的颗粒活性很低。因此，细度对评价粉煤灰性能至关重要，是评价粉煤灰品质不可或缺的部分。

（2）影响粉煤灰的需水量比。水泥的平均粒径为 20～30μm，也就是说无论水泥如何紧密，总会存在一些空隙。而粉煤灰中活性玻璃体的粒径为 10～20μm，较小的粉煤灰颗粒可以填充水泥颗粒间的空隙，使两者组成的混合体系空隙率降低。粉煤灰越细，填充效果越好，需水量比也就越低。大颗粒的粉煤灰往往燃烧不充分，炭颗粒是多孔的海绵状颗粒，比表面积较大，能够吸附大量的水，颗粒越粗，粉煤灰需水量比相对越大。

4. 需水量比

粉煤灰需水量比是指在一定流动度（145～155mm）条件下，掺入一定量（30%）粉煤灰的水泥胶砂的需水量与基准水泥胶砂（不掺粉煤灰）的需水量之比。实践经验证明，粉煤灰需水量比在 105%时，在用水量与基准混凝土相同的前提下，新拌粉煤灰混凝土的和易性有可能达到与基准混凝土的水平；需水量在 100%左右时，掺加粉煤灰将有可能取得减水效果；而需水量在 95%以下时，则可以明显减少混凝土用水量。相对于其他火山灰质材料来说，粉煤灰具有低需水量比的优点。需水量比是衡量粉煤灰品质的重要指标，粉煤灰需水量越低，其辅助减水效果越好，拌和物流动性相同混凝土的水胶比相应降低，混凝土的性能就会提升。

影响粉煤灰需水量比的因素一般包括粉煤灰的细度、颗粒级配、颗粒形状以及烧失量等。一方面粉煤灰较小（粒径小于 20μm）的颗粒可以填充水泥颗粒间的空隙，降低胶凝材料空隙率，相应地需要填充固体颗粒中的水量减少。另一方面粉煤灰中的球状玻璃体具有滚珠轴承作用，可以减少浆体间的摩擦，在不增加用水量的情况下增加浆体流动度。在混凝土中使用粉煤灰一般不会增加用水量，除非含碳量较高。粉煤灰颗粒越细，细颗粒越多，减水效果越明显，优质Ⅰ级粉煤灰的减水率为 10%左右；部分Ⅱ级粉煤灰也具有减水作用，但减水率较小，约 5%左右；Ⅲ级粉煤灰不但没有减水作用，还会增加混凝土用水量。

用机械粉磨粉方法虽然可以提高粉煤灰的细度，但通常很难降低粉煤灰的需水量。首先，机械粉磨作用不能削弱粉煤灰中炭力的吸附性，相反由于颗粒减小，反而增强了炭粒对水的吸附性。其次，机械粉磨作用破坏了粉煤灰的球形颗粒形状，使其变成带有棱角碎块状，失去了球形可以作为滚珠轴承润滑作用。再者，机械粉磨作用增大了粉煤灰的比表面积，从而使粉煤灰表面需水量增加。尽管机械粉磨作用使粉煤灰颗粒减小，增强其填充效应，但负面效应抵消了填充效应的正面效应，使得机械粉磨的综合作用并不能达到降低粉煤灰需水量比的效果。

2.2.2 粉煤灰作用机理

粉煤灰在混凝土中的作用机理主要包括形态效应、活性效应和微集料效应三大效应。粉煤灰效应一般有对混凝土有益的正效应和对混凝土不利的负效应，在使用粉煤灰混凝土时，应综合考虑粉煤灰的效应，合理使用粉煤灰。

1. 形态效应

粉煤灰形态效应的影响主要在于改变新拌混凝土的工作性。粉煤灰具有玻璃微珠颗粒，这些玻璃微珠使水泥浆体中颗粒均匀分散，降低了颗粒之间的摩擦力，扩大了水泥水化的生成空间，从而促进了初期水泥水化反应。粉煤灰的形态效应具有正、负两种效应。其正效应包括对混凝土的减水作用、致密作用以及一定的均质化作用，具有类似普通减水剂的减水效果。而粉煤灰如果内部含有较粗的、疏松多孔、不规则的微珠颗粒和未燃尽的碳占优势，会导致需水量增加和保水性变差，丧失形态效应的优越性，影响混凝土性能，表现为负效应。在工程实践中应该通过一定的手段充分发挥粉煤灰形态效应的正效应，抑制和克服负效应。

2. 活性效应

粉煤灰的活性效应（又称为火山灰效应）是指混凝土中粉煤灰的活性成分所产生的化学效应。粉煤灰的活性效应是粉煤灰最重要的基本效应，在混凝土中可以起到胶凝材料的作用。低钙粉煤灰的活性效应主要是火山灰反应的硅酸盐化；高钙粉煤灰的活性效应包括一些属于结晶矿物的水化反应。粉煤灰中含有活性氧化硅（SiO_2）和活性氧化铝（Al_2O_3），这些化学成分在水泥的碱性水化产物 $Ca(OH)_2$ 激发下与之产生二次水化反应生成水化硅酸钙（C–S–H）、水化铝酸钙（C–A–H）等具有水硬性特点的物质，并填充于毛细孔隙内，增强了混凝土的强度。

粉煤灰的水化速度与氧化钙含量关系很大，高钙粉煤灰通常加水后能有比较强烈的水化反应，而低钙粉煤灰的这种水化反应则比较弱。混凝土中最初先是水泥的水化反应，其次是粉煤灰的二次水化反应生成的 C–S–H 凝胶体填充混凝土中的毛细孔，这也就造成了等质量取代水泥时混凝土早期强度低，后期强度高。总的来说，粉煤灰与水泥的反应将显著影响硬化水泥浆体和混凝土的最终性质，由于粉煤灰的 CaO 含量不同，粉煤灰与水泥的反应差异也比较大。这种活性作用不仅与粉煤灰的结构形态、化学成分有关，还与玻璃体有关。

粉煤灰混凝土具有很大的后期强度发展潜力。28d 龄期时，粉煤灰的水化反应仍然缓慢，此时的粉煤灰混凝土含有少量的水化硅酸钙和水化硅酸铝等水硬性物质，其强度未充分发展起来；而 90～180d 龄期时，二次水化反应已经基本结束，已反应的粉末和颗粒占据大多数，后期强度还可增高 20%～30%，优质粉煤灰配制的混凝土 6 个月以后的强度还可能增长 50%左右。掺用其他活性矿物细掺料的混凝土后期强度增长的特性不如粉煤灰混凝土那样明显。需要说明的是，粉煤灰混凝土后期强度增长的提高必须依赖于混凝土养护温度、湿度的持续保持。

3. 微集料效应

粉煤灰的微集料效应是指粉煤灰微细颗粒均匀分布于水泥浆体的基相之中，就像微细的集料一样。混凝土硬化过程及其结构和性质的形成不仅取决于水泥，而且还取决于粉煤灰的微集料效应。微集料效应可以明显增强硬化浆体的结构硬度。在粉煤灰的特征和特性中，集中了很多微集料作用的优点。

（1）从掺入粉煤灰的水泥浆体的基相整体来看，毛细孔隙致密，有利于粉煤灰混凝土强度的增长。

（2）粉煤灰玻璃微珠粒径的形态特征适宜于用作微集料，而且粉煤灰实心和厚壁空心玻璃微珠强度很高，可以起到增强水泥浆体的效果。

（3）粉煤灰玻璃微珠玻璃分散于硬化水泥浆体中，与水泥浆体的结合养护时间越长越密实。在粉煤灰和水泥浆体界面处，粉煤灰水化凝胶的显微硬度大于水泥凝胶的显微硬度。

以上都是粉煤灰的基本效应。这些效应同时存在、共同发挥影响，不能简单地把三种效应孤立开来。通常认为，对于新拌混凝土，形态效应和微集料效应起主要作用；而随着水化的发展，对于硬化中混凝土和硬化混凝土性能起主要影响的是活性效应和微集料效应。

2.2.3 粉煤灰对混凝土性能的影响

1. 粉煤灰对新拌混凝土坍落度的影响

粉煤灰的密度小于水泥的密度，用粉煤灰等量取代水泥，可以增加浆体体积。大量的浆体填充骨料间的空隙，包裹并润滑骨料颗粒，阻碍泌水通道，提高混凝土的抗离析性能。粉煤灰颗粒大多是球形玻璃体，在骨料间起到“滚珠作用”，提高混凝土的流动性，在坍落度不变的情况下，可以减少混凝土用水量。

粉煤灰对混凝土和易性的影响是多重的，单从流动性指标来看：品质优良的Ⅰ级粉煤灰可以提高混凝土的流动性，减少混凝土离析、泌水等现象的发生，改善了混凝土的工作性能，但Ⅲ级粉煤灰则使混凝土的流动性下降。这一现象对不掺外加剂的混凝土和掺外加剂的混凝土的作用是相似的，因此在生产过程中应加强粉煤灰的质量控制。

2. 对混凝土强度的影响

粉煤灰中活性成分之所以能参与火山灰反应，在于粉煤灰颗粒中的玻璃相在碱性条件下可以破裂而溶出活性成分，然后得以与 $Ca(OH)_2$ 反应生成 C–S–H 这种对强度有贡献的产物。在混凝土中，粉煤灰的玻璃相在 28d 前只发生表面蚀刻，而没有真正破裂溶出大量活性成分，28d 以后玻璃相中溶出的活性成分大大增加。粉煤灰取代部分水泥以后，由于粉煤灰活性较低，而反应又是与水泥水化产物 $Ca(OH)_2$ 发生的二次水化反应，因而生成 C–S–H 凝胶的速度较慢，这样在 28d 以内，其水泥石中 C–S–H 凝胶的数量较少，从而引起强度的下降；28d 以后的初期水泥水化进行到一定程度，沉积在水泥颗粒表面的水化产物达到相当的厚度，未水化的那部分颗粒与水接触十分困难，水化进行得非常缓慢，水化生成的 C–S–H 凝胶数量增加得很少，因而强度的增长仍有限，此时粉煤灰主要发挥的是物理效应；达到 90d 以后，粉煤灰的活性成分吸附的 $Ca(OH)_2$ 逐渐由物理吸附转变成化学反应，$Ca(OH)_2$ 的量大幅度下降，使水泥石在后期结构中 C–S–H 凝胶增加较多。这就是掺入粉煤灰的混凝土，其早期强度降低而随龄期增长其强度快速增长的主要原因。

3. 粉煤灰对抗渗性的影响

一般认为，粉煤灰的微集料效应能够改善混凝土界面结构，火山灰反应生成水化硅酸钙（C–S–H）能进一步填塞水泥石中的毛细孔隙，堵塞渗水通道，增强混凝土的密实性，增大渗透阻力，提高混凝土的抗渗性能。当然粉煤灰对混凝土抗渗性的影响还与粉煤灰的品质、掺量、养护温度、水胶比等因素密切相关，如混凝土水胶比较大时，抗渗性下降。在水胶比较低时，特别是掺有引气剂或减水剂时，可以提高混凝土的抗渗性。

4. 抗碳化和对钢筋的保护作用

粉煤灰对混凝土碳化作用有两方面的影响：一是粉煤灰取代部分水泥，使得混凝土中水泥熟料含量降低，析出的氢氧化钙数量必然减少，同时粉煤灰二次水化反应进一步降低氢氧化钙的含量，使混凝土的抗碳化性能下降；二是粉煤灰的微骨料填充效应能使混凝土孔隙细化，结构致密化，渗透速度下降，能在一定程度上减缓碳化速度。两者相比，粉煤灰的掺入对抗碳化是不利的。

对于降低混凝土成本考量，许多混凝土生产企业过于增加配合比中粉煤灰的掺量，而不考虑由此带来的混凝土耐久性问题，这是在混凝土生产过程中应该注意的。研究和实践表明，在混凝土中掺入大量的粉煤灰，会降低混凝土的抗碳化性能和抗冻性能。普通混凝土的碳化速率与水灰比近似于线性关系，掺入粉煤灰以后，相同的水胶比下，碳化速率增加。因此，在必须使用大掺量粉煤灰时，需要有其他改进措施，如采用较低的水胶比，增加混凝土的密实性，进而增强抗碳化的能力。对于抗冻混凝土，则需要掺加引气剂。

5. 粉煤灰对混凝土收缩的影响

粉煤灰对抗裂性的影响主要反映在收缩（见图 2–4 和图 2–5）和温度两个方面。掺粉煤灰混凝土的自收缩、早期收缩和总干收缩都缩小，对提高混凝土抗裂是十分有利的，特别是早期收缩的降低，对提高抗裂更加有利。但质量较差的Ⅲ级粉煤灰会增大混凝土泌水，且早期强度低，不利于抗裂。采用优质粉煤灰，且配合比设计合理，养护得当，粉煤灰对混凝土的抗裂有改善作用。

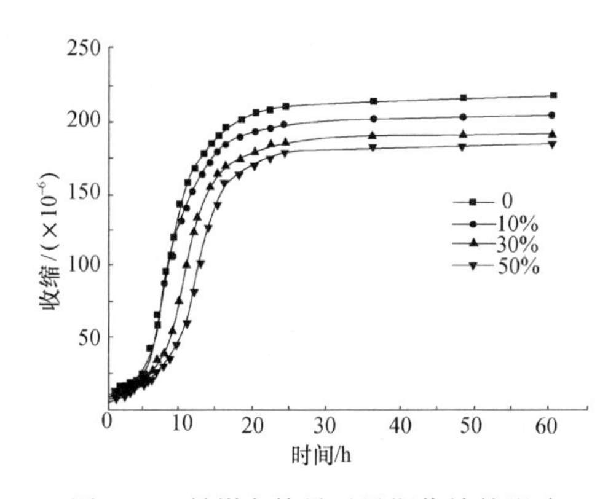

图 2–4　粉煤灰掺量对早期收缩的影响

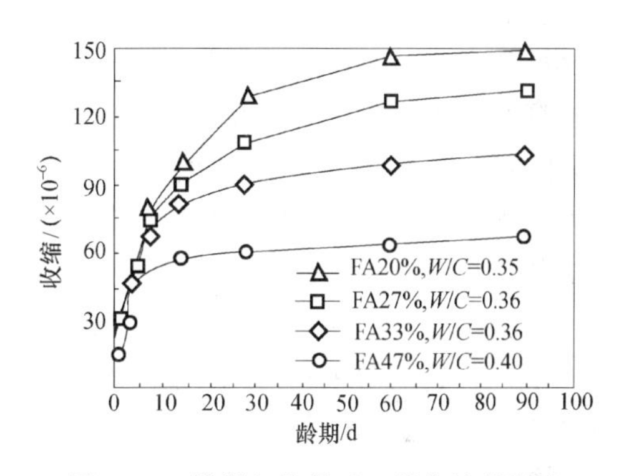

图 2–5　粉煤灰掺量对干燥收缩的影响

2.2.4　如何通过检测有效控制粉煤灰质量

随着粉煤灰用量的增加和环境措施的逐步推广，使粉煤灰在生产过程中产生了一些变化。作为混凝土企业技术人员应熟悉粉煤灰质量发生变化的原因，并采取必要的措施保障混凝土的质量安全，减少企业的经济损失。从预拌混凝土的生产实践中来看，粉煤灰在生产、运输和使用过程中主要存在以下几种常见问题。

1. 假粉煤灰

所谓“假粉煤灰”一方面是指粉煤灰的质量不能满足预拌混凝土生产所需要的质量标准，在运输过程中弄虚作假，以次充好的行为；另一方面是指粉煤灰中掺加有别的物质，不是真正的粉煤灰。针对这两种常见的“假粉煤灰”，作为预拌混凝土企业技术人员，应在进厂检测的过程中严格检测。

（1）粉煤灰质量造假。随着粉煤灰在预拌混凝土中的广泛使用，市场对粉煤灰的需求量增大，尤其在粉煤灰供应紧张的季节，出现供不应求的现象。粉煤灰的供应商为了满足需求和更大的经济利益，到处购买，质量不稳定，甚至不同等级的粉煤灰拼凑，运输罐车的上部装符合质量要求的粉煤灰，罐车底部装质量差的粉煤灰。给预拌混凝土企业技术人员对粉煤灰质量监管制造很大的难度，往往取样合格或样品合格，但在混凝土生产过程中需水量过大，混凝土流动性差，坍落度损失严重。

针对这一情况，预拌混凝土企业技术人员除了进行车车检验，还要注意所取粉煤灰具有代表性。如，采用长筒状的取样工具，从粉煤灰运送罐车不同部位和深度分别取样检测，质量符合合同约定的粉煤灰等级要求才可收货入仓。

（2）粉煤灰成分造假。有些粉煤灰生产厂家为追求更高的经济效益，从燃煤电厂购买粉煤灰，然后加入石灰石、砖渣等建筑材料进行复合磨细，充当粉煤灰销售。这种“假粉煤灰”由于成分复杂，对混凝土质量的影响很难评估。预拌混凝土企业技术人员应对进厂粉煤灰做到车车必检细度、需水量比、颜色和活性指数等技术指标。如粉煤灰中掺有磨细石灰石粉可以通过烧失量进行检测，石灰石粉的主要成分是碳酸钙，高温分解为氧化钙和二氧化碳。如果粉煤灰的烧失量很高应引起高度的重视。需水量比要严格检测，粉煤灰需水量比的增加都会给混凝土的质量和生产控制带来不小的难度。

2. 脱硫灰

随着国家对环境保护的力度逐年增大，燃煤企业采用循环流化床锅炉来提高燃烧高硫煤的燃烧效率，并采用一些脱硫措施，减少 SO_2 的排放。目前有一些电厂采用石灰水或石灰粉通过高雾化喷头喷入除硫塔，与进入密封塔内的 150℃高温烟气接触，中和二氧化硫产生以亚硫酸钙、硫酸钙为主含有少量氢氧化钙、碳酸钙的粉煤灰，采用这种工艺生产的粉煤灰被称为“脱硫灰”。由于“脱硫灰”中也含有大量的硫化物或硫酸盐（如石膏等），如果未经检测试验，贸然使用“脱硫灰”会造成混凝土缓凝，过量的游离氧化钙会安定性下降，混凝土裂缝增加。现行的粉煤灰标准虽有 SO_3 含量的限制，但对于“脱硫灰”的检测判定缺乏针对性。由于脱硫灰时采用石灰水或者生石灰进行脱硫工艺的，粉煤灰中残留的生石灰溶解后与酚酞变红，利用这一点可以对进场粉煤灰初步判断，然后进行安定性检测并注意观察凝结时间是否异常。具体检测方法是称取粉煤灰 50g，水 15g，搅拌均匀后滴加浓度为 1%～2%的酚酞试液，静放 15min，此种方法只能初步判断粉煤灰是否含有氢氧化钙，起到提示作用，若变红应进一步试验判定其不利影响。

使用脱硫灰造成混凝土缓凝事故时，缓凝时间在 48h 以内时，对混凝土 7d 强度有影响，约降低 15%左右，若缓凝时间超过 72h，则对 28d 强度造成不利的影响，甚至降低 10MPa 左右。

使用液氨法或尿素脱硫技术也是近几年一些火电厂采用的脱硫措施，该措施适用范围广，不受燃煤含硫量、锅炉容积的限制。液氨法脱硫工艺通常采用氨类化合物为原料，回收烟气中的 SO_2。这种工艺会造成一些氨类化合物残留在粉煤灰中，在碱性环境下，含有氨的化合物分解，其化学反应方程式为：

$$NH_4^+ + OH^- \longrightarrow NH_3\uparrow + H_2O$$

混凝土中使用这种粉煤灰通常会有气泡产生并伴有刺鼻的氨味，氨类物质是国家标准中严禁使用于人居建筑物中的。

使用液氨法脱硫的粉煤灰拌制混凝土时，常常混凝土拌和物有刺鼻的氨味，气泡增多，体积膨胀等一系列问题。在粉煤灰进场检测需水量比时，若发现有刺鼻的氨味，在使用时应注意该粉煤灰的不利影响。

3. 含有铝粉杂质的粉煤灰

粉煤灰成分因电厂所用煤的种类、产地、品质等不同而差异很大，如煤粉中含有一定量的铝化物或杂质中含有金属铝。在碱性溶液中，一定温度（约 60℃左右）的条件下，铝粉会与碱性溶液中的氢氧根（OH^-）发生化学反应生成氢气（H_2）。水泥水化过程是一个放热过程，大体积混凝土或者在炎热的夏季混凝土温度均有可能达到 60℃，形成上述化学反应的条件产生气泡并膨胀。

含有铝粉的粉煤灰用于混凝土生产时具有极大的危险和风险，因此，要加强粉煤灰检测，防止事故的发生。基本做法就是将一定量的粉煤灰放入一定浓度的碱溶液中，加热至一定的温度，保持一定的时间，如果溶液没有气泡产生方可入库。

4. 浮黑灰

电厂为了提高燃煤工艺，会在燃煤过程中添加柴油或其他油性物质作为助燃剂。这些助燃剂有时不能完全燃烧，有部分残留在粉煤灰中。使用这种粉煤灰生产混凝土，会发现混凝土表面漂浮一些黑色油状物，硬化后混凝土构件表面有黑斑产生。

预防误收浮黑灰的措施是，验收检测时将粉煤灰与水按 1:9 的比例混合搅拌，澄清观察水面上是否有油状物漂浮，如果有就可能是“浮黑灰”。如果误收“浮黑灰”，对表面色差有严格要求的混凝土构件应严禁使用，如清水混凝土构件。

以上四种“假粉煤灰”是比较常见的现象，在生产过程中如果不慎误收质量较差的假粉煤灰，应从生产主机上取样检测，分析假粉煤灰的细度和需水量比。使用过程中要采取以下技术措施：① 混凝土在非重要工程中使用，减少混凝土质量风险；② 调整混凝土配合比，降低粉煤灰使用量或者采用粉煤灰矿渣粉双掺技术，降低劣质粉煤灰对混凝土质量的影响；③ 适当增加外加剂掺量，减少混凝土的坍落度损失，但要注意外加剂掺量对混凝土凝结时间的影响；④ 适当增加水泥用量，保障混凝土强度。以上四种方法可以单独采用其中的一种也可以同时采用其中的几种来控制“假粉煤灰”对混凝土质量的影响。

2.2.5　粉煤灰使用过程中应注意的问题及对策

随着粉煤灰在预拌混凝土中的广泛使用，在生产中会遇到一些质量问题，针对使用粉煤灰的过程中易产生一些问题，提出一些建议，见表 2–3。

表 2–3　粉煤灰在混凝土应用中存在的问题与对策

粉煤灰等级	存在问题	相应对策
Ⅰ级	配制低标号混凝土易造成黏度不足	降低砂的细度模数，增加混凝土黏度
	粉煤灰掺量固定不变	根据不同工程、不同部位和混凝土强度等级，采用不同的掺量
	统一采用 28d 强度验收，限制粉煤灰的掺量	对于大体积混凝土采用 60d 验收标准，合理确定掺量
	大体积混凝土取代水泥量不足，不能有效降低水化热	大体积混凝土限制需要根据实际情况限制水泥最大用量，确定粉煤灰掺量
	为了降低成本，以为增加粉煤灰用量，造成混凝土强度降低	增加粉煤灰用量的同时，必须降低用水量，采用较低水胶比
	没有充分考虑养护因素，造成表面粉化、碳化严重	设计配合比时，要充分了解施工特点和养护措施，如果不能做到有效养护，就适当降低粉煤灰掺量

续表

粉煤灰等级	存在问题	相应对策
Ⅱ级	需水量大于100%时，混凝土用水量高	适当增加外加剂掺量，降低用水量
	高强混凝土和易性差，影响混凝土泵送性能	降低掺量或与矿粉复合使用
	混凝土凝结时间延长	降低外加剂的缓凝成分

2.3 矿 渣 粉

矿渣粉又称粒化高炉矿渣粉，是由高炉炼铁产生的熔融矿渣骤冷时，来不及结晶而形成的一种具有高活性的玻璃体结构材料。矿渣粉颗粒表面光滑致密，主要是由CaO、MgO、SiO_2和Al_2O_3组成，共占矿渣粉总量的95%以上，且具有较高的潜在活性，在激发剂的作用下，可与水化合生成具水硬性的胶凝材料。将其掺入水泥中，与水泥的水化产物$Ca(OH)_2$反应，进一步形成水化硅酸钙产物，填充于空隙中增加水化产物的密实性。

矿粉渣对水和外加剂吸附较少，有一定的减水作用，一般可使混凝土减少用水量5%左右，可替代P·O 42.5水泥15%～30%。将其掺入水泥中，拌制混凝土，能增大混凝土的坍落度，降低混凝土坍落度的损失，并可显著改善混凝土流动性能。

2.3.1 矿渣粉的技术指标及试验方法

矿渣粉的技术指标及试验方法应符合《用于水泥、砂浆和混凝土中的粒化高炉矿渣粉》（GB/T 18046—2017）的规定。矿渣粉的技术指标及试验方法见表2-4。

表2-4 矿渣粉的技术指标及试验方法

项目		级别			试验方法标准
		S75	S95	S105	
密度/（g/cm^3）		≥2.8			《水泥密度测定方法》（GB/T 208—2014）
比表面积/（m^2/kg）		≥350			《水泥比表面积测定方法 勃氏法》（GB/T 8074—2008）
活性指数	7d	55%	75%	95%	《用于水泥、砂浆和混凝土中的粒化高炉矿渣粉》（GB/T 18046—2017）
	28d	75%	95%	105%	
含水量		≤1.0%			
流动度比		≥95%	≥90%	≥85%	
三氧化硫		≤4.0%			《水泥化学分析方法》（GB/T 176—2017）
烧失量		≤3.0%			
氯离子		≤0.02%			

矿渣粉的比表面积、活性指数和流动度比是矿渣粉应用中重要的技术指标，应尽量采用活性指数大、流动度比大的矿渣粉。矿渣粉的颗粒粒径对其活性有重要的影响，粒径大于45μm的矿渣粉颗粒很难参与水化反应。但矿渣粉的比表面积超过400m^2/kg后，混凝土早期的自收

缩随掺量的增加而增大；矿渣粉磨得越细，掺量越大，则低水胶比的混凝土拌和物越黏稠。因此，配制高强度等级混凝土的矿渣粉，比表面积一般不宜大于 600m^2/kg。一般矿渣粉磨越细，其活性越高，掺入混凝土后，早期产生的水化热越大。

1. 外观颜色

矿渣粉的外观呈不规则颗粒形状，颗粒表面粗糙，多棱角，随着颗粒尺寸的减小，呈球形的概率随着增大。矿渣不是由燃料燃烧形成的，矿渣粉基本不含炭，其颜色通常较白，当铁含量较高时，略呈浅红色。

2. 密度

GB/T 18046—2017 规定用于水泥和混凝土的磨细矿渣粉的密度不得小于 2.8g/cm^3。

3. 比表面积

矿渣粉的比表面积对其质量的影响主要有两方面。

（1）影响矿渣粉的活性。矿渣粉颗粒越细，其活性成分参与反应的面积越大，反应速度越快，反应程度也越充分。粒径在 45μm 及以下的颗粒活性起到积极作用，而大于 45μm 的颗粒很难参与水化反应。因此，国家标准要求混凝土用矿渣粉的比表面积大于 300m^2/kg。

（2）影响矿渣粉的流动度比。矿渣粉越细，其流动度比变小的可能性就越大，需水量就有可能增加。导致在混凝土流动度相同的条件下，增加混凝土用水量，对混凝土的微观结构和耐久性带来负面影响。

4. 流动度比

矿渣粉流动度比的大小主要取决于它的细度、颗粒级配和颗粒形状。一般而言，矿渣粉不具有减水作用，当比表面积较大或者颗粒级配不合理时，还可能增加用水量。由于矿渣粉是经过粉磨而成，其不具有优质粉煤灰那样优良的颗粒形貌，不具备润滑作用。矿渣粉流动度比的大小取决于它的填充作用和表面需水作用的平衡。

2.3.2　矿渣粉的化学成分及性能

1. 矿渣粉的化学成分

矿渣粉是高炉炼铁工艺中的 SiO_2、Al_2O_3、$CaSiO_3$ 等为主要成分的熔融物，特别是在生产过程中要不断地进行冷水处理，这就形成了不少颗粒状废物。其主要化学组成为 SiO_2、Al_2O_3、CaO、MgO，这些氧化物占全部氧化物的 95%以上，有时也包含一些 CaS、MnS 和 FeS 等硫化物。矿渣粉中有时含有金属铁和铜离子形成的硫酸亚铁和硫酸铜在无水状态均为白色粉末；含有结晶水以后硫酸亚铁为浅绿色晶体，溶于水的溶液为浅绿色；而含有结晶水的硫酸铜的晶体颜色为蓝色，易溶于水。用含有这两种矿物成分的矿渣粉时，会造成混凝土硬化后表面出现“绿斑”或“蓝斑”，随着时间的推移会慢慢消失，出现这种状况不会对混凝土造成实质性的危害。

氧化钙（CaO）是矿渣粉的主要构成氧化物，其含量一般在 25%～50%。随着 CaO 含量的增加，矿渣粉的活性会增大，但是当其含量超过 51%时，矿渣粉的活性反而开始下降。

氧化铝（Al_2O_3）也是决定矿渣粉活性大小的主要成分，其含量一般在 5%～33%（通常为 6%～15%）。矿渣粉的活性随着氧化铝含量的增加而不断增加。

氧化硅（SiO_2）通常在矿渣粉中占到了 50%左右，但是较高的氧化硅含量会损失掉部分矿渣粉活性。

氧化镁（MgO）在矿渣粉中一般含量为10%左右，氧化镁的含量保持在一个区间范围内会提高矿渣粉的活性。

硫化物在矿渣粉中大部分以CaS形式存在，在遇到水的情况下很容易发生水解作用：

$$2CaS + H_2O \longrightarrow Ca(OH)_2 + Ca(SH)_2$$

矿渣粉的成分比较复杂，上面列举的只是含量较多的几类，同时还有微量的FeO、TiO_2、BaO、K_2O、Na_2O、Cr_2O_3、V_2O_5。这些都会对矿渣的活性等产生影响，同时这些氧化物虽然含量不多，但是它们之间的相互作用也会影响到矿渣粉的活性。

《用于水泥中的粒化高炉矿渣》（GB/T 203—2008）规定了粒化高炉矿渣质量系数，质量系数用各氧化物的质量百分数含量的比值表示：

$$K = \frac{CaO + MgO + Al_2O_3}{SiO_2 + MnO + TiO_2} \tag{2-2}$$

质量系数K反映矿渣中活性组分与低活性、非活性组分之间的比例关系，质量系数值越大，矿渣活性越高。用于生产矿渣粉的矿渣，其质量系数K应该大于1.2，质量系数仅是从化学成分方面反映其活性的一个指标。此外，粒化高炉矿渣的活性还与淬冷前的温度、淬冷方法和淬冷速度等有关。

矿渣粉化学成分中碱性氧化物与酸性氧化物的比值M称为碱性系数：

$$M = \frac{CaO + MgO}{SiO_2 + Al_2O_3} \tag{2-3}$$

当$M>1$时，为碱性矿渣粉；$M=1$时，为中性矿渣粉；$M<1$时为酸性矿渣粉。

2. *矿渣粉的活性性能*

矿渣粉的活性是其自身固有的一种性能，如果仅仅是在水的作用下，不会对其性能造成影响，但当其遇到偏碱性的液体时就会发生很剧烈的反应。这就是在碱性物质对矿渣粉的一种催化作用。偏碱性的物质例如石灰等都能催使这种反应的发生，反应式如下：

$$C_3S + H_2O \longrightarrow C-S-H + Ca(OH)_2$$

$$C_2S + H_2O \longrightarrow C-S-H + Ca(OH)_2$$

矿渣粉中的活性SiO_2、Al_2O_3将与$Ca(OH)_2$作用，反应如下：

$$\text{活性 } SiO_2 + mCa(OH)_2 + aq \longrightarrow mCaO \cdot SiO_2 \cdot aq$$

$$\text{活性 } Al_2O_3 + mCa(OH)_2 + aq \longrightarrow mCaO \cdot Al_2O_3 \cdot aq$$

上面得到的反应的产物$CaO \cdot SiO_2 \cdot aq$、$mCaO \cdot Al_2O_3 \cdot aq$将会给矿渣粉提供主要的凝胶作用。我们主要分析的是矿渣粉的一种基本的激励反应，另外硫酸盐类物质也能激发矿渣粉的活性。但是如果是石膏的话，就不能很好地提高矿渣粉的活性。如果加入碱性物质之后再加上石膏的作用，就能很好地激发矿渣粉的活性。

掺矿粉的混凝土可以形成致密的结构，而且通过降低泌水改善了混凝土的孔结构和界面结构，连通毛细孔减少，孔隙率下降，孔半径减小，界面结构显著改善，从而提高混凝土的抗碳化、抗冻和耐腐蚀性能。矿粉的二次水化作用降低了$Ca(OH)_2$的含量，抗硫酸盐和海水腐蚀性能得到进一步提高。

含有矿渣粉的胶凝材料的水化反应受养护温度的影响比硅酸盐水泥显著，在低温下强度增长小，反之，在高温下强度增长大，有随着混凝土温度上升而增大的倾向。因此，浇筑的混凝土，养护温度不应低于 10℃，且应充分长时间保湿养护。

2.3.3　矿渣粉在混凝土中的作用机理

矿渣粉在混凝土中可以改善和提高混凝土的综合性能，已经成为业界的共识。矿渣粉在混凝土中的作用机理主要有火山灰效应、胶凝效应和微集料效应。

1. 火山灰效应

矿渣粉中的玻璃体形态的 SiO_2、Al_2O_3 在混凝土内部的碱性环境中能与水泥水化产物 $Ca(OH)_2$ 发生二次反应，在表面产生具有胶凝性能的水化硅酸钙、水化硅酸铝等胶凝物质。矿渣粉的二次反应减少了 $Ca(OH)_2$ 晶体在界面过渡区的富集，打乱了 $Ca(OH)_2$ 晶体在界面过渡区的取向性，同时又可以减低 $Ca(OH)_2$ 晶体的尺寸，增强水泥石与骨料的黏结力。在混凝土中使用矿渣粉不仅可以提高混凝土的力学性能，也能对混凝土的某些方面的耐久性能起到改善作用。矿渣粉中 CaO 的含量比火山灰材料高得多，其本身可以作为火山灰材料的激发剂，与火山灰材料复合使用可以使水泥石结构更加致密。

2. 胶凝效应

矿渣粉中含有一定数量的低钙型水泥熟料矿物 C_2S、CS，这些矿物可以直接与水发生水化反应，生产水硬性水化产物，凝结硬化产生强度。这一反应过程是一次反应，不需要其他物质存在，这也是矿渣粉活性高于火山灰材料的原因。需要注意的是尽管矿渣粉具有活性方面的优越性，但其仍不及水泥熟料，因此采用矿渣粉部分取代水泥时，对混凝土性能仍然会产生一些影响，特别是对早期强度的影响，一定要引起重视。

3. 微集料效应

与粉煤灰相比矿渣粉在颗粒组成和颗粒形态上没有明显优势，通常不能表现出非常好的填充行为。经过机械粉磨的矿粉的颗粒粒径在 10μm 左右，在水泥水化过程中未参与反应的微细矿渣粉颗粒均匀分散在孔隙和胶凝体中，起着填充毛细孔即孔裂缝的作用，改善孔结构，提高水泥石的密实度。此外，矿渣粉颗粒也起着微骨料的骨架作用使胶凝材料具有良好的颗粒级配，形成密实填充结构和微观层次的自紧密堆积体系，进一步优化胶凝结构，改善粗细骨料之间的界面黏结性能和混凝土微观结构，从而改善混凝土的综合性能。

2.3.4　矿渣粉对混凝土性能的影响

1. 矿渣粉对混凝土工作性的影响

尽管矿渣粉的颗粒形状不规则，多数呈多角的形状，但其表面比水泥光滑，具有较低的吸水性能，能够提高新拌混凝土的工作性。此外，矿渣粉的密度低于水泥，用矿渣粉等量取代水泥后将增大粉体的体积，从而增大混凝土的浆骨比，也有利于提高混凝土的工作性。值得注意的是，当矿渣粉磨得过细时，其颗粒表面吸水过多，会使矿渣粉对新拌混凝土工作性的改善作用减少。

与水泥相比，矿渣粉在初期的反应速率较低，因而用矿渣粉替代部分水泥后可使混凝土的凝结时间延长，即混凝土处于塑性状态或可浇筑的时间延长。矿渣粉在一定程度上也能改善水泥与外加剂的相容性，表现在可以降低混凝土坍落度的经时损失。

矿渣粉对于混凝土泌水的影响主要取决于其颗粒细度和掺量，当矿渣粉的细度与水泥比较接近时，矿渣粉表面光滑，活性较低，早期水化产物少，一般会导致泌水的增加。当矿渣粉的比表面积较大时，由于矿渣粉颗粒对水的吸附作用更强，会适当降低矿渣粉对混凝土泌水的不利影响，随着矿渣粉掺量的增大混凝土泌水速度和总泌水量会增大，由此可能增大混凝土表面塑性开裂的风险。控制大掺量矿渣粉的用水量，选择保水好的水泥以及复合使用保水性能好的材料，是减少泌水的有效措施。

2. *矿渣粉对混凝土强度的影响*

由于矿渣粉早期的反应速率比水泥慢，就意味着用矿渣粉替代部分水泥后会使混凝土的强度发展缓慢。通常矿渣粉的掺量越高混凝土的早期强度发展越慢，随着矿渣粉反应程度的提高对体系中胶凝总量的贡献逐渐增大并消耗一定量的 $Ca(OH)_2$，从而改善混凝土的界面过渡区。矿渣粉混凝土后期的强度增长率一般高于纯水泥混凝土，且后期强度接近甚至超过纯水泥混凝土。

提高养护温度对水泥水化具有促进作用，因而养护温度的提高有利于混凝土早期强度的发展。有研究表明，矿渣粉具有比较高的表面活性能，这使得矿渣粉的活性受温度的影响更大。提高养护温度对于矿渣粉混凝土早期强度的发展的促进作用高于普通水泥混凝土，且矿渣粉掺量越大，矿渣粉混凝土的早期强度发展受温度的影响越大。矿渣粉混凝土的温度，原则上应在 10℃以上，在养护期间混凝土表面温度也应在 10℃以上。

3. *矿渣粉对混凝土干缩的影响*

大多数的研究表明矿渣粉的掺入会增大混凝土的干缩，尤其是在矿渣粉掺量较大且水胶比较大的情况下。这可能是由于矿渣粉早期活性较低，混凝土早期内部水化蒸发、干燥过程较快导致收缩增加。

4. *矿渣粉对混凝土耐久性的影响*

矿渣粉可显著改善混凝土后期的密实性和抗渗透性，阻隔有害物质或离子在内部的传输通道，从而改善混凝土的多种耐久性能。

用矿渣粉替代部分水泥后混凝土抵抗硫酸侵蚀的能力增强，这是因为矿渣粉稀释了体系中的 C_3A 的含量，矿渣粉的反应消耗了部分 $Ca(OH)_2$，减少了形成硫酸钙的条件；矿渣粉混凝土后期强度高、结构致密。大掺量矿渣粉混凝土具有优异的抗硫酸盐侵蚀的性能。海水对混凝土的侵蚀情况与硫酸盐侵蚀相似，很多国家在海事工程中推荐采用矿渣混凝土。

在含气量与强度相近的情况下，矿渣粉混凝土与普通水泥混凝土的抗冻性相近，但矿渣粉掺量超过 50%时，矿渣粉混凝土的抗冻性略差。当然，对于具体工程而言，当需要重点考虑混凝土的抗冻性时，起关键作用的因素是含气量。

大量研究表明，掺入矿渣粉能够有效减轻或抑制碱－骨料反应，因为矿渣粉的掺入和反应都降低了体系的总碱性，并提高了混凝土的后期密实度。目前，很多国家推荐采用掺入矿渣粉的方式减小混凝土的碱－骨料反应。

2.3.5 矿渣粉使用中应注意的问题及对策

矿渣粉可以提高混凝土后期强度，弥补因掺加粉煤灰早期强度过低的缺点，改善混凝土的耐久性，降低生产成本。在使用矿粉的过程中，为了更好地发挥矿渣粉在混凝土中的应用优势，减少问题、避免事故提出以下几点建议。

1. 控制比表面积，加强矿渣粉复检

矿渣粉的比表面积降低，会给混凝土带来一些问题，如黏聚性降低，出现不同程度的离析、泌水现象，凝结时间延长，活性降低，造成早期强度降低，甚至影响 28d 强度。在矿渣粉使用中应重视比表面积的检测，并严格复检矿渣粉活性。

2. 合理选用矿渣粉掺量

矿渣粉的掺量应根据混凝土强度等级、气温和气候特点、工程结构情况和施工养护方式的差异合理确定其掺量。单掺矿粉时，以 30%～40%为宜，大体积混凝土可以超过 50%；复合使用时，夏季总取代水泥量不宜超过 50%，冬季总取代水泥量不宜超过 40%；在与粉煤灰复合使用时，随着混凝土强度等级的增加矿渣粉的掺量逐渐增加，粉煤灰掺量逐渐降低。

3. 根据气温，注意调整凝结时间

混凝土中掺加矿渣粉，可以延长混凝土凝结时间，因此应注意调整混凝土的凝结时间，特别是日平均气温低于 10℃时，应控制混凝土中矿渣粉的掺量。

2.4　其他矿物掺合料

2.4.1　石灰石粉

石灰石粉由石灰岩磨细加工而成，石灰岩属于沉积岩类，俗称“青石”，是海、湖盆地中生成的沉积岩，大多数为生物沉积，主要由方解石微粒组成，常混入白云石、黏土矿物或石英。《石灰石粉在混凝土中应用技术规程》（JGJ /T 318—2014）对石灰石粉的细度、活性指数、流动度比、含水量、碳酸钙含量、MB 值和安定性等指标进行规定，其技术指标应符合表 2–5 的规定。

表 2–5　石灰石粉技术要求

项目	CaO_3 含量（%）	细度（45μm 筛余，%）	活性指数（%）		流动度比（%）	含水量（%）	亚甲蓝值 /（g/kg）
			7d	28d			
指标	≥75	≤15	≥60	≥60	≥100	≤1.0	≤1.4

用于磨细制作石灰石粉的石灰石需要具备一定的纯度，主要是 $CaCO_3$ 的含量。石灰石粉应以 $CaCO_3$ 为主要成分，要求石灰石粉含量应不小于 75%，主要是控制非石灰石粉的其他杂质。某些岩石石粉性能与石灰石粉有较大的差别，如对水和外加剂的吸附等。

1. 石灰石粉的性能

（1）颜色与粒形。石灰石粉颜色接近于白色或乳白色，当其中杂质较多时，颜色也会发生变化。由于石灰石粉是经过粉磨而得的，故其颗粒多数呈块状有棱角，部分棱角被磨掉变得圆滑，但形貌远不如粉煤灰。

（2）密度。石灰石粉的密度为 2.6～2.8g/cm^3，略大于硅灰和粉煤灰的密度。

（3）细度。是影响石灰石粉性质的主要因素，不仅影响需水量还会影响石灰石粉的活性。石灰石粉细度足够细时，微细颗粒可以进入水泥水化产物的孔隙中，起到微骨料作用提高强度，但如果细度控制不好石灰石粉很难发挥自身活性，不仅起不到早强效果，反而会造成强度损失。石灰石粉磨得越细越有利，但粉磨的能耗也越大，45μm 方孔筛的筛余不大于 15% 的石灰石粉都可以充分满足用于混凝土技术的要求。

（4）活性指数。与其他矿物掺合料一样，用活性指数来评价石灰石粉的活性。试验表明，石灰石粉的 7d 和 28d 活性指数一般均大于 65%接近 70%。活性指数并非认为石灰石粉具有明显的活性，该指标也不是反映石灰石粉本质特性的技术指标，但该指标作为混凝土质量控制的指标是必要的。

（5）流动度比。是衡量石灰石粉在混凝土中应用是否具有技术价值的重要指标，该指标越高说明石灰石粉的减水效应越明显，对混凝土拌和物的和易性改善作用越明显。在掺加减水剂的情况下，石灰石粉与其他岩石石粉的差别更明显。品质优良的石灰石粉对水和外加剂的吸附小，在混凝土中的应用价值更加明显。

（6）其他。石粉的亚甲蓝是反应石灰石粉中黏土质含量的技术指标，是石灰石粉能否用于混凝土生产的重要指标。另外，石灰石粉的放射性超标会影响人类及动植物的健康；石灰石粉的安定性对混凝土质量也有着重要的影响，安定性不良的石灰石粉有可能因膨胀致使混凝土开裂。因此，石灰石粉的放射性、安定性应满足合格的要求。

2. *石灰石粉在混凝土中的作用机理*

石灰石粉并不仅仅是惰性掺合料，石灰石粉在混凝土中会发生一系列的物理化学反应，在混凝土的水化过程中起到一定的作用。是一种的具有一定活性的混凝土掺合料。石灰石粉对于混凝土的影响主要表现在以下几个方面。

（1）颗粒形貌效应。石灰石粉的颗粒形貌效应主要表现在两个方面——形态效应和填充效应。

石灰石粉的比表面积比水泥大、颗粒粒径比水泥小，使得石灰石粉能够填充水泥颗粒间的空隙，改善粉料的粒径分布（颗粒级配），从而提高混凝土的密实度。比表面积大于 $600m^2/kg$ 的石灰石粉中超过 50%的颗粒粒径小于 10μm，水泥的颗粒粒径大部分分布在 10μm 以上。细小的石灰石粉颗粒还可以填充在浆体与骨料界面的空隙中，使水泥石结构更为致密，提高水泥石强度和界面强度。

比表面积大的石灰石粉圆形度较好，能够起到与粉煤灰类似的“滚珠”效应。表面光滑的石灰石粉分散于水泥颗粒之间能够置换出填充于颗粒间的水分，增加颗粒之间的间隔水层，打开混凝土水化过程中形成的“絮凝结构”。此外由于石灰石粉的密度比水泥小，等质量替代水泥相当于增加了混凝土的浆体含量，增加混凝土的流动性，具有一定的减水效果。

（2）加速水化效应。石灰石粉在水泥水化硬化浆体中多以方解石的形式存在，水泥浆体在水化过程中，不仅以未水化的熟料颗粒为结核，而且以颗粒状方解石为中心产生聚合生长。石灰石粉中的 $CaCO_3$ 能够吸附水泥水化过程中产生的 Ca^{2+}，使得 $CaCO_3$ 周围的 $Ca(OH)_2$ 优先成核，避免 $Ca(OH)_2$ 在局部生长成大晶体，充当了 C－S－H 水化的成核基体从而降低了成核位垒，在一定程度上促进水泥水化。

（3）活性效应。传统观点认为石灰石粉属于惰性材料，在混凝土中主要起填充、微集料作用。得出这种结论的原因是一方面所采用的石灰石粉粒径比较大，通常以 0.15mm 或 80μm 为衡量指标；另一方面水化龄期不够长，石灰石粉水化需要一定的环境和足够的水化时间才能发生水化反应。将石灰石粉进行粉磨，随着粒径的减小，使其表面能增加，就会具有一定的活性。因此，石灰石粉并不完全是惰性掺合料，石灰石粉中的 $CaCO_3$ 能够与水泥中的铝酸盐反应生成具有一定强度的水化碳铝酸钙。

3. *石灰石粉对混凝土性能的影响*

（1）石灰石粉对混凝土工作性能的影响。石灰石粉的掺入之所以能够改变混凝土拌和物的工作性，主要有以下几个方面的因素：首先，石灰石粉具有填充效应，使胶凝材料间的空隙率降低，释放出部分填充水，使拌和物中自由水增多，提高混凝土拌和物的工作性；其次，石灰石粉替代水泥一方面水泥用量降低，石灰石粉的活性较水泥低，导致整个胶凝材料体系的水化速率变慢，进而减少经时坍落度损失，另一方面细小的碳酸钙颗粒表面能较低，有利于颗粒的分散和填充，也可以降低浆体的黏度；再者，石灰石粉的密度小于水泥的密度，等质量的石灰石粉代替水泥，致使浆体量增加，增加富裕浆体，减少发生离析、泌水的可能性，提高混凝土拌和物的流动性，但随着石灰石粉的 MB 值的增大石灰石粉与减水剂的相容性变差，混凝土拌和物的流动性变差，聚羧酸类减水剂对这种变化更加敏感。

（2）石灰石粉对混凝土力学性能的影响。石灰石粉的“形貌效应”与“微集料效应”，能够改善胶凝材料的颗粒级配，填充粉料颗粒之间的空隙，使混凝土的结构更加致密，从而提高水混凝土的强度。石灰石粉的比表面积增大，石灰石粉的活性指数也会随之增大。石灰石粉的活性效应和加速效应可以加速水泥早期水化速度从而提高混凝土早期强度。需要说明的是石灰石粉的细度不同时，其最佳掺量也不同。总的来讲，石灰石粉的细度越大，越能发挥其填充作用和活性效应，对混凝土强度的正面影响就越大。

石灰石粉掺量为 20%时，混凝土的 7d 抗压强度最大，增大和减少石灰石粉掺量混凝土的强度都会降低，随着石灰石粉的比表面积的增大可以改善这种不利影响。石灰石粉掺量为 10%与掺量为 20%时混凝土的 28d 抗压强度值相差不大，继续增大石灰石粉掺量混凝土的 28d 抗压强度降低。混凝土的 7d 抗折强度随着石灰石粉掺量增大而增大，石灰石粉掺量变化对混凝土 28d 抗折强度影响不大。

石灰石粉取代粉煤灰时，随着石灰石粉取代比例增大混凝土的 7d 抗压强度逐渐提高，混凝土的 28d 抗压强度呈现出先增大后减小的趋势。完全替代粉煤灰时混凝土的强度要高于取代 50%粉煤灰时的混凝土强度，随着石灰石粉取代粉煤灰的比例增大混凝土的 7d 抗折强度有一定的提高，混凝土的 28d 抗折强度变化不大。石灰石粉取代矿粉时，随着石灰石粉取代矿粉的比例增大混凝土的 7d 抗压强度和 28d 抗压强度都越来越小，随着石灰石粉取代矿粉的比例增大混凝土的 7d 抗折强度有一定的提高，混凝土的 28d 抗折强度变化不大。

（3）石灰石粉对混凝土耐久性能的影响。石灰石粉具有“填充效应”，能够细化混凝土毛细孔，减小混凝土的孔隙率，改善混凝土的孔结构，减少混凝土的连通孔含量，提高混凝土的密实度。此外，石灰石粉填充于水泥和骨料之间，可以优化混凝土“界面过渡区”结构，提高混凝土耐久性，但是随着石灰石粉取代水泥或其他矿物掺合料的量越来越大，混凝土中的水化产物减少，结构密实性变差，孔隙率增大混凝土的耐久性降低。

1）收缩性能。石灰石粉颗粒表面光滑，需水量低，取代部分水泥可以使混凝土中保留较多的自由水，从而减低混凝土的收缩。此外，石灰石粉提供的 $CaCO_3$ 与水泥中的 C_3A 反应生成的 $3CaO \cdot Al_2O_3 \cdot CaCO_3 \cdot 11H_2O$ 是膨胀性水化物，能够补偿部分混凝土的收缩，再加上石灰石粉的微集料效应，改善了混凝土的内部的孔结构，阻碍了毛细孔中吸附水向混凝土表面迁移的速度，减少了混凝土的收缩。但石灰石粉掺量过大（大于等于 50%）时由于粉体材料太多，收缩会有所增加。

2）开裂性能。石灰石粉的颗粒形貌效应能够在相同水胶比条件下使混凝土中形成更多的自由水，掺加石灰石粉减小了水泥用量，降低了早期水化的水化热，同时也填充了水泥颗粒间的空隙，使得混凝土结构更加密实，从而减小了混凝土的早期开裂。

水泥-石灰石粉胶凝材料的开裂性能随石灰石粉的掺量呈现先增加后减少的趋势，掺量低于10%时随着掺量的增加裂缝宏观表现为宽度由窄变宽，深度由浅变深，高于10%时其规律与上述相反。

3）抗渗性。掺加石灰石粉能够使混凝土结构更加密实，从而提高混凝土的抗渗性能。石灰石粉掺量小于20%时，减小石灰石粉的掺量能够提高混凝土的抗氯离子侵蚀能力。随着石粉掺量的增加、水泥用量的减少，混凝土水化产物变少、孔隙率增大、抗渗性变差。应尽量避免在氯离子富集的环境下使用掺加石灰石粉的混凝土。

4）抗硫酸盐侵烛。在硫酸盐环境下石灰石粉易与SO_4^{2-}发生反应生成具有膨胀性的石膏，进一步加剧硫酸盐对混凝土的侵烛，造成混凝土的膨胀开裂，加速混凝土的破坏，降低混凝土抗硫酸盐侵蚀的性能。

5）抗冻性。由于石灰石粉的活性效应有限，掺加石灰石粉的混凝土水化产物相对较少，增大水泥浆体孔结构的孔径，增加混凝土结构的孔隙率，石灰石粉混凝土颗粒间黏聚力相对较弱。

6）抗碳化性能。石灰石粉对混凝土抗碳化能力的影响主要表现在两方面：一方面掺入石灰石粉能够填充混凝土内部的空隙，阻塞毛细孔，减少混凝土结构的连通孔，增加混凝土的密实度，从而提高混凝土的抗碳化性能；另一方面掺入石灰石粉混凝土水化产物中的$Ca(OH)_2$含量减少，混凝土内部碱性降低，且石灰石粉的活性有限，混凝土内部的水化产物减少，混凝土更易碳化。掺加石灰石粉的混凝土抗碳化能力降低，石灰石粉与矿粉复掺对混凝土抗碳化性能最有利。

4. *石灰石粉应用时常见问题*

石灰石粉与粉煤灰、矿渣粉相比，在混凝土中的利用率还比较低，在应用中常见的问题如下。

（1）母岩存在差异。不同地区产出的岩石具有一定的差异性，造成化学成分、矿物成分等存在一定的差异，应用时应进行检测和分析，试配合格后方可使用。

（2）石灰石粉与外加剂存在相容性问题。随着预拌混凝土的高性能化，混凝土组分也日趋复杂化，不仅水泥与外加剂存在相容性问题，矿物掺合料与外加剂的相容性也不容忽视。石灰石粉与外加剂的相容性对混凝土工作性产生直接影响，是制约石灰石粉应用的因素之一。

（3）对石灰石粉配制混凝土认识不足。如何科学地使用石灰石粉配制混凝土，以及石灰石粉混凝土耐久性能的研究仍需要深入。目前，往往只注重石灰石粉对混凝土强度的影响，而忽视在干燥空气中混凝土的体积、质量变化以及大体积混凝土中石灰石粉对水化热的影响。石灰石粉对混凝土耐久性的影响，不同学者持有不同意见，甚至截然相反，容易让使用者感到困惑，不知所措。

2.4.2 硅灰

硅灰又称硅粉，是冶炼硅钢、硅或半导体硅时，从烟中收集的一种粉末。硅灰的主要化学成分为SiO_2，几乎都呈非晶态。《矿物掺合料应用技术规范》（GB/T 51003—2014）对硅灰的技术指标作出具体规定，见表2-6。

表2-6 硅灰的技术要求

项目	技术指标	项目	技术指标
比表面积/（m^2/kg）	≥15 000	烧失量（%）	≤6.0
28d活性指数（%）	≥85	需水量比	≤125
二氧化硅含量（%）	≥85	氯离子含量（%）	≤0.02
含水量（%）	≤3.0	—	—

1. 硅灰的性能

（1）颜色。硅灰外观为灰色粉末状，颜色随含碳量由低到高变化，由白色到黑色，一般为灰色。有热回收系统回收的硅灰含碳量小于2%，产品为白色或灰色。无回收热源装置的系统，含有一定的未完全燃烧的碳，颜色为暗灰色。

（2）密度。硅灰的密度与粉煤灰的密度相近，一般为2.1～2.5g/cm^3，松散密度为200～300kg/m^3。密度对硅灰的质量控制有重要的意义，如果密度发生变化，说明质量发生一定程度的波动。

（3）细度。硅灰颗粒极细，一般平均粒径为0.1～0.3μm，表面积为17～30m^2/g，是水泥的80～100倍。

（4）需水量比。是使用硅灰的一个重要性能指标，直接影响混凝土的用水量、工作性和外加剂用量。硅灰需水量比越小，使用价值越高。

（5）活性指数。硅灰含有大量的无定形二氧化硅和极细的颗粒粒径，巨大的比表面积，使得硅灰具有很高的活性，硅灰28d活性应大于85%。

2. 硅灰在混凝土中的作用机理

硅灰的作用机理与粉煤灰类似，可以归纳为“形态效应”“活性效应”和“微集料效应”。硅灰能够在很大程度上改善硬化水泥浆体和混凝土的性能，主要是硅灰具有较强的火山灰活性及其较小的粒径和较大的比表面积。

（1）活性效应。硅灰具有较高的活性，主要有两方面的原因，一方面硅灰是在很高的温度下形成的，另一方面硅灰具有较大的比表面积。硅灰一方面与水泥水化产物$Ca(OH)_2$发生二次水化反应生成C-S-H凝胶体提高混凝土强度，一方面硅灰在二次水化过程中消耗大量的$Ca(OH)_2$，使$Ca(OH)_2$晶粒得到细化，排列的取向度降低，从而使界面过渡区的微结构得到改善，提高混凝土强度。此外，硅灰二次水化生成的C-S-H凝胶体不会在低pH值的酸性溶液中分解，使硬化水泥浆体对酸性介质有一定的抵抗能力，对渗析、盐霜、碳化有较强抵抗能力。

（2）形态效应。硅灰多为光滑的球形颗粒，在浆体中具有良好的滚珠轴承作用，减少固体颗粒间的内阻力。硅灰的比表面积非常大，能够提高混凝土拌和物的黏聚性和保水性，降低泌水。

（3）微集料效应。硅的粒径约为0.1μm，约为硅酸盐水泥颗粒粒径的1/100，它可以填充硬化水泥浆体中的细小孔隙从而减小水泥浆体的孔隙率，进而使硬化水泥浆体和混凝土更密实、强度更高，同时增强硬化水泥浆体和混凝土抵抗外力变形的性能。

3. *硅灰对混凝土性能的影响*

硅灰掺入混凝土中，可显著地改善混凝土的性能。有关研究资料表明硅灰对混凝土性能的改善，最突出地表现在以下几个方面。

（1）强度显著提高。硅灰代替部分水泥加到混凝土中，增加了密度和凝聚力，使混凝土抗压抗折强度大大增强。在普通混凝土中掺入硅灰后，其强度因掺入方式（内掺或外掺）、掺入的品种及掺量的不同，抗压强度可提高约10%～30%。掺入5%～10%的硅灰，抗折强度提高10%以上。硅灰具有很高的活性，掺入1kg/m^{3}的硅灰，降低水泥用量3～5kg/m^{3}不会影响混凝土强度。

（2）新拌混凝土的和易性得到显著改善。通常认为硅灰的比表面积大，会增加需水量，掺入硅灰的混凝土用水量会显著增加，或者用水量不变混凝土拌和物的坍落度（流动度）明显降低，为了维持预期的工作性又不改变水胶比，往往需要适量提高减水剂用量。试验实践中发现，随硅灰掺量增大，混凝土拌和物坍落度呈先小幅增大后较大幅度减小。掺量较小（0%～5%）时，硅灰颗粒的物理填充效应使拌和物细料颗粒级配改善，混凝土流动性有所提高；掺量较大（大于5%）时，硅灰很大的比表面积使混凝土需水量增大，流动性降低。另外，硅灰对水有很强的亲和力，掺入减少了混凝土拌和物中的游离水，混凝土泌水性降低，黏聚性增强。

（3）提高抗碱－骨料反应能力。碱－骨料反应必须具备三个条件：① 混凝土中的骨料具有活性；② 混凝土中含有一定量可溶性碱；③ 有一定的湿度。排除这三个条件中的任何一个都可达到控制碱－骨料反应的目的。混凝土中加入硅灰，因为硅灰粒子改善水泥胶结材料的密实性，减少了水分通过浆体的运动速度，使得碱膨胀反应所需的水分减少、减少水泥浆孔隙液中碱离子的浓度，所以减少了碱－骨料反应的危险。

（4）硅灰对混凝土耐久性的影响。硅灰混凝土孔隙小（属超微量孔隙），抗渗性、抗冻性等耐久性能比普通混凝土均有很大提高。从有关试验资料分析可知，内掺5%～10%的硅灰，抗渗性提高约6～11倍；当掺量在15%以内时，抗冻性约提高2倍，均达到普通混凝土水胶比为0.4时的抗渗与抗冻能力。其他性能的改善也较明显，如抗化学侵蚀性、抗空蚀性、抗冲击性、早强性、耐久性均有大幅度提高。

（5）硅灰掺量对混凝土初凝时间和早期收缩的影响。随着硅灰掺量增加，混凝土初凝时间缩短。这是因为硅灰较高的早期水化活性，加快了混凝土早期水化速度，混凝土早期水化收缩增大。随着硅灰掺量增大，虽然混凝土水分蒸发速率有所降低，但水化进程的加快使混凝土内部水分消耗速度增大，但硅灰掺入使混凝土内部毛细管进一步细化，硅灰混凝土这种自干燥效应使其早期毛细管水压力发展速度加快，引起较早较大的早期收缩。

较高水化活性的硅灰掺入混凝土中，一是使混凝土水化反应速度加快，早期水化收缩增大；二是使低水胶比的高强混凝土，在水分“内消耗”（水化反应消耗水）、水分蒸发及混凝土内部毛细管更为细化的多重作用下，在较短时间内引起混凝土内部较大的毛细管压力。毛细管压力发展速度随硅灰掺量增加而增大，因而高强混凝土早期收缩随硅灰掺量增大而增大。硅灰应用于高强混凝土，对混凝土塑性收缩开裂具有不利的一面（塑性阶段收缩增大），也有有利的一面（抗拉强度增长较快）。一定约束条件下，混凝土塑性开裂程度取决于这两方面因素的综合效应。

4. 硅灰使用过程中应注意的问题

（1）配合比设计时应注意。

1）硅灰与其他矿物掺合料复合使用，改善胶凝材料的颗粒级配，利用各种掺合料的特点达到“优势互补”。

2）使用硅灰后，可能造成混凝土拌和物黏滞性提高，坍落度降低，配合比设计时适当增加混凝土坍落度。

3）硅灰的掺量应依据试验确定。

（2）施工环节。使用硅灰的混凝土与普通混凝土的施工方法没有重大区别，除遵循常规施工方法外，应注意以下几点。

1）混凝土生产时宜选用搅拌效率高，匀质性好的强制式搅拌机，搅拌时间应延长 50s 左右。为防止硅灰导致肺部等器官受损，现场工作人员必须佩戴防毒面具。

2）混凝土浇筑时应采用较大坍落度，泵送混凝土坍落度应大于 200mm，振捣时，要做到不漏振，不过振，宜采用二次振捣工艺。

3）由于混凝土内部泌水率较低，抹面是施工中的难点，在混凝土浇筑、振捣后刮去上面浮浆，在混凝土表面收缩时进行二次抹面。

4）硅灰可以有效减低混凝土拌和物泌水，浇筑后应及时保湿养护，尤其是抹面后应立即采取保湿措施，预防塑性收缩裂缝，如喷雾洒水养护不便可以喷涂养护剂。

2.5　矿物掺合料的减水性及应用

在混凝土中掺加矿物掺合料，矿物掺合料具有的微集料效应和形态效应不但不会增加混凝土用水量，反而可能降低用水量。虽然矿物掺合料的减水效果不如高效减水剂那样具有很强的减水性，但是仍然可以改善新拌混凝土的工作性能，因此在进行混凝土配合比设计中要充分考虑矿物掺合料的减水行为。

现行规范中，需水量比（流动度比）是判断矿物掺合料质量好坏的一个重要品质指标，实际上它是在特定试验条件下（固定取代率）的一个功能性指标，不能完全反映矿物掺合料的减水特性。以粉煤灰为例，不同厂家的粉煤灰的需水量比具有较大的差异，在混凝土配合比设计过程中以此指标（固定取代率）作为矿物掺合料减水特性指标对拌和物工作性的判断不准确性，对不同取代率下的矿物掺合料进行测试分析是必须的。

2.5.1　矿物掺合料减水性

1. 矿物掺合料掺量变化对减水性影响

依据《水泥胶砂流动度测定方法》（GB/T 2419—2005）进行试验，以水泥砂浆流动度（210±5）mm 为基准，粉煤灰、矿渣粉掺量与用水量变化关系分别见表 2-7～表 2-9，其结果如图 2-6 和图 2-7 所示。

表 2-7 粉煤灰掺量变化与用水量

粉煤灰掺量（%）	粉煤灰/g	水泥/g	水/g	标准砂/g	流动度/mm
0	0	450	225	1350	210
10	45	405	221	1350	213
20	90	360	214	1350	208
30	135	315	208	1350	207
40	180	270	206	1350	212
50	225	225	209	1350	211

在水泥砂浆流动度试验中，当粉煤灰掺量小于 40%时，在水泥胶砂流动度基本不变的情况下，粉煤灰表现出一定的减水效果，而且表现出类似于线性的减水关系，即粉煤灰掺量每增加 10%，用水量相应减少 2%～3%；当粉煤灰掺量超过 40%以后，粉煤灰的减水性能变差，随着粉煤灰掺量的增加，减水效果变差。

表 2-8 矿渣粉掺量变化与用水量关系

矿渣粉掺量（%）	矿渣粉/g	水泥/g	水/g	标准砂/g	流动度/mm
0	0	450	225	1350	210
10	45	405	223	1350	211
20	90	360	218	1350	206
30	135	315	216	1350	213
40	180	270	213	1350	210
50	225	225	217	1350	209

在水泥砂浆流动度试验中，当矿渣粉掺量在小于 40%时，在水泥胶砂流动度基本不变的情况下，矿渣粉表现出近似于线性的减水关系，即矿渣粉掺量每增加 10%，用水量相应减少 1%～2%.：当矿渣粉掺量超过 40%后，用水量增大。

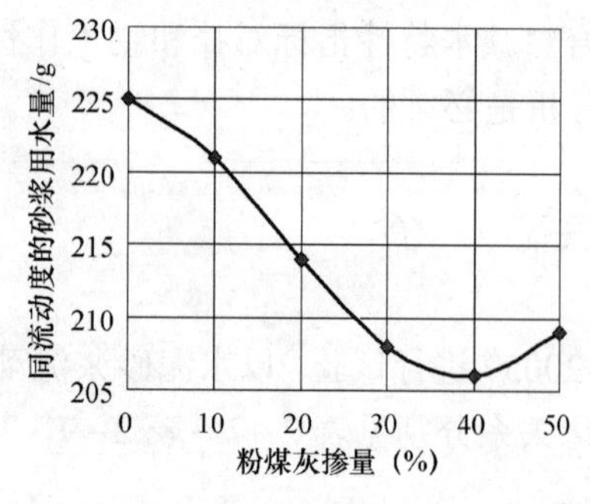

图 2-6 粉煤灰掺量变化与砂浆用水量

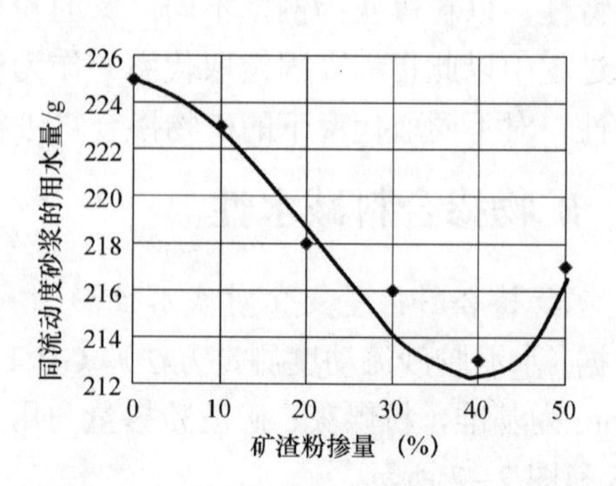

图 2-7 矿渣粉掺量变化与砂浆用水量

表2–9　　石灰石粉掺量变化与用水量的关系

石灰石粉掺量（%）	水/g	水泥/g	石灰石粉/g	砂/g	流动度/mm
0	225	450	0	1350	210
10	216	405	45	1350	205
20	203	360	90	1350	205
30	204	315	135	1350	205
40	205	270	180	1350	210
50	228	225	225	1350	210

试验结果表明石灰石粉的掺量小于20%时，随着石灰石粉掺量的增加，砂浆流动度不发生显著变化的情况下，用水量降低。砂浆流动性的大小主要取决于需水量的大小，影响砂浆需水量的大小主要取决于石灰石粉与水泥组成的二元胶凝材料的空隙率得到有效的填充以及水泥颗粒表面吸附水量的变化，砂浆的流动性也主要受这两方面影响。随着石灰石粉掺量的增加，水泥中的空隙逐渐被比水泥细小的石灰石粉填充，砂浆的自由水量增加，流动性变大；当砂浆的空隙逐渐减少到最小时，再增加石灰石粉的掺量，水泥与石灰石粉组成的二元胶凝材料体系的空隙率逐渐增大，石灰石粉的加入引起的比表面积增加造成对水的吸附量增加，使得砂浆的自由水减小，砂浆流动性变差。

2. *矿物掺合料减水性机理分析*

粉煤灰颗粒呈极小的球状玻璃微珠，这些球状玻璃微珠体表面光滑、粒度细，如同玻璃球一般，在水泥砂浆或混凝土中起到了滚珠轴承的作用，填充在水泥颗粒之间起到一定的润滑作用，小于25μm的微珠，可以降低需水量，因而有减水作用。矿渣粉颗粒为不规则形状的玻璃体，亲水性较差，对水的吸附性较小，掺入水泥中有一定的减水性。

粉煤灰、矿渣粉的掺入，均匀分散在水泥浆中，改善了与水泥粒子组成的微粒级配，从而改善了水泥浆的流动性。粉煤灰、矿渣粉等矿物掺合料分别与水泥二元胶凝体系更密实，空隙率更低，使原来被凝聚的水泥颗粒包裹的水释放出来，增加了自由水的数量，达到增加流动度的效果。

3. *矿物掺合料的减水性与其品质的关系*

矿物掺合料减水性的大小与其质量品质有十分重要的关系，矿物掺合料质量优良，其需水量和流动性较好就可以表现出良好的减水性。矿物掺合料质量较差，其减水性也较差。四种不同质量品质的减水性变化规律见表2–10。

表2–10　　粉煤灰质量对粉煤灰减水性的影响

粉煤灰等级	细度（%）	烧失量（%）	质量掺量（%）					
			0	10	20	30	40	50
			减水率（%）					
Ⅰ	3.5	0.62	0	3.6	7.5	9.3	11.5	14.9
Ⅰ	6.3	2.23	0	2.8	4.8	6.4	8.0	11.2
Ⅱ	12.4	4.55	0	1.6	2.2	3.9	5.4	3.8
Ⅱ	19.6	5.85	0	1.1	2.0	2.8	1.5	1.1

从表 2-10 可以看出，各级粉煤灰中都有一个减水率达到最大时的最佳取代率，当粉煤灰取代率超过该值时减水率将出现下降的趋势。从粉煤灰的减水机理看，随着掺量的增加，减水效应呈现正作用，达到最佳减水率后，减水效应随着掺量的增加呈现负面作用，且这个最佳掺量随粉煤灰减水特性的不同而不同。矿物掺合料的减水性是矿物掺合料的诸多基本性能的综合反映，这些性能包括细度、烧失量、颗粒级配、形状因子及表面结构等。更确切地说，矿物掺合料的减水性可以综合反映粉煤灰的颗粒形貌、级配、细度、烧失量等指标。

4. *矿物掺合料减水性在配合比设计中的应用*

从上述试验的结果可以看出，矿物掺合料的减水性主要表现在需水量比和流动度比两个方面，即在流动性不变的情况下降低用水量或在用水量不变的情况下增加流动度。矿物掺合料的质量验收也集中体现对需水量比和流动度比的检测，根据《矿物掺合料应用技术规范》（GB/T 51003—2014）给出的检测方法进行试验，并进行数据整理，见表 2-11。

表 2-11　　矿物掺合料需水量比和流动度比检测配合比

材料	对比胶砂	受检胶砂				
		需水量比		流动度比		
		粉煤灰	硅灰	矿渣粉	石灰石粉	复合矿物掺合料
水泥/g	450±2	315±1	405±1	225±1	315±1	225±1
矿物掺合料/g	—	135±1	45±1	225±1	135±1	225±1
ISO 砂/g	1350±5	1350±5	1350±5	1350±5	1350±5	1350±5
水/mL	225+1	按使受检胶砂流动度达基准胶砂流动度值±5 调整		225+1		

用矿物掺合料部分替代水泥后，对需水量比或流动度比的影响主要体现在两个方面。一方面由于矿物掺合料与水泥粒径和颗粒级配的差别，部分替代水泥后，矿物掺合料填充水泥颗粒间的空隙，进而使复合后的胶凝体系的空隙率降低，部分填充水泥间的水被挤出来，变成自由水，增加流动性，即矿物掺合料的填充效应；另一方面，在不考虑水泥水化吸附水的情况下，水泥和矿物掺合料表面都被水包裹，由于矿物掺合料和水泥比表面积的差异，随着矿物掺合料比表面积的增加和掺量的增加，包裹在胶凝材料表面的水逐渐增多，胶凝材料间的自由水逐渐减少，需水量比和流动度比降低。在胶凝材料体系中，当矿物掺合料的填充作用起到主要作用时，随着掺量的增加需水量比和流动度比逐渐变大；当矿物掺合料表面对水吸附性起主要作用时，随着掺量的增加需水量比和流动性比逐渐减小。正是在两个方面的相互作用，在试验和生产中使用矿物掺合料等量取代水泥才表现出需水量比或流动度比先增大后减小的作用。

从表 2-11 试验结果可以看出，随着矿物掺合料的增加，在保持胶砂流动度基本不变的情况下，用水量先减小后增加。矿物掺合料替代部分水泥从工作性上来看存在一个最佳掺量，在低于该最佳掺量的情况下，随着胶凝材料的增加，用水量逐渐减少。《矿物掺合料应用技术规范》（GB/T 51003—2014）规范给定的试验方法并不能体现矿物掺合料掺量与需水量比和流动度比的动态变化情况。

《混凝土外加剂》（GB 8076—2008）和《混凝土外加剂匀质性试验方法》（GB/T 8077—

2012）对外加剂减水率试验方法的规定，都是在纯水泥的情况下进行试验的，这种方法对控制外加剂的质量显然是可行的。但是，在掺入矿物掺合料的胶凝材料体系中如果不考虑矿物掺合料的减水性，直接用根据标准的试验方法测得的减水率进行配合比设计，难免会出现很大的工作性偏差，甚至严重泌水。因此，在配合比设计时，要先测定矿物掺合料的减水性，然后根据掺量的多少确定矿物掺合料的减水率，最后根据一定外加剂掺量下的减水率加上矿物掺合料的减水率就是配合比设计最终的减水率。

例如，测得某种减水剂在掺量 2.0%时减水率为 20%，表 2－10 和表 2－11 为粉煤灰和矿渣粉的减水性，粉煤灰掺量不超过 40%时，掺量每提高 10%，用水量降低 2%～3%。矿渣粉不超过 40%时，掺量每提高 10%，用水量降低 1%～2%。在配合比设计时，若单掺粉煤灰掺量为 30%，则粉煤灰降低用水量约 6%～9%，取 8%，最终的减水率为 28%；若粉煤灰掺量 20%，矿渣粉掺量为 15%，则粉煤灰提供的减水率为 4%～6%，取 5%，矿渣粉提供的减水率为 1.5%～3%，取 2%，掺入外加剂后最终的减水率为 27%。

2.5.2　矿物掺合料对外加剂相容性的改善作用

预拌混凝土中普遍使用矿物掺合料和外加剂，矿物掺合料通过改善胶凝体系的颗粒级配和空隙率来减少用水量，提高流动度。而外加剂主要通过化学分散作用对胶凝材料体系产生作用，减少用水量，提高流动度。由于水泥和矿物掺合料取代部分水泥后，水泥的量相对减小，对外加剂的吸附也减小，因此矿物掺合料可以起到一定的改善外加剂与水泥相容性的作用。

1. 矿物掺合料对水泥与减水剂相容性的改善作用

依据《混凝土外加剂匀质性试验方法》（GB/T 8077—2012）规定的净浆流动度方法进行试验，研究粉煤灰、矿渣粉和石灰石粉掺量变化对水泥净浆流动度的影响，粉煤灰、矿渣粉掺量对水泥净浆流动度影响见表 2－12 和表 2－13。

表 2－12　　粉煤灰、矿渣粉掺量变化与水泥净浆流动度

掺量（%）	用量/g	水泥/g	水/g	外加剂/g	流动度/mm	
					粉煤灰	矿粉
0	0	300	87	5.4	200	200
10	30	270	87	5.4	215	210
20	60	240	87	5.4	230	220
30	90	210	87	5.4	245	235
40	120	180	87	5.4	240	230
50	150	150	87	5.4	245	225

从表 2－12 可以看出：

（1）粉煤灰掺量不同，明显可以看到在相同减水剂掺量下，浆体的流动度不同。在粉煤灰掺量 30%以下时，随粉煤灰掺量增大，净浆流动度增大。再增加粉煤灰的掺量流动度变化不大。这说明当粉煤灰掺量小于 30%时能够增加水泥净浆的流动度，有辅助减水作用，但不是掺量越大，减水作用越显著。针对一定品质的粉煤灰，有一个最佳值。

（2）不同矿渣粉掺量下的试验结果，可以看到当矿渣粉产量较多或较少时都不利于水泥和减水剂的适应性，矿渣粉掺量在 30%时流动度达到较大值。在矿渣粉掺量小于 30%时，水泥净浆流动度随矿渣粉掺量增大而增大。

表 2-13 石灰石粉掺量对净浆流动度的影响

水泥用量/g	石灰石粉掺量（%）	石灰石粉用量/g	用水量/g	外加剂用量/g	净浆流动度/mm
300	0	0	87	5.4	200
285	5	15	87	5.4	225
270	10	30	87	5.4	240
255	15	45	87	5.4	255
240	20	60	87	5.4	255
225	25	75	87	5.4	245
210	30	90	87	5.4	220
195	35	105	87	5.4	215
180	40	120	87	5.4	185

从表 2-13 试验结果可以看出，石灰石粉在一定的掺量范围内对净浆流动度有改善作用，具有一定的减水作用。为了研究石灰石粉掺量与减水性的关系，在保持净浆流动度为（220±5）mm 的条件下进行试验，进一步观察相同流动度下用水量与石灰石粉掺量的关系，见表 2-14，如图 2-8、图 2-9 所示。

表 2-14 石灰石粉掺量对用水量的影响

水泥用量/g	石灰石粉掺量（%）	石灰石粉用量/g	用水量/g	外加剂用量/g	净浆流动度/mm
300	0	0	87	5.4	200
285	5	15	85	5.4	215
270	10	30	83	5.4	220
255	15	45	79	5.4	220
240	20	60	81	5.4	215
225	25	75	84	5.4	220
210	30	90	85	5.4	215
195	35	105	95	5.4	215

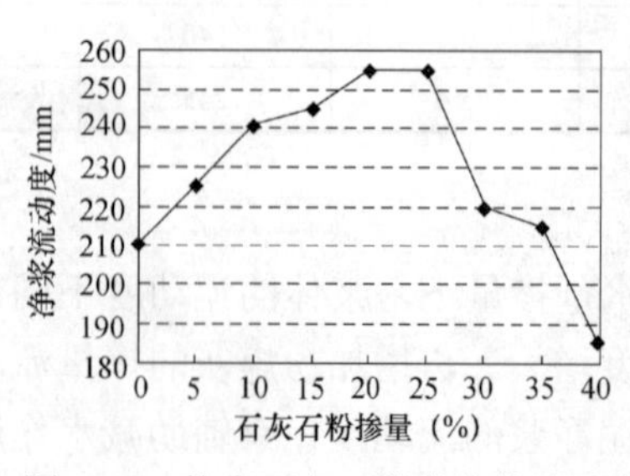

图 2-8 掺有石灰石粉的净浆流动度

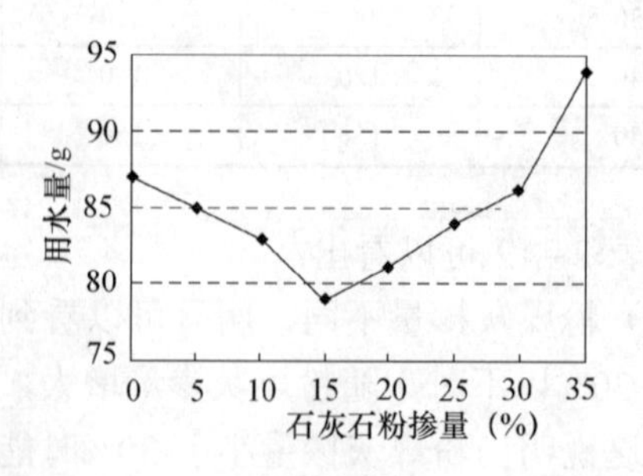

图 2-9 石灰石粉掺量对用水量的影响

从表 2-14 的试验结果可以看出，石灰石粉掺量小于 15%时，随着石灰石粉掺量的增加，水泥净浆流动度也不断增大；石灰石粉的掺量超过 15%以后，随着掺量的增加，净浆流动性逐渐减小，超过 30%以后，净浆流动性急剧下降。

在水泥净浆试验中，石灰石粉的掺量不同，达到相同的流动度时，用水量也不同。当石粉掺量在 0%～15%时，用水量逐渐降低，石灰石粉掺量每增加 5%，可以减少用水量 2%左右；当石灰石粉掺量在 15%～30%时，用水量逐渐提高，石灰石粉掺量每提高 5%，用水量比最低用水量提高 2%左右，但是低于纯水泥的净浆流动度；在高于 30%掺量时，用水量逐渐超过不掺纯水泥净浆用水量。以上两组试验说明，在一定的掺量范围内，石灰石粉具有一定的减水性。

这是因为石灰石粉的粒径小于水泥的粒径，具有填充水泥之间空隙，随着掺量的增加，水泥与石灰石粉组成的粉体空隙率逐渐减小。当石灰石粉掺量为 15%左右时，水泥的空隙率达到最小，填充空隙的空间水最少，浆体中自由水增多，流动性增加。随着水泥净浆中石灰石粉掺量的增加，尤其当掺量大于 15%后，水泥与石灰石粉组成的粉体材料空隙率又逐渐增大，填充空隙的空间水逐渐增多，自由水逐渐减少，净浆流动性降低。另一方面，石灰石粉的比表面积大于水泥的比表面积，随着石灰石粉掺量的增加，对外加剂与水的吸附量也增加，当石灰石粉掺量超过 30%以后，净浆流动性降低更多，需水量也增加更多。

从上述试验结果可以看出，矿物掺合料的单独使用均对水泥与外加剂的相容性产生影响。表 2-15～表 2-17 对粉煤灰、矿渣粉按不同比例、不同掺量进行净浆流动度试验。

表 2-15　　双掺粉煤灰、矿粉总量为 30%时净浆流动度

水泥/g	210	210	210	210	210	210	210	210	210
粉煤灰/g	9	18	27	36	45	54	63	72	81
矿渣粉/g	81	72	63	54	45	36	27	18	9
用水量/g	87								
外加剂用量/g	5.4								
初始流动度/mm	240	245	245	240	245	250	255	245	240
1h 流动度/mm	215	230	230	220	220	235	240	215	225

表 2-16　　双掺粉煤灰、矿粉总量为 40%时净浆流动度

水泥/g	180	180	180	180	180	180	180	180	180
粉煤灰/g	12	24	36	48	60	72	84	96	108
矿渣粉/g	108	96	84	72	60	48	36	24	12
用水量/g	87								
外加剂用量/g	5.4								
初始流动度/mm	255	245	250	250	265	265	260	250	240
1h 流动度/mm	245	250	250	240	250	255	250	245	235

表 2-17　　双掺粉煤灰、矿粉总量为 50%时净浆流动度

水泥/g	150	150	150	150	150	150	150	150	150
粉煤灰/g	15	30	45	60	75	90	105	120	135

续表

矿渣粉/g	135	120	105	90	75	60	45	30	15
用水量/g	87								
外加剂用量/g	5.4								
初始流动度/mm	255	245	250	250	245	240	245	230	240
1h 流动度/mm	240	240	245	250	230	230	230	225	225

从表 2-15～表 2-17 的试验结果可知：在粉煤灰与矿渣粉双掺的情况下，两者存在的最佳比例使得净浆流动度及经时损失达到最优。粉煤灰和矿渣粉总掺量在 30%时，两者比例 7:3 达到最佳；粉煤灰和矿渣粉总掺量在 40%时，两者比例 6:4 达到最佳；粉煤灰和矿渣粉总掺量在 50%时，两者比例 4:6 达到最佳。粉煤灰和矿渣粉总掺量的不同，两者达到最佳流动度的比例也有差异。

当采用粉煤灰和矿渣粉复合双掺时，净浆流动度较单掺矿渣粉有了较大的改善。粉煤灰的加入，使得原来矿渣粉与水泥组成的二元胶凝材料的空隙部分得到有效填充，使得净浆流动度改善。在粉煤灰与矿渣粉达到合适的比例时，粉煤灰、矿渣粉与水泥组成的三元胶凝材料体系的颗粒级配更合理，空隙率更小，原来填充空隙的水被填充释放出来，浆体中的自由水增多，浆体的流动性提高。可见，粉煤灰与矿渣粉双掺对于水泥净浆流动性具有叠加增效效应，能提高复合胶凝材料的净浆流动度及经时损失，对外加剂具有良好的辅助减水、保坍作用。

2. *矿物掺合料改善水泥及减水剂相容性的原因*

矿物掺合料的比表面积、颗粒和矿物组成不同于水泥，导致减水剂在其表面的吸附量不同。矿物掺合料颗粒粒径较水泥颗粒粒径小，具有明显的填充作用。

水泥熟料的主要矿物成分 C_3S、C_2S、C_3A、C_4AF，这四种矿物成分对减水剂的吸附能力是 $C_3A>C_4AF>C_3S>C_2S$，C_3A 和 C_4AF 对减水剂的吸附量最大，也就是说 C_3S 和 C_2S 成分对外加剂的吸附量很小，而 C_3A 和 C_4AF 对减水剂的吸附最大。在相同减水剂的掺量条件下，当水泥的矿物成分中 C_3A 和 C_4AF 含量较高时，减水效果较差，则相容性较差，反之，为相容性较好。矿物掺合料中不含有 C_3A 和 C_4AF 含量这两种矿物成分，等量取代水泥时，降低水泥中 C_3A 和 C_4AF 含量，有效降低这两种物质对外加剂的吸附量，可以改善水泥与外加剂的相容性。另外，粉煤灰和矿渣粉含有较多的玻璃和微珠时，可以改善水泥与外加剂的相容性。

混凝土中矿物掺合料对外加剂的影响主要表现在两个方面，即对外加剂起到增效作用的正方面和对外加剂吸附减效的反方面。在混凝土或水泥中掺入矿物掺合料组成二元、三元甚至多元胶凝体系，由于矿物掺合料粒径、粒形、组成矿物成分与水泥的成分存在差异，组成的胶凝材料体系级配更合理，空隙率更低，混凝土浆体中原有的空隙水被释放出来，浆体中的自由水增多，起到增加流动性的增效作用，使外加剂的性能增强。矿物掺合料的比表面积比水泥大，表面的物理吸附量大于水泥，再加上矿物掺合料中类似蜂窝的微小颗粒要吸附一部分水泥，外加剂通常溶解在水中，所以在吸附水的同时，部分外加剂也随水被吸附进该颗粒内部，造成混凝土浆体中有效减水剂降低，分散能力减弱，混凝土工作性降低。这一对矛盾是此消彼长的关系，关键是哪个方面起主导作用。矿物掺合料烧失量较小时，矿物掺合料对外加剂的吸附较小，正方面起主导作用。矿物掺合料的验收、检测过程中，可以采用对比净浆流动度试验的方法来判断矿物掺合料质量的好坏，此方法简单、快捷、有效。

3. 矿物掺合料对外加剂的吸附系数的影响

混凝土外加剂主要对水泥产生分散、吸附作用，随着外加剂掺量的增加水泥浆体中外加剂的成分越来越多，分散能力越来越强，水泥净浆流动度变大。当外加剂掺量增加到某一掺量时，水泥被外加剂充分分散，水泥净浆流动度最大，再随着外加剂掺量的增加，水泥净浆流动度不再显著增加，此时的外加剂掺量为该水泥的饱和外加剂掺量，见表 2–18。

表 2–18　　外加剂掺量对净浆流动度的影响　　（mm）

粉煤灰掺量（%）	外加剂掺量（%）							
	1.6	1.7	1.8	1.9	2.0	2.1	2.2	2.3
0	160	180	200	215	230	240	240	245
20	195	220	235	245	260	265	270	275

从表 2–18 可知，粉煤灰掺量为 0%时，外加剂掺量从 1.6%开始，每增加 0.1%的掺量，水泥净浆流动度增加 15mm 左右；粉煤灰掺量为 20%时，净浆流动度均大于相同外加剂掺量条件下纯水泥的净浆流动度，且增加的幅度大于粉煤灰掺量为 0%时的净浆流动度，外加剂的饱和掺量降低。不掺入粉煤灰时，当外加剂掺量增加到 2.1%以后，增加外加剂掺量，水泥净浆流动度不再显著增加，即水泥与外加剂的饱和掺量为 2.1%。水泥与外加剂的饱和掺量 2.1%低于时，水泥净浆流动度随外加剂掺量的增加而增加，增加的幅度接近于直线。再结合表 2–12 和表 2–14 可以得到表 2–19。

表 2–19　　矿物掺合料掺量对净浆流动度的影响

矿物掺合料掺量（%）		10	20	30	40	50
外加剂掺量 1.8%时，净浆流动度/mm	粉煤灰	215	230	245	240	245
	矿渣粉	210	220	235	230	225
	石灰石粉	240	255	220	185	—

从表 2–19 可知，外加剂掺量不变的情况下，在一定的范围内，矿物掺合料的掺量的增加也能改善净浆流动度。这种改善作用虽然不如提高外加剂掺量那样明显，但也不能忽视，如在粉煤灰掺量不超过 30%的情况下，粉煤灰掺量每提高 10%，净浆流动度的提高值与外加剂掺量增加 0.1%等效。两者净浆流动性相同（或相近，即净浆流动度差值在±5mm）的情况下，在没有掺加矿物掺合料时，外加剂主要对水泥发生作用，而掺加矿物掺合料以后，外加剂除了要对水泥发生作用，还有一部分包裹在矿物掺合料的表面，仅仅起到物理包裹作用。把这一部分包裹在矿物掺合料表面的外加剂与等质量的吸附外加剂的比值称为“矿物掺合料吸附系数”，即掺有矿物掺合料时外加剂的掺量减去其中的水泥吸附外加剂值（该掺量下矿物掺合料对外加剂的吸附量）除以与矿物掺合料等质量水泥吸附外加剂的量。矿物掺合料吸附系数 ζ 按式（2–4）计算。

$$\zeta = \frac{\mu_1 - \mu_0(1-\lambda)}{\mu_0 \lambda} \tag{2-4}$$

式中 μ_0——未掺加矿物掺合料时外加剂掺量；

μ_1——掺加矿物掺合料时，与未掺加矿物掺合料净浆流动度相同时的外加剂掺量；

λ——矿物掺合料掺量。

例如：从表 2-19 我们可以看出，在粉煤灰掺量为 10%，外加剂掺量为 1.8%，此时的净浆流动度为 215mm。不掺粉煤灰时，水泥外加剂掺量为 1.9%时的净浆流动度相同为 215mm。将对应的数值带入式（2-4）可得：

$$\zeta = \frac{1.8\% - 1.9\% \times (1 - 10\%)}{1.9\% \times 10\%} = 0.47 \approx 0.5 \tag{2-5}$$

同理，可以计算出粉煤灰掺量 20%时的吸附系数 ζ 为 0.5；粉煤灰掺量为 30 时的吸附系数 ζ 为 0.52 约等于 0.5。可见随着粉煤灰掺量的增加，粉煤灰对外加剂的吸附量并不相同，但吸附系数变化不大。主要原因有两个：① 粉煤灰的细度和烧失量与水泥不同，吸附量也不同；② 水泥与粉煤灰复合比例不同，组成的胶凝材料空隙率不同，需要填充空隙率的需水量也不相同。

在低于水泥与外加剂饱和掺量的情况下，外加剂的减水率和净浆流动度一样，随着外加剂掺量的增加而增加，且外加剂掺量和减水率也呈现类似于线性的关系。因此，可以把外加剂减水率与掺量的关系近视看成线性关系，用外加剂的饱和减水率除以外加剂饱和掺量就可以粗略地表示出外加剂掺量变化 1%，外加剂减水率相应变化的量，再除以 10 就可以得外加剂掺量变化 0.1%，外加剂减水率相应变化的量。例如某脂肪族减水剂与水泥的饱和掺量为 2.0%，饱和减水率为 25%，则外加剂掺量变化 0.1%，外加剂减水率将变化（25%/2.0%）/10＝1.25%

通过试验测出矿物掺合料的吸附系数，然后把矿物掺合料折合成水泥，根据外加剂用量和折合后的等效水泥计算出新的外加剂掺量，根据此时的外加剂掺量可以确定出减水率。例如：混凝土水泥用量为 290kg/m^3，粉煤灰用量为 90kg/m^3，外加剂用量为 6.8kg/m^3（外加剂掺量为 1.8%），粉煤灰对外加剂的吸附系数约为 0.5，则 90kg/m^3 粉煤灰对外加剂的吸附量相当于 45kg/m^3，则此配合比胶凝材料对外加剂的吸附相当于 290kg/m^3+45kg/m^3=335kg/m^3 水泥对外加剂的吸附量。用外加剂用量 6.8kg/m^3 除以 335kg/m^3，则外加剂的掺量为 2.0%。外加剂减水率每变化 0.1%，外加剂减水率变化 1.25%，当外加剂掺量为 2.0%时，可以粗略估算出该胶凝材料体系，外加剂用量为 6.8kg/m^3 时，减水剂减水率为 25%。

2.6 “混凝土强度—粉煤灰掺量—水胶比”三者的关系

矿渣粉较粉煤灰的活性高，矿渣粉掺量不超过 40%时，等量取代水泥对混凝土的力学性能影响不大，而粉煤灰掺量的增加却对混凝土的力学性能有显著的影响。在原材料不发生变化时，混凝土的强度与水胶比成反比，水胶比越低强度越高，可以采用降低水胶比的方法来弥补粉煤灰早期强度低的缺陷。

经过几十年的发展，我国电厂设备的改进使粉煤灰的燃烧更加充分，粉煤灰的质量和稳定性有较大的提高。再加上高效减水剂（高性能减水剂）复合使用，可以大幅度降低水胶比，改善了粉煤灰的使用环境。工程实践及试验研究表明，粉煤灰作为混凝土的矿物掺合料，既可以降低水化热，利用二次水化增加混凝土后期强度，又能提高混凝土的和易性、泌水性、流动性、泵送性及耐久性等。

20 世纪 80 年代我国杰出的粉煤灰学者沈旦申提出了“粉煤灰效应”假说：形态效应、填充效应、火山灰效应。英国的邓斯坦（Dunstan）研究发现：混凝土的水胶比减小，粉煤灰对不同龄期混凝土强度的贡献随之增大，粉煤灰对强度的贡献与水胶比的关系比水泥还敏感。粉煤灰掺入以后，“混凝土强度—水灰比”二元关系转变成“混凝土强度—粉煤灰掺量—水胶比”三元关系，如图 2–10 所示。

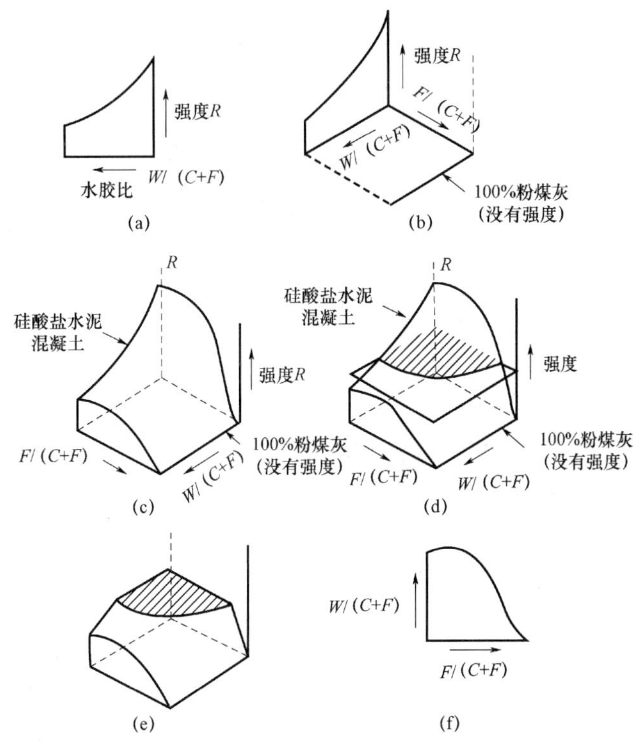

图 2–10　“混凝土抗压强度—粉煤灰掺量—水胶比”的关系

（a）二维关系；（b）三维关系（一）；（c）三维关系（二）；（d）三维关系（三）
（e）三维模型；（f）等强度与等工作度的二维关系

数年来的研究工作使混凝土技术得以进步和发展，这些为人们认识和使用粉煤灰的作用机理和应用技术提供了可靠的理论指导和技术支持，对粉煤灰在混凝土中的应用起到了积极的推动作用。长期以来，粉煤灰是作为水泥的替代品来掺用的，先后出现了等水胶比法、超量取代法和等水灰比法。本书在混凝土强度指标的基础上对粉煤灰掺量与水胶比的关系上进行探讨，力求找到“混凝土强度—粉煤灰掺量—水胶比”之间的具体量化关系，更好地指导粉煤灰在混凝土生产中的应用。

2.6.1　粉煤灰掺量对混凝土强度的影响

1. 粉煤灰掺量对混凝土强度的影响试验

常用的混凝土强度等级为 C10～C60，水胶比的变化范围为 0.7～0.3，胶凝材料用量的范围为 300～550kg/m^3。依据混凝土公司的生产实际所需要的混凝土强度等级，试验分别采用胶凝材料为：300kg/m^3、350kg/m^3、410kg/m^3、470kg/m^3 和 540kg/m^3；水胶比为：0.60、0.50、0.42、0.35 和 0.30；粉煤灰掺量为：10%、20%、30%、40%和 50%；用调整砂率及减水剂用量的方法将混凝土的坍落度控制在 180～200mm 的范围内，进行混凝土强度试验，其试验结果见表 2-20。

表 2-20　　不同水胶比、胶凝材料用量、粉煤灰掺量的混凝土强度

水胶比	胶凝材料总量/kg	粉煤灰掺量 λ（%）	7d/MPa	28d/MPa	28d 强度变化 κ（%）	λ/κ
0.6	300	0	26.9	32.3	—	—
		10	24.8	30.1	-7	1.4
		20	21.9	28.0	-13	1.5
		30	17.7	25.4	-21	1.4
		40	14.1	21.3	-34	1.2
		50	10.2	15.7	-51	1.0
0.5	350	0	33.7	41.2	—	—
		10	31.2	39.4	-4	2.5
		20	27.8	37.2	-10	2.0
		30	24.2	33.7	-18	1.7
		40	18.7	27.3	-34	1.2
		50	13.5	23.2	-44	1.1
0.42	410	0	39.8	47.7	—	—
		10	39.1	46.9	-2	5.0
		20	35.6	43.7	-8	2.5
		30	30.9	40.6	-15	2.0
		40	26.2	33.5	-30	1.3
		50	21.1	29.8	-38	1.3
0.35	470	0	47.5	56.4	—	—
		10	48.7	57.6	+2	5.0
		20	47.2	55.5	-2	10.0
		30	44.3	51.2	-10	3.0
		40	37.5	46.7	-17	2.4
		50	29.9	39.2	-30	1.7
0.3	540	0	57.8	65.8	—	—
		10	58.4	67.9	+3	3.3
		20	57.6	65.8	0	—
		30	52.9	63.1	-4	7.5
		40	45.5	57.4	-13	3.1
		50	35.3	46.1	-30	1.7

注：λ/κ 表示强度每变化 1%，粉煤灰掺量变化情况；+表示强度增加，-表示强度降低。

从表 2–20 可知，随着粉煤灰掺量的增加，混凝土各龄期的强度均表现出不同程度的降低；各水胶比下混凝土 7d 强度的降低幅度均大于混凝土 28d 强度变化的幅度。从 28d 强度降低的幅度来看，水胶比越大强度降低的幅度越大：水胶比为 0.6，粉煤灰掺量为 10%时，混凝土 28d 强度降低 7%，粉煤灰掺量为 50%时混凝土 28d 强度降低 51%。水胶比为 0.3，粉煤灰掺量为 10%时，混凝土 28d 强度上升了 3%，粉煤灰掺量 50%时混凝土 28d 强度降低 30%。水胶比 0.6 时的混凝土 28d 强度降低幅度明显大于水胶比 0.3 时的强度降低幅度，随着水胶比的降低，混凝土 28d 强度每变化 1%，粉煤灰掺量的变化范围在扩大（例如，水胶比 0.6，粉煤灰掺量为 10%～50%，混凝土 28d 强度每变化 1%，粉煤灰掺量变化在范围在 1.0%～1.4%，水胶比为 0.3，粉煤灰掺量为 10%～50%，混凝土 28d 强度每变化 1%，粉煤灰掺量变化在范围在 1.7%～7.5%，随着水胶比的降低，λ/κ 的变化范围在扩大）；粉煤灰掺量相同时，随着水胶比的降低，混凝土 28d 强度降低的幅度在缩小：粉煤灰掺量为 30%，水胶比 0.6 时，混凝土 28d 强度降低了 21%；水胶比 0.5 时，混凝土 28d 强度降低了 18%；水胶比 0.42 时，混凝土 28d 强度降低了 15%；水胶比 0.35 时，混凝土 28d 强度降低了 10%；水胶比 0.3 时，混凝土 28d 强度仅降低了 4%。

2. 试验结果分析

试验研究说明孔隙率对混凝土强度有着决定性的影响，孔的其他属性（例如孔径、孔的分布、孔形与取向等）对混凝土强度也有影响。水泥水化过程中，单位体积的水泥水化后体积增加约 1.2 倍，使原来由水占据的空间为水化产物所填充，而引起浆体孔隙率的降低。同样粉煤灰的火山灰反应形成水化产物体积超过反应前的体积，也会对减少浆体孔隙率起到作用。中国建材院董刚研究表明：水泥浆体中粉煤灰在 14d 前反应较少（仅为 2.5%），28d 以后粉煤灰的反应程度才开始逐渐增大，到 180d 仅有 20%左右参与二次水化。总的来说，粉煤灰的反应速率和反应率是很低的。

水泥的活性好、反应速度远远大于粉煤灰。在水胶比相同的条件下，水泥之间的空隙可以得到水泥水化产物的有效填充，随着粉煤灰掺量的增加，水泥熟料矿物成分相对减少，水胶比不变，而水灰比增大，产生的水化产物也减少，不足以填充颗粒间的空隙，混凝土中水泥石有大量的孔隙存在，混凝土强度降低。粉煤灰掺量越大，未被填充的空隙越多，混凝土降低的幅度越大。水泥的水化及粉煤灰利用水泥水化产物 $Ca(OH)_2$ 二次水化均能降低混凝土的孔隙率，早期粉煤灰反应程度低，掺量越大强度降低幅度越明显，但到后期随着水化反应的进行，混凝土浆体的孔隙率逐渐被填充，混凝土强度降低的幅度变小。

水胶比也是影响混凝土孔隙率的一个重要的因素，随着水胶比的降低，用水量减少，胶凝材料颗粒之间距离变小。需要填充的孔隙也变小，不需要过多的胶凝材料水化产物就能填充胶凝材料颗粒之间的空隙，且粉煤灰中含有较高的球形玻璃体，使水泥分散更均匀。再加上粉煤灰对水泥的颗粒填充效应，使混凝土浆体孔隙率得到有效降低，并成为水泥水化产物的内核，加之粉煤灰的掺入水化热的减少，都有利于强度提高。因此，在低水胶比的环境下，粉煤灰水化慢的弱点被掩盖，降低混凝土水化热及改善低水胶比情况下的水化环境的优点体现出来。例如在水灰比 0.3 时，用 50%的粉煤灰等量替代水泥，由于粉煤灰是利用水泥的水化产物进行二次水化反应，使混凝土中早期参与水化反应的水泥的“水灰比”变大。如果不考虑粉煤灰对水的表面物理吸附作用，初期实际参与水泥水化的“水灰比”接近 0.6，远远高于水泥理论上完全水化所需要的水灰比，此时可以认为水泥水化不受水化空间的制约，较之于水灰比为0.30的纯水泥浆体，掺粉煤灰的浆体中水泥组分可达到较高的水化程度。

2.6.2 等强度条件下粉煤灰掺量与水胶比的关系

1. 等强度试验

水胶比降低可以有效降低胶凝材料颗粒之间的距离，降低混凝土浆体的孔隙率，使需要填充空隙的水化产物降低。粉煤灰等量替代水泥后，高活性的水泥颗粒减小，水化产物生成量降低，胶凝材料之间的颗粒得不到有效填充，强度降低。根据上表的试验结果可以看出，不同水胶比的条件下，随着粉煤灰掺量的增加，混凝土强度不同程度的降低。要保持掺加粉煤灰后混凝土的28d强度不发生变化，需要降低水胶比，提高胶凝材料强度，粉煤灰的减水性及与外加剂的协同效应为降低水胶比提供条件。

为了研究"混凝土强度—粉煤灰掺量—水胶比"三者之间的关系，试验分别采用胶凝材料为：300kg/m^3、350kg/m^3、410kg/m^3、470kg/m^{3}和540kg/m^3；基准水胶比分别为0.66、0.55、0.46、0.40、0.33、0.30，并以基准水胶比对应的混凝土28d抗压强度值为基本强度值；粉煤灰掺量从10%依次递增至50%，保持各掺量的混凝土28d抗压强度值与基本强度值基本相同（差值在5%以内）。用调整砂率及减水剂用量的方法，将混凝土的坍落度控制为180～200mm，进行试验，并记录各掺量与基本水胶比对应混凝土28d抗压强度值的试验结果见表2-21。

表2-21 等强度条件下粉煤灰掺量与水胶比关系

胶凝材料总量/（kg/m^3）	粉煤灰掺量λ（%）	水胶比	水灰比	W	μ	λ/μ（%）	7d/MPa	28d/MPa	60d/MPa
300	基准	0.66	0.66	198.0	—	—	24.0	27.8	30.7
	10	0.63	0.70	189.0	0.03	3.3	23.8	28.4	32.1
	20	0.59	0.74	177.0	0.07	2.9	24.1	28.2	32.4
	30	0.56	0.80	168.0	0.10	3.0	23.7	27.6	31.9
	40	0.50	0.83	150.0	0.16	2.5	18.7	27.3	32.6
	50	0.44	0.88	132.0	0.22	2.3	19.2	28.2	33.4
350	基准	0.55	0.55	192.5	—	—	28.3	35.8	39.0
	10	0.53	0.59	185.5	0.02	5.0	28.5	36.5	41.2
	20	0.51	0.64	178.5	0.04	5.0	27.4	36.5	41.1
	30	0.47	0.67	164.5	0.08	5.0	27.6	36.8	42.6
	40	0.43	0.71	150.5	0.12	4.0	25.1	36.2	42.7
	50	0.37	0.74	129.5	0.18	2.8	26.5	35.9	42.1
410	基准	0.46	0.46	188.6	—	—	37.2	44.5	48.6
	10	0.45	0.50	184.5	0.01	10.0	34.0	43.2	48.2
	20	0.43	0.54	176.3	0.02	10.0	34.8	42.5	48.2
	30	0.41	0.59	168.1	0.04	7.5	33.1	42.9	49.6
	40	0.37	0.62	151.7	0.08	5.0	32.9	44.4	50.5
	50	0.32	0.64	131.2	0.14	3.6	33.1	44.7	51.2

续表

胶凝材料总量 /（kg/m³）	粉煤灰掺量 λ（%）	水胶比	水灰比	W	μ	λ/μ（%）	7d/MPa	28d/MPa	60d/MPa
470	基准	0.40	0.40	188.0	—	—	41.7	51.8	56.4
	10	0.39	0.42	183.3	0.01	10.0	40.9	49.7	55.3
	20	0.38	0.46	178.6	0.02	10.0	38.7	49.1	55.7
	30	0.36	0.51	169.2	0.04	7.5	39.2	48.9	55.7
	40	0.33	0.55	155.1	0.07	6.7	38.6	49.2	56.4
	50	0.29	0.58	136.3	0.11	5.0	36.2	48.9	56.9
500	基准	0.33	0.33	165.0	—	—	48.9	59.6	64.3
	10	0.32	0.36	160.0	0.01	10.0	47.8	59.7	65.1
	20	0.31	0.39	155.0	0.02	10.0	49.1	60.2	66.7
	30	0.29	0.42	146.0	0.04	10.0	51.7	62.4	70.1
	40	0.28	0.47	140.0	0.05	10.0	47.8	59.1	69.5
	50	0.26	0.52	130.0	0.07	10.0	44.7	58.8	68.6
540	基准	0.30	0.30	162.0	—	—	59.4	65.8	71.2
	10	0.30	0.30	162.0	—	—	60.8	67.9	74.1
	20	0.30	0.30	162.0	—	—	58.7	65.8	73.8
	30	0.29	0.41	156.6	0.01	30.0	56.2	66.2	72.6
	40	0.28	0.47	151.2	0.02	15.0	54.6	67.1	73.1
	50	0.26	0.52	140.2	0.04	12.5	57.8	65.2	71.7

注：μ 表示水胶比调整值，λ/μ 表示水胶比与粉煤灰掺量变化的关系。

从表 2-21 试验数据分析得出：

（1）随着粉煤灰掺量的增加，要保持各掺量与相应基本水胶比混凝土 28d 抗压强度值不变，掺入粉煤灰以后，水胶比均相应地降低；且粉煤灰掺量越大，水胶比需要降低的值也越大。

（2）混凝土 28d 抗压强度值不变的情况下，随着基本水胶比的降低，相同粉煤灰掺量的水胶比需要降低的幅度在减小。

（3）随着基本水胶比的降低，混凝土 28d 抗压强度对粉煤灰掺量的敏感度下降，对水胶比的敏感度增加，粉煤灰掺量对水胶比的敏感度降低。

（4）从龄期来看，随着粉煤灰掺量的增加，混凝土 7d 抗压强度值呈下降趋势明显，尤其在水胶比较大时，更为明显，而后期粉煤灰掺量的影响降低，表明粉煤灰参与水化反应的活性较低。

2. 等强度试验结果分析

从粒形上来看，粉煤灰中 70%以上的颗粒是表面光滑、质地致密、内比表面积小、性能稳定的球状玻璃体和硅酸盐玻璃微珠。粉煤灰玻璃微珠颗粒所特有的物理形状，有利于水泥颗粒的絮凝结构解絮和颗粒扩散，同时使混凝土内部降低黏度和颗粒之间的摩擦力，增加流动性或流动性一定，需水量减少。粉煤灰玻璃微珠在混凝土浆体中起到改善保水性，均匀分散到在混凝土浆体中类似轴承滚珠的作用，对改善混凝土和易性也有明显作用。粉煤灰的密度较水泥低，等量的粉煤灰取代水泥，浆体的黏聚性提高，加之粉煤灰粒径小于水泥的粒径，粉煤灰等量替代水泥后，由于粒型的差异，水泥和粉煤灰混合后，细小的粉煤灰颗粒可以均匀地填充在水泥颗粒中，使“水泥—粉煤灰”二元胶凝体系的颗粒级配得到改善，空隙率得到有效填充，有利于降低混凝土浆体内部的孔隙数量和孔隙尺寸，硬化水泥石更为致密，提高了混凝土的抗侵蚀能力。粉煤灰的这些特性直接影响硬化中的混凝土的初始结构，提高混凝土密实度和强度。

水胶比大于 0.4 时，水泥颗粒被水分隔开的间距较大，水泥虽能充分水化、迅速生成水化凝胶但并不能填充水泥与水之间的空隙，混凝土强度自然偏低。即使掺入粉煤灰也难以填充粉煤灰代替水泥后产生的空隙。这是因为粉煤灰自身活性低，其水化是利用水泥与水反应生成的水化产物 $Ca(OH)_2$ 进行二次水化反应，水化反应缓慢，自身没有水硬性，生成的凝胶材料少，所以在水胶比不变的情况下，随着粉煤灰掺量越大，强度降低越快。

水胶比低于 0.4 时，在不掺粉煤灰的普通硅酸盐水泥浆体中，随着水胶比降低，未水化的水泥颗粒逐渐增多，这些未水化的水泥颗粒在混凝土胶凝体中仅仅起到物理填充作用。粉煤灰中强度高、硬度大、体积稳定性强的玻璃微珠可替代这部分起填充作用没有水化的水泥，不会引起强度的下降。

第3章 骨料

混凝土中骨料占体积的 50%～70%，因此，骨料对混凝土的性能有重要的影响，骨料是颗粒状材料，大多数来自天然的岩石（碎石和卵石）和砂子。在混凝土工程中，一般粒径大于 5.0mm 的称为粗骨料，一般粒径在 0.15～5mm 的颗粒称为细骨料，骨料的分类见表 3－1。

表 3－1　　骨料的分类

骨料	方法	分类	
粗骨料	按颗粒大小	小石（5～20mm）	
		中石（20～40mm）	
		大石（40～80mm）	
		特大石（80～100mm）	
	按其形式来分（按骨料形成的条件）	天然粗骨料（天然矿物骨料）	包括碎石、卵石和火山渣、砾石或者天然岩石轧碎的碎石
		人造粗骨料	工业废料、工业副产品、建筑垃圾（混凝土）经破碎、筛分而成的骨料和人工焙烧的轻质陶粒
	按相对密度来分类	轻粗骨料（相对密度 2.3 以下）	
		普通粗骨料（相对密度 2.4～2.8）	
		重粗骨料（相对密度 2.9 以上）	
	按石质分类	火成岩粗骨料（花岗岩、正长岩、闪长岩、玄武岩）	
		水成岩粗骨料（片麻岩、石英岩）	
		变质岩粗骨料	
	按一般特性及特殊性分类	普通粗骨料	
		特殊粗骨料（防护、耐火、防蚀）	
细骨料	按细度模数分	粗砂（3.1～3.7）	
		中砂（2.3～3.0）	
		细砂（1.6～2.2）	
		特细砂（0.7～1.5）	
	按来源分	天然砂	河砂、湖砂、山砂、淡化海砂
		人工砂	机制砂、混合砂

骨料除了作为经济的填充材料之外，通常还为混凝土带来了体积稳定性和耐磨性。骨料

的强度在制备高强混凝土过程中扮演着重要的角色，但大多数情况下混凝土的强度和配合比基本上不受骨料成分的影响，只是耐久性可能受到上述因素的影响（见表3-1）。虽然没有对岩石的矿物类型本身有特殊的要求，但是研究人员已经发现一些岩石成分带来一些实际问题；另一方面为了使混凝土获得一些特殊的性能（如高密度或低导热率等），常常需要采用一些特殊的骨料。在没有特殊要求的情况下，绝大多数岩石可以生产出符合标准的骨料。骨料性质对混凝土性质的影响见表3-2。

表3-2 骨料性质对混凝土性质的影响

混凝土性质	相应的骨料性质
抗冻性	稳定性、孔隙率、孔结构、渗透性、饱和度、抗拉强度、黏土矿物
抗干湿性	孔结构、弹性模量
抗冷热性	热膨胀系数
耐磨性	硬度
碱-骨料反应	存在异常的硅质成分
强度	强度、表面结构、清洁度、颗粒形状、最大粒径
收缩和徐变	弹性模量、颗粒形状、级配、清洁度、最大粒径、黏土矿物
热膨胀系数	热膨胀系数、弹性模量
热导率	热导率
比热容	比热容
容重	相对密度、颗粒形状、级配、最大粒径
弹性模量	弹性模量、泊松比
易滑性	趋向于磨光
经济性	颗粒形状、级配、最大粒径、需要的加工量、可获量

骨料需要具有足够的硬度和强度，不含有害杂质、化学稳定性好。质地柔软、多孔的岩石其强度和耐磨性较差，在混凝土搅拌时可能破碎成细小颗粒，损害混凝土的工作性，也会损害混凝土产品的强度和耐磨性。应当尽量避免混凝土中使用含有较大量的上述岩石的骨料，或者尽量将它们从骨料中剔除。骨料还应当避免含有淤泥、黏土、污垢和有机物的杂质。如果骨料表面覆盖这些杂质会影响骨料与胶凝材料的黏结效果，而且淤泥和黏土等细小颗粒还会增加混凝土的需水量。有机物可能影响水泥的水化过程。

3.1 砂、石常用标准的差异

《普通混凝土用砂、石质量及检验方法标准》（JGJ 52—2006）（以下简称《混凝土用砂石》）于2007年6月1日实施，它对保证混凝土用砂、石质量起到了积极作用，但它与《建设用砂》（GB/T 14684—2011）、《建设用卵石、碎石》（GB/T 14685—2011）（以下简称《建设用石》）中的术语、质量要求、试验方法等多个方面有差异，给实际工作带来了诸多不便。现将三个标准之间主要差异点以表格形式列出进行对比。

3.1.1 《建设用砂》与《混凝土用砂石》的对比

1. 概念和定义的不同

（1）人工砂。《建设用砂》（GB/T 14684—2011）将机制砂和混合砂定义为人工砂，即机制砂和混合砂都是人工砂，而《混凝土用砂石》仅将机制砂定义为人工砂，见表3-3。

表3-3 人工砂概念的差别

名称	人工砂	机制砂	混合砂
《建设用砂》	经除土处理的机制砂、混合砂的统称	由机械破碎、筛分而成的，粒径小于4.75mm的岩石颗粒	由机制砂和天然砂混合制成的砂
《混凝土用砂石》	岩石经除土开采、机械破碎、筛分而成的，公称粒径小于5.00mm的岩石颗粒	—	由天然砂与人工砂按一定比例组合而成的砂

人工砂与天然砂两者在生产工艺、质量指标、检验方法等方面有很大区别，而混合砂是由天然砂和机制砂组成，混合砂中的天然砂质量和掺加比例对混合砂质量有很大影响。因此混合砂质量与机制砂质量特别是颗粒级配、细粉含量有着明显差异。

目前我国的人工砂级配较差，中间少两头多，细度模数较大，颗粒形状粗糙尖锐，多棱角。粉体材料用量（包括石粉含量）和外加剂用量较大，如果配制不得法，用人工砂配制的混凝土拌和物坍落度会呈“草帽状”，工作性较差。解决这一问题采取的措施有：① 提高制砂装备水平，改善级配和颗粒状；② 与河砂混合掺用有利于改善人工砂的性能，在没有河砂或其他级配的砂进行复配时，可以考虑用粒径大于2.36mm的颗粒代替一部分石子，石粉代替部分矿物掺合料；③ 尽量采用石粉含量符合标准要求、细度模数2.5～3.3的人工砂。

（2）公称粒径。《建设用砂》将含泥量、泥块含量、石粉含量、颗粒级配等质量指标用实际尺寸来界定，而《混凝土用砂石》用公称粒径来界定，见表3-4。

表3-4 砂含泥量等指标的差别

名称	含泥量	泥块含量	石粉含量
《建设用砂》	天然砂中粒径小于75μm的颗粒含量	砂中原粒径大于1.18mm，经水浸洗、手捏后小于600μm的颗粒含量	人工砂中粒径小于75μm的颗粒含量
《混凝土用砂石》	砂中公称粒径小于80μm颗粒的含量	砂中原粒径大于1.18mm，经水浸洗、手捏后小于600μm的颗粒含量	人工砂中公称粒径小于80μm，且其矿物组成和化学成分与被加工母岩相同的颗粒含量

（3）适用范围。《建设用砂》按技术要求将砂分为Ⅰ、Ⅱ、Ⅲ类，而《混凝土用砂石》在质量要求中按混凝土强度等级将砂分为三种情况，见表3-5。

表3-5 砂质量要求的差别

名称	Ⅰ	Ⅱ	Ⅲ
《建设用砂》	宜用于强度等级大于C60的混凝土	宜用于强度等级C60～C30及抗冻、抗渗或其他要求的混凝土	宜用于强度等级小于C30的混凝土和建筑砂浆
《混凝土用砂石》	宜用于强度等级大于或等于C60的混凝土	宜用于强度等级C55～C30的混凝土	宜用于强度等级小于或等于C25的混凝土

《建设用砂》将强度等级大于 C60 的混凝土定义为高强混凝土，而《混凝土用砂石》将强度等级大于或等于 C60 的混凝土定义为高强混凝土。

2. 质量指标的不同

（1）规格等级。《建设用砂》将砂按细度模数分为粗、中、细三种规格，未涉及特细砂的质量要求，而《混凝土用砂石》将砂按细度模数分为粗、中、细、特细四级，见表 3-6。

表 3-6 细度模数的差别

名称	细度模数			
	粗砂	中砂	细砂	特细砂
《建设用砂》	3.7～3.1	3.0～2.3	2.2～1.6	—
《混凝土用砂石》	3.7～3.1	3.0～2.3	2.2～1.6	1.5～0.7

（2）天然砂的颗粒级配。《建设用砂》规定砂的实际颗粒级配与表中所列数字相比，除了 4.75mm 和 600μm 筛档外，可以略有超出，但超出总量应小于 5%，而《混凝土用砂石》规定砂的实际颗粒级配与表中的累计筛余相比，除公称粒径为了 5.00mm 和 630μm 的累计筛余外，其余公称粒径的累计筛余可稍有超出分界线，但总超出量不应小于或等于 5%。

《建设用砂》规定对人工砂三个级配区中 150μm 筛孔的累计筛余可以适当放宽界限，而《混凝土用砂石》规定人工砂的颗粒级配必须符合要求，见表 3-7。

表 3-7 砂颗粒级配的差别

《建设用砂》				《混凝土用砂石》			
方孔筛	1 区	2 区	3 区	公称粒径	Ⅰ区	Ⅱ区	Ⅲ区
4.75mm	10～0	10～0	10～0	5.00mm	10～0	10～0	10～0
2.36mm	35～5	25～0	15～0	2.50mm	35～5	25～0	15～0
1.18mm	65～35	50～10	15～0	1.25mm	65～35	50～10	15～0
600μm	85～71	70～41	40～16	630μm	85～71	70～41	40～16
300μm	95～80	92～70	85～55	315μm	95～80	92～70	85～55
150μm	100～90	100～90	100～90	160μm	100～90	100～90	100～90
	放宽到 100～85	放宽到 100～80	放宽到 100～75		—	—	—

（3）对砂质量要求的差别，见表 3-8。

表 3-8 对砂质量要求的差别

项目	《建设用砂》			《混凝土用砂石》		
	质量指标					
	＞C60	C60～C30	＜C30	≥C60	C55～C30	≤C25
含泥量（%）	＜1.0	＜3.0	＜5.0	≤2.0	≤3.0	≤5.0
泥块含量（%）	0	＜1.0	＜2.0	≤0.5	≤1.0	≤2.0
MB 值＜1.40	＜3.0	＜5.0	＜7.0	≤5.0	≤7.0	≤10.0

续表

项目	《建设用砂》			《混凝土用砂石》		
	质量指标					
	>C60	C60～C30	<C30	≥C60	C55～C30	≤C25
MB 值≥1.40	<1.0	<3.0	<3.0	≤2.0	≤3.0	≤5.0
单级最大压碎值（%）	<20	<25	<30	<30		
云母（按质量计，%）	<1.0	<2.0		<2.0	≤2.0	
硫化物及硫酸盐含量（%）	<0.5			≤1.0		

注：*MB* 值——亚甲蓝值。

目前我国人工砂石粉含量高，如果人工砂石粉含量太高且应用措施不当，混凝土性能会受到较大影响。如石粉含量过高处于不得已使用状态时，可将部分石粉计入胶凝材料用量的方式进行配合比设计并配制混凝土。解决人工砂石粉含量高的问题有两个主要措施：① 提高制备砂浆装备水平，发达国家大多数制砂设备可以较好地控制石粉含量；② 在制砂工艺上采取措施，比如采用选出石粉的工艺。

人工砂中会夹杂泥土，亚甲蓝值（*MB* 值）是反映石粉中黏土含量的技术指标，是人工砂的重要指标。机制砂的压碎指标是检验其坚固性和耐久性的一项指标。试验证明，中低强度等级混凝土不受压碎指标的影响，但会导致耐磨性下降。

（4）密度，见表 3-9。

表 3-9　　对砂密度要求的差别

名称	表观密度/（kg/m^3）	松散堆积密度/（kg/m^3）	空隙率（%）
《建设用砂》	>2500	>1350	<47
《混凝土用砂石》	无要求		

3.1.2 《建设用石》与《混凝土用砂石》的对比

1. 概念和定义的不同

（1）公称粒径。《建设用石》将含泥量、泥块含量、颗粒级配等质量指标用实际尺寸来界定，而《混凝土用砂石》用公称粒径来界定，见表 3-10。

表 3-10　　对含泥量与泥块含量粒径定义的差别

项目	《建设用石》	《混凝土用砂石》
含泥量（%）	卵石、碎石中粒径小于 75μm 的颗粒含量	石中公称粒径小于 80μm 的颗粒的含量
泥块含量（%）	卵石、碎石中原粒径大于 4.75mm，经水浸洗、手捏后小于 2.36mm 的颗粒含量	石中公称粒径大于 5.00mm，经水洗、手捏后变成小于 2.50mm 的颗粒含量

（2）适用范围。《建设用石》按技术要求将石分为Ⅰ、Ⅱ、Ⅲ类，而《混凝土用砂石》在质量要求中按混凝土强度等级将石分为三种情况，见表 3-11。

表 3-11 对石子适用强度等级分类的区别

名称	Ⅰ	Ⅱ	Ⅲ
《建设用石》	宜用于强度等级大于 C60 的混凝土	宜用于强度等级 C60～C30 及抗冻、抗渗或其他要求的混凝土	宜用于强度等级小于 C30 的混凝土
《混凝土用砂石》	宜用于强度等级大于或等于 C60 的混凝土	宜用于强度等级 C55～C30 的混凝土	宜用于强度等级小于或等于 C25 的混凝土

《建设用石》将强度等级大于 C60 的混凝土定义为高强混凝土，而《混凝土用砂石》将强度等级大于或等于 C60 的混凝土定义为高强混凝土。

2. 质量指标的不同

（1）含泥量、泥块含量及针片状颗粒。

1）《建设用石》中强度等级大于 C60 混凝土的泥块含量为 0，而《混凝土用砂石》中强度等级大于 C60 的泥块含量为小于或等于 0.2%，两者差异较大。

2）《建设用石》中强度等级大于 C60 混凝土的针片状颗粒含量为小于 5%，而《混凝土用砂石》中强度等级大于或等于 C60 混凝土的针片状颗粒含量为小于或等于 8%，两者要求差异较大，见表 3-12。

表 3-12 石子质量要求的区别

项目	《建设用石》			《混凝土用砂石》		
	质量指标					
	＞C60	C60～C30	＜C30	≥C60	C55～C30	≤C25
含泥量（%）	＜0.5	＜1.0	＜1.5	≤0.5	≤1.0	≤2.0
泥块含量（%）	0	＜0.5	＜0.7	≤0.2	≤0.5	≤0.7
针片状颗粒含量（%）	＜5	＜15	＜25	≤8	≤15	≤25

预拌混凝土用石的针片状含量不宜大于 10%，有利于改善骨料的粒形和级配，改善混凝土的性能。

（2）岩石抗压强度，见表 3-13。

表 3-13 岩 石 抗 压 强 度

<table>
<tr><td colspan="4">《建设用石》</td><td colspan="2">《混凝土用砂石》</td></tr>
<tr><td rowspan="2">项目</td><td colspan="3">质量指标</td><td rowspan="2">项目</td><td>质量指标</td></tr>
<tr><td>火成岩</td><td>变质岩</td><td>水成岩</td><td rowspan="2">应比所配制的混凝土强度至少高 20%。当混凝土强度等级大于或等于 C60 时，应进行岩石抗压强度检验</td></tr>
<tr><td>抗压强度/MPa</td><td>≥80</td><td>≥60</td><td>≥30</td><td>岩石抗压强度</td></tr>
</table>

（3）压碎指标，见表 3-14。

表 3－14 岩石抗压指标

项目	《建设用石》			《混凝土用砂石》	
	质量指标				
	Ⅰ类	Ⅱ类	Ⅲ类	C40～C60	≤C35
卵石	＜12	＜16	＜18	≤12	≤16
碎石	＜10	＜20	＜30	沉积岩≤10 变质岩或深成的火成岩≤12 喷出的火成岩≤13	沉积岩≤16 变质岩或深成的火成岩≤20 喷出的火成岩≤30

（4）密度，见表 3－15。

表 3－15 石子密度

名称	表观密度/（kg/m^3）	松散堆积密度/（kg/m^3）	空隙率（%）
《建设用石》	＞2500	＞1350	＜47
《混凝土用砂石》	无要求		

实践证明石子松散堆积密度不大于 42%，有利于粗骨料紧密堆积，对混凝土性能和减少胶凝材料和外加剂用量具有重要意义。

3.1.3 检验方法的对比

国家标准和行业标准在砂石的检验方法上有一定的差别，在使用的过程中应引起注意，见表 3－16。

表 3－16 石子检验方法的对比

名称	《建设用石》	《建设用砂》	《混凝土用砂石》
可不经缩分项目	堆积密度、人工砂坚固性	堆积密度	含水率、堆积密度、紧密密度
试验条件	15～30℃	15～30℃	砂、石表观密度试验 15～25℃
摇筛时间	粗骨料级配筛分时间为 10min	—	粗骨料级配筛分时间无要求
砂含泥量计算	—	取两个试样的试验结果算术平均值作为测定值	两次试验的算术平均值作为测定值。两次试验结果之差大于 0.5%时，应重新试验
碎石含泥量计算	取两个试样的试验结果算术平均值作为测定值	—	两次试验结果算术平均值作为测定值。两次结果之差大于 0.2%时，应重新试验
碎石泥块含量试验方法	泥块含量测定时要求在水中将泥块碾碎	—	泥块含量测定时要求在水放出以后再将泥块碾碎
吸水率	无吸水率要求及其检验方法	无吸水率要求及其检验方法	有吸水率要求及其检验方法
碎石压碎指标试验	按 1kN/s 速度均匀加荷到 200kN	—	在 160～300s 内均匀加荷到 200kN
人工砂压碎值计算	—	取最大单粒级压碎值作为其压碎值	$\delta=\frac{\alpha_1\delta_1+\alpha_2\delta_2+\alpha_3\delta_3+\alpha_4\delta_4}{\alpha_1+\alpha_2+\alpha_3+\alpha_4}$

注：式中，δ 表示总压碎值；α_1、α_2、α_3、α_4 表示公称直径分别为 2.5mm、1.25mm、630μm、315μm 各方孔筛的分计筛余，%；δ_1、δ_2、δ_3、δ_4 表示公称粒径分别为 5.00～2.50mm、2.50～1.25mm、1.25～630μm、630～315μm 的单级试样压碎指标，%。

《混凝土用砂石》和《建设用砂》《建设用石》虽然分属行业标准、国家标准，但都是用来控制建设工程用砂、石的质量，相关概念和定义、质量要求、检验方法应尽量一致或接近。目前，砂、石标准实施情况主要有以下三种。

（1）《建设用砂》（GB/T 14684—2011）、《建设用碎石、卵石》（GB/T 14685—2011）作为砂、石产品标准来实施，《普通混凝土用砂、石质量及检验方法标准》（JGJ 52—2006）作为应用规范来实施。

（2）混凝土搅拌站和部分预制构件厂采用《普通混凝土用砂、石质量及检验方法标准》（JGJ 52—2006）来进行质量控制，而砂、石供应商则采用《建设用砂》（GB/T 14684—2011）、《建设用碎石、卵石》（GB/T 14685—2011）作为交货检验依据。

（3）在混凝土结构工程设计、施工、监理基本采用《普通混凝土用砂、石质量及检验方法标准》（JGJ 52—2006）。

3.2 砂、石骨料

我国大多砂、石生产企业是个体生产、经营，规模小，生产方式粗放，骨料的技术指标基本处于失控状态，造成完全符合规范要求的骨料越来越少，如天然砂含泥量大，砂过粗或过细，级配不合理。砂、石骨料是当前混凝土材料研究中的薄弱环节，毋庸置疑砂石骨料的研究是滞后于混凝土研究的。一直以来没有能够建立砂石特性和混凝土性质之间的定量关系，更谈不上"定量化、数值化"。再加上砂、石粒形、粗细分布等说不清、道不明的性质，没有适当的方法去度量、评定，其本身也无法界定，造成骨料的研究一直停留在含糊的定性水平。砂、石骨料在混凝土中不仅仅是起到骨架作用，其自身的材质、强度、吸水率以及不同的形成条件（表面特征）和不同的生产工艺（空隙率、颗粒形状等）都对混凝土胶凝材料用量、外加剂用量以及拌和后的工作性能、力学性能和耐久性产生较大影响。长期以来混凝土企业管理人员长期形成的"重胶凝材料、轻砂石"观念认为水泥等胶凝材料是影响混凝土质量的根本，控制住胶凝材料质量就能控制住混凝土质量。混凝土中的骨料占其体积的60%～80%，把骨料作为一种惰性填充材料来看待确实有些不妥，砂石质量的好坏是影响混凝土质量的关键，应该像对待水泥、外加剂那样对待骨料。

3.2.1 砂

1. 砂的细度模数

细度模数最早由美国学者阿布仑1918年提出，虽然物理意义不算太明确，没有度量单位，也没有考虑小于0.16mm及大于4.75mm的颗粒，但由于具有计算简便，能基本上反映出各分级砂含量的作用，对粗颗粒含量情况反应敏感等优点，因而一直被大多数国家用以评定砂子的粗细程度的指标，也是混凝土细骨料质量指标评价的一个重要参数。在混凝土配合比的设计中，要以砂的细度模数来调整砂率及砂的用水量，砂的细度模数对混凝土的和易性、配合比以及抗压强度等性能都有明显的影响。

（1）细度模数的计算。现在普遍使用测量砂的颗粒级配和粗细程度的方法主要是筛分法，即通过不同筛孔上的筛余物质量来分析砂的级配构成，分别用级配曲线和细度模数来表示。按照国家规范规定，先按规定取样，筛除大于9.50mm的颗粒，并将试样缩分至1100g，放在干燥室中烘干至恒量，待冷却至室温后，大致分为两份备用。

1）称取试样 500g，将试样倒入按孔径大小从上到下组合的套筛上，然后进行筛分。

2）将套筛置于摇筛机上，摇 10min 取下套筛，按筛孔大小顺序再逐个用手筛，筛至每分钟通过总量 0.1%为止，通过的试样并入下一号筛，并和下一号筛中的试样一起过筛，这样顺序进行，直至各号筛全部筛完为止。

3）称出各号筛的筛余量，精确至 1g。

4）计算结果与评定：

$$M_x = \frac{(A_2 + A_3 + A_4 + A_5 + A_6) - 5A_1}{100 - A_1} \quad (3-1)$$

式中 M_x——细度模数；

A_1、A_2、A_3、A_4、A_5、A_6——4.75mm、2.36mm、1.18mm、0.60mm、0.30mm、0.15mm 筛的累计筛余百分率。

按细度模数公式计算结果的大小，可将砂分为粗砂（细度模数：3.7～3.1）、中砂（细度模数：3.0～2.3）、细砂（细度模数：2.2～1.6）、特细砂（细度模数：1.5～0.7）。

规范规定中直径大于 4.75mm 的应当被称为石，在计算细度模数时可以剔除。但是，细度模数计算公式并没有考虑筛底小于 0.15mm 的粉粒含量，而这部分含量应该在分母中予以扣除，所以用公式计算的细度模数往往偏小。

（2）砂的级配与细度模数。砂的级配与细度模数是完全不同的两个概念。砂的颗粒级配用级配区表示，以级配区或级配曲线判定砂级配的合格性。砂级配对混凝土的工作性能具有显著影响，同样是细度模数 2.6 的砂，相同配合比的混凝土，其流动性大小顺序是：连续级配砂配制的混凝土＞中间级配多、两端级配少的砂配制的混凝土＞两端级配多、中间级配少的砂配制的混凝土。砂中粒径大于等于 1.18mm 的颗粒主要影响混凝土的泌水性，粒径小于 1.18mm 的颗粒主要影响混凝土的保水性和黏聚性，为保证混凝土良好的工作性能，两者的含量比例保持在 1:2 左右，且 4.75mm、2.36mm 和 1.18mm 三个筛档累计筛余百分率按 2:3:1 的比例进行控制。0.3mm 以下颗粒含量的大小对混凝土的工作性、抹面和泌水也很重要。对于中低强度等级混凝土，0.3mm 以下颗粒含量至少应达到 15%，含量 20%时混凝土工作性较好；而对于高性能混凝土，由于胶凝材料用量大，混凝土中胶凝材料能保证其黏度，砂的颗粒在 0.6mm 筛的累计筛余大于 70%，0.3mm 筛的累计筛余为 85%～95%。如，C30 混凝土适合的级配区为Ⅱ区上限偏下区域，且 0.15～0.6mm 颗粒分计筛余合适范围为 35%～50%，1.18～4.75mm 分计筛余合适范围为 10%～30%；C50 混凝土适合的级配区为中值和下限之间偏上区域，且 0.15～0.6mm 颗粒分计筛余合适范围为 30%～40%，1.18～4.75mm 颗粒分计筛余合适范围为 30%～50%。

对细度模数为 1.6～3.7 的普通混凝土用砂，根据 0.6mm 筛孔的累计筛余百分率，划分成Ⅰ区、Ⅱ区、Ⅲ区三个标准级配区。在砂的三个级配区中，Ⅰ区的砂级配较粗，保水能力差，宜配制富混凝土和低流动性混凝土；Ⅱ区的砂为中砂级配，配制普通混凝土较适宜；Ⅲ区的砂级配较细，用它配制混合料黏性稍大、保水较好，但混凝土干缩性较大、表面易产生细微裂缝。

砂的细度模数与砂的颗粒级配有联系又有区别，一般来说砂的颗粒级配决定细度模数，砂的细度模数反映颗粒级配的状态。同一细度模数的砂可以有多种级配，砂的细度模数相同不代表砂的级配相同，见表3－17。

表3－17　砂的细度模数均为3.0的中砂，级配不同

序号	4.75mm	2.36mm	1.18mm	0.60mm	0.30mm	0.15mm	筛底
中砂1	49	92	90	91	86	89	3
	9.8	18.4	18.0	18.2	17.2	17.8	0.6
中砂2	42	89	93	99	87	82	8
	8.4	17.8	18.6	19.8	17.4	16.4	1.6

砂的细度模数虽然不能全面反映砂的颗粒级配情况，但细度模数作为一种粗略地描述细骨料的级配形式，可以在一定程度上反映砂的差别。预拌混凝土生产企业砂的用量大、来源复杂、级配多变，给混凝土质量控制带来很大的困难，完全依靠砂的级配变化来控制混凝土质量是不现实的。因此，生产实践中可以通过对砂细度模数的控制来实现控制混凝土的质量。

在生产与试验中发现，砂的细度模数与混凝土胶凝材料用量有很好的相关性，胶凝材料用量大，细颗粒较多，混凝土黏度大，需要使用细度模数偏大的砂。胶凝材料用量小混凝土的保水性差，需要增加细颗粒用量提高黏聚性，使用细度模数较小的砂。

有时砂的细度模数不能满足混凝土生产的要求，这样需要选用不同细度模数的砂（或细度模数不满足生产要求）进行复配使用使之符合混凝土生产要求。在实际生产中，砂通过不同的料仓分别计量，以确保混合砂掺配比例准确、质量均匀。

［例3－1］ 现有两种不同细度模数的砂，μ_f分别为1.4和3.0，欲将其复配为细度模数2.7的中砂，其各自的百分比为多少？

［解］ 设细度模数3.0的砂复配百分数为x，μ_f=1.4的砂为（$1-x$），则

$$3.0x+1.4\times(1-x)=2.7$$

通过简单计算，得到细度模数3.0的砂为81%；细度模数1.4为19%。

该复配方法可以根据实际需要调整砂的细度模数，迅速确定两种不同细度模数砂的复配比例，快速、便捷，准确度高。

（3）砂的细度模数对混凝土性能的影响。

1）细度模数与混凝土拌和物工作性。实践证明，在混凝土配合比一定的情况下，砂细度模数对混凝土坍落度与和易性的影响是有规律可循的，即随着砂细度模数的增加，混凝土坍落度先增大后减小。细骨料砂在混凝土拌和物中主要承担填充粗骨料空隙的作用，当砂率固定不变时，细骨料砂的填充效果与其平均粒径的大小有很大的关系。细骨料砂的细度模数较小时，砂中粒径较小的细颗粒偏多，一方面粒径较小的细颗粒容易对粗骨料的空隙起到很多的填充作用，有利于降低骨料总体的空隙率，但细骨料砂的细度模数较小时，细骨料的比表面积增加，包裹在骨料表面的浆体厚度减小，造成骨料间摩擦力相对较大。同样，砂细度模数较大时，砂中的细颗粒偏少，不能对粗骨料的空隙进行有效填充，相反，部分细骨料粗颗粒挤开粗骨料颗粒，使粗骨料空隙率增加需要部分浆体进行填充，造成包裹在骨料表面的浆体数量降低，混凝土工作性降低。因此，细骨料砂的细度模数不宜过大也不宜过小，细度模数过大，混凝土拌和物黏聚性保水性差，容易造成泌水、分层，且混凝土拌和物的内摩阻力

较大，不易捣实成形；砂的细度模数偏小，会使混凝土拌和物的黏聚性、保水性增加，相应的抗离析、泌水能力增强，但混凝土拌和物的流动性降低，要获得相同的流动度就要增加用水量或外加剂掺量。

由于细骨料砂在混凝土拌和物中主要起到填充粗骨料间空隙的作用，细骨料砂填充的好坏很大程度上取决于粗骨料组成空隙的情况。也就是说对于粗骨料的组成不变时，细骨料总有一个适宜的细度模数可以进行最佳的填充。在实践中应针对特定的粗骨料进行试验，选用不同细度模数的细骨料砂进行试验，找到工作性最佳的细度模数。实践中常常会遇到砂的细度模数不能满足最佳细度模数的情况，可以采用两种不同细度模数的砂进行复配以获得满意的混合细骨料。砂子细度模数的变化对混凝土抗压强度变化影响不大，施工过程中当砂的细度模数比预定值小时，为了保持预定的坍落度，往往简单地采用加水的办法来解决，增大了水胶比导致强度降低，产生细砂混凝土强度低于粗砂混凝土强度的错觉。

2）细度模数与混凝土压力泌水率。在泵送过程中，混凝土拌和物在泵送压力作用下发生运动，混凝土各组分的运动速度有差异，遇到弯头、接头、接缝时，含浆量多、饱和的混凝土变成浆体贫乏非饱和的混凝土，造成拌和物某种组分分离。这种分离是一种动态的、在外力作用下的分离，不同于静态时的分离。目前，所使用的坍落度（或倒坍落度）试验不能反映这种分离状态。混凝土在压力作用下的泌水称为压力泌水，压力泌水是混凝土拌和物的一个重要指标，它反映在压力作用下混凝土的保水能力。混凝土拌和物压力泌水性能表征就是压力泌水率，它是在一定压力下混凝土拌和物在规定时间内所泌水占所能泌水量的百分比，一般泵送混凝土 10s 的相对压力泌水率 S_{10} 不宜大于 40%。

压力泌水率的大小是混凝土在泵送压力下保水性好坏的反映，随着砂细度模数的增加，砂的比表面积变小，混凝土的黏聚性和保水性变差，混凝土压力泌水率变大。在泵送过程中，混凝土在泵压的作用下，水分和浆体先从泵口泵出，而剩余的粗骨料由于缺少砂浆的润滑作用，摩擦力增大，流动性变差致使堵泵。砂细度模数小，比表面积大，混凝土黏聚性和保水性增加，压力泌水率降低，但流动性变差，需要较大的压力来推动混凝土运动。由此可见，砂细度模数过大或过小都不利于泵送混凝土施工，应调整砂细度模数、改变压力泌水率的大小以满足施工要求。

3）细度模数与砂率。在混凝土拌和物中，细骨料填充粗骨料间的空隙，胶凝材料填充混合骨料的空隙，富裕浆体包裹在骨料表面起润滑作用，骨料表面浆体越厚，骨料间摩擦力越小，拌和物流动性越好。混凝土配合比一定的情况下，混凝土拌和物要获得良好的工作性要满足以下两个条件：一方面，细骨料填充粗骨料后空隙率越小，用来起填充作用的浆体就越少，富裕浆体相对较多，包裹在骨料表面的浆体也就越厚；另一方面，在保证细骨料填充粗骨料空隙率最低的同时，粗细骨料总的表面积越小，包裹在骨料表面的浆体厚度也越大。

细度模数是表示细骨料粗细程度的指标，砂率是细骨料砂占骨料用量的百分比，在细骨料填充粗骨料空隙方面两者起的作用不同。砂率是通过改变骨料的比例来改变细骨料对粗骨料的填充作用，砂率越大、粗骨料用量就越少，相应需要填充的粗骨料空隙就越少，随着细骨料用量的增加填充效应也逐渐增强，随着砂率的增加骨料的总比表面积也增加。当砂率增加到一定程度时，空隙率最低，骨料比表面积也不大，包裹在骨料表面的浆体厚度最大，混凝土拌和物流动性最大，再增加砂率，填充再骨料空隙间的砂会“挤开”骨料，增大骨料的空隙，此外比表面积的增加也使包裹在骨料表面的浆体变薄，骨料间摩擦力增大，拌和物流动性变差。细度模数则是通过改变细骨料粒径的大小实现对粗骨料的有效填充，细骨料粒径越小，进入粗骨料的空隙越容易，填充效果越好，但随着细度模数的降低，骨料的比表面积也增加。两者有差别也有联系，如细度模数较大的细骨料中的较粗颗粒“挤开”粗骨料，使粗骨料的空隙率增大，就需要较多的砂来填充粗骨料的空隙，相应地就应增加砂率；细度模数较小的砂，粒径小的颗粒容易进入粗骨料间的空隙内，不会“挤开”粗骨料，采用较小砂率就能填充粗骨料的空隙。细骨料的细度模数增加，砂率增大，细骨料的细度模数减小，砂率降低，一般来说，细度模数变化 0.2，砂率相应变化 1%左右。但应主要这种调整，在一定的范围内是可行的，如果细度模数变化过大则需要调整配合比的其他参数。

4）砂细度模数及砂率对外加剂掺量的影响。当混凝土配合比不变时，随着砂细度模数的减小，砂的比表面积增加，对外加剂的吸附也相应变大。混凝土坍落度随细度模数的降低而变小，砂细度模数每减低 0.1，坍落度降低 10mm 左右，要保持混凝土坍落度不变，用水量应增加 1%左右。混凝土用水量的增加必然引起混凝土水胶比增大，要保持水胶比不变时，就应增加外加剂降用量。

2. *砂的含泥量*

含泥量是指砂中粒径小于 75μm，且其矿物组成和化学成分与母岩不同并吸附性相对较强的细微颗粒含量。天然河砂中的泥主要来源于河底的黏土，机制砂中的泥来源于岩石表面的黏土未经过清洗，直接进行破碎，混入机制砂中。泥的主要矿物成分为高岭土、蒙脱土、伊利土，这些矿物成分多为层状硅酸盐矿物，由铝硅酸盐组成的结晶水合物。蒙脱石是由二层硅氧四面体片与其间的铝氧八面体片相结合形成的，铝氧八面体与硅氧四面体通过中间的氧原子进行连接，结构中的高价 Al^{3+}常常被低价态的 Mg^{2+}，Fe^{2+}替代，Si^{4+}常常被 Al^{3+}替代，导致蒙脱石带有多余的负电荷，且结构中层与层的连接力比较弱，使蒙脱石具有强烈的吸水性、膨胀性。高岭石由硅氧四面体片与铝氧八面体片组成，但是结构片层是堆垛而成，连接片层的静电力比较强，使得高岭石吸水不会膨胀。伊利石是由层间的钾离子与层状结构连接，使得结构比较稳定，伊利石吸水后不会膨胀。

（1）砂含泥量检测方法。目前，测定砂中含泥量，一般采用《普通混凝土用砂、石质量及检验方法标准》（JGJ 52—2006）中的检测方法。其主要过程是：称取经缩分烘干至恒重的干砂 400g，置于注入饮用水且水面高出砂面约 150mm 的容器中浸泡 2h，然后用手在水中淘洗，使岩屑、淤泥及黏土与砂粒分离，并悬浮或溶于水中，缓缓地将浑浊液倒入上面为 1.25mm 下面为 0.075mm 的套筛上，滤去小于 0.075mm 颗粒。再加水于容器中，重复上述过程，直至容器内洗出的水清澈，终止淘洗。然后，将充分洗除小于 0.075mm 颗粒后的 0.075mm 筛及 1.25mm 筛上剩留颗粒和容器中已洗净的试样一并装入浅盘烘干至恒重，冷却后称重，计算该试样的含泥量。以两个试样试验结果的算术平均值作为砂中含泥量测定值，要求在整个试验过程中应避免丢失砂粒。

实践证明：采用这种方法测定砂中含泥量，尚存在以下不足之处。

1）终止淘洗的条件不易准确掌握。标准方法测定砂中含泥量主要是通过对试样反复进行淘洗实现，终止淘洗以“容器内洗出的水清澈为止”作为判定界限。在实际工作中，由于对该界限认识观察及掌握程度上的差异，影响到含泥量的准确测定。

2）小于 0.075mm 的颗粒不可能全部被淘洗出去。在对试样反复淘洗过程中，有部分小于 0.075mm 的颗粒因不悬浮或不溶于水而不能被排除；有部分小于 0.075mm 的颗粒虽悬浮或溶于水，但在每次将容器中的水缓缓倒出时可能沉淀下来。因此也影响到含泥量的准确测定。

3）小于 0.075mm 颗粒是否均为泥。砂中含一定量的小于 0.075mm 粉砂对增加混凝土密实性、提高混凝土强度还是有益的。如果单纯地将小于 0.075mm 粉砂也作为泥土和淤泥一样的有害物质加以控制是不合适的。

（2）含泥量对混凝土工作性的影响。混凝土中含有大量的层状吸水泥土矿物成分，会吸收大量的拌和水，使拌和物中自由水减少，混凝土流动性变差。高岭土、蒙脱土等泥矿物颗粒极易吸水，造成混凝土拌和物中自由水减少。蒙脱土吸水后，体积膨胀，导致混凝土黏度增加，混凝土的流动性变差。此外，泥颗粒表面比较粗糙，造成混凝土拌和物流动时固体颗粒间摩擦力增加，流动性变差。一般来说，含泥量小于 3%时，随着含泥量增加坍落度降低，但对混凝土的工作性影响较小；当含泥量大于 3%时，随着含泥量的增加，混凝土拌和物的初始坍落度降低，且混凝土的坍落度经时损失加快。生产过程中，为了满足混凝土工作性要求，往往会多加入一部水，提高混凝土初始坍落度，水胶比的增大造成混凝土强度降低。蒙脱土自身不具有水化性，混凝土硬化后，蒙脱土里的水蒸发或者参加其他物质的水化，导致蒙脱土体积收缩，造成体积稳定性变差，产生很多微细的小裂纹。

（3）含泥量对减水剂的影响。泥土指黏土粒（粒径小于或等于 2μm 的颗粒）含量大于 50%，具有黏结性和可塑性的层状或层链状硅酸盐的多矿物集合体，一般为蒙脱石、高岭石、伊利石和云母等的混合体。泥含有较多的层状硅酸盐矿物，这类矿物的特点是构成单位结构的片层间存在层间域，吸水后容胀，尺寸会变大，将水分子和聚羧酸分子吸入其中，导致体系中水量的进一步减少，以及用于分散水泥颗粒的聚羧酸减水剂分子被黏土占据，而影响整个混凝土体系的和易性。以蒙脱石为例，其完全脱水状态下的层间距仅为 1nm 左右，而完全吸水膨胀后层间距可达 2.14nm，聚羧酸减水剂的梳型分子结构中的侧链多为细长状，在水环境中很容易伸展而被吸附进入黏土层间，导致整个聚羧酸减水剂分子被锚固在黏土颗粒上，分散效能下降。聚羧酸减水剂对含泥量非常敏感，当混凝土中的含泥量小于 3%以下时，含泥量对减水剂的影响较小，含泥量大于 3%，随着含泥量的增加，减水剂的效果迅速降低。

（4）含泥量对混凝土力学性能的影响。在混凝土硬化过程中，一方面泥的存在会阻碍水泥石与骨料之间的黏结，容易形成结构的薄弱区，使得混凝土的强度下降。另一方面，较细的泥颗粒，比表面积大，而且不会水化，混凝土搅拌后吸收了大量的自由水，随着混凝土的水化或这些自由水蒸发后，在有泥存在的区域形成严重的薄弱区。当含泥量小于或等于 3%的情况下，混凝土强度受到的影响较小，同强度混凝土抗压强度无论是 3d、7d 还是 28d 龄期的强度都随砂中含泥量的增加明显地降低。当大于 3%时，含泥量每增加 1%，混凝土 28d 强度降低 3%左右。混凝土后期强度增长的幅度随着含泥量的增加而降低，含泥量越大，后期强度增长的幅度越小。

（5）含泥量对混凝土耐久性能的影响。混凝土中的含泥量也严重影响着混凝土的耐久性，硬化过程中混凝土自由水的蒸发导致吸水膨胀的泥土失水体积大幅度收缩，导致体积稳定性下降，进而抗渗性，抗氯离子渗透性变差。含泥量越大，混凝土的氯离子扩散系数越高，抗渗性能越差，收缩值越大，且随着混凝土强度等级的提高而加剧。

3. 吸水率

（1）吸水率与含水量。骨料自身往往含有一些与表面贯通的空隙，水可以进入骨料颗粒内部，也可以在骨料表面形成水膜，使骨料具有一定的含水能力。骨料含水率的大小不仅影响混凝土拌和物的工作性，也影响混凝土的实际水胶比。因此，在配制混凝土时，首先应精确测定骨料的含水率，并根据含水率的大小及时调整混凝土生产用水量。由于同质量的细骨料比表面积远远大于粗骨料的比表面积，生产中应更注重对细骨料含水率的检测。较高的含水率使颗粒间的水膜厚度增加，体积膨胀，采用体积法设计混凝土配合比时应注意这一变化，防止产生差异。

在拌制混凝土时，由于骨料的含水状态不同，将影响混凝土的用水量和骨料用量。在设计混凝土配合比时，如果以烘干后的绝干状态配制混凝土，绝干状态的骨料会吸收足够的水分达到饱和面干；而如果以饱和面干为基准设计混凝土配合比，则不会影响混凝土的用水量和骨料用量，因为骨料饱和面干时，既不会吸收混凝土拌和物的水，也不会向混凝土拌和物释放水。吸水率是指材料在吸水饱和至饱和面干时，所吸收水分的质量占材料烘干质量的百分比，用公式表示为：

$$吸水率=\frac{材料在饱和面干状态下的质量-材料在烘干状态下的质量}{材料在烘干状态下的质量}$$

普通材料的吸水率一般不超过 1%，在干燥状态下的骨料的吸水往往在 10～30min 内完成，这段时间内，在骨料吸水的作用下，混凝土拌和物坍落度会降低。将测试吸水率的时间定为 10～30min 更合理些，而不是 24h。在实际生产中，应从拌和物中扣除骨料的实际吸水量，得到控制混凝土和易性和强度的关键参数——有效水胶比。

处于饱和面干状态下的含水量为骨料的吸水量，那么骨料表面含水量为减去饱和面干后的剩余水量。因此，湿润骨料的总水量即为吸水量与表面含水量之和。在生产过程中，使用的砂表面含水较大，远大于饱和面干状态的含水量，使用时应考虑超出饱和面干状态的这部分含水量，应扣除砂中的超出的这部分含水量，并相应增加与含水量相等的骨料用量，这对计算实际用水量具有重要意义。

（2）吸水率对混凝土工作性的影响。吸水率较大的骨料内部往往含有较多细小的空隙，具有较强的吸水能力。当骨料自身的含水量小于骨料饱和面干时的吸水率，在配制混凝土时，骨料必然要从混凝土拌和物中吸收水分，造成混凝土拌和物中自由水降低，混凝土流动性减小，坍落度损失。此外，外加剂组分常常溶解在水中，骨料在吸收水分的同时，必然会有部分外加剂被吸入骨料内部，造成这部分外加剂失去分散效能，混凝土流动性和坍落度减小。当骨料自身的含水量大于骨料饱和面干时的吸水率时，骨料将不会从混凝土拌和物中吸收自由水，但溶解在水中的外加剂分子也会有部分缓慢渗入骨料的空隙，使用分散效能，造成混凝土流动性和坍落度损失，这种情况下，对工作性造成的影响虽然较前一种小，但仍不容忽视。吸水率大的骨料拌制的混凝土，在用水量一定的情况下，混凝土坍落度小于吸水率小的骨料拌制的混凝土，而且流动性经时损失大，有的甚至出机 10min 左右便无流动性，无法进行泵送施工。

（3）吸水率对混凝土抗压强度的影响。吸水率大的骨料对混凝土强度的影响主要表现在两个方面：一方面骨料含水量小于饱和面干时的吸水率时，骨料吸收一部分水使混凝土拌和物实际水胶比降低，此外骨料吸入的水可以对混凝土后期起到养护作用，有助于混凝土强度的提高；另一方面，骨料的吸水率越大，其内部结构相对就越疏松，坚硬程度也越差，与水泥砂浆界面过渡区的黏结强度越显薄弱，受压破坏时很容易在薄弱处形成应力集中，造成混凝土强度降低。但总体来说，骨料吸水率对混凝土的劣化作用远超过了其对混凝土的增强效应，因而吸水率大的骨料配制的混凝土强度增长率时下降的，在骨料含水量大于饱和面干时吸水率时表现更为明显。

（4）吸水率对混凝土耐久性的影响。配合比相同时，吸水率较大的骨料在混凝土硬化初期其自身所含有的水分以相对湿度为驱动力，在混凝土内部供给水分较充裕，从而延缓了细微孔隙的收缩，间接延缓了混凝土的干燥收缩。到了后期混凝土处于长期干燥收缩环境时，吸水率较大粗骨料随着内部水分的蒸发，因自身内部相对较大孔隙率等原因，粗骨料本身约束混凝土干燥收缩的能力相对天然粗骨料差，导致后期干燥收缩率变大。

吸水率大的骨料配制混凝土硬化后，其体内部缺陷孔隙多，给 Cl^-等提供了足够的进出通道，直接影响着钢筋混凝土寿命安全。

吸水率大的骨料配制混凝土，硬化后其内部空隙缺陷多，给自由水留有充足的储存空间，更容易出现冻融破坏。

4. *云母*

云母是云母族矿物的统称，是钾、铝、镁、铁、锂等金属的铝硅酸盐，都是层状结构，单斜晶系。晶体呈假六方片状或板状，偶见柱状，层状解理非常完全，有玻璃光泽，薄片具有弹性。随化学成分的变化，云母呈现不同的颜色，白云母为无色透明或呈浅色，黑云母为黑至深褐、暗绿等色。

《建设用砂》(GB/T 14684—2011)规定的砂中云母含量测试方法只能测试粒径大于 0.3mm 的游离云母含量，试验步骤为：按规定方法取样后称取 15g 砂，然后在倍放大镜下用钢针将云母挑出，称出云母质量，最后取 2 次测值的平均值作为试验结果。其他行业规范规定的砂中云母含量测试方法与该方法基本相同，只是具体细节稍有差异。该测试方法只适合于天然砂中云母含量测试，而不适合于人工砂。这主要因为天然砂是由岩石在自然条件作用下生成的岩石颗粒，粒径小于 0.3mm 的颗粒含量较低，按照规范要求方法只测试粒径大于 0.3mm 的游离云母含量是合适的。而人工砂是由岩石通过机械破碎、筛分制成的，其颗粒成分与岩石相同，且允许含有一定量的石粉，即人工砂中粒径小于 0.15mm 的颗粒较多。大量云母存在于粒径小于 0.3mm 的颗粒中，这部分云母采用现行的试验方法是无法测试的。

人工砂石粉中云母含量的增加会引起混凝土单位用水量增加。云母呈薄片状，粒形较差，比表面积相对较大，因而润湿表面所需水分增多；此外，云母颗粒层间结构特殊，吸附性较强，也导致混凝土单位用水量有所增加。

云母颗粒多以薄片状形式存在，粒形较差，且解理明显，这可能使云母颗粒与水泥水化胶凝体的黏结强度有所降低，在其周围形成胶结薄弱带，继而引起混凝土内部应力状态改变，浆体内部受力不均匀，易沿云母周围薄弱带破坏，最终致使混凝土力学性能有一定程度下降。此外，片状云母表面光滑，也增加了其与浆体界面区域的孔隙数量，继而加大了硬化浆体内部的缺陷程度，还可能引起浆体内部微裂纹的扩散。因此，人工砂石粉中云母含量过高时会对混凝土抗压强度带来一定程度的不利影响。因此，天然砂中的游离云母含量需要加以限制，按照现行标准和规范要求，一般限制砂中云母含量不得大于 2%。

5. *有害物质*

骨料中的有害物质可能存在三类有害物质：影响水泥水化进程的杂质、阻碍骨料与水泥浆黏结的涂层、自身软弱或不安定的颗粒。这些物质产生的有害作用不同于骨料与水泥浆体之间的化学反应，如碱–骨料反应。

（1）有机杂质。天然骨料具有足够的坚固能抗磨损，但当其中含有干扰水化过程的有机杂质时就不适合浇筑混凝土。腐殖或有机土壤中腐烂的植物里所含的有机物很容易被冲洗掉，这些有机物一般出现在河砂中。有机物质含量可以通过比色试验判定，即用存放3%的NaOH溶液中和骨料样品中的酸性物质，剧烈摇动使其充分反应，然后静置24h。颜色越深，表示有机杂质含量越大。如果样品液体颜色浅于规定的黄色，则可判定有机杂质无害，反之表明有机杂质含量偏高，应进行可疑骨料与已知骨料的混凝土对比试验。

（2）黏土和其他细颗粒物质。骨料中的黏土作为表面涂层存在，会对骨料与水泥浆体之间的黏结力造成不利影响。此外，淤泥与碎石粉尘也会以骨料表面涂层或松散颗粒存在。淤泥和其他细微颗粒的大量存在，因其具有较大的比表面积，会增加混凝土拌和物的需水量，同时增加对外加剂的吸附。

（3）盐侵蚀。海砂中含有较高的盐分，会对钢筋产生锈蚀，应通过淡化处理才能使用。骨料中的盐分还会产生“泛碱”现象，使混凝土构件表面产生白色沉淀，影响外观。

（4）杂质引起的安定性不良。安定性不良的骨料颗粒主要有两种，一种是由于不耐久的杂质自身风化破坏；另一种是由于物理变化引起骨料自身体积变化。如页岩以及泥块、木材、煤或类似导致缺陷的软物质含量过大会降低混凝土强度，使表层耐磨性下降。

3.2.2 粗骨料

1. *碎石和卵石*

碎石和卵石都可以作为粗骨料用来拌制混凝土，两者形成过程不同性质也有所差别。碎石通常由人工破碎而成，界面粗糙、多棱角，比表面积较大，与水泥黏结性能好。卵石是在河水的作用下，多年冲刷、碰撞形成的表面光滑，多为圆形或椭圆形颗粒与水泥黏结性能较差。

在使用卵石和碎石配制混凝土的过程中，很多人夸大了碎石与水泥浆的黏结性能，忽视了卵石对混凝土拌和物工作性的有利方面，统一使用相同水胶比配制混凝土造成碎石混凝土强度高于卵石混凝土的结论。虽然卵石的表面过于光滑，没有碎石粗糙的棱角，造成与水泥浆的黏结力降低，但通过合理的配合比设计，在混凝土的坍落度、含气量、凝结时间及泌水性能都达到了相应规范的要求条件下配制出合格的高强混凝土也是可能的。

由于两者骨料性质的差异，拌制混凝土时也有一定的差别。如当采用相同水胶比时，碎石与水泥浆的黏结性能好于卵石，碎石配制的混凝土强度好于卵石混凝土，特别是抗折强度差别更明显；但卵石表面光滑，颗粒间的摩擦力相对碎石较小，其拌制的混凝土拌和物流动性也好于碎石。由于卵石界面光滑，配制的混凝土流动性好于碎石混凝土，由于同用水量情况下，卵石混凝土的流动性好于碎石混凝土。在混凝土拌和物工作性基本相同的情况下，卵石混凝土的用水量低于碎石混凝土。使用卵石配制相同工作性的混凝土用水量较碎石混凝土低，水胶比的降低有利于提高混凝土强度，弥补卵石与水泥浆黏结性能差的缺陷。使用碎石和卵石分别配制C30的混凝土，通过抗压试验发现，坍落度相近时卵石混凝土28d抗压强度为40.8MPa，碎石混凝土的抗压强度为40.4MPa，卵石混凝土的强度与碎石混凝土强度相差不大，使用卵石配制的混凝土并没有因其表面光滑而使混凝土抗压强度降低。

卵石混凝土的抗折强度低于碎石混凝土的原因是：① 试验中采用了相同的水胶比，若采取控制相同坍落度的试验条件则卵石混凝土的强度会提升一些；② 使用的卵石粒径过大，水泥路面混凝土中卵石的最大粒径为 40mm，该粒径对混凝土的抗折强度非常不利，因此卵石混凝土的抗折强度往往不达标。现在许多人往往忽略这些前提条件，笼统地说卵石混凝土的强度低于碎石混凝土，这是不准确的，并且这种说法在工程界相当流行，直接限制了卵石混凝土的应用。在控制水胶比、骨料最大粒径、颗粒级配的前提下，使用卵石也可以配制出抗折强度大于 4.5MPa 的混凝土。

随着骨料需求的增加，一些碎石生产厂家把卵石进行破碎成为碎石出售。卵石破碎后界面粗糙度增加，与浆体的黏结能力增加，改善卵石黏结能力差的缺点。但使用卵石破碎成的碎卵石不可避免地存在未被破碎的天然面和破裂形成的破碎面，天然面表面光滑，有时还粘有一些杂质，对骨料与浆体的黏结产生不利的影响。碎卵石的破碎面通过影响骨料与浆体的界面黏结强度来影响混凝土的力学性能，随着破碎面比例的增大，混凝土强度增长逐渐变快。碎卵石破碎面比例的增加造成表面粗糙度增加对配制混凝土的抗压强度产生积极作用，但随着碎卵石破碎面比例的增加，其中针片状颗粒含量相应增加，空隙率增大，对配制混凝土的工作性及力学性能产生不利影响。总体来说，破碎面比例的增加对混凝土产生的积极作用大于消极作用，当破碎面比例大于 55%时，这种积极作用更明显，对混凝土力学性能的提高更显著，破碎面比例大于 75%，获得满意的强度。

对于碎卵石破碎面比例的测量，目前还没有简单易行的方法，可采用以下步骤简单测试。具体试验步骤如下。

（1）碎卵石按 5～10mm、10～16mm、16～20mm 三级进行筛分。

（2）对筛分完的每一级碎卵石，目测每一个石子的破碎面比例，按基本全是破碎面（破碎面比例大于 95%）、基本没有破碎面（破碎面比例小于 5%）、有 1/2 左右的破碎面三个标准逐个进行分类。

（3）对每一级三个类别的石子，随机挑选 25 个石子，用锡纸包裹然后。测量锡纸面积最后求平均值的方法，测定每一类石子的破碎面比例。

2. *骨料强度*

在混凝土中骨料与胶凝材料之间相互协调对混凝土的强度产生贡献，然而在高强混凝土中水泥石强度的提高以及界面性能的大幅度改善，其强度提高的瓶颈在于所使用的粗骨料。一般而言，配制混凝土时所选取的粗骨料强度都应比对应的设计强度要高一些，但具体高出多少有着不同的规定。《普通混凝土用砂、石质量及检验方法标准》（JGJ 52—2006）中规定岩石的立方体抗压强度要比新配制的混凝土强度高 20%，《混凝土质量控制标准》（GB 50164—2011）中规定了高强度混凝土所用粗骨料的母岩单轴抗压强度应至少应比混凝土设计强度高出 30%，而《公路桥涵施工技术规范》（JTG/T 3650—2020）中却规定岩石的抗压强度与混凝土强度等级的比值不应小于 1.5。对于高强混凝土较小的水胶比，混凝土中水泥石强度较高，所以要求粗骨料的强度也要相应提高。对此，许多地区所生产的粗骨料是不能很好地满足其规定的。

高强混凝土中骨料的性能对高强混凝土的抗压强度以及弹性模量有着决定性的作用。骨料在混凝土中能起到骨架支撑和抵抗变形的作用，若是仅依靠胶凝材料用量的增加、水胶比的减小而忽略骨料强度的提高来增强混凝土抗压强度等性能并不会起到很好的效果。普通混凝土的薄弱区是粗骨料与硬化水泥浆间的界面过渡层，而高强混凝土中粗骨料才是其强度提高的瓶颈，因而要求粗骨料具有较高的母岩强度。对于高强混凝土而言，由于其水灰比小，相应的砂浆基体的强度较大，因而所使用的粗骨料的强度也应相应提高。

一般来说，无论普通混凝土还是高强混凝土，应选用密实坚硬的岩石来作为混凝土粗骨料使用。骨料种类对高强混凝土的抗折和折压比的影响较大，对普通混凝土的抗折强度影响较明显。采用高强度骨料，有利于提高混凝土的强度，如优质辉绿岩和石灰岩比花岗岩对混凝土强度更为有利。玄武岩配制的高强混凝土的强度最高，而卵石配制的高强混凝土的强度最低；玄武岩和卵石配制的普通混凝土的抗压强度基本相同，石灰岩配制的普通混凝土的抗压强度较高。

3. 针片状含量

粗骨料的粒形是一项重要的物理指标，对混凝土的性能具有重要的影响。粗骨料的粒形按照形状可分为圆形、不规则形和有棱角形。粗骨料粒形受到破碎工艺、母岩材质等因素的影响，破碎而成的粗骨料的颗粒形貌差异大，没有明确的形状特征，很难对其进行准确的定义和描述。骨料中的针片状颗粒是一种特殊的极端粒形，规范将骨料颗粒的长度大于该颗粒所属粒径的平均粒径 2.4 倍的颗粒定义为针状颗粒，厚度小于平均粒径 0.4 倍的颗粒为片状颗粒。

（1）针片状颗粒对混凝土工作性的影响。粗骨料颗粒越接近球体，其棱角也就越少，较小粒径的颗粒易于填充较大颗粒形成的空隙，便于填充密实，空隙率较小。不规则的骨料颗粒棱角较多，断面多，比表面积也较大，与水泥浆体的接触面增加，降低了裹附粗骨料的浆体厚度，增大了骨料间的摩阻力，使得新拌混凝土的和易性降低。在混凝土拌和物中，混凝土浆体一部分填充骨料颗粒间的空隙（见图 3–1），另一部分包裹在骨料颗粒表面使骨料颗粒间摩擦力降低。包裹在骨料表面的浆体越多厚度越大，骨料颗粒间的距离越远，其形成的摩擦力也越小，混凝土拌和物工作性相对越大。混凝土浆体用量不变的情况下，骨料中不规则颗粒含量增大，一方面会增加骨料空隙率，用于填充空隙的浆体增多，另一方面会增加骨料比表面积。这两方面的原因均会造成包裹在骨料表面的浆体厚度降低，骨料颗粒间摩擦力增加，混凝土拌和物流动性降低。如包裹骨料的浆体不足会造成混凝土拌和物发涩发散，出现离析、泌水现象，最终影响混凝土施工和硬化后的质量。

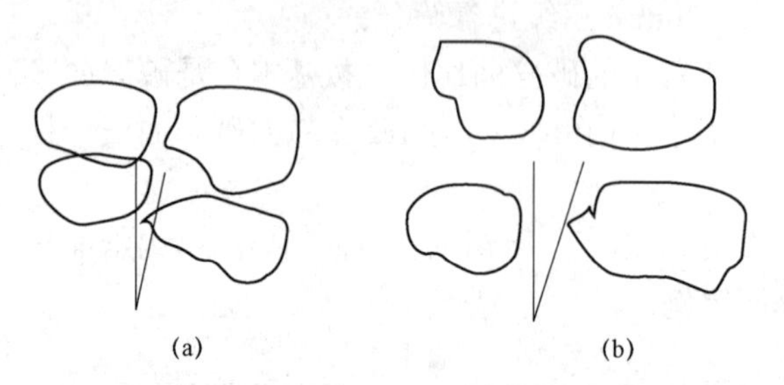

图 3–1　水泥浆体填充不同空隙率的骨料的情况

（a）所需水泥浆体最小充填状态；（b）所需水泥浆体较大充填状态

（2）针片状对混凝土抗压强度的影响。混凝土受压断裂破坏一般表现为在骨料与浆体黏结处断裂、在砂浆带中断裂和在骨料上断裂三种情形。骨料中针片状颗粒含量增加一方面造成粗骨料的空隙率和比表面积增加，包裹在骨料表面的浆体厚度降低易造成混凝土体系界面薄弱环节增多，使得浆体与骨料界面区的缺陷增多，强度界面降低，一般来说混凝土抗压强度随粗骨料针片状含量的增加而降低。另一方面，粗骨料针片状颗粒含量较高时，针片状颗粒在混凝土中更倾向呈水平状排列，被其他骨料颗粒呈简支梁状支承，很容易折断。此外，个别的针状颗粒对附近其他骨料颗粒起到尖劈作用，在振捣过程中还会阻滞气泡上浮，造成骨料下方局部水胶比增大，从而在骨料下方界面处产生较多的孔洞和裂缝。

粗骨料针片状含量对高强度等级混凝土抗压强度的影响较低强度等级混凝土更为明显。针片状含量对于低强度等级混凝土的早期强度影响不大，但随着龄期的延长，针片状含量越低的混凝土后期强度增长率越高。对于高强度等级的混凝土而言，其抗压破坏形式不仅是沿界面的剥落，还有部分粗骨料本身被压碎，在其他组分的品种与用量均相同的情况下，粗骨料的坚韧性越好，混凝土的抗压强度值就越高，针片状粗骨料的坚韧性较差，混凝土抗压强度低。一般认为，粗骨料的针片状含量控制在8%以内对混凝土和易性和强度的影响较小。混凝土的抗氯离子渗透性与粗骨料的针片状颗粒含量关联度最大，通过降低针片状颗粒含量，提高破碎面所占比例可使混凝土获得较高的抗压强度和抗氯离子渗透性。可见，混凝土中针片状粗骨料的含量较多时会降低其强度和耐久性。

（3）粗骨料不规则颗粒含量试验方法。实践中，经常会遇到一些骨料针片状颗粒含量满足规范要求，但存在一些按照规范不属于针片状颗粒的不规则颗粒，这些颗往往会对混凝土性能产生影响。粗骨料中不规则颗粒是指卵石、碎石颗粒中最小一维尺寸小于该颗粒所属相应粒级的平均粒径 0.5 倍的颗粒。

1）仪器设备。

① 条形筛孔宽分别为 3.6mm、6.4mm、8.8mm、11.4mm、14.5mm，孔长分别为 30mm、40mm、40mm、50mm、50mm，分别检测 4.75～9.5mm、9.5～16.0mm、16.0～19.0mm、19.0～26.5mm、26.5～31.5mm 五个粒径范围的粗骨料不规则颗粒。粗骨料检测条形孔筛示意图如图 3－2 所示。

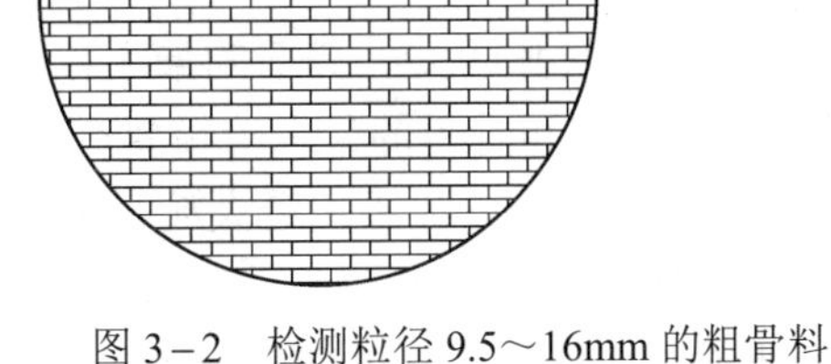

图 3－2 检测粒径 9.5～16mm 的粗骨料不规则颗粒的条形孔筛示意图

② 电动摇筛机和粗骨料颗粒级配试验筛。

③ 天平，量程不小于 2000g，感量不大于 1g。

2）试验步骤。

① 取烘干后的粗骨料 2000g，将试样按五个粒径区 4.75～9.5mm、9.5～16.0mm、16.0～19mm、19～26.5mm 和 26.5～31.5mm 进行筛分。

② 将粒径区 4.75～9.5mm、9.5～16.0mm、16.0～19.0mm、19～26.5mm、26.5～31.5mm 的粗骨料分别放入宽为 3.6mm、6.4mm、8.8mm、11.4mm、14.5mm 的筛子分别进行筛分，各筛筛下颗粒合并后称质量，得到不规则颗粒的总质量 G。

③ 粗骨料不规则颗粒含量计算。不规则颗粒含量按式（3－2）计算，精确至 1%：

$$Q_b = \frac{G}{2000} \times 100\% \tag{3-2}$$

式中 Q_b——不规则颗粒含量，%；

G——不规则颗粒总质量，g。

粗骨料不规则含量不超过 10%时为高品质骨料，普通粗骨料不规则含量宜控制在 20%以内。

4. 最大粒径

骨料的粒径大小对混凝土的工作性能和经济效益都有一定的影响，当骨料体积一定时，骨料粒径增加，小颗粒数量相对降低，总比表面积减小，包裹在骨料表面所需的水泥砂浆也将会变少，能节约生产混凝土的成本。从这个意义上说，粗骨料的粒径应尽量选用大一些的。但并不是粒径越大越好，因为：① 粒径越大，颗粒内部缺陷存在的概率越大；② 粒径越大，颗粒在混凝土拌和中下沉速度越快，造成混凝土内颗粒分布不均匀，进而使硬化后的混凝土强度降低，特别是流动性较大的泵送混凝土更加明显。在普通混凝土中，碎石的最大粒径是根据构件的截面尺寸和钢筋间距来确定，粒径的大小对强度影响不大，其试验结果见表 3-18。

表 3-18　C20 级混凝土试验结果　（kg/m^3）

粗骨料规格	水	水泥	粉煤灰	砂	碎石	外加剂	7d 抗压强度/MPa	28d 抗压强度/MPa
5～20mm	180	210	110	790	1060	5.8	18.1	26.6
5～40mm	180	210	110	790	1060	5.8	18.0	26.2

当混凝土水胶比较小（一般为不大于 0.4）时，碎石的最大粒径对混凝土强度的影响就很显著，国外一般认为其最大粒径不宜超过 10mm，我国现行规范规定为不超过 31.5mm，通常取 20～25mm。对此做了相应的试验，试验结果见表 3-19。

表 3-19　C50 级混凝土试验结果　（kg/m^3）

粗骨料规格	水	水泥	粉煤灰	砂	碎石	外加剂	7d 抗压强度/MPa	28d 抗压强度/MPa
5～20mm	165	425	75	688	1077	10.8	51.6	59.3
5～40mm	165	425	75	688	1077	10.8	47.1	54.2

从表 3-19 中可知，碎石的最大粒径对高强混凝土的强度有较大影响。为此，对于高性能混凝土，所用粗骨料的最大粒径要有限制。美国的 Mehta 教授和加拿大的 Aitcin 教授认为，对大多数岩石来说，如果把最大粒径减小到 10～15mm，通常可以消除骨料的内在缺陷。混凝土强度为 60～100MPa 时，粗骨料最大粒径可以选为不大于 20mm；强度超过 100MPa 时，粗骨料最大粒径不能超过 12mm。日本建议超高强混凝土粗骨料的最大粒径在 10mm 以下。但也不是说粒径越小越好，粒径太小，使得粗骨料的比表面积增加，空隙率增大，势必要增加水泥用量，提高成本，否则会影响混凝土的强度，同时，粒径越小加工时黏附在粗骨料表面上的粉尘越多，给施工冲洗带来困难，一旦冲洗不干净，则会大大削弱骨料界面的黏结力，进而降低混凝土的强度。

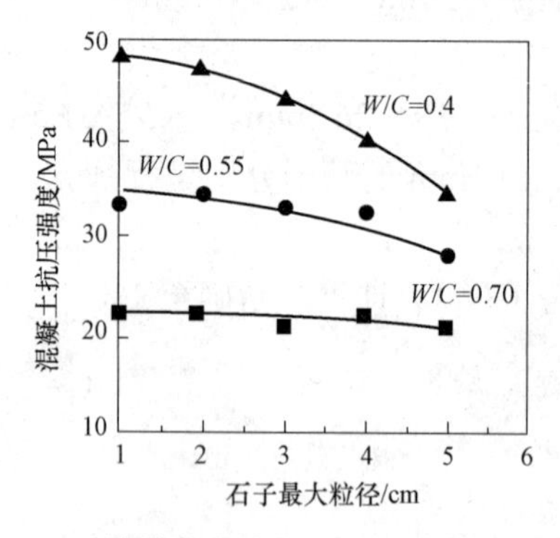

图 3-3　骨料最大粒径对混凝土强度的影响

当水胶比一定时，砂石用量和粒径影响混凝土中界面过渡区的厚度和数量，对混凝土的强度及渗透性也有影响。图 3-3 表明，当水胶比较大时，粗骨料粒径对强度的影响不显著，水胶比越低，影响越大；水泥用量越大，粗骨料粒径越大混凝土强度越低，粒径越小强度越高。图 3-4 表明，水灰比越大，骨料的粒径越大，对渗透性影响越明显，混凝土抗冻性也越差。

粗骨料粒径对混凝土抗压强度的影响可从其对界面过渡区品质的影响来考虑，在粗骨料具有相同的矿物成分的前提下，过渡区的品质取决于骨料周围尤其是底部的泌水趋势和包裹骨料的胶凝材料用量。在表 3-18 中，由于混凝土的水胶比较大，胶凝材料用量较少，对所用粗骨料粒径较小的混凝土而言，由于其内部较大的粗骨料表面积，使得粗骨料的可见胶凝材料用量较小，因而，削弱了界面过渡区的品质并降低了混凝土的强度。在表 3-19 中，混凝土的水胶比较小，胶凝材料用量较大，粗骨料的粒径胶不再成为制约界面过渡区品质的因素，但此时由于较大粒径粗骨料的周围尤其是底部泌水趋势增强，因而削弱了界面过渡区的品质并降低了混凝土的强度。

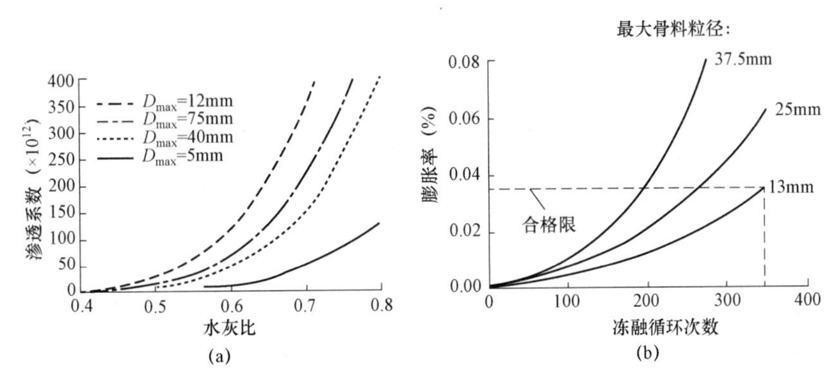

图3-4 骨料粒径对混凝土渗透系数和抗冻性的关系

5. 粗骨料含泥量

含泥量作为粗骨料品质的一个重要指标，能够反映出粗骨料的生产技术水平，黏土、粉尘等杂质常包裹于骨料的表面，形成一层黏结能力很弱的薄膜，降低粗骨料与水泥砂浆的黏结力，对混凝土强度造成了不利影响。此外，黏土、粉尘等含量较多时还会增加混凝土的徐变以及干燥收缩，影响混凝土的抗渗性进而降低混凝土的耐久性。而泥块对混凝土的影响与黏土基本相同，但由于通常泥块颗粒较大，在混凝土中易形成薄弱区或者较大的缺陷，会对混凝土的性能产生更为不利的影响。

泥会对混凝土的力学性能、工作性能以及耐久性等性能有不利影响，甚至对水泥的水化产生影响；但不同种类的泥以及掺不同减水剂都会对混凝土性能产生不同的影响。泥质是通过影响混凝土内局部的水灰比来实现对混凝土强度的影响，原因是随着黏土颗粒的掺入，在混凝土搅拌时会吸收大量的拌和水并形成絮状物，形成的絮状物一部分黏附于粗骨料表面（因采用后掺法，黏土颗粒很多都分散到了砂浆基体中），妨碍了砂浆基体与粗骨料间的黏结，形成薄弱的界面层。其研究结果表明，当粗骨料含泥量增加时，混凝土的工作性能显著降低了，特别是当含泥量增加到1%后，原本塑性状态的混凝土变得又干又硬；抗弯拉强度及抗压强度降低程度较严重，同时抗渗性能也降低严重。含泥量超过1%后，混凝土强度的衰减比较大；弯拉弹性模量明显下降，但抗压弹性模量基本无变化；泥会对混凝土抗冻性产生不利影响，特别是当含泥大于1%后，能够明显加快混凝土的冻融破坏速度。

6. 粗骨料级配

骨料的级配是指各级粒径颗粒的分布情况，通常用筛分曲线来表示。颗粒级配是骨料的重要性能指标，良好级配的骨料具有各个粒级含量合理，既不过多也不过少，具有较低的空隙率，在混凝土工作性相同的情况下可以降低用水量和胶凝材料用量。传统思想认为骨料仅仅起到惰性填充作用，对其改善混凝土性能及经济性的能力认识不足。骨料的级配对配制混凝土所需的浆体量具有重要的影响，为了获得良好的工作性能，浆体不仅要包裹骨料的表面，还要填充骨料间颗粒的空隙。当粗、细骨料颗粒级配适当时，大颗粒骨料之间的空隙可以被细颗粒骨料填充，降低骨料空隙。

7. 常见级配理论

当前的级配理论主要有连续级配和间断级配两种。连续级配是指从某一最大粒径向下，依次有其他粒级，各粒级俱全形成一个连续的级配曲线。连续级配是按照一定的粒径比及其含量形成的连续的级配曲线，大小颗粒搭配较好，配制的混凝土拌和物具有良好的和易性和较高的密实度，不易发生离析现象。间断级配是指省去一个或几个中间级配的骨料，为了获得最小空隙率，相邻两级骨料粒径比较大，通常 $d \leqslant (1/4 \sim 1/8)D$（其中 d 为第二级骨料的粒径，D 为第一级骨料的粒径），才能使大颗粒十分靠近，大颗粒数量最多。1940 年法国瓦莱特（R.Vllite）的试验研究表明：当采用连续级配时，第一级空隙率为 45%，在适宜配合比下加入连续的第二粒级（双粒级），则空隙率为 40%，依次为 35%、32%、31%、30%等。如采用间断级配，使两级之间的粒径比为 8:1，第一级空隙率为 45%，配入第二级时空隙率为 25%，依次为 11%、6%、3%。也就是说采用 2～3 级的间断级配，就可以达到最优的多级连续级配的空隙率，甚至更小。试验还指出，间断级配最大一级用量远远大于连续级配最大一级的用量，达到相同空隙率时，间断级配的比表面积最小。间断级配有利于实现骨料最大堆积密度，有可能更大限度地发挥骨料的骨架作用，减少水泥用量。但间断级配容易使混凝土拌和物发生离析现象，工作性较差。在配制低流动性或干硬性混凝土时，采用间断级配较为有利，但要配制坍落度较大的流态混凝土时，宜采用各级配合理的连续级配骨料。

级配良好的骨料应具有以下特征：

（1）较低的空隙。在混凝土体系中，粗骨料的空隙需要砂浆来填充，粗骨料的空隙率越小，需要填充粗骨料间空隙的砂浆也相对较少，起润滑作用的砂浆体积也越多，混凝土流动性（或坍落度）也相对较大。当混凝土工作性相同时，具有良好级配的骨料往往具有较低的空隙率，可以降低浆体用量，使用较低胶凝材料，成本较低。例如，向 3 种不同骨料中注水（见图 3-5），可以看出两种单一级配的骨料注水量明显大于级配良好骨料的注水量。这说明，骨料级配良好时的空隙率低于单一粒径骨料的空隙率。级配优良的骨料，其空隙率较小，对提高混凝土的密实度、强度和耐久性能具有显著的技术和经济效果，尤其是对高强混凝土的性能影响更为显著。

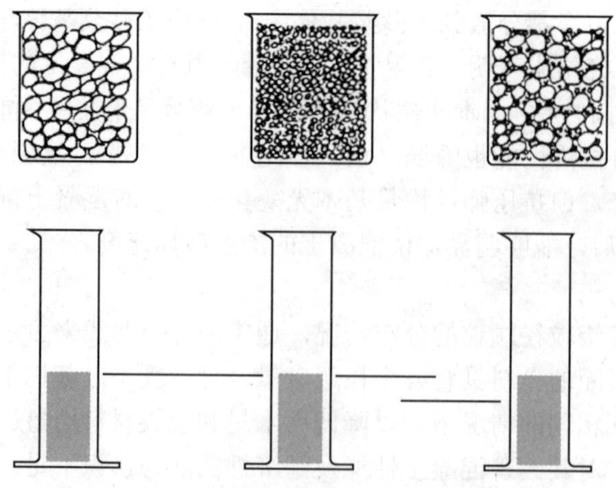

图 3-5　骨料复配对空隙率的影响

一般来说，当骨料的级配较差时，即很少有或根本没有中间骨料颗粒时，骨料的空隙率较大，需要填充的浆体体积也相应地增加。混凝土浆体量一定的情况下，骨料空隙率的增加造成包裹在骨料表面的浆体数量降低，骨料间摩擦力增加混凝土拌和物流动性变差，黏聚性也降低，使得混凝土内部均匀性变差。混凝土拌和物在运输、浇筑、振捣的施工工序过程中易出现浆、骨、水分离析，造成混凝土拌和离析分层，最终导致混凝土工程出现“麻面、蜂窝、孔洞”等缺陷，进而降低混凝土强度，影响耐久性。

（2）骨料具有适当小的比表面积。混凝土拌和物中，浆体除了填充骨料间的空隙外，尚需将骨料包裹起来。在骨料达到最大密实度的条件下，要力求减小其比表面积，改善混凝土工作性。骨料比表面积越小，同样的浆体包裹在其表面厚度越大，摩擦力越小，混凝土拌和物流动性也越好。能满足工程施工要求的时，应尽可能地采用较大粒径的骨料，这样既可以增加级配曲线的区间，降低骨料的空隙率，又可以降低小颗粒骨料的含量，降低比表面积。

（3）有适当的细颗粒含量。连续级配优良的骨料应具有适当的细颗粒含量，实践中采石场生产的骨料经过装料、运输和卸料，再加上生产混凝土时上料，会使骨料大小颗粒分离重新分布失去良好的级配。由于骨料生产者的不重视，一些号称连续级配的骨料，实际上小于10mm 的颗粒极少，几乎没有。针对此种情况，在混凝土配合比设计前，首先应对已有的骨料级配进行复配优化，即将两种或两种以上的骨料按不同比例、对不同粒径进行混合，分别测定其容重，选用空隙率最低容重最重时的比例作为配合比设计的依据。

预拌混凝土行业很长一段时间都是粗放式经营，过多关注水泥、外加剂及矿物掺合料的质量，忽视对砂石质量的控制。许多企业认为，只要水泥质量有保证，砂、石是不用太多考虑的，尤其对于骨料级配的问题没有足够的认识，甚至不屑一顾。实际生产中砂石骨料的用量是最需要频繁调整的，这就恰恰说明，骨料是需要重点的、经常性的关注。预拌混凝土实际生产中要严格保证骨料优良级配组合，这样能降低企业生产成本，骨料级配的问题应该引起企业的高度重视。

随着天然资源的日益减少，混凝土的骨料种类也变得日趋复杂，采用粗放式的管理逐步被精细化的管理所取代。企业对砂石骨料技术指标的重视程度会越来越高，传统的先拟定各骨料的掺配比例，再通过试验调整的方法来进行配合比设计费时费力。采用骨料双因子理论结合 ACI 筛分建议，不仅可以优化骨料级配，还可以根据级配情况预判混凝土拌和物工作性，为混凝土工作提供方便。

（1）ACI 302.1R 对骨料的筛余建议。ACI 302.1R 对混凝土各级骨料的筛余提供了相应的建议：最大孔径的筛子上的筛余和 0.15mm 筛子上筛余的推荐范围分别为 0%～4%和 1.5%～5%；0.6mm 和 0.3mm 筛子上的建议筛余为 8%～15%；对于最大粒径大于 25mm 的骨料，余下各级筛子的筛余量应在的 8%～18%范围内，对于最大粒不大于 25mm 的骨料，如 25mm 或20mm，余下各级筛子的筛余量应控制在的 8%～22%范围内。一般情况下，可以允许 1～2 个不相邻的筛子上的筛余量超出此范围，但 2 个相邻筛子的筛余量之和不应低于 5%且 3 个相邻筛子的筛余量之和不应低于 8%。

（2）粗糙度因子——工作性因子理论。该理论是由美国的施尔斯通（Shilstone）教授利用粗糙度因子 *CF* 和工作性因子 *WF* 两个参数来反映骨料级配与混凝土工作性之间的关系，利用两者的关系来控制和优化混凝土骨料的级配。Shilstone 在大量试验的基础上总结出了 *CF*–*WF* 图（见图 3–6），并将 *CF*–*WF* 图分为 5 个区域，不同的区域代表了不同级配特点的骨料。

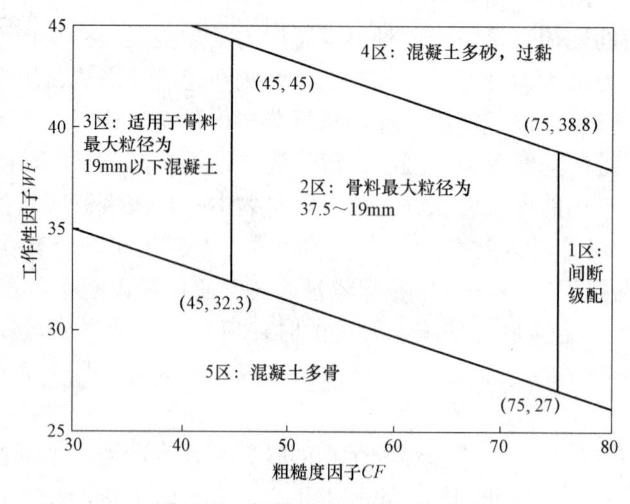

图 3-6 粗糙度——工作性因子

区域 1 内混凝土骨料颗粒粗颗粒较多，为间断级配，拌和物易离析；区域 2 对应的骨料级配优良，对要求骨料最大粒径为 20～40mm 的混凝土来说，具有较好的工作性和经济性；区域 3 对应的骨料适用于骨料最大粒径不大于 20mm 的混凝土；区域 4 对应的骨料，细颗粒较多，易导致混凝土拌和物过黏，不仅影响可泵性和工作性，对混凝土的长期性能也不利，易产生收缩、开裂等问题；区域 5 对应的骨料细颗粒过少，混凝土拌和物表现为干涩、松散，粗骨料包裹性差，会造成混凝土工作性下降。

Shilstone 把骨料颗粒按照粒径大小分为 Q、I 和 W 三部分。骨料中粒径大于 9.5mm 的颗粒，主要起骨架作用和填充作用，能够降低混凝土收缩和裂缝的产生和发展；骨料中粒径大于 2.36mm 并且小于 9.5mm 的颗粒，作为中间颗粒，是混凝土体系中空隙的主要填充材料，它的存在有利于混凝土流动性；骨料中粒径小于 2.36mm 的颗粒，作为细颗粒能够起到润滑作用，对提高混凝土的工作性能有利。

$$CF = 100 \times \frac{Q}{Q + I}$$

$$WF = W + 2.5 \times \frac{B - 335}{56}$$

式中 CF——粗糙度因子；

WF——工作性因子；

Q——骨料中粒径大于 9.5mm 的颗粒质量百分比，%；

I——骨料中粒径小于 9.5mm 并且大于 2.36mm 的颗粒质量百分比，%；

W——骨料中粒径小于 2.36mm 颗粒质量百分比，%；

B——胶材质量，kg。

利用上述公式可以计算（CF，WF），根据（CF，WF）的落点可以对混凝土骨料级配进行直观、全面的分析，评定骨料级配是否合理，并根据需要对混凝土骨料的组成进行适当调整。CF 的取值范围为 0～100，若为 100 时，骨料的级配中缺乏 2.36～9.5mm 的颗粒，可视为间断级配，整体上表现为偏粗。若为 0 时，骨料中没有大于 9.5mm 以上的颗粒，整体上表现为偏细。当 CF 变小时，骨料中细颗粒含量过多，骨料中总比表面积大大增加，在不增加水泥浆量的情况下，水泥浆相对的变少了，从而影响了混凝土的工作性。在 *CF* 增大时，骨料中大颗粒含量增加，而中间颗粒含量减少，骨料的比表面积减少，水泥浆体与粗骨料的界面厚度增加，有利于混凝土拌和物工作性的提高。在 *CF* 取值适当，没有使骨料形成间断级配，引起混凝土离析的情况下，混凝土工作性能受 *WF* 影响较大。*WF* 不仅与骨料级配有关，还受胶材用量的影响，当胶材用量较小时，浆体黏度较低，需要适当提高砂率以避免离析、泌水现象的发生。在相同胶材用量下，通过调整骨料级配，适当降低 *CF*、增加 *WF* 能够改善混凝土的工作性，从而在较低的胶材用量下仍然能够配制出满足工作性和强度要求的混凝土。*CF*－*WF* 双因子理论仅考虑了骨料的级配状况，而对骨料粒形没有考虑，在骨料粒形不佳时，很有可能出现不适用的情况。

3.2.3　混凝土中的粗骨料用量

粗骨料在混凝土中起到骨架作用，增加粗骨料用量，可以提高混凝土体积稳定性。粗骨料的最大粒径越大、粒形与级配越好、空隙率越小，填充空隙的砂浆越少，粗骨料用量就越大；砂细度模数大，砂的平均粒径粗，填充到粗骨料的空隙之间，挤开粗骨料的程度大，填充的砂浆体积增大，粗骨料的用量相应降低，砂细度模数小，对粗骨料的空隙的影响较小，粗骨料的用量增加。美国标准《常规、重量级和大体积混凝土选择比例的惯例》（ACI 211.1－1991）（2002 年再次核准）体现了以上论述，见表 3－20。

表 3－20　　砂细度模数不同时，每方混凝土中粗骨料的体积用量

粗骨料粒径/mm	砂细度模数			
	2.4	2.6	2.8	3.0
10	0.50	0.48	0.46	0.44
12.5	0.59	0.57	0.55	0.53
20	0.66	0.64	0.62	0.60
25	0.71	0.69	0.67	0.65
40	0.76	0.74	0.72	0.70
50	0.78	0.76	0.74	0.72
75	0.82	0.80	0.78	0.76
150	0.87	0.85	0.83	0.81

注：1. 干燥捣实体积。

2. 对于工作性要求较低的混凝土，如路面，相应的数值可以增加 10%。

3. 对于大流动性或自密实混凝土，相应的数值可以降低 10%。

由表 3－20 查得粗骨料捣实的堆积体积后，乘以粗骨料的捣实堆积密度，就可以得到 $1m^3$ 混凝土的粗骨料用量。但粗骨料的捣实密度与捣实程度有关，捣实程度很难统一，粗骨料的捣实堆积密度很难保持一致。尽管如此，可以利用砂的细度模数与粗骨料用量之间的关系，调整两者的用量比例，使混凝土获得良好的工作性。

如果把混凝土看成由粗骨料和砂浆两部分构成，粗骨料间的空隙有砂浆填充，砂浆体积与粗骨料的体积是此消彼长的关系，浆体的用量大，粗骨料的用量就小。如果砂浆刚好填满粗骨料的空隙，则混凝土没有流动性，即坍落度为 0mm。为了使混凝土具有流动性，砂浆填充粗骨料的空隙并有一定的富余，多余的砂浆包裹在粗骨料的表面起润滑作用，这样，在粗骨料重力的作用下才具有运动的能力。砂浆的富余系数越大，混凝土的坍落度越大，砂浆的体积也越大，粗骨料的体积相对较小。当砂的细度模数与粗骨料的最大粒径相同时，粗骨料的单方用量与混凝土坍落度有关，粗骨料单方用量的参考值见表3-21。

表3-21　不同坍落度的混凝土中粗骨料单方用量范围

混凝土坍落度/mm	粗骨料单方用量/m^3
180	0.60～0.64
210	0.59～0.63
230	0.58～0.62

注：1. 粗骨料最大粒径为20mm。
2. 砂的细度模数增加0.1，粗骨料用量减少1%。

3.2.4 特殊适用的骨料

过去在生产混凝土时可以避免使用可能产生问题的骨料，或在使用前优选符合混凝土设计要求的骨料。现在由于需求量的增大，在某些地区出现骨料紧缺的现象，过去一直拒绝使用的骨料，现在已经开始考虑使用。当考虑使用的骨料质量为特殊适用时，主要有以下四个方面的问题需要考虑。

1. 混凝土的性质

考虑使用特殊适用的骨料生产混凝土时，首先要考虑所要配制混凝土的性质、特点，如强度等级、工程部位、有无抗渗、抗裂等特殊要求。其次要考虑所生产的混凝土所使用的施工工艺，施工时的环境因素对混凝土有无特殊要求。最后还要注意浇筑后，是否需要进行特殊的养护才能满足混凝土的性能要求。综合考虑以上因素后，再考虑所用的骨料有哪些不利因素，需要配制混凝土、施工过程、养护工程中需要特别注意的事项。使用特殊适用的骨料时，应该认识到骨料可能适合于混凝土的某些应用，但不适合于其他应用。例如：孔隙率高的骨料可能不适合于配制强度高于C50的混凝土，但当没有耐久性问题时可能满足低强混凝土的要求。有潜在耐久性问题的骨料可能适合于不暴露于大气的混凝土。

2. 骨料的弱点

特殊适用的原材料一般存在一项或者一项以上的性能指标不能满足标准规范要求，或稍微超出规范要求，在使用这种骨料前，要通过检测确定哪一项或哪几项技术指标不合格。通过相关标准试验，根据使用条件和骨料特性进行分析，对特殊适用的骨料应按要求进行更精确的试验。例如：建议使用一系列的试验包括矿物分析、耐久性和机械剥蚀来鉴定页岩。这些不符合标准规范要求的技术指标有哪些弱点，如砂含泥量偏大时，吸附一定量的外加剂造成混凝土拌和物流动性降低；骨料表面的泥粉影响混凝土浆体与骨料界面的黏结，降低硬化混凝土强度；含泥量偏大的骨料配制的混凝土塑性收缩增加，增大混凝土开裂的概率等。

3. 骨料的优化

特殊适用的骨料，是否存在与其他骨料优化的可能。特殊适用的骨料是否可以与其他骨料复合使用降低其不利影响，例如河砂复配机制砂使用降低含泥量，细砂复配机制砂调整机制砂的级配。当使用特殊适用的骨料时，其他补救措施就是采用保护措施。例如，使用增加外加剂掺量的办法抑制含泥量偏高对混凝土拌和物带来的不利影响，利用适当提高胶凝材料用量来抑制含泥量对强度的不利影响。

4. 配合比设计时的优化措施

使用特殊适用的骨料配制混凝土时应更加小心，需要制定更多的预备计划、更多的独创性技术措施以及可能更高的费用（也有可能花费的费用可能少于使用高质量骨料的费用）。毫无疑问，使用特殊适用的骨料进行配合比设计时需要额外试验以及严格的质量控制。配合比设计时，应充分利用其他原材料的优点来弥补特殊适用的骨料的不足，如利用提高外加剂用量来改善含量超标的骨料对混凝土工作性产生的不利影响。通过调整配合比参数，降低特殊适用骨料的用量，降低其影响，例如，适当改变浆体用量、调整砂率，想方设法降低勉强适用骨料的用量。针对勉强适用骨料对混凝土产生的不利影响，利用配合比参数调整克服其产生的不利影响。需求是技术创新的源泉，随着技术的发展、试验的深入，有可能发展出更完善的配合比设计方法，优化使用勉强适合的骨料。

3.3 机 制 砂

机制砂是由机械破碎、筛分制成的，粒径小于 4.75mm 的岩石颗粒，但不包括软质岩、风化岩的颗粒。选择和使用机制砂时首先要确定机制砂的岩石颗粒坚硬，不含有软颗粒和风化颗粒。

3.3.1 机制砂的基本特点

（1）机制砂是利用当地的原材料或者生产石子的下脚料，再用制砂机经行生产，通过对制砂设备的调整生产出质量稳定、级配合理的机制砂。用性能良好的制砂设备生产出来的机制砂，级配、粒形、细度模数优良，可以全部替代河砂配制混凝土，但由于各地制砂设备和工艺的不同，生产的机制砂在粒形和级配上差别很大。再加上有些碎石生产厂家，将生产石子的下脚料进行简单的筛分，就按照机制砂出售。这种所谓的机制砂级配很不合理，一般“两头大，中间小”，配制的混凝土保水性差，易离析泌水。在使用的制石厂的下脚料生产的机制砂配制混凝土时，应采用与河砂复配的办法调整细骨料的级配，或者适当提高砂率并适当降低矿物掺合料用量。

（2）目前采用制砂设备生产出来的机制砂细度模数为 3.0～3.5，属于中粗砂，粗颗粒太多，小于 300μm 颗粒太少。从生产实践的统计来看，机制砂中大于 2.36mm 颗粒超标严重，一般超标 15%以上；小于 0.15 的颗粒超标 10%左右；中间颗粒（0.30～1.18mm）偏少 20%左右，机制砂的级配勉强复合Ⅰ区或Ⅱ区砂的技术要求。从表观上看出来粗颗粒，就是细颗粒石粉，尤其是石粉含量稍微大一些时，从远处看就是全部粉状，造成很多混凝土生产厂家技术人员不敢使用。

（3）机制砂是通过制砂设备破碎而成，颗粒棱角较多，表面粗糙，比表面积大。造成配制混凝土时需水量较河砂配制混凝土的用量大，且流动性差，混凝土泌水率增加。但机制砂的表面粗糙，黏结力大于河砂，在配制中低强度等级的混凝土时，即使水胶比提高 0.03 左右，强度也不会低于河砂配制的混凝土强度，再加上机制砂中适量的石粉含量可以弥补机制砂易泌水的不足。

随着河砂资源的日趋枯竭，机制砂设备的进步，使机制砂质量进一步提升，技术人员对机制砂在混凝土中使用的认识逐渐深入，全面使用机制砂代替河砂制备混凝土会逐步成为现实。

3.3.2 常用母岩的特性

混凝土骨料母岩的性质对骨料的力学强度和耐久性起着决定性的作用，不同的母岩生产的骨料对混凝土的性能必然产生一定的差异，尤其在配制高强混凝土时，表现更加明显。因此，在机制砂生产的过程中，应优选化学性质稳定的母岩。石灰岩分布较为广泛，在全国各省均有分布；花岗岩主要分布在华南、华中和华北的部分省份；玄武岩主要分布在四川、云南等西南地区。

1. 岩浆岩的主要岩性特征

岩浆岩又称火成岩，是由岩浆喷出地表或侵入地壳冷却凝固所形成的岩石，有明显的矿物晶体颗粒或气孔，约占地壳总体积的65%，总质量的95%。常见的岩浆岩有花岗岩、安山岩、玄武岩、苦橄岩等。一般来说，岩浆岩易出现于板块交界地带的火山区。花岗岩的颜色一般为浅灰色（见图3－7）和肉红色，主要矿物成分时石英、云母和长石，花岗岩抗压强度高，压强度达120～200MPa。使用花岗岩作为母岩生产机制砂，由于硬度大，所生产的机制砂针片状较多，压碎值较低。

玄武岩由火山喷发出的岩浆在地表冷却后凝固而成的一种致密状或泡沫状结构的岩石，矿物成分以斜长石、辉石为主，黑色或灰黑色，玄武岩具有气孔构造和杏仁状构造，斑状结构。玄武岩由于抗压强度高，一般在140MPa以上，耐磨性能好，与胶凝材料的黏结力强，被广泛应用于铁路、公路及水电工程、大型交通枢纽等重要基础设施，缺点是对设备的磨损和能耗较大。

(a)

(b)

图3－7 花岗岩和玄武岩

2. 沉积岩的岩性特征

沉积岩是指成层堆积的松散沉积物固结而成的岩石。沉积岩在地表分布广泛，常见的砂岩、页岩和石灰岩都属于沉积岩。其中砂岩和石灰岩常用作为制砂母岩，如图3－8所示。

石灰岩的主要化学成分是$CaCO_3$，主要矿物成分是方解石，还含有少量的白云石、黏土矿物和碎屑矿物，颜色多样，硬度比玄武岩低，一般为块状构造，结构致密，抗压强度一般在60～120MPa，可碎性和磨蚀性均适中。石灰岩分布广泛，岩性单一，易于开采加工，目前行业里用石灰石作料源的至少有30%。

(a) (b)

图3-8 砂岩和石灰岩

3. 变质岩的岩性特征

变质岩是在地球内部的温度、压力或化学作用下，岩石经过重结晶形成新的矿物种类。常见的变质岩主要有片麻岩、角闪岩、麻粒岩、大理岩等。在建材领域，常作为机制砂石母岩的主要有片麻岩和大理岩，如图3-9所示。

(a) (b)

图3-9 片麻岩和大理岩

片麻岩是以石英和长石为主要矿物的具有条状带或片麻状的变质岩，其原岩可以是火成岩，也可以是沉积岩。

大理岩是以方解石和白云岩为主要矿物的变质岩，因在大理市盛产而得名，它的化学成分主要由SiO_2、Al_2O_3、Fe_2O_3、FeO、MnO、CaO、MgO、K_2O、Na_2O、H_2O、CO_2以及TiO_2、P_2O_5等氧化物组成。大理岩的矿物种类由原岩决定，同时受原岩中所含杂质影响。我国大理岩分布广泛，在广东省、福建省、云南省和山东省等许多省市均有分布。

3.3.3 机制砂岩性对混凝土性能的影响

1. 机制砂母岩对混凝土工作性和强度的影响

采用石灰岩、玄武岩和片麻岩三种不同岩性的母岩磨制的机制砂配制 C20、C30 和 C50 三个强度等级的混凝土，试验所用混凝土配合比见表 3-22。

表 3-22 试验用混凝土配合比

等级	水胶比	水泥	矿粉	粉煤灰	机制砂	碎石	外加剂	水
C20	0.60	170	60	80	885	975	5.0	185
C30	0.47	225	65	70	820	975	6.5	175
C50	0.34	380	80	40	780	985	11	170

采用石灰岩、玄武岩、片麻岩三种不同岩性的母岩磨制的机制砂配制 C20、C30 和 C50 三种不同强度等级的混凝土进行对比试验，混凝土和易性试验数据见表 3-23。

表 3-23 机制砂母岩对混凝土性能的影响

等级	岩石类型	工作性/mm				强度/MPa		
		坍落度	扩展度	黏聚性	保水性	7d	28d	60d
C20	石灰岩	225	490	差	差	19.2	27.8	30.1
	玄武岩	205	550	差	差	19.8	26.5	28.7
	片麻岩	215	500	差	一般	18.3	25.8	28.3
C30	石灰岩	225	560	一般	良	27.6	37.9	42.5
	玄武岩	235	550	一般	一般	28.9	38.7	43.1
	片麻岩	210	570	一般	良	29.3	37.2	41.1
C50	石灰岩	250	600	良	良	47.9	59.2	62.8
	玄武岩	220	580	良	良	50.7	60.8	65.9
	片麻岩	230	620	良	良	52.1	61.4	64.8

从表 3-23 可知，不同岩性的机制砂对混凝土的工作性并没有显著的差异，也就是说只要机制砂母岩合格，均可以配制出工作性能良好的混凝土。不同岩性的机制砂配制的混凝土，随着混凝土强度等级的提高，混凝土的和易性也逐渐改善。

在混凝土结构中，粗细骨料与水泥石共同作用成为一个整体，主要依靠骨料和水泥石之间的黏结力。这种黏结力主要由三部分构成：① 混凝土中水泥颗粒水化作用形成的水化产物对骨料表面产生化学胶结力；② 水泥石硬化时体积收缩，对骨料握裹产生摩擦力；③ 由于骨料表面凹凸不平，骨料与水泥石之间的机械咬合作用而形成挤压力。一般来说，混凝土的强度与三个因素有关，水泥石的强度、粗细骨料的强度以及水泥石和粗细骨料之间的黏结力（过渡区强度）；黏结力的大小与混凝土的抗压强度成正比关系。从表 3-23 的试验结果来看，不同岩性机制砂配制的混凝土各龄期强度均相差不大，由此可见，机制砂的岩性不是影响混凝土强度的根本因素。

2. 麻刚砂对混凝土性能的影响

不同的地区，预拌混凝土生产采用的机制砂由于母岩的差异，使得机制砂的质量存在一定的差异。即使是同一机制砂厂家生产的机制砂，在不同的批次也会出现细度模数、石粉含量以及亚甲蓝值等技术指标的差别。造成在混凝土配合比不变的情况下，混凝土质量出现波动，使得混凝土质量的控制难度加大。目前，很多预拌混凝土企业技术人员把机制砂和天然河砂复合使用，以稳定混凝土质量。

麻刚砂是使用风化的麻刚石进行机械破碎形成的一种满足机制砂要求的颗粒形状的风化砂，颜色常呈暗红褐色、黄褐色、红褐色，颗粒表面有白色石灰类的物质，用手可将白色物质捻成粉状，部分较大的风化颗粒可以用手掰开。麻刚砂粗颗粒棱角分明，用手搓有锥刺感，级配分布明显呈现大于2.36mm和小于0.30mm的颗粒较多，中间颗粒减少。风化石和麻刚石生产的机制砂含有较多的松软颗粒和风化颗粒，对混凝土的工作性、强度和耐久性将产生不利的影响，见表3–24。

表3–24　C30混凝土配合比　（kg/m³）

水泥	粉煤灰	水	外加剂	砂	石
280	90	175	6.7	780	1050

从表3–25可知，使用麻刚砂生产的混凝土坍落度损失较快，1h坍落度损失90mm，扩展度全部损失，混凝土失去流动性。麻刚砂配制的混凝土各龄期的强度均低于河砂配制的混凝土强度，而且随着混凝土龄期的增加这种差距逐渐增大。麻刚砂配制的混凝土碳化深度明显大于同龄期河砂配制的混凝土碳化深度，且随着龄期的增长，差别越来越大。

表3–25　河砂和麻刚沙对混凝土性能的影响

名称	工作性/mm			强度/MPa			碳化深度/mm	
	时间	坍落度	扩展度	7d	28d	60d	28d	60d
河砂	初始	220	550	29.3	38.7	42.4	1.1	1.5
	1h	210	530					
麻刚砂	初始	220	500	21.4	28.9	30.5	2.0	3.4
	1h	130	无					

3.3.4 影响机制砂中亚甲蓝值的因素

亚甲蓝值（*MB*值）是机制砂的一项重要指标，国家标准对亚甲蓝值有严格的规定，如《建设用砂》（GB/T 14684—2011）规定机制砂的亚甲蓝值小于1.4，当亚甲蓝值大于或等于1.4时，配制高强混凝土时应严格限制石粉含量。

1. 母岩岩性对机制砂亚甲蓝值的影响

中国幅员辽阔，不同类型的岩石呈带状分布，机制砂生产厂家大多就地取材，而生产机制砂的母岩对机制砂的*MB*值有没有影响，影响情况如何？针对这一问题进行相关试验。采用6种常见的母岩生产的机制砂，石粉含量均为7%检测亚甲蓝值，经试验检测发现母岩对

MB 值的影响很小，在生产过程中完全可以忽略母岩岩性对 *MB* 值的影响，见表 3－26。

表 3－26 机制砂岩性对亚甲蓝值的影响

岩性	石灰岩	玄武岩	片麻岩	石英岩	花岗岩	大理岩
MB 值	0.35	0.30	0.30	0.25	0.25	0.35

2. 机制砂的石粉含量对亚甲蓝值的影响

机制砂的母岩岩性对亚甲蓝值的影响虽然略有影响，但是影响较小，完全可以忽略。采用石灰石生产的机制砂进行试验观察石粉含量的变化对机制砂亚甲蓝值的影响。从表 3－27 中可以看出，机制砂的石粉含量从 7%增加到 25%，该机制砂的亚甲蓝值由 0.30 增大到 0.80，机制砂的亚甲蓝值随着机制砂中石粉含量的增加而变大。即使石粉含量增加的 25%，亚甲蓝值为 0.80，远小于 GB/T 14684—2011 规定的 1.4。由此可见，机制砂中的石粉对亚甲蓝的吸附量很小，机制砂的石粉含量不是影响亚甲蓝值的主要因素。

表 3－27 石灰石粉含量对机制砂亚甲蓝值的影响

石粉含量	7%	9%	11%	13%	15%	17%	19%	21%	23%	25%
MB 值	0.30	0.35	0.40	0.45	0.50	0.55	0.60	0.65	0.70	0.80

3. 泥粉含量对亚甲蓝值的影响

通过上文的分析可以看出，机制砂的母岩岩性和石粉含量都不是影响机制砂亚甲蓝值的主要因素，为了解泥粉含量对机制砂亚甲蓝值的影响，选择一种石粉含量为 7%的机制砂，分别添加不同掺量和不同种类的泥粉，观察机制砂亚甲蓝值的变化情况，见表 3－28。

表 3－28 泥粉含量对机制砂亚甲蓝值的影响

泥粉含量	0	1.0%	1.5%	2.0%	2.5%	3.0%	3.5%	4.0%	4.5%	5%
1	0.30	1.05	1.30	1.75	2.35	2.65	2.80	3.55	4.30	4.50
2	0.30	0.65	0.90	1.15	1.35	1.55	1.85	2.15	2.40	2.50
3	0.30	0.45	0.60	0.65	0.80	0.90	1.05	1.10	1.15	1.20

从表 3－28 中可以看出，在机制砂中添加泥粉，随着泥粉含量的增加，亚甲蓝值大幅度随之增大。试验中采用的三种泥粉，在添加泥粉含量相同的情况下，虽然对亚甲蓝值影响的程度不同，但对亚甲蓝的吸附作用均大于机制砂母岩变化和石粉含量变化的影响。因此，泥粉含量的变化是影响亚甲蓝值变化的主要因素。机制砂的石粉和泥粉虽然粒径都小于 75μm 颗粒，但两者对混凝土的作用是绝对不能等同的。

综合亚甲蓝值影响因素的分析可以看出，亚甲蓝值主要是测定机制砂中粒径小于 75μm 的颗粒是石粉还是泥粉。

3.3.5 机制砂中石粉含量对混凝土性能的影响

生产机制砂的过程中不可避免地会产生粒径小于 75μm 颗粒，这些粉颗粒既可能是石粉也可能是泥粉。石粉和泥粉是两种截然不同的物质，一方面石粉和泥粉粒径都比较小，在混凝土浆体中可以起到填充作用；另一方面二者的结构完全不同，石粉结构密实，对水仅存在表面物理吸附，而泥粉是类似于海绵的层状松散结构，吸水率较高，吸附水后通常会发生膨胀，进而影响混凝土强度和耐久性；再者，泥粉的主要成分是蒙脱石、伊利土和高岭土等对外加剂有强烈的吸附作用，石粉通常是机制砂生产过程中形成的细小颗粒，与母岩化学性质一致，对外加剂吸附较低。泥粉与石粉虽然粒径比较相近，但二者存在本质的区别，对混凝土产生的影响也大相径庭，随着机制砂中泥粉含量的增加，泥粉吸附水和外加剂的能力相应增加，混凝土用水量提高且坍落度损失加快。当泥粉含量较大时，也会对混凝土的强度、抗冻性、抗渗性等耐久性能产生不利的影响。

1. 机制砂中石粉对混凝土工作性的影响

石粉的粒径小于 75μm，一定程度上可以看作是一种惰性矿物掺合料，机制砂中的石粉可以调整胶凝材料的级配，尤其是在水泥细度较细的情况下造成胶凝材料中缺少 45～75μm 的颗粒，机制砂石粉可以有效补充这一部分颗粒，改善胶凝材料体积的空隙率。

在预拌混凝土生产过程中，应根据混凝土强度等级的变化选择合适石粉含量的机制砂，石粉含量太少起不到增加浆体体积改善工作性、降低混凝土泌水、离析的目的。石粉含量也不宜过高，过高会造成需水量增加，混凝土工作性下降，见表 3－29 和表 3－30。因此要把握一个度的问题，不能太高也不能太低，控制一个合适的范围：对于强度等级低于 C30 的混凝土，胶凝材料较少，机制砂中含有 10%～15%的石粉可以补充胶凝材料，增加浆体量，改善混凝土的和易性；但对于强度等级高于 C60 的混凝土而言，混凝土本身的胶凝材料较多，混凝土黏度较大，应适当控制石粉含量以降低混凝土黏度，石粉含量宜控制在 7%～10%；强度等级大于 C80 的超高强混凝土的石粉含量应低于 3%～5%。

表 3－29　C30 混凝土配合比　(kg/m^3)

水泥	粉煤灰	水	外加剂	砂	石
280	90	175	6.7	780	1050

表 3－30　不同石粉含量对混凝土性能的影响

石粉含量（%）	坍落度/mm		扩展度/mm		和易性（初始）	
	初始	1h	初始	1h	黏聚性	保水性
0	200	180	570	530	差	严重泌水
3	200	190	540	510	较好	泌水
6	210	190	540	480	较好	轻微泌水
9	200	180	520	500	好	好
12	180	140	460	无	好	好
15	160	80	400	无	好	好

2. 机制砂中石粉对混凝土力学性能的影响

机制砂的石粉含量对混凝土抗压强度产生一定的影响，对于某一强度等级混凝土来说，随着机制砂石粉含量的增加，混凝土抗压强度先增加后降低，如图 3－10 所示。

这是由于机制砂的石粉含量在混凝土中主要起到两个方面的作用：一方面，少量的机制砂可以有效填充水泥石与骨料之间的空隙，提高混凝土密实度，随着机制砂含量的增加表现

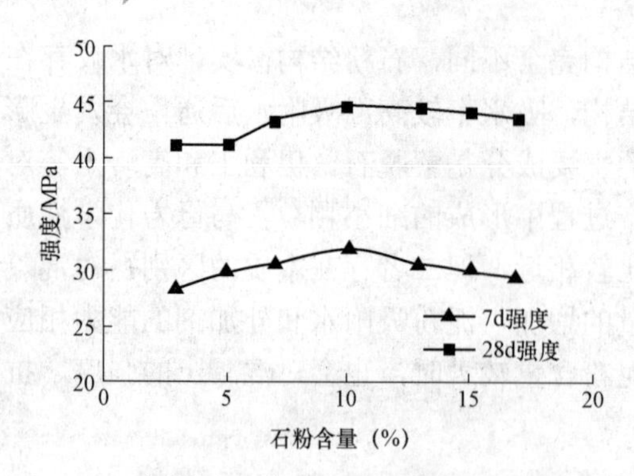

图 3-10 机制砂石粉含量对混凝土抗压强度影响

出混凝土强度随着增加；另一方面，随着机制砂石粉含量的增加，当石粉含量超过该强度等级最佳含量时，会对混凝土的颗粒级配产生不利的影响，再加上石粉的比表面积过大，造成混凝土的需水量变大，和易性变差。因此，对于中低强度等级混凝土而言，机制砂的石粉含量存在一个最佳值：

$$\frac{m_w}{m_c + m_s x} = 0.40 \qquad (3-3)$$

式中 m_w——用水量；

m_c——水泥用量；

m_s——砂用量；

x——代表石粉最佳含量的推测值。

3. 机制砂中石粉含量对混凝土抗渗性能的影响

机制砂中的石粉可以有效改善混凝土材料的颗粒级配，降低混凝土材料的空隙率，阻止水泥水化过程中产生的毛细孔，石粉含量越大，阻断透水通道的能力越强，越有利于改善混凝土的抗渗性能；另外，石粉比表面积较大可以有效改善中低强度混凝土的黏聚性和保水性，提高抗离析能力，降低水泥石的微观缺陷。

4. 机制砂石粉含量对抗裂性的影响

机制砂石粉含量的增加将使混凝土的收缩增大，不利于混凝土塑性开裂的控制。对于低强度等级混凝土而言，机制砂石粉含量超过 10%，随着石粉含量的增加，混凝土裂缝产生的时间提前，裂缝的条数和宽度增加。而对于高强度等级的混凝土机制砂石粉含量超过 7%以后，混凝土抗裂性变差的情况更加明显。

3.3.6 机制砂质量判定方法

1. 机制砂石粉流动度比试验

该试验方法用于判定石粉对减水剂吸附性能的指标，具体操作方法如下。

（1）取代表性机制砂试样，置烘箱中在 105℃±5℃条件下烘干至恒重，待冷却至室温时，将机制砂试样倒入按孔径大小从上到下组合的套筛（附 75μm 筛和筛底），用摇筛机筛 10min，取 75μm 方孔筛以下筛底石粉试样累计 270g，分两份备用，精确至 0.1g。

（2）应使用符合 GB/T 17671 规定的连续级配标准砂，确定流动度比的胶砂配合比应符合表 3-31 的规定。

表 3-31 胶砂配合比

胶砂种类	水泥/g	石粉/g	标准砂/g	加水量/mL	减水剂用量	流动度
对比胶砂	450	—	1350	180	胶砂流动度达到 180mm±5mm 时的减水剂用量 X	180mm±5mm
试验胶砂	315	135	1350	180	与对比组相同	L

（3）按照表 3－31 中对比胶砂组的胶砂配合比，通过调整减水剂的用量使对比胶砂的流动度达到（180±5）mm。

（4）按照表 3－31 中试验胶砂组的胶砂配合比，测定试验胶砂的流动度。

（5）石粉的流动度比按式（3－4）计算：

$$F_P = \frac{L}{L_0} \times 100\% \tag{3-4}$$

式中 F_P——石粉的流动度比，%，精确至 1%；

L——试验胶砂的流动度，mm；

L_0——对比胶砂的流动度，mm。

石粉流动度比取两次试验结果的算术平均值，精确至 1%。石粉的流动性比 $F_P \geqslant 110\%$为特级，石粉的流动性比 $100\% < F_P < 110\%$为一级。

2. 机制砂（不含石粉）需水量比试验

机制砂（不含石粉）与 ISO 连续级配标准砂在规定水泥胶砂流动度偏差下的用水量之比，用于综合判定机制砂级配和粒形性能的指标。

（1）机制砂（不含石粉）制备。

1）将代表性机制砂试样倒入淘洗容器中，注入清水，使水面高于试样面约 150mm，充分搅拌均匀后，用手在水中淘洗试样，把浑水缓缓倒入 1.18mm 和 75μm 的套筛上（1.18mm 筛放在 75μm 筛上面），滤去小于 75μm 的石粉。试验前筛子的两面应先用水润湿，在整个过程中应小心防止砂粒流失。

2）向容器中注入清水，重复上述操作，直至容器内的水目测清澈为止。

3）用水淋洗剩余在筛上的砂粒，并将 75μm 筛放在水中（使水面略高出筛中砂粒的上表面）来回摇动，以充分洗掉小于 75μm 的石粉，然后将两只筛的筛余颗粒和清洗容器中已经洗净的试样一并倒入搪瓷盘，放在干燥箱中于 105℃±5℃下烘干恒量，待冷却至室温后将机制砂（不含石粉）充分混合均匀，累计取 2700g，分两份备用，精确至 0.1g。

（2）胶砂配合比应符合表 3－32 的规定。

表 3－32　　机制砂（不含石粉）需水量比试验配合比

胶砂种类	水泥/g	标准砂/g	机制砂（不含石粉）/g	加水量/mL	流动度/mm
对比胶砂	450	1350	—	225	Y
试验胶砂	450	—	1350	M_W	$Y \pm 5$

（3）对比胶砂和试验胶砂分别按 GB/T 17671 的规定进行搅拌。

（4）搅拌后的对比胶砂和试验胶砂分别按 GB/T 2419 测定流动度。当试验胶砂流动度达到对比胶砂流动度 Y 的±5mm 时，记录此时的加水量 M_W；当试验胶砂流动度超出对比胶砂流动度 Y 的±5mm 时，重新调整加水量，直至试验胶砂流动度达到对比胶砂流动度 Y 的±5mm 为止。

（5）结果计算。机制砂（不含石粉）需水量比应按式（3－5）计算：

$$X = \frac{100 M_W}{225} \tag{3-5}$$

式中　X——机制砂（不含石粉）需水量比，%，精确至1%；

M_W——试验胶砂流动度达到对比胶砂流动度 Y 的±5mm时的加水量，g。

225——对比胶砂的加水量，g。

机制砂（不含石粉）需水量比取两次试验结果的算术平均值，精确至1%。机制砂（不含石粉）需水量比 $X \leqslant 105\%$ 时为特级品，机制砂（不含石粉）需水量比符合 $105\% < X < 115\%$ 时为一级品。

3. 机制砂（含石粉）需水量比试验

机制砂（含石粉）与ISO连续级配标准砂在规定水泥胶砂流动度偏差下的用水量之比，用于综合判定机制砂级配、粒形和石粉吸附性能的指标。

（1）取机制砂试样置烘箱中在105℃±5℃条件下烘干至恒重，待冷却至室温后将机制砂（含石粉）充分混合均匀，累计取2700g，分两份备用。

（2）胶砂配合比应符合表3-33的规定。

表3-33　机制砂（含石粉）需水量比试验配合比

胶砂种类	水泥/g	标准砂/g	机制砂（含石粉）/g	加水量/mL	流动度/mm
对比胶砂	450	1350	—	225	Y
试验胶砂	450	—	1350	M_W	$Y \pm 5$

（3）对比胶砂和试验胶砂分别按GB/T 17671的规定进行搅拌。

（4）搅拌后的对比胶砂和试验胶砂分别按GB/T 2419测定流动度。当试验胶砂流动度达到对比胶砂流动度 Y 的±5mm时，记录此时的加水量 M_W；当试验胶砂流动度超出对比胶砂流动度 Y 的±5mm时，重新调整加水量，直至试验胶砂流动度达到对比胶砂流动度 Y 的±5mm为止。

4. 结果计算

机制砂（含石粉）需水量比应按式（3-6）计算：

$$X_P = \frac{100M_W}{225} \tag{3-6}$$

式中　X_P——机制砂（含石粉）需水量比，%，精确至1%；

M_W——试验胶砂流动度达到对比胶砂流动度 Y 的±5mm时的加水量，g。

225——对比胶砂的加水量，g。

机制砂（含石粉）需水量比取两次试验结果的算术平均值，精确至1%。机制砂（含石粉）需水量比 $X_P \leqslant 115$ 属于特级，机制砂（含石粉）需水量比 $115 < X_P < 125$ 属于一级。

外　加　剂

在混凝土搅拌过程中掺入掺量小于胶凝材料质量的5%，用以改善混凝土性能的物质称为混凝土外加剂。外加剂的使用有效地解决了混凝土工作性能、强度、耐久性和体积稳定性方面的问题。它可以减少用水量和水泥用量、消耗工业废渣、提高混凝土工作性能、增加混凝土强度、提高混凝土耐久性，是现代混凝土生产中必不可少的组分。

外加剂品种众多，功能齐全，根据功能的不同主要分为：减水剂、缓凝剂、早强剂、引气剂、膨胀剂、阻锈剂、防水剂、防冻剂、速凝剂、保塑剂、泵送剂、减缩剂、增稠剂、保水剂等。

4.1　外加剂的种类

4.1.1　高效减水剂

美国混凝土协会将高效减水剂定义为在用水量不变时，能大幅度提高新拌混凝土坍落度，或者保持相同坍落度时能大幅度减少用水量的外加剂。

减水剂分为普通减水剂和高效减水剂，普通减水剂包括：木质素磺酸盐类（如木质素磺酸钙、木质素磺酸钠、木质素磺酸镁、丹宁、多元醇减水剂和羟基羧酸盐减水剂等）；高效减水剂又分为传统高效减水剂和高性能减水剂，传统高效减水剂包括：萘系、氨基磺酸盐类、脂肪族类及其他；高性能高效减水剂包括：聚羧酸系。目前，国内主要使用的减水剂系列是萘系高效减水剂、氨基磺酸盐高效减水剂、脂肪族高效减水剂和聚羧酸系高效减水剂。

1. 减水剂推动了混凝土技术的进步

减水剂的发明和应用是混凝土外加剂技术上一次重要的飞跃。它增大了混凝土的流动性，提高了混凝土泵送施工的速度，使高层建筑施工简单化。

（1）扩大了混凝土水胶比的范围。水泥产品标准中规定水泥的质量均以水灰比0.5检验，为了施工性的需要，水泥强度必须是混凝土强度的1.5～2倍，小于1.5倍将无法施工，大于2倍则不经济。于是，传统混凝土的水灰比必须大于0.5。使用了高效减水剂后，混凝土的强度不再受水泥强度的制约，因为水胶比范围可以从0.15（“超高性能混凝土”UHPC及其原创“活性粉末混凝土”RPC）直到0.6甚至更高（用于垫层、回填等的低强度混凝土），自然混凝土的强度范围也就大大地扩大了。

（2）扩大了混凝土拌和物流动性范围。传统混凝土拌和物流动性从过去无坍落度的干硬性贫混凝土、坍落度为10～40mm的低塑性到坍落度最大为50～90mm的塑性混凝土，浇筑和振捣的劳动强度大，难以避免“蜂窝”甚至“孔洞”之类的混凝土内部缺陷；现代混凝土拌和物的流动性范围大大提高，从道路等工程混凝土的塑性（坍落度为50～90mm）直到可以免振捣的自密实混凝土，坍落度超过260mm。这样宽的范围极大地丰富了混凝土的施工技术，在高层、超高层、大跨度和异形建筑物和构筑物工程中都有了用武之地；同时，大大增加了混凝土的品种，如高强泵送的轻骨料混凝土、自密实混凝土、超低水胶比的高密实度混凝土等。

（3）改变了混凝土强度和骨料强度的关系。传统混凝土中粗骨料相互之间距离小，骨料间水泥浆层很薄，属于紧密堆积，承受荷载时，荷载基本上通过骨料传递，随着拌和物坍落度的增大，粗骨料之间的料浆层增厚，粗骨料之间距离增大，骨料在混凝土中是悬浮状态的，荷载传递的过程既要通过骨料也要通过砂浆；混凝土受力后的破坏发生在最薄弱环节，对中低强度等级混凝土来说，最薄弱环节在界面和在砂浆中，坍落度越大，这个特点越突出。因此骨料强度对混凝土强度的影响随混凝土拌和物浆骨比的增大而减小，其减小的顺序是：干硬性混凝土（贫混凝土坍落度0）→塑性混凝土（坍落度10～40mm）→塑性混凝土（坍落度50～90mm）→流态混凝土（坍落度100～140mm）→高流态混凝土（坍落度150～230mm）→自密实混凝土（坍落度大于240mm）。

2. 萘系高效减水剂

萘系高效减水剂：主要成分为萘磺酸甲醛缩合物钠盐，原材料为工业萘、工业浓硫酸、工业甲醛和工业氧氧化钠。根据其产品中 Na_2SO_4 含量的高低，可分为高浓型产品（Na_2SO_4 含量小于3%）、中浓型产品（Na_2SO_4 含量3%～10%）和低浓型产品（Na_2SO_4 含量大于10%）。萘系减水剂掺量范围：粉体为水泥质量的0.5%～1.0%；溶液固含量一般为38%～40%，掺量为水泥质量的1.5%～2.5%，减水率为18%～25%。萘系减水剂不引气，对凝结时间影响小，与葡萄糖酸钠、糖类、羟基羧酸及盐类、柠檬酸及无机缓凝剂进行复配，再加上适量的引气剂可以有效控制坍落度损失。低浓型萘系减水剂的缺点是硫酸钠含量大，温度低于15℃时，出现硫酸钠结晶现象。在冬季使用的过程中，为了克服萘系减水剂中的硫酸钠结晶，可以与脂肪族高效减水剂或氨基减水剂复合降低硫酸钠的含量。

3. 氨基磺酸系高效减水剂

氨基磺酸系高效减水剂是以氨基芳基磺酸盐、苯酚类和甲醛进行缩合的产物。氨基磺酸盐高效减水剂粉体掺量一般为0.4%～0.7%，减水率为25%～30%，混凝土坍落度损失小，但是该类产品在生产和应用中也存在如下问题：① 对氨基苯磺酸和苯酚的价格偏高，直接导致产品成本偏高；② 苯酚和甲醛均为易挥发的有毒物质，生产工艺控制不好会对环境造成污染；③ 保水性差，泌水严重，导致预拌混凝土胶凝材料和砂石包裹不好，降低混凝土性能；④ 对掺量敏感，若掺量过低，混凝土坍落度较小，若掺量过大，导致泌水严重，使得混凝土拌和物产生离析分层，底板混凝土结板，引起施工困难及混凝土质量下降。

4. 脂肪族高效减水剂

脂肪族高效减水剂又称为磺化丙酮甲醛缩聚物，主要原料为酮类、醛类、亚硫酸盐类、催化剂和水，它们之间按一定的摩尔比混合，在碱性条件下进行磺化、缩合反应。脂肪族高效减水剂的合成工艺易受反应体系的温度、体系的pH值、反应时间等条件的影响，所以合成工艺多变且复杂，很难判断哪种工艺最优。

脂肪族高效减水剂，固含量为 35%～40%，掺量为 1.5%～2.2%，减水率为 15%～25%，具有良好的分散效果和明显的增强特性，耐高温，保塑性好，减水率高，与水泥适应性好的特点。脂肪族高效减水剂可以广泛用于配制泵送剂、缓凝、早强、防冻、引气等各类复合型减水剂，且可以与萘系减水剂、氨基减水剂、聚羧酸减水剂复合使用。其主要缺点是在混凝土初凝前，表面会泌出一层黄浆，在混凝土凝结后，颜色会自然消除，不影响混凝土的内在和表面性能。针对其易泌水、染色，引起新拌混凝土颜色变化的缺点，可通过接枝适量的木质素磺酸盐或者以对氨基苯磺酸钠部分取代亚硫酸盐，对脂肪族高效减水剂进行改性。

5. 聚羧酸系高效减水剂

聚羧酸系高性能减水剂是一系列具有特定分子结构和性能聚合物的总称，一般是将不同单体通过自由基反应聚合得到。聚羧酸减水剂的结构是线形主链连接多个支链的梳形共聚物，疏水性的分子主链段含有羧酸基、磺酸基、氨基等亲水基团，侧链是亲水性的不同聚合度聚氧乙烯链段。

（1）聚羧酸减水剂的性能优点。

1）掺量低。一般为 0.15%～0.25%（折固量），仅为萘系一般掺量的 1/4 左右，聚羧酸的极限掺量为 0.4%～0.5%（折固量）。

2）减水率高。一般为 25%～30%，在接近极限掺量 0.5%时，减水率可超过 45%。

3）保坍性好。坍落度损失很小，2～3h 内坍落度基本无损失，甚至出现“倒大”现象。

4）对混凝土的增强效果潜力大。各龄期的强度比均有较大幅度的提高（可达 150%以上），早期抗压强度比提高更为显著。

5）混凝土低收缩。基本克服了传统高效减水剂增大混凝土收缩的缺点，聚羧酸减水剂的收缩较萘系减水剂低 30%以上。

6）具有一定的引气量。混凝土引气量平均值为 3%～4%，混凝土的流动性、抗冻性和保水性均优于传统高效减水剂。

7）总碱含量极低，降低了发生碱—骨料反应的可能性，提高了混凝土耐久性。

8）环境友好。在合成生产过程中不使用甲醛和其他任何有害原材料（如浓硫酸等），生产和使用过程中对人体无健康危害，对环境不会造成任何污染。

（2）聚羧酸高性能减水剂使用过程中存在的问题。聚羧酸系减水剂被认为是最新一代的高性能减水剂，人们总是期望其在应用中体现出比传统的萘系减水剂更安全、更高效、适应能力更强的优点。然而在工程实践使用中总是遇到各种各样的问题，而且有些还是使用其他品种减水剂所未遇到的，如混凝土拌和物异常干涩、无法卸料，更谈不上泵送浇筑了，或者混凝土拌和物分层严重等。另外，应用萘系减水剂所遇到的技术难题，通过近 20 年的研究已基本从理论和实践上得到解决，而应用聚羧酸系减水剂出现的问题无疑为聚羧酸系高性能减水剂的安全、高效应用带来一定的阻力。

1）减水效果对混凝土原材料和配合比依赖性大。矿物掺合料质量的变化会引起聚羧酸减水剂减水效果的很大波动。例如，粉煤灰的烧失量变大，粉煤灰中松散碳颗粒在吸收水分的同时，也吸进去一部分聚羧酸减水剂造成混凝土浆体中的有效减水剂用量降低，造成聚羧酸减水剂减水效果变差。另外，影响传统高效减水剂与水泥相容性的因素同样也会对聚羧酸减水剂产生影响，由于聚羧酸减水剂自身合成工艺的特点，有时变得难以克服。

聚羧酸系高性能减水剂与传统的萘系等高效减水剂相比，对砂石骨料中的黏土（尤其是蒙脱土）更敏感，极大地制约了其在混凝土中的推广和应用。首先，黏土矿物对聚羧酸系高性能减水剂有强烈的吸附作用，减少了用于分散水泥的聚羧酸分子数量，降低了减水性能，增大了流动度损失；其次，由于黏土矿物较高的比表面积，能吸附较多的水分，减少了浆体中的自由水的量，这就导致混凝土流动性降低，黏度变大。再次，黏土矿物的层状结构，使离子与水分很容易进入其结构中。解决混凝土砂石含泥量高导致的坍落度损失，在复配泵送剂时可以采取每吨泵送剂加入 0.3～0.5kg 氨基三甲叉膦酸 ATMP 或者 1，2，4－三羧酸磷丁烷 PBTC 代替 10～20kg 葡萄糖酸钠。另外，混凝土中骨料的颗粒级配以及砂率对聚羧酸系减水剂的减水效果影响也非常大。试验证明，其他条件都不变，仅砂率在 40%～50%变化时，同种聚羧酸系减水剂的减水率最大可以相差 4%。

聚羧酸系高性能减水剂被证实在低掺量条件下就具有良好的减水效果，其减水率比其他类型的减水剂大得多。应当注意的是，与其他减水剂相比，聚羧酸减水剂的减水效果与试验条件的关系更大。聚羧酸减水剂与其他减水剂一样，减水率还取决于搅拌工艺，如果采用手工拌和，测得的减水率往往比机械拌和降低 2%～4%。

2）减水、保坍效果对减水剂的掺量依赖很大。大量实验表明，聚羧酸系高性能减水剂的减水效果对其掺量的依赖性很大，且随着胶凝材料用量的增加这种依赖性更大。在胶凝材料用量相同的情况下，聚羧酸系高性能减水剂的减水效果与掺量的关系总体来说是随着减水剂掺量的增加而增大，但胶凝材料用量低的情况下，到了一定的掺量后甚至出现随掺量的增加，减水效果反而“降低”的现象。这并不是说掺量增加其减水作用下降了，而是因为此时的混凝土出现严重的离析、泌水现象，混凝土拌和物板结，流动性难以用坍落度反映。

尽管保坍性能好是聚羧酸系减水剂的显著特点之一，但保坍总是与聚羧酸外加剂掺量相关的。在中低强度等级的混凝土中，聚羧酸外加剂在掺量低的条件下（固体掺量小于或等于 0.10%）就能满足用水量和坍落度的要求，但此时新拌混凝土的坍落度保持能力较弱。可以通过复配缓凝剂或聚羧酸系保坍组分，甚至可以通过调整分子结构来加以解决。

3）配制的混凝土拌和物性能对用水量极为敏感。由于采用聚羧酸系高性能减水剂后混凝土的用水量大幅度降低，单方混凝土的用水量大多为 130～165kg/m^3，水胶比为 0.3～0.4，甚至可以降到 0.2。在低用水量的情况下，加水量波动可能导致坍落度变化很大，然而对强度的影响较小。正是因为用水量对坍落度作用敏感，在测试掺聚羧酸系高性能减水剂混凝土的坍落度损失时，由于地板、工具、蒸发等引起失水以及砂子含水率的波动更容易造成误差，尤其是在低坍落度或低水胶比的情况下更为明显。在使用的过程中为了克服聚羧酸减水剂对低强度等级混凝土用水量过于敏感的缺点，将聚羧酸减水剂的浓度降低到固含量 10%左右。

4）与其他类型的减水剂存在相容性问题，无叠加作用。许多搅拌站反映，过去配制混凝土时，可随意更换泵送剂品种，不会出现混凝土拌和物性能与实验室结果相差很大的现象，更不会出现混凝土拌和物性状的突变。自从搅拌站开始使用聚羧酸系高性能减水剂以后，就经常出现一些令人费解的问题，有时用水量已经很大，但混凝土仍然很干涩，有时混凝土拌和物的坍落度损失比掺加普通泵送剂的混凝土还快，混凝土拌和物根本无法卸料，甚至取样测定的混凝土试件强度更低得无法让人相信。

大量试验和工程应用表明，传统的木质素磺酸钙（钠）、萘磺酸甲醛缩合物、多环芳烃磺酸盐甲醛缩合物、三聚氰胺甲醛缩合物以及氨基磺酸盐甲醛缩合物等减水剂，完全可以相互复合掺加，以满足不同工程的特殊配制要求，或获得更好的经济性。这些减水剂复配使用都能达到叠加的使用效果，且这些减水剂的溶液都可以互溶。聚羧酸系高性能减水剂与其他品种的减水剂复合使用却得不到叠加的效果，且聚羧酸系外加剂溶液与其他类型减水剂溶液的互溶性本身就差。目前的实践和研究证明，聚羧酸系高性能减水剂能与木质素磺酸盐减水剂复合使用。聚羧酸减水剂可以 1:4 代替脂肪族减水剂复配使用，效果很好，在脂肪族减水剂合成的过程中，尤其对脂肪族减水剂的保塑效果明显。掺加聚羧酸系减水剂的混凝土遇到极少量的萘系减水剂或者是其他复配产品，都可能出现流动性变差、用水量增加、流动性损失严重、混凝土拌和物十分干涩甚至难以卸料等现象，甚至最终的强度、耐久性将受到影响。

因此，聚羧酸系高性能减水剂不能与萘系和氨基磺酸盐高效减水剂复合或混合使用，与其他种类减水剂复合或混合时，应经过试验验证，满足设计和施工要求方可使用。掺用过其他种类减水剂的混凝土搅拌车和运输罐车、泵车等设备，应清洗干净，方可搅拌和运输聚羧酸系高性能减水剂的混凝土。

5）与其他改性组分存在相容性问题。减水剂的复配技术改性技术措施，基本上都是建立在木质素磺酸盐系、萘系等传统减水剂改性措施的基础上。由于聚羧酸系高性能减水剂的分子结构作用机理与传统外加剂截然不同，如果完全照搬过去传统减水剂的应用经验，不但用处不大，有时还会起到相反的效果。如与萘系复配的羟基酸和多糖缓凝剂就不能很好地解决聚羧酸高性能减水剂的高温缓凝难题，柠檬酸钠也不适合用于聚羧酸系高性能减水剂的缓凝，它不仅起不到缓凝作用，反而有可能促凝。由于聚羧酸减水剂合成工艺较多，复合使用前应先进行试验，然后再使用；聚羧酸减水剂对一些缓凝剂也存在不适应的问题，如三聚磷酸钠、焦磷酸钠容易沉淀。聚羧酸可以与葡萄糖酸钠、蔗糖、麦芽糊精、硼砂、硫酸锌等缓凝剂复合可以显著降低经时损失；可以与亚硝酸钠、硝酸钠、硝酸钙、三乙醇胺、乙二醇等防冻剂复合使用。再者，许多品种的消泡剂、引气剂、增稠剂也不适合于聚羧酸系高性能减水剂。

6）聚羧酸减水剂泌水惊人地严重。有时使用聚羧酸减水剂的混凝土成形后泌水、滞后泌水严重，造成泌水严重的原因主要是水泥和外加剂相容性差。造成混凝土泌水的原因主要有：砂子粗、砂率小、石子级配差、同粒径石子颗粒多、胶凝材料用量低、减水剂掺量大等。针对聚羧酸减水剂使用过程中的泌水和滞后泌水可以采用以下措施加以解决：① 在聚羧酸减水剂中加入少量的萘系或者氨基磺酸盐减水剂，用量一般小于聚羧酸减水剂用量的 1%；② 降低聚羧酸减水剂母液的百分比；③ 加大矿物掺合料粉煤灰用量，适当降低矿渣粉用量；④ 适当掺入细砂，调整砂子细度模数，并适当提高砂率；⑤ 加入少量增稠剂，如海藻酸钠、黄原胶、糊精、羧甲基纤维素醚等，另外，还可以考虑降低缓凝成分用量或者更换缓凝剂；⑥ 对于滞后泌水，加入硫酸钠或者硫代硫酸钠，同时加入少量的碱。

7）使用聚羧酸减水剂引气严重，气泡大而多。使用聚羧酸减水剂时，有时新拌混凝土表面噼啪作响地吐泡，到工地现场发现上面浮一层泡沫。聚羧酸减水剂自身具有引气的功能，但是其自身产生的气泡大，在使用的过程中应先用消泡剂消去，再添加引气剂引气，即通常所说的“先消，后引”。使用消泡剂的时候，要先试验观察是否分层、沉淀，选择与聚羧酸减水剂适应性好的消泡剂，消泡剂的掺量一般为聚羧酸母液量的 0.2%左右。另外，在处理聚羧酸减水剂拌制混凝土的气泡问题时，应注意调整砂子的细度模数，砂子粗、缺少细颗粒也容易产生气泡多，必要的时候可以适当添加增稠组分。

8）产品质量稳定性问题。

① 聚羧酸系高性能减水剂母液质量稳定性问题。不同的企业生产对原材料选择及技术路线不同，其聚羧酸系高性能减水剂产品的颜色不尽相同，有的深、有的浅，有的偏红，有的偏黄，这种颜色差异是正常的，不会影响产品的性能。此外，其聚羧酸系高性能减水剂产品气味也不尽相同，有的基本无味，有的则有较强烈的刺激性气味，主要可能是聚合过程中单体聚合不完全，产品中还存在着未聚合的单体，这些单体的存在，除产生环保问题以外，还可能影响混凝土的性能，对此生产厂家应采取有效措施减少未聚合的单体，消除气味。

② 复配后的聚羧酸系高性能减水剂质量稳定性问题。当加入消泡剂、引气剂或缓凝剂、早强剂、防冻剂等组分时，一些复配的聚羧酸减水剂会呈现浑浊、变色、分散不良的现象，有的聚羧酸减水剂加入葡萄糖酸钠的缓凝组分后，在一定温度条件下就会有霉点、异味，甚至长毛的现象发生。在复配产品时，可以加入1.5%的异噻唑啉酮（卡松）200mL/t，增加不到1元钱的成本，能保证产品存放一年不变质。为了避免外加剂组分不均匀而影响混凝土的质量和稳定性，使用前最好进行均化处理。

③ 聚羧酸高性能减水剂储存问题。在聚羧酸系高性能减水剂的生产储存时，应避免与铁质材料长期接触。因为聚羧酸系高性能减水剂产品呈弱酸性，而且聚合过程中加入了引发剂，与铁质材料长期接触会发生缓慢反应，造成聚羧酸的分子量发生变化，所以聚羧酸系高性能减水剂在运输、储存时应采用洁净的塑料、玻璃或不锈钢容器，不宜采用铁质容器。高温季节，聚羧酸系高性能减水剂应置于阴凉处，防止暴晒；低温季节，应对聚羧酸系高性能减水剂采用防冻措施。

9）聚羧酸系高性能减水剂检测与应用脱节。按照目前的标准体系，判断减水剂产品是否合格是以水泥为基础来判断的。而外加剂的准确效能主要取决于以下几个因素：水泥种类、掺合料的种类与其性能、粗细骨料的性能及其杂质，混凝土配合比及混凝土拌和物的搅拌形式、搅拌时间、混凝土温度以及环境条件等。

这就产生了一个很大的矛盾：按国家标准检验合格的产品，不一定能用到实际生产中，而实际用于工程中的产品则很可能不能满足相关国家标准要求并可能被判为不合格产品。这类矛盾在现场实际抽检时偶尔会出现，有时甚至会引发所谓的质量事故。这类矛盾由来已久，只是由于聚羧酸系高性能减水剂的低掺量、高敏感性，使得这个矛盾更加突出。

由于聚羧酸系高性能减水剂的高效能和低掺量导致其对原材料和环境条件的敏感性大大增加，于是，该类产品的现场技术支持就显得非常重要。对施工方而言：由于不同企业的聚羧酸减水剂生产原材料的选择、配方、合成工艺、助剂、质量控制、复配技术等差异，所生产的聚羧酸高性能减水剂产品性能、质量及稳定性不尽相同，故而产品售后服务对施工方尤为重要。

此外，某些水泥品种的净浆流动性试验结果与其混凝土相关性差，有时甚至出现截然相反的试验结果。试验只做净浆试验是不够的，还应进一步做混凝土试验加以确认。

6. 减水剂对混凝土性能的影响

（1）改善新拌混凝土的工作性。混凝土拌和物的工作性是混凝土的基本性能之一，在混凝土搅拌、运输、浇筑等过程中能保持均匀、密实而不发生分层离析现象的性能。减水剂可以在保持混凝土水胶比和用水量不变的情况下，显著增加混凝土坍落度，以满足混凝土工程中大模板施工、泵送等工艺要求。但有时会因混凝土原材料和减水剂相容性差而出现混凝土拌和物坍落度损失过快的现象。此外，大多数减水剂可以减少混凝土泌水量和泌水速率，但也有某些减水剂会增加混凝土泌水量，如脂肪族减水剂、缓凝型减水剂等。

（2）降低用水量，提高混凝土强度。减水剂的加入可以在不该变混凝土的水泥用量也不增加混凝土拌和物的情况下，明显降低混凝土用水量，增加混凝土强度，高效减水剂的增强效果更明显。当混凝土水胶比不变时，减水剂的减水作用使用水量降低，可以降低水泥用量而保持强度基本不变，还可以使混凝土拌和物和易性改善，提高混凝土拌和物的匀质性，使混凝土更加易于密实，改善混凝土硬化后的孔结构，硬化后的混凝土更加致密，提高混凝土强度。

（3）改善混凝土的耐久性。减水剂大量降低混凝土用水量，改善混凝土硬化后的内部孔结构，降低总孔隙率使混凝土内部组织结构更加致密，粗孔结构细化，提高混凝土结构的抗渗透能力、抗碳化能力。引气型高效减水剂可以引入一定数量的微小气泡，使混凝土的耐久性尤其是抗冻融循环能力明显提高。当然，不同类型的引气减水剂所产生的气泡参数不同，提高抗冻性能的效果也不尽相同。

（4）调节凝结时间。大多数减水剂吸附在水泥颗粒表面，形成单分子或多分子膜，抑制水泥初期水化。普通木质素磺酸盐减水剂及缓凝型减水剂都有不同程度的缓凝作用，能延缓混凝土的初、终凝时间。早强型减水剂则与之相反，加速水泥水化，缩短混凝土的初、终凝时间。

4.1.2　缓凝剂

缓凝剂是一种能延长混凝土凝结时间的外加剂，缓凝剂可以使混凝土在较长时间内保持塑性，减少混凝土坍落度损失，便于浇筑成形或延缓水化放热速率，减少因集中放热产生的温度应力引起的混凝土裂缝。

缓凝剂的掺量应根据生产厂家的推荐掺量和混凝土凝结时间试验确定。在混凝土生产时，缓凝剂的掺量应精确计量，避免计量不准或其他原因造成的超掺。如果缓凝剂超掺过多，一旦发现凝结时间差异，不可强拆模板，应及时加强覆盖和表面养护，避免长时间失水导致表面裂缝以及强度的永久性损失。对于初凝时间超过 48h，因水泥水化受到影响，28d 强度较正常凝结的混凝土最多可下降 30%。因此，混凝土配合比设计时应充分考虑凝结时间过长对后期强度的影响，合理选择缓凝剂的掺量，以确保后期强度满足要求。

1. 缓凝剂性能与种类

在混凝土中使用的缓凝剂品种较多，按其化学成分可分为无机和有机两类。无机缓凝剂包括硼砂、氯化锌、碳酸锌、铁、铜、锌、镉的硫酸盐，磷酸盐和偏磷酸盐等；有机缓凝剂包括羟基羧酸及其盐、多元醇及其衍生物、糖类及碳水化合物。缓凝减水剂是兼具缓凝和减水功能的外加剂。主要品种有木质素磺酸盐类、糖蜜类及各种复合型缓凝减水剂等。

（1）无机盐类缓凝剂。最常用的无机盐类缓凝剂有磷酸盐、硼砂、氟硅酸钠等。

1）磷酸盐、偏磷酸盐类缓凝剂。磷酸盐、偏磷酸盐是近年来应用较多的无机缓凝剂，主要使水泥中的 C_3S 缓凝。正磷酸的缓凝作用不大，但各种磷酸盐的缓凝作用却较强。磷酸盐与氢氧化钙反应在已生成的熟料相表面形成了“不溶性”的磷酸钙，阻碍了正常水化的进行。在相同掺量下，磷酸盐类缓凝剂中缓凝作用最强的是焦磷酸盐。缓凝作用由强至弱按以下排序：焦磷酸盐（$Na_4P_2O_7$）＞三聚磷酸钠（$Na_5P_3O_{10}$）＞四聚磷酸钠（$Na_6P_4O_{13}$）＞十水磷酸钠

（$Na_3PO_4 \cdot 10H_2O$）＞磷酸氢二钠（$Na_2HPO_4 \cdot 2H_2O$）＞磷酸二氢钠（$NaH_2PO_4 \cdot 2H_2O$）＞正磷酸（H_3PO_4）。三聚磷酸钠是使用较多的缓凝剂，其掺量为0.06%～0.1%。

三聚磷酸钠在水中溶解度最初较大可达35g/100g水，称为瞬时溶解度，数日后溶解度反而降低至初始的1/2～1/3，因此有白色沉淀生成，此时为最后溶解度。焦磷酸钠是白色粉末，是对水泥水化热延缓很强的磷酸盐，主要作用是使水泥中的C_3S缓凝，掺量一般不超过胶凝材料的0.08%。

2）硼砂（$Na_2B_4O_7 \cdot 10H_2O$）。硼砂为白色粉末状结晶物质，吸湿性强，在干燥的空气中易缓慢风化。易溶于水和甘油，其水溶液呈弱碱性，常用掺量为水泥用量的0.1%～0.2%。它的缓凝机理，主要是硼酸盐的分子与溶液中的钙离子形成络合物，抑制氢氧化钙结晶的析出。络合物以在水泥颗粒表面形成一层无定形的阻隔层，延缓水泥的水化与结晶析出。

3）氟硅酸钠（Na_2SiF_6）。氟硅酸钠为白色结晶，微溶于水，不溶于乙醇，有腐蚀性。主要用于耐酸混凝土，一般掺量为水泥用量的0.1%～0.2%。

4）其他无机缓凝剂。氯化锌、碳酸锌、铁、铜、锌、镉的硫酸盐也具有一定的缓凝作用。

锌盐有降低混凝土泌水作用，且不影响后期强度，但作为缓凝剂作用不够持久，很少单独使用，常与有机质缓凝剂复合后用于调节混凝土坍落度和凝结时间。硫酸锌和硝酸锌与葡萄糖酸钠复合使用时，硫酸锌和硝酸锌的掺量仅为水泥质量的0.02%效果就不错了。总之锌盐是葡萄糖酸钠掺量的25%～30%。但要注意硫酸锌和硝酸锌复合使用时，不能再使用碳酸钠，否则会生成碳酸锌沉淀。如果某个锌盐与减水剂不适应，应调换另一种锌盐。

（2）有机物类缓凝剂。有机物类缓凝剂是较为广泛使用的缓凝剂，按其分子结构可分为羟基羧酸盐类、糖类及其化合物类、纤维素类、多元醇及其衍生物。

1）羟基羧酸盐类缓凝剂。羟基羧酸盐类是一类纯化工产品，由于其分子结构上含有一定数量的羟基（－OH）和羧基（－COOH）而得名。其缓凝作用的机理：这些化合物的分子具有（－OH）、（－COOH），它们具有很强的极性，由于吸附作用被吸附在水化物的晶核（晶胚）上，阻碍了结晶继续生长，主要是对硫酸钙水化物结晶转化过程延缓和推迟。缓凝剂的掺量为0.05%～0.2%，掺量应根据温度和缓凝时间的来确定。

① 葡萄糖酸钠。葡萄糖酸钠为白色或淡黄色粉末，易溶于水，pH值为8～9，缓凝性很强，主要抑制硅酸三钙的水化，并与磷酸盐系、硼酸盐、某些羟基羧酸盐缓凝剂有良好的协同作用，提高调凝效果。但葡萄糖酸钠与柠檬酸钠不能同时使用，葡萄糖酸钠多数情况下也不能与六偏磷酸钠混用，两者有交互作用，泌水增加了而且保持坍落度的效果反而下降了。葡萄糖酸钠的掺量一般为0.04%～0.08%，具有6%～8%的减水率。温度为20℃时，掺量每增加0.02%，凝结时间延长120～140min。葡萄糖酸钠的掺量与温度也有很大关系，温度升高其掺量也增加，见表4－1。

表4－1　温度葡萄糖酸钠掺量的影响

温度/℃	5	10	20	30	35
掺量（%）	0～0.015	0.01～0.02	0.02～0.03	0.03～0.05	0.05～0.08

② 柠檬酸。柠檬酸是可溶于水的白色粉末或半透明结晶，水溶液呈弱酸性，水易变质发霉。柠檬酸钠能改善混凝土抗冻性能，作为缓凝剂使用时，掺量为0.02%～0.08%，在此范围

内，掺量每增加 0.02%，凝结时间延长 60～80min。掺量超过 0.2%时，缓凝作用显著，可缓凝 2～9h，且易泌水、离析。掺量 0.05%时混凝土 28d 强度仍有提高，继续加大掺量会影响强度。

2）糖类及其化合物类缓凝剂。糖类及其化合物类缓凝剂是各种糖——单糖和多糖，能与水泥中氢氧化钙反应生成不稳定络合物，抑制硅酸三钙水化而暂时地延缓水泥的水化进程。但不同的糖用量效果也不一样，即使同是蔗糖，但形态不同效果也有差别，而且加入一段时间后拌和物会引起泌水。应用较多的单糖包括麦芽糖、蔗糖、葡萄糖、木糖等，大多含有 5～8 个碳原子。糖类化合物掺量在 0.1%～0.3%，掺量超过 4%会起促凝作用。

麦芽糊精又称水溶性糊精，是以谷类淀粉为原料，经酶化工艺、水解转化、提纯和干燥而成。麦芽糊精属于多糖类混凝土缓凝剂，外观为白色粉末，水溶性好。作为缓凝剂，掺量一般为胶凝材料的 0.04%～0.08%，用于混凝土和水泥缓凝剂的多糖类糊精能够耦合铝离子，抑制 C_3A 的水化速度，提高外加剂与水泥的适应性，并且由于黏性较大因此掺量大会引起拌和物泌水减小。麦芽糊精的掺量较低的条件下（0.01%～0.05%），对水泥早期强度明显提高。麦芽糊精与葡萄糖酸钠 1:3 复合使用可以解决葡萄糖酸钠作为缓凝剂容易泌水的缺点。

3）多元醇及其衍生物类缓凝剂。多元醇及其衍生物类缓凝剂，如丙三醇（甘油）、聚乙烯醇、山梨醇、甘露等，其中丙三醇可以缓凝到全部停止水化。缓凝作用较为稳定，特别在使用温度变化时有较好稳定性。它的缓凝作用同样是因为极性基团的吸附作用导致水化受阻。多元醇类缓凝剂掺量为 0.05%～0.2%。

4）纤维素类缓凝剂。纤维素类包括甲基纤维素、羧甲基纤维素等主要用于增稠、保水，同时具有缓凝作用，掺量一般较低，在 0.1%以下。

2. 缓凝型减水剂

缓凝型减水剂是指同时具有缓凝与减水作用的外加剂。缓凝型减水剂主要品种有糖钙、木钙、木钠。

糖钙减水剂是制糖工业的副产品——废蜜经与石灰乳化制成的产品。糖钙减水剂同时具有减水作用，减水率为 5%～7%，属非引气型，掺量为 0.1%～0.3%。可以与减水剂、引气剂等复合使用。除延长混凝土的凝结时间外，还能抑制坍落度损失。糖钙减水剂掺量较小，价格便宜，在改进生产工艺后水溶性提高，沉淀减少。

糖钙减水剂和木钙减水剂一样，在使用硬石膏及氟石膏作为调凝剂时会发生假凝现象且坍落度损失快。主要原因是糖钙降低了石膏的溶解度，促使铝酸三钙的急速水化而假凝，即使达不到假凝程度也会大大降低浆体的流动性，造成坍落度损失。

3. 缓凝剂对混凝土性能的影响

（1）延长混凝土凝结时间。缓凝剂可以不损害后期强度及其增长，有延长混凝土凝结的能力。缓凝剂作用时间的长短与混凝土配合比、水泥品种、缓凝剂品种和掺量及温度等因素有关，缓凝剂作用结束后，水泥水化反应仍以正常速度进行，有时可能加快水化反应。一般来说，缓凝剂掺量越大，混凝土凝结时间越长，过量使用缓凝剂甚至会造成混凝土产生不凝事故。大体积混凝土中使用适量的缓凝剂可以减缓水泥水化，降低水化热。

（2）不影响后期强度。缓凝剂主要对混凝土塑性阶段起缓凝作用，不影响后期强度及后期强度的增长。

（3）增加流动性，减少坍落度损失。有些缓凝剂具有一定的分散能力，与高效减水剂复合使用可以获得比高效减水剂更好的分散效果。缓凝剂的使用可以延缓水泥水化反应，增加混凝土坍落度保持能力，减少坍落度损失。

4.1.3 早强剂

混凝土早强剂是指能提高混凝土早期强度，并且对后期强度无显著影响的外加剂。早强剂的主要作用在于加速水泥水化速度，促进混凝土早期强度的发展。

根据电解质盐类对水泥—水体系凝结过程的影响规律和难容电解质的溶度积规则，高的阳离子对水泥的凝聚和水化有促进作用，而阴离子中SO_4^{2-}、OH^-、Cl^-、Br^-、I^-、NO^{3-}等对水泥的凝聚和水化有促进作用，这些离子组成的盐（或碱）可以作为混凝土的早强剂。

1. 氯化物类早强剂

（1）氯化钙。无水氯化钙（$CaCl_2$）的分子量为110.99，易吸水，工业氯化钙常含有2个结晶水，易溶于水。氯化钙作为混凝土的早强剂使用，其最重要的用途是缩短混凝土的初凝、终凝时间及加速混凝土早期强度的增长。在冬季寒冷天气中施工，掺加适量氯化钙可以缩短混凝土的养护时间，提前拆模，加快预构件场地的周转，加快施工速度。随着氯化钙掺量的增加，水泥凝结时间缩短。氯化钙掺量过大时，混凝土凝结时间很短，甚至出现速凝现象，对混凝土后期强度产生较大的负面影响，而且氯离子对混凝土抗钢筋锈蚀性危害很大。

掺加氯化钙的混凝土在常温养护条件下强度发展较快，但在低温情况下其强度增长的百分率更高。不仅能促进混凝土强度的发展而且能降低混凝土孔溶液的冰点，其早期强度会有明显增加，但增加的幅度受水泥品种、细度掺合料种类及掺量的不同而有差异。

（2）氯化钠。氯化钠（NaCl）的分子量为58.45，工业氯化钠为白色立方晶体，纯度为96.97%。混凝土中掺加一定量的氯化钠，能够起到降低浆液中水的冰点的作用，并加速水泥水化和混凝土强度的增长。

（3）其他氯化物。混凝土早强剂使用的氯化物盐类，还有氯化钾、氯化锂、氯化铁和氯化铝等。

氯化钾为白色晶体，氯化钾的作用和用法与氯化钠相同，不过其效果比氯化钠好。

氯化锂常以含有一个结晶水的状态存在，即$LiCl \cdot H_2O$，具有吸湿性，氯化锂作为混凝土早强剂，常与$NaNO_2$复合使用。

氯化铁在混凝土中不仅起到早强作用，而且具有保水、密实和降低冰点的综合作用。

氯化铝为黄色粉末，单独掺加氯化铝对水泥水化有显著的促进作用，但是混凝土的后期强度有一定的降低。

2. 硫酸盐早强剂

碱金属的硫酸盐都有一定的促凝早强作用，对凝结时间的影响则一般与其掺量有关，例如硫酸钙在掺量较少时对水泥起缓凝作用，但掺量较大时具有明显的促凝作用；铁、铜、锌、铅的硫酸盐因在水泥离子表面形成难溶性薄膜而具有缓凝性，一般不提高早期强度。水泥矿物中的SO_4^{2-}与高效减水剂分子中的SO^{3-}具有相似的性质，都会与铝酸盐相反应，当然SO_4^{2-}比高效减水剂更容易反应。常用的硫酸盐早强剂为硫酸钠、硫酸钾和硫酸钙。

（1）硫酸钠。无水硫酸钠俗称元明粉，白色或淡黄色粉状物，含有10个结晶水的硫酸钠（$Na_2SO_4 \cdot 10H_2O$）又叫芒硝，为白色晶体。

在水泥水化过程中，硫酸钠能较快地与硅酸盐水化产物$Ca(OH)_2$作用，生成硫酸钙（石膏）和氢氧化钙，生成的氢氧化钠能使水泥中的石膏及铝酸三钙溶解度提高，从而加快硫铝酸钙的生成，提高混凝土早期强度。硫酸钠具有比水泥粉磨时掺入的石膏更大的细度，其与水泥中铝酸钙的反应速度也相对快得多，因此大量形成钙矾石。水泥中掺入硫酸钠早强剂的化学反应式为：

$$Na_2SO_4+Ca(OH)_2+2H_2O \longrightarrow CaSO_4 \cdot 2H_2O+2NaOH$$

$$3(CaSO_4 \cdot 2H_2O)+3CaO \cdot Al_2O_3+26H_2O \longrightarrow 3CaO \cdot Al_2O_3 \cdot 3CaSO_4 \cdot 32H_2O$$

AFT($3CaO \cdot Al_2O_3 \cdot 3CaSO_4 \cdot 32H_2O$)的大量形成必然消耗了许多氢氧化钙，使整个液相 Ca^{2+}的浓度降低，导致 C_3S 包裹层内外存在较大的浓度差，渗透压增大，致使包裹层破裂，大大加速 C_3S 矿物的早期水化。

掺加硫酸钠的结果是在早期就使水泥石中大量钙矾石晶体相互交叉连锁、搭接，C−S−H 凝胶填充于其间，提高混凝土早期强度。硫酸钠掺量过大时，由于早期形成的钙矾石晶体太多，因钙矾石晶体长大产生很大的结晶压（膨胀力），会使水泥石结构遭到破坏，混凝土强度反而会下降。对于蒸养混凝土，硫酸钠的掺量要比自然条件下的小一些，因为其受钙矾石膨胀危害要大一些。

硫酸钠对于矿渣粉水泥和火山灰水泥的早强作用优于硅酸盐水泥或普通硅酸盐水泥的效果，原因可能是反应产生的氢氧化钙能激发矿渣粉的火山灰活性。

采用硫酸钠早强剂时，应避免其结块，一旦发现受潮结块，应将硫酸钠仔细过筛，防止团块掺入，并适当延长搅拌时间。如果硫酸钠以水溶液的形式掺加，应注意温度对溶解度的影响。

（2）硫酸钾。硫酸钾呈白色晶体，硫酸钾对水泥水化所起的促进作用其机理与硫酸钠有所不同，硫酸钠在水泥水化过程中易形成不溶性的复盐 $K_2Ca(SO_4)_2 \cdot H_2O$（钾石膏），这是一种纤维状的结晶物，对提高混凝土的早期强度有利，硫酸钾的掺量为 0.5%～3.0%。

（3）硫酸钙。硫酸钙又称石膏，石膏有二水石膏（$CaSO_4 \cdot 2H_2O$）、无水石膏（$CaSO_4$）和半水石膏（$CaSO_4 \cdot 1/2H_2O$）。二水石膏俗称软石膏，白色晶体，无水石膏和半水石膏也呈白色晶体。在水泥生产过程中，为调节其凝结时间，已经加了一定量的石膏（3%～4%），如果拌和混凝土时再掺加石膏，则掺量少时起缓凝作用，而掺量大时（比如大于 1%），大量的硫酸钙与水泥中铝酸钙反应形成钙矾石晶体，则水泥的凝结时间缩短。

石膏（$CaSO_4$）在水泥中主要起到调节水泥凝结时间的作用，但部分缓凝剂的加入会对石膏产生一定的影响，大致有以下三类缓凝剂：① 分子量大的物质，其作用如胶体保护剂，降低了半水石膏的溶解速度，阻止了晶核的发展，如骨胶、蛋白胶、淀粉渣、糖蜜渣、畜产品水解物、氨基酸与甲醇的化合物、单宁酸等；② 降低石膏溶解度的物质，如丙三醇、乙醇、糖、柠檬酸及其盐类、硼酸、乳酸及其盐类等；③ 改变石膏结晶结构的物质，如醋酸钙、碳酸钠、磷酸盐等。

硫酸盐早强剂对水泥的影响比较复杂，因此使用硫酸盐早强剂时要注意以下几个方面。

（1）选用合适的掺量。硫酸盐的掺量不同，对水泥混凝土的凝结时间的影响也有很大的差别。当水泥中的 C_3A 含量比较高和 C_3A 与石膏的比例较大时，掺加少量的硫酸盐会对水泥的凝结硬化起延缓作用，而掺量较大则起到明显加速水化硬化的作用。

（2）注意对水泥的适应性。尽管硫酸盐对纯硅酸盐水泥有较好的早强作用，但比起硅酸盐水泥来，它对矿渣粉水泥和火山灰水泥具有更好的早强效果，其原因是硫酸盐能够激发水泥混合材中玻璃体的潜在活性。所以，对于矿渣粉水泥和火山灰水泥，选择硫酸盐早强剂或复合有硫酸盐的早强减水剂更加有效果。

（3）注意硫酸盐早强剂对水泥混凝土长期性能的影响。硫酸盐尽管能促使水泥水化过程中大量形成钙矾石，提高其早期强度，但如果水泥石已经建立稳定的结构，再继续大量形成钙矾石，则钙矾石结晶长大产生的结晶压力将有可能破坏水泥石结构，导致强度下降甚至结构开裂等不良后果，所以作为早强剂使用的硫酸盐掺量不能过高。

（4）防止混凝土表面起霜。混凝土内常含有可溶性的盐、碱离子（Na^+、K^+、Ca^{2+}、OH^-、Cl^-、SO_4^{2-}等），当混凝土内部水分向外蒸发时，便将这些可溶性的离子携带到混凝土表面，水分蒸发后，这些离子被留在表面沉淀下来，有些可能被后来的雨水冲掉，有些可能与空气中的二氧化碳作用形成难溶性盐，无法除去，这种白色沉淀像冬日形成的霜一样，因此，通常将这种现象称为“起霜”或“白华”。目前对泛白现象的预防措施是：在满足施工浇捣允许的前提下，减少施工拌和水量；在有条件时，增加混凝土周围的空气含水率，放慢干燥蒸发速度；在浇筑结构未完全达到干燥前，不应过早停止养护和覆盖，必须移动时也应在干燥后再移动；在施工配合比级配合理，尤其粗细骨料适当、振捣及时从而内部密实，使外部水不宜进入内部，是预防再次泛白的关键。

3. 硝酸盐和亚硝酸盐

掺加碱金属或碱土金属的硝酸盐和亚硝酸盐均对水泥水化过程起促进作用。这些盐类不仅能作为混凝土的早强组分，而且可以作为混凝土防冻剂的组分使用。亚硝酸钠的掺入可以防止混凝土内部钢筋的锈蚀，其原因是可以促使钢筋表面形成致密的保护膜，所以氯盐早强剂或氯盐防冻剂中复合有亚硝酸钠组分。

4. 碳酸盐类早强剂

碳酸钠、碳酸钾均可作为混凝土的早强剂及促凝剂。碳酸钠与水泥浆体中石膏反应，生成不溶的碳酸钙沉淀，从而破坏了石膏的缓凝作用（$Na_2CO_3+CaSO_4 \longrightarrow CaCO_3\downarrow+Na_2SO_4$）。单一使用碳酸钾作为早强剂时，不仅掺量大而且强度损失也大。因为过掺将使其与水泥中的C_3A作用生成疏松结构的水化碳酸铝钙，它又与水化产物氢氧化钙作用生成水化碳酸钙。其在室温下分解而破坏水泥结构，致使强度倒缩。碳酸钾能使混凝土速凝，并能提高混凝土在负温条件下的早期强度。近年研究表明，与高效减水剂、缓凝剂和引气剂复合使用可以减少碳酸钾的掺量，克服对混凝土后期强度的倒缩、抗冻融循环降低的缺点。

碳酸盐类早强剂在冬季施工中使用具有明显加快混凝土凝结时间及提高混凝土负温强度增长率的作用。并且由于碳酸盐能改变混凝土内部孔结构的分布、减小混凝土总孔隙率，从而使混凝土在掺入碳酸盐后抗渗性能有所提高。

5. 有机化合物早强剂

三乙醇胺（TEA）是最常用的有机化合物早强剂，分子式为$N(C_2H_4OH)_3$，分子量为149.19。三乙醇胺为橙黄色透明液体，易溶于水，密度为1.122～1.130g/cm^3。三乙醇胺是一种表面活性剂，掺入混凝土中，它的作用机理是能促进C_3A的水化，在C_3A—$CaSO_4$—H_2O体系中，它能加快钙矾石的形成，因而对混凝土早期强度发展有利。同时三乙醇胺影响水泥水化的进程，它存在两个临界掺量0.02%和0.15%：当掺量小于0.02%时，水泥浆体凝结时间随其掺量的增大而迅速缩短；在若其掺量为0.04%～0.08%，水泥浆体凝结时间基本保持不变；大于

0.10%时，水泥浆体凝结时间开始增长；在 0.15%时甚至出现较强的缓凝，并且引气现象十分严重，这对强度不利；但超过 0.15%时则出现快凝现象。

三乙醇胺对水泥具有增溶作用，它可促进 C_3A 的水化，也可以与溶液中铁、铝离子形成络合物，从而促进铝酸三钙（C_3A）、铁铝酸四钙（C_4AF）的水化生成钙矾石（AFt）。通常认为三乙醇胺对硅酸三钙（C_3S）的水化略有延缓作用，并可以加速硫酸盐的消耗及 AFt 向单硫型水化硫铝酸钙（AFm）的转化。

三乙醇胺常与氯盐早强剂复合使用，早强效果更佳。常用的有机化合物早强剂还有甲酸钙、乙酸钙和乙酸钠。

6. 复合早强剂

为了克服单一早强剂存在的不足，通常将三乙醇胺、硫酸钠、氯化钙、氯化钠、石膏及其他外加剂复配组成复合早强剂，有时会产生叠加效应，使效果大大改善。

常用的配方有：

三乙醇胺 0.02%～0.05%+氯化钠 0.5%；

三乙醇胺 0.02%～0.05%+氯化钠 0.3%～0.5%+亚硝酸钠 1%～2%；

三乙醇胺 0.02%～0.05%+生石膏 2%+亚硝酸钠 1%～2%；

硫酸钠 1%～1.5%+亚硝酸钠 1%～3%+氯化钙 0.3%～0.5%+氯化钠 0.3%～0.5%；

硫酸钠 0.5%～1.5%+氯化钠 0.3%～0.5%；

硫酸钠 1%～1.5%+亚硝酸钠 1%；

硫酸钠 0.5%～1.5%+三乙醇胺 0.05%；

硫酸钠 1%～1.5%+三乙醇胺 0.03%～0.05%+石膏 2%；

氯化钙 0.3%～0.5%+亚硝酸钠 1%。

三乙醇胺复合其他早强剂是非常典型的例子，现在也有资料介绍三乙醇胺与硫氰酸钠、硫代硫酸钠与硫氰酸钠复合使用，而且硫氰酸钠的促凝效果也远胜过三乙醇胺。但硫氰酸钠一般不与氯化钠复合使用，这样会加剧氯化钠的锈蚀性。

7. 早强剂对混凝土性能的影响

（1）对新拌混凝土性能的影响。

1）一般无机盐及有机早强剂不能提高混凝土拌和物的流动性，要获得满意的流动度需要调整减水剂的品种或掺量。

2）早强剂和促凝剂是不同品种的外加剂。早强剂对混凝土的凝结时间稍有提前或无明显变化。

3）早强剂本身没有引气性，一般不会增加混凝土含气量。

（2）对硬化混凝土性能的影响。

1）早强剂可以显著提高混凝土的 1d、3d、7d 强度。

2）早强剂对水泥早期水化具有促进作用，对比表面积较大的水化产物具有一定的膨胀作用，使早期混凝土体积略有增加。早期不够致密的水化物结构影响混凝土内部的孔隙率、结构密度等，后期就会产生一定的干缩，尤其是氯化钠。而硫酸钠早强剂掺量过大会产生硫铝酸盐反应，应适当控制其掺量。

3）无机盐 NaCl、NaNO、$NaNO_2$、$NaCO_3$、KCO_3 等，均有较好的早强性能，在使用过程中注意氯化物对钢筋的锈蚀作用、“泛碱”现象和碱–骨料反应的发生。

4.1.4 引气剂

引气剂是指能使混凝土在拌和过程中引入大量微小、封闭而稳定气泡的外加剂。引气剂掺量非常小，却能使混凝土在搅拌过程中引气而大幅度改善混凝土抗冻融循环方面的耐久性，应用在道路、桥梁、大坝和港口工程等方面，大大提高了其使用寿命。引气剂是一种非常重要的外加剂。

1. 种类

引气剂类型按化学成分可分为脂肪酸盐类、松香树脂酸类、皂苷类、合成洗涤剂类和木质素磺酸盐类。

（1）脂肪酸盐类。此类引气剂如脂肪醇硫酸钠，水溶性强且泡沫力和泡沫稳定性较好，掺量为0.005%～0.02%，含气量为2%～5%，减水率为7%，但混凝土强度下降15%。商品名称为OP—8、OP—9和OP—10。

（2）松香树脂酸类。此类引气剂主要包括松香热聚物、松香酸钠、改性松香酸盐等。松香酸钠引气剂为黑色黏稠体，掺量为0.003%～0.02%，减水率约为10%，改性松香酸盐为粉状，溶解性和引气性都较好，是我国目前采用最广泛的引气剂，引气量为3.5%～6%。

（3）皂苷类。该引气剂是黄士元教授研制开发的一种非离子型引气剂，从多年乔木皂角树或油茶籽中提取，经改性而成的天然原料产品。主要成分是三萜皂苷，为浅棕色粉末，有刺鼻气味，其特点是：① 易溶于水，起泡性强，起始泡沫高度大于180mm，泡沫壁较厚且富有弹性，泡沫细腻稳定性好（起泡平均孔径小于200μm）；② 对酸、碱和硬水有较强的化学稳定性，与其他外加剂有良好的相容性，可直接在聚羧酸减水剂中使用；③ 减水率为6%；④ 掺量为0.005%～0.05%，引气量为1.5%～4.0%。

（4）合成洗涤剂类。此类（如烷基磺酸盐、烷基苯磺酸盐类）为白色粉末，水溶性好，易起泡，但起泡稳定性差，且起泡孔径较大，一般不采用此类引气剂。

（5）木质素磺酸盐类。木钙、木钠、木镁也能在混凝土中引气，但气泡孔径大，提高混凝土抗冻效果远小于上述各类引气剂，且掺量稍大，造成混凝土缓凝和强度大幅度下降，一般不作为引气剂单独使用。

2. 引气剂对混凝土性能的影响

掺加引气剂可以使混凝土在搅拌过程中引入大量微小、封闭、分布均匀的极性气泡，这对改善混凝土和易性和提高混凝土耐久性都十分有利，也具有一定的减水效果。但应注意的是，有些引气剂对混凝土强度的负面影响较大，所以应严格控制混凝土的含气量。掺加引气减水剂则可以同时达到引气和减水的效果。

（1）对混凝土和易性的影响。掺加引气剂或引气减水剂在混凝土中引入大量微小且独立的气泡，这种球状气泡如滚珠一样使混凝土和易性得到较大改善。这种作用尤其在骨料粒形不好的碎石或人工砂混凝土中更为显著。掺加引气剂或引气减水剂对新拌混凝土和易性的改善主要表现在坍落度的增加、泌水离析现象的减少等。

1）对混凝土坍落度的影响。在保持水泥用量和水胶比不变的情况下，在混凝土中掺加引气剂，使混凝土含气量增加，会相应增加混凝土的坍落度。掺加引气减水剂因为有引气和塑化双重作用，所以混凝土坍落度大幅度增加。在水胶比不变的情况下，随着含气量增加，坍落度增加。相当于每增加含气量1%，混凝土坍落度可提高10mm。

2）减水作用。如果保持坍落度不变，在混凝土内部引气后可以减少水胶比，则可以认为掺加引气剂也有助于减水。一般而言，混凝土含气量每增加1%，保持相同的坍落度，水胶比可以减小2%～4%（单位用水量减少4～6kg）。一般引气剂的减水率可达7%～9%，当引气剂与不引气的减水剂复合后，由于叠加作用可使减水率达12%～15%。尽管引气剂的减水作用有助于弥补引气对强度的影响，但混凝土的含气量不能过高，否则强度会下降。

3）对混凝土泌水、沉降的影响。由于引气剂或引气减水剂的掺加，对减少混凝土的泌水、沉降现象效果十分显著。

克里杰（Kreijger）通过试验，提出了相对泌水速度与外加剂浓度的关系式。

对于 $W/C=0.5$ 的水泥浆，掺加阴离子型减水剂，相对泌水速率为：

$$Q_1/Q=1-10x \tag{4-1}$$

对掺加阴离子型引气剂或非离子型减水剂者，相对泌水速度为：

$$Q_1/Q=1-4x \tag{4-2}$$

式中　Q_1/Q——相对泌水速度；

Q_1——不掺加外加剂的水泥浆体的泌水速度；

Q——掺加外加剂的水泥浆的泌水速度；

x——外加剂浓度。

使用相同浓度的外加剂时，由水泥浆的泌水速度可以计算混凝土的泌水速度。泌水和沉降的程度如何，与混凝土中水泥浆的黏度有密切关系，而水泥浆的黏度又与其微粒对引气剂的吸附及气泡在粒子表面的附着情况有关。由于大量微小气泡的存在，使整个浆体体系的表面积增大，黏度提高，必然导致泌水和沉降的减少。另外，大量微小气泡的存在和相对稳定，实际上相当于阻碍混凝土内部水分向表面迁移，堵塞泌水通道。再者，由于吸附作用，气泡和水泥颗粒、骨料表面都带有相同电荷，这样，气泡、水泥颗粒以及骨料之间处于相对“悬浮”状态，阻止重颗粒沉降，也有利于减少泌水和沉降。

因掺加引气剂所带来的减少沉降和泌水效果，极大地改善了混凝土的均匀性，骨料下方形成水囊的可能性减少。另外，复合掺加引气减水剂也是配制大流动度混凝土、自密实混凝土的技术保证之一。

（2）对混凝土凝结硬化的影响。引气剂的掺量非常小（0.001%～0.2%），掺加引气剂的混凝土凝结时间与不掺加引气剂的混凝土凝结时间相当，引气剂的掺加对水泥水化热的影响也不大。

（3）对硬化混凝土性能的影响。掺加引气剂对混凝土的力学性能和耐久性均有较大的影响，具体如下。

1）对混凝土强度的影响。在混凝土单位用水量和坍落度不变的情况下，掺入引气剂或引气减水剂，一方面可以增加混凝土的含气量，另一方面可减少混凝土的单位用水量，即降低水胶比，因而会对其强度产生影响。

从减水的结果来讲，混凝土强度会提高，但从引气的角度来讲，混凝土的强度一般是下降的（多数情况如此）。因此，掺加引气剂或引气减水剂对混凝土强度影响是两种作用的综合结果。

冈田—西林的经验公式就是对掺加减水剂的混凝土的强度与减水率和含气量之间关系的

较好描述。该公式假定混凝土的水胶比（W/C）每降低 0.01，抗压强度增加 2～3MPa，而混凝土内的含气量每增加 1%，抗压强度降低 5%，具体如下：

$$R=R_0(1-0.05\Delta A+\alpha\Delta W/C) \tag{4-3}$$

式中　R——掺加减水剂混凝土的抗压强度，MPa；

R_0——基准混凝土（未掺加减水剂混凝土）的抗压强度，MPa；

ΔA——混凝土中因掺加减水剂而增加的含气量（掺减水剂混凝土的含气量与基准混凝土含气量之差）；

$\Delta W/C$——混凝土中因掺加减水剂而减低的水胶比（掺减水剂混凝土的水胶比与基准混凝土水胶比之差）；

α——减水剂增强系数，受减水剂品种、掺量、混凝土水胶比、养护龄期等影响一般取 2～3。

一般在水泥用量和坍落度不变的情况下，含气量每增加 1%，28d 抗压强度降低 2%～3%；若保持水胶比不变，则含气量每增加 1%，28d 抗压强度降低 5%～6%。掺加引气减水剂，由于减水率较大，混凝土的强度可以不降低或若有升高。

2）对干缩的影响。掺加引气剂或引气减水剂对干缩的影响是：引气作用会使干缩增大，而减水作用又会使干缩减小，实际上是两者的综合作用。一般掺加引气剂后，混凝土的干缩会增加，但增加不多，而掺加引气减水剂的混凝土，由于减水率较大，其干缩与不掺基本相当。

3）对抗渗的影响。掺加引气剂或引气减水剂，使得混凝土用水量减少，泌水沉降降低，即硬化浆体中大毛细孔减少，骨料浆体界面结构改善，泌水通道、沉降裂纹减少。另外，引入的气泡占据了混凝土中的自由空间，破坏了毛细管的连通性，这些作用都将会提高混凝土的抗渗透性。

4） 对混凝土抗冻性的影响。混凝土中添加引气剂可以获得良好的抗冻性（见图 4-1），这种条件下含气量的增加会导致混凝土强度降低，这一点可以通过减低水胶比补偿强度损失。为保证混凝土具有良好的耐久性，引气剂的引气量应有一个最佳值（见图 4-2），含气量较高会使混凝土强度降低，进而影响到耐久性，含气量较低混凝土耐久性也受到影响。

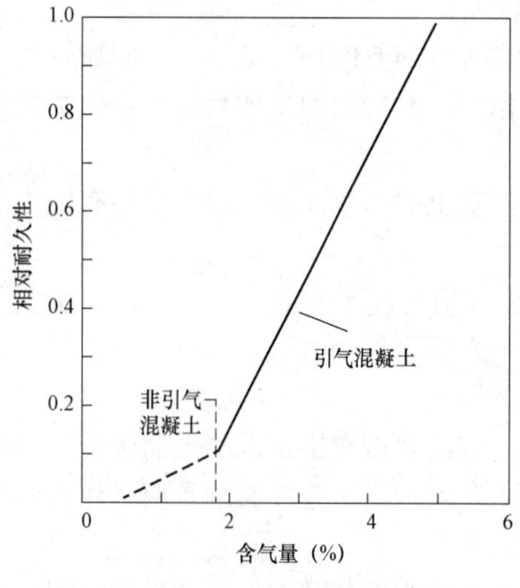

图 4-1　含气量对混凝土抗冻性的影响

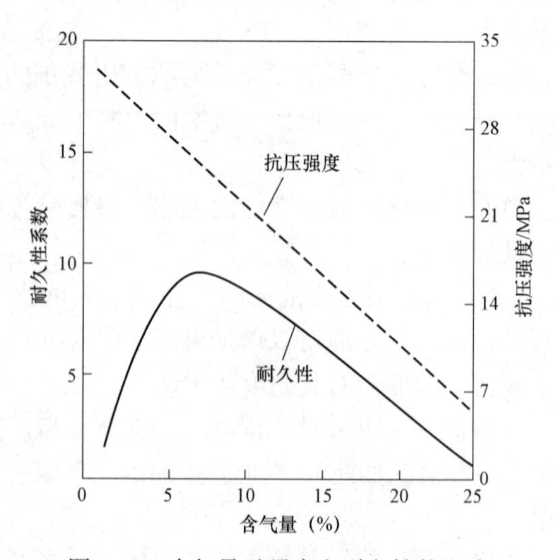

图 4-2　含气量对强度和耐久性的影响

3. 影响引气量的因素

掺入引气剂或引气减水剂改善混凝土性能的效果如何，不仅与混凝土的含气量有关，还与所引入的气泡大小、结构等因素有关。就引气剂的引气效果来讲，也受到诸多因素的影响，如引气剂的掺量、水泥的品种及用量、掺合料的掺量和品种、骨料、搅拌方式和时间、停放时间、环境温度、振捣方法和时间等。

（1）引气剂掺量。在推荐掺量范围内，混凝土的含气量随引气剂的掺量增大而增大。对于某种混凝土来说，要引入一定量的气泡还应考虑水泥用量、混凝土配合比等其他因素，最好通过试验确定其最佳掺量。

（2）水泥的品种和用量。掺引气剂混凝土含气量与水泥品种及用量有关。试验表明，引气剂掺量相同时，硅酸盐水泥所配制的混凝土的含气量高于用火山灰水泥或粉煤灰水泥所配制的混凝土，而低于用矿渣粉水泥所配制的混凝土的含气量。这是因为火山灰、粉煤灰对引气剂的吸附作用很强，而矿渣粉混凝土的引气剂掺量应低一些。

在引气剂掺量相同时，随着水泥用量的增加，含气量减小。所以，对于粉煤灰水泥和火山灰水泥所配制的混凝土，要达到相同的引气量，掺加的引气剂要高于硅酸盐水泥，而矿渣粉水泥混凝土的引气剂掺量应低一些。

（3）掺合料的品种和用量。掺合料品种和用量对引气剂的引气效果也有很大的影响，粉煤灰、沸石粉和硅灰对引气剂的吸附作用较强，替代部分水泥后，将减小引气剂的引气效果，且随着替代量的增大，混凝土含气量减小。所以对掺加这几种掺合料的混凝土，应适当增加引气剂的掺量。试验表明，要引入相同的空气含量，对于掺硅灰的混凝土，其引气剂掺量要较纯水泥混凝土增加25%～75%。

（4）骨料。混凝土配合比和引气剂掺量相同时，粗骨料最大粒径增大，混凝土的含气量趋于减小，卵石混凝土的含气量一般大于碎石混凝土。

对于细骨料，当其中0.15～0.6mm粒径范围的砂子所占的比例增大时，引气剂的引气效果增强；小于0.15mm或大于0.6mm的砂子比例增加时，混凝土含气量减小。

当需要引入相同空气时，采用人工砂作为细骨料所配制的混凝土的引气剂掺量通常要比天然砂混凝土高出1倍多。

在混凝土集灰比、水胶比相同时，掺加引气剂的效果随着砂率的提高而增大。

（5）混凝土配合物的温度。环境温度不仅影响混凝土原材料的温度，而且影响混凝土拌和物的温度。混凝土拌和物温度每升高10℃，混凝土的含气量约减小20%。

（6）混凝土拌和物的停放时间。混凝土拌和物制备后，若长时间运输或停放，将导致含气量减小，但是掺加几种不同种类引气剂的混凝土，其含泥量随时间减小的程度是不同的，即含气量的经时损失率不同。

4.1.5　膨胀剂

混凝土膨胀剂是与水泥、水拌和后，经水化反应生成钙矾石或氢氧化钙，并使混凝土产生膨胀的混凝土外加剂。膨胀剂的膨胀性能可以用简单的方法进行快速检验：称取P·O 42.5级水泥1350g，膨胀剂150g，水675g，倒入净浆搅拌机，搅拌成水泥浆。然后用漏斗插在啤酒瓶上（瓶子的容积不小于600mL），把水泥浆倒入啤酒瓶内，将瓶子轻轻振动使水泥浆密实，盖上瓶盖。放在试验室内，在瓶子上贴上经双方签字的标签。静置7d观察瓶子是否出现裂缝，若出现一条裂缝，说明其膨胀率接近合格，若出现2～3条裂缝，则说明其膨胀率达到合格要求；若出现的裂缝大于3条，就说明其膨胀率较高；若瓶身没有出现裂缝，则该批膨胀剂不合格。不合格的膨胀剂绝对不能用于抗渗防裂混凝土中。

1. 膨胀剂的应用范围

（1）补偿收缩混凝土。混凝土在凝结硬化过程中要产生大约相当于自身体积0.04%～0.06%的收缩，当收缩产生的拉应力超过混凝土的抗拉强度时就会产生裂缝。尤其是大体积混凝土，体积大，混凝土水化热造的温差冷缩也严重，混凝土产生收缩应力也大，因此考虑用化学方法来补偿收缩是很必要的。膨胀剂的作用就是在混凝土凝结硬化的初期产生一定的体积膨胀，补偿混凝土收缩，用膨胀剂产生的自应力来抵消混凝土收缩应力，从而保持混凝土体积稳定性。补偿收缩混凝土主要用于地下、水中、海中、隧道等构筑物，大体积混凝土，配筋路面和板，屋面与厕浴间防水、构件补强、渗漏修补、预应力钢筋混凝土、回弹槽等。

（2）自防水混凝土。许多混凝土结构有防水、抗渗要求，因此混凝土的结构自防水显得尤为重要，膨胀剂通常用来做混凝土结构自防水材料。用于地下防水、地下室、地铁等防水工程。

（3）自应力混凝土。混凝土掺入膨胀剂后，除补偿收缩外，在限制条件下还保留一部分的膨胀应力形成自应力混凝土，自应力值在1.0～4.0MPa，在钢筋混凝土自形成预压应力。自应力混凝土可用于有压容器、水池、自应力管道、桥梁、预应力钢筋混凝土、预应力混凝土以及需要预应力的各种混凝土结构。

（4）抗裂防渗混凝土。主要用于坑道、井筒、隧道、涵洞等维护、支持结构混凝土，起到密实、防裂、抗渗的作用。

2. 膨胀剂的选用

膨胀剂的种类不同，膨胀源产生的机理也有所不同，应根据工程的性质、工程部位及工程要求选择合适的膨胀剂品种，并经检验各项指标符合标准要求后方可使用。同时，根据补偿收缩或自应力混凝土的不同用途，进行限制膨胀率、有效膨胀能或最大自应力设计，通过试验找出膨胀剂的最佳掺量。

选择膨胀剂时还要考虑与水泥和其他外加剂的相容性。水泥水化速率对混凝土强度和膨胀值的影响较大，若与其他外加剂复合使用，可能导致混凝土的膨胀值降低，坍落度经时损失快。如果没有适当的限制，就可能导致混凝土强度的降低。因此，膨胀剂与其他外加剂复合使用前应进行试验验证。例如钙矾石类混凝土膨胀剂的使用限制条件应注意如下几个方面。

（1）暴露在大气中有抗冻和防水要求的重要结构混凝土，选择混凝土膨胀剂时一定要慎重。尤其是露天使用有干湿交替作用，并能受到雨雪侵蚀或冻融循环作用的结构混凝土，一般不应选用钙矾石类混凝土膨胀剂。

（2）地下水（软水）丰富且流动区域的基础混凝土，尤其是地下室的自防水混凝土，一般也不应单独选用钙矾石类膨胀剂作为混凝土自防水的主要措施，最好选用混凝土防水剂配制的混凝土。

（3）潮湿条件下使用的混凝土，如骨料中含有能引发混凝土碱–骨料反应的无定形SiO_2时，应结合所用水泥的碱含量的情况，选用低碱的混凝土膨胀剂。

（4）混凝土膨胀剂在使用前必须根据所用的水泥、外加剂、矿物掺合料，通过试验确定合适的掺量，以确保达到预期的限制膨胀的效果，这一点非常重要。

膨胀剂的主要功能是补偿混凝土硬化过程中的干缩和冷缩，可用于各种抗裂防渗混凝土，由于膨胀剂的膨胀源不同，各有优缺点，膨胀相的物化性能不同，决定了它的适用范围。

选用膨胀剂时，首先检验它是否达到《混凝土膨胀剂》（GB 23439—2017）标准要求，主要是水中7d限制膨胀率大小。对于重大工程，应到膨胀剂厂家考察，在库房随机抽样检测，防止假冒伪劣膨胀剂流入市场，膨胀剂都应通过检测单位检验合格后才能使用。

我国膨胀剂主要有三种类型：硫铝酸钙类、氧化钙–硫铝酸钙类和氧化钙类。硫铝酸钙类膨胀剂是目前国内外生产应用最多的膨胀剂，但由于低水胶比大掺合料高性能混凝土的广泛应用，氧化钙类膨胀剂由于水化需水量小对湿养护要求低，将成为膨胀剂的未来发展方向。

氧化镁膨胀剂水化较慢，在环境40～60℃中，MgO水化为$Mg(OH)_2$的膨胀速率大大加快，经1～2个月膨胀基本稳定。因此，它只使用于大坝岩基回填的大体积混凝土，如果用于常温使用的工民建混凝土工程，则需要选用低温煅烧的高活性MgO膨胀剂。

不同品种膨胀剂及其碱含量有所不同，在大体积水工混凝土和地下混凝土工程中，使用的水泥必须严格控制减含量，混凝土中总的碱含量不大于$3kg/m^3$，对于重要工程小于$1.8kg/m^3$，可避免碱–骨料反应的发生。

不同的工程，应选用适宜的膨胀剂，以达到补偿混凝土收缩的目的。

3. 影响膨胀剂膨胀作用的因素

膨胀作用的发挥除了与膨胀剂本身的成分和作用有关外，还和水泥及混凝土膨胀的条件有关。膨胀剂的膨胀作用除了有大小不同之外，更重要的是合理发挥时间，膨胀作用应当在混凝土具有一定强度的一段时间内以一定的速度增长，才能发挥最佳效果。如果太早则因强度不够，或是混凝土尚有一定塑性时膨胀能力被吸收而发挥不出来，如果太迟又会因混凝土强度太高，膨胀作用发挥不出来或膨胀作用破坏已形成的结构。了解各种因素的影响，控制好膨胀剂的最佳膨胀作用时间与强度是收到良好效果的必要条件。

（1）水泥影响。对硫铝酸盐膨胀剂来说，不同水泥其膨胀率不同，水泥的质量对水中养护、空气养护的膨胀率、抗压强度、抗折强度影响都不一样，主要与水泥中的熟料有关。

1）膨胀率随水泥中Al_2O_3、SO_3含量的增加而增加。

2）水泥品种影响膨胀率，矿渣水泥膨胀率大于粉煤灰水泥的膨胀率。

3）水泥用量影响膨胀率，水泥用量越高，膨胀值越大。水泥用量越低，膨胀值越低，日本规定掺膨胀剂的混凝土水泥用量不得低于$290kg/m^3$，水泥强度等级低则膨胀率值高，水泥强度等级高，则膨胀值低。

（2）养护条件的影响。养护条件对掺膨胀剂的混凝土非常重要，膨胀剂的膨胀作用主要发生在混凝土浇筑的初期，一般14d以后其膨胀率则趋于稳定。这也是水泥水化不充分形不成足够的膨胀值，或者由于膨胀速率大与水泥的水化速率不匹配而影响强度的发展，甚至膨胀力被尚具有塑性的混凝土吸收。

（3）温度、湿度的影响。

1）温度变化不但影响膨胀剂的膨胀率，还影响膨胀值。温度过高，混凝土坍落度损失快，极限膨胀值小；温度过低，膨胀速率减慢，极限膨胀值也减小。硫铝酸盐系膨胀剂、氧化钙系膨胀剂及氧化镁系膨胀剂均具有温度敏感性。

2）湿度也很重要，膨胀剂的反应离不开水，尤其是硫铝酸盐系膨胀剂，因为生产钙矾石需要大量的水，钙矾石分子中有32个水分子，更需要大湿度的环境。尤其是混凝土浇筑的早期，钙矾石如果湿度不够，延长养护时间也难达到极限膨胀值。

掺膨胀剂的混凝土与普通混凝土在干燥状态下，均会引起自身的体积收缩，但如果恢复到潮湿环境或浸入水中，掺膨胀剂的混凝土重新膨胀，因收缩产生的裂纹可能重新恢复原状，这就是膨胀混凝土的自愈作用。而普通混凝土的干缩是不可逆的，这种性能对掺膨胀剂的混凝土的防水、防渗作用是非常有利的。

（4）混凝土配筋率的影响。膨胀混凝土的膨胀应力与限制条件有关，在钢筋混凝土中配筋率为主要的限制条件。配筋率过低虽然膨胀变形大，但自应力值不高；配筋率过高，膨胀率小，自应力值也不高，而且不经济。一般当配筋率为0.2%～1.5%，钢筋混凝土的自应力值随配筋率的增加而增加。

（5）水灰比对膨胀作用的影响。水灰比的影响主要归根与混凝土强度发展历程与膨胀剂膨胀发展历程的匹配关系。水灰比较小时，混凝土早期强度高，高强度会限制约束膨胀的发挥，从而减低膨胀效能；水灰比较大时，混凝土早期强度发展缓慢，膨胀剂产生的膨胀会由于没有足够的强度骨架约束而衰减，从而降低有效膨胀。另外，高水灰比水泥浆体的孔隙率也高，这时会有相当一部分膨胀性水化产物填充孔隙，也会降低有效膨胀。

（6）矿物掺合料对膨胀剂的影响。不同矿物掺合料对膨胀剂的膨胀作用影响规律是不同的。在大掺量掺合料的高性能混凝土中，氧化钙类膨胀剂具有更优异的性能，因为氧化钙水化反应生产 $Ca(OH)_2$ 产生膨胀后，膨胀相 $Ca(OH)_2$ 可以进一步与掺合料所含的活性 SiO_2 进行二次火山灰反应，生成 C－S－H 凝胶，有利于解决大掺量掺合料混凝土的“贫钙”现象，提高混凝土抗碳化性能。

（7）约束条件对膨胀作用的影响。对于水泥混凝土，无约束的自由收缩不会引起开裂，有约束的收缩在内部产生拉应力，达到某值时必然会引起开裂。而无约束的自由膨胀使混凝土内部疏松，甚至开裂，约束下的膨胀则使混凝土内部紧密，补偿混凝土收缩。掺加膨胀剂的作用是利用约束下的膨胀变形来补偿收缩变形，将早期膨胀与结束湿养护后的收缩相叠加，使混凝土中不产生出现拉应力的负变形，则裂缝完全被防止。因此不能只从砂浆和混凝土自由膨胀和收缩来讨论裂缝的防治，必须考虑约束条件，约束必须恰当：约束太小，产生过大的膨胀，降低混凝土的强度，甚至开裂；约束太大，膨胀率太小，不足以弥补收缩。

（8）大体积混凝土中升温的影响。掺入膨胀剂的混凝土的膨胀、收缩性质是在养护温度为17～23℃条件下测定的，混凝土强度提高，水泥用量增大，大体积混凝土温度升高，掺入膨胀剂后，尽管取代部分水泥，但不会降低混凝土的温度，混凝土内部温度在高可达70℃以上，硫铝酸盐系膨胀剂的水化产物为钙矾石，在温度为65℃时开始脱水分解，水泥浆体中钙矾石形成受到限制，早期未参与反应的铝、硫分成，或水化初期生成钙矾石，又与水化温升而脱水以致分解，在混凝土使用期间的合适条件下，重新生成钙矾石，即二次钙矾石。二次钙矾石的膨胀与混凝土强度发展不协调，不能达到混凝土补偿收缩的目的，并且还会造成混凝土结构的劣化。因此，在大体积混凝土中，一般不宜用硫铝酸盐系膨胀剂，而应选用氧化镁系膨胀剂。

（9）施工对膨胀作用的影响。

1）混凝土搅拌对膨胀作用的影响。掺膨胀剂后，由于膨胀剂在混凝土中分布不均匀，必然会因膨胀不均匀造成局部膨胀开裂，因此应控制搅拌时间使膨胀剂在混凝土中分散均匀。

2）后期养护对膨胀作用的影响。膨胀剂的持续水化离不开水的供给，保持充分的水养护是水泥水化和膨胀剂水化反应的保证。一旦混凝土硬化早期没有及时浇水，自由水蒸发后，水泥水化使混凝土内部毛细孔被切断，再恢复浇水，水进不到内部，得不到应有的膨胀，就会造成较大的自收缩，在施工过程中应加强混凝土的后期养护。

（10）膨胀剂的品质对混凝土的影响。

1）组成与细度。膨胀剂的组成是决定膨胀剂作用的关键因素，以硫铝酸盐膨胀剂为例，其膨胀源为钙矾石，生成钙矾石的速率和数量主要受氧化铝和三氧化硫含量的影响，其中三氧化硫起主要作用，硫铝酸盐膨胀剂中三氧化硫含量的高低可以决定掺量大小。而石灰系膨胀剂和氧化镁型膨胀剂的膨胀性能则分别取决于氧化钙和氧化镁含量多少。

膨胀剂的细度会影响膨胀性能大小，硫铝酸盐系膨胀剂细度越小，比表面积越大，化学反应速率越快，从而影响钙矾石的生成速率和数量；氧化钙类膨胀剂颗粒越粗，膨胀越大，膨胀稳定期也越长，比较理想的粒径范围是30～100μm。

2）掺量。混凝土的自由膨胀率在随着膨胀剂的掺量而增加。

3）膨胀剂的储存。膨胀剂在生产过程中经过高温煅烧，其中的水泥组分如硫铝酸盐熟料、铝酸盐熟料、生石灰等遇水容易受潮而影响其膨胀性能。因此，膨胀剂的储存期不宜过长，更不可露天存放。

4. 膨胀剂使用的注意事项

（1）工程现场或搅拌站不按混凝土配比掺入足够的混凝土膨胀剂是普遍存在的现象，组成浇筑的混凝土的膨胀效能低，不能补偿收缩。因此，必须加强管理，确保膨胀剂掺量的准确性。

（2）粉状膨胀剂应与混凝土其他原材料一起投入搅拌机，现场拌制的混凝土要比普通混凝土延长30s。以保证膨胀剂与水泥、减水剂拌和均匀，提高匀质性。

（3）混凝土的布料和振捣要按施工规范进行。在计划浇筑区段内连续浇筑混凝土，不宜中断。掺膨胀剂的混凝土浇筑方法和技术要求与普通混凝土基本相同：振捣必须密实，不得漏振、欠振和过振。在混凝土终振之前，采用机械或人工多次抹压，防止表面沉缩裂缝的产生。

（4）膨胀混凝土必须重视养护，湿养护才能更好地充分发挥膨胀效应。潮湿养护条件是确保掺膨胀剂混凝土膨胀性能的关键因素。在潮湿环境下，水分不会很快蒸发，钙矾石等膨胀源可以不断生成，从而使水泥石结构逐渐致密，不断补偿混凝土的收缩。采取相应措施，保证混凝土潮湿养护时间不小于14d。基础底板易养护，一般用麻袋和草席定期浇水养护；能蓄水养护最好。墙体等立面结构，受外界温度、湿度影响较大，易发生纵向裂缝。实践表明，混凝土浇筑完后3～4d水化温升最高，而抗拉强度很低。因此，模板应采用保温性能较好的胶合板，不易早拆模板，减少墙内外的温差应力，从而减少裂缝。墙体浇筑完后，从顶部设水管慢慢喷淋养护。冬期施工不能浇水，并应注意保温养护。

（5）混凝土最好采用木模板，以利于墙体的保温。侧墙混凝土浇筑完毕，1d后可松动模板支撑螺栓，并从上部不断浇水。混凝土最高温升在3d前后，为减少混凝土内外温差应力，减缓混凝土因水分蒸发产生的干缩应力，墙体应在5d后拆模板，以利于墙体的保温、保湿。拆模后派人不断地浇水3d，再间歇淋水养护浇至14d。混凝土未达到足够强度以前，严禁敲打或震动钢筋，以防产生渗水通道。

（6）墙出现裂缝是一个难题，施工中应要求混凝土振捣密实、匀质。施工单位为加快模板周转进度，浇筑混凝土 1～2d 内就拆模板，其实这时混凝土的水化热升温最高，早拆模板造成散热快，增加了墙内外温差，易于出现温差裂缝。施工实践证明，墙体宜用保湿较好的胶合板制模，混凝土浇完后，在顶部设水管慢淋养护，墙体宜在第 5 天拆模，然后尽快用麻包片贴墙并喷水养护，保湿养护 10～14d。

（7）使用补偿收缩混凝土浇筑墙体，也要以 30～40m 分段浇筑，每段之间设 2m 宽膨胀加强带，并设钢板止水片。可在 28d 后用大膨胀混凝土回填，养护不小于 14d。底板宜用蓄水养护，冬季施工要用塑料薄膜和保温材料进行保温保湿养护；楼板宜用湿麻袋覆盖养护。

（8）即使采取各种措施，尤其 C40 以上混凝土，墙体也难免出现裂缝，有的 1～2d 拆模板后就发现有裂缝，这是混凝土内外温差引起的，要设法降低水泥用量，减少混凝土早期水化热。膨胀剂在 1～3d 时膨胀效能还没充分发挥出来，有时难以完全补偿温差收缩，但是膨胀剂可以防止和减少裂缝数量，减少裂缝宽度。裂缝修补原则：小于 0.2mm，裂缝不用修补。大于 0.2mm 非贯穿裂缝，可以凿开 30～50mm，用掺膨胀剂水泥砂浆修补。对于贯穿裂缝可用化学灌浆修补。为防止地下水有害离子对墙体的侵蚀，并弥补缺陷，建议在侧墙外壁上用可湿作业的聚合物水泥基防水涂料做一层防水保护层。

（9）混凝土浇筑完后，有些工程不注意维护保养，在竣工之前就出现裂缝，这是气温和湿度变化引起的。因此，地下室完成后，要及时回填，楼层尽快做墙体维护结构，屋面要尽快做防水保护层。

5. 膨胀剂对混凝土性能的影响

在混凝土中加入膨胀剂，由于膨胀组分与水泥组分在水中的相互作用，无论是新拌混凝土还是硬化后的混凝土，其性能都会发生相应的变化。对于新拌混凝土，其坍落度、含气量、黏聚性、凝结时间都会发生变化，对于凝结后混凝土，其抗压强度、抗渗指标、抗冻性也会受到影响，另外，不同的膨胀剂对于混凝土的性能也不同。

（1）膨胀剂对新拌混凝土的影响。

1）流动度。掺入混凝土膨胀剂的混凝土，其流动性均有不同程度的降低。在相同坍落度时，掺混凝土的水胶比要大，混凝土的坍落度损失也会增加，这是因为水泥与混凝土膨胀剂同时水化，在水化过程中出现争水现象，使混凝土坍落度减小的同时，坍落度损失增大。

2）泌水率。掺入混凝土膨胀剂的混凝土的泌水率要比不掺混凝土膨胀剂的泌水率要低，但是不是十分明显。

3）凝结时间。掺入硫铝酸盐系膨胀剂后，会使凝结时间缩短，原因是膨胀剂中早期生成的钙矾石加快了水化速度。

（2）膨胀剂对硬化混凝土的影响。

1）强度。混凝土的早期强度随膨胀剂掺量的增加而有所下降，但后期强度增长较快，养护条件好的时候，混凝土密实度增加，混凝土抗压强度会超过不掺膨胀剂的混凝土，但当膨胀剂掺量过多时，强度出现下降。这是由于膨胀剂掺量过多，混凝土自由膨胀率过大，因而强度出现下降，在限制条件下，许多研究表明混凝土强度不但不降，反而得到一定的提高，实际工程中混凝土都受到不同程度的限制，所以工程上的混凝土强度应该更高。

2）抗渗型。膨胀剂水化过程中，体积会发生膨胀，生成大于本来体积的水化产物，如钙矾石，它是一种针状晶体，随着水泥水化的进行，钙矾石柱逐渐在水泥中搭接，形成网状结构，由于阻塞水泥石中的缝隙，切断毛细管道，使结构更加密实，极大地降低了渗透系数，提高了抗渗性能。

3）抗冻性。混凝土掺入了膨胀剂，裂缝减少，增加了混凝土的密实性，混凝土的抗冻性得到了很大改善，同时大大提高了混凝土的耐久性。

4）补偿收缩与抗裂性能。膨胀剂应用到混凝土中，旨在防止开裂，提高其抗渗性。在硬化初期有微膨胀现象，会导入0.2～0.7MPa的自应力，这种微膨胀效应在14d左右就基本稳定，混凝土初期的膨胀效应延迟了混凝土收缩的过程。一方面由于后期混凝土强度的提高，抵抗应力的能力得到了增强；另一方面，由于补偿收缩作用，使得混凝土的收缩大大减小，裂纹产生的可能性降低，从而增加防裂性能。

4.1.6　防冻剂

防冻剂是指能使混凝土在负温下硬化，并在规定养护条件下达到预期足够防冻强度的外加剂。防冻剂有三种：第一种是能降低冰点而使混凝土在负温下保持一定的液相，仍能进行水化作用的外加剂，如亚硝酸盐、氯盐等；第二种是加入混凝土中具有降低水的冰点，而且对冰晶体的形成产生干扰作用的外加剂，如醇类、尿素；第三种虽然不能明显降低混凝土中水的冰点，但它的作用直接与水泥发生化学反应加速混凝土的凝结硬化，有利于混凝土强度的发展，如氯盐、碳酸盐。氯盐对钢筋有腐蚀作用，目前已限制使用。亚硝酸盐会引起混凝土碱骨料反应，且为致癌物，近年来也日益减少使用。目前预拌混凝土公司使用比较多的是便于计量的醇类复合型液体防冻剂。

1. 防冻剂的种类

常见防冻剂可以分为有机化合物类、无机盐类和复合类三种。

（1）有机化合物类防冻剂。以某些醇类、尿素等有机化合物为防冻组分。醇类包括乙二醇、三乙醇胺、三异丙醇胺等。

（2）无机盐类防冻剂。无机盐类防冻剂是以亚硝酸盐、硝酸盐、碳酸盐、硫酸盐、硫氰酸盐等无机盐为防冻剂组分。尿素和$NaNO_2$对混凝土有塑化作用，且增加混凝土的泌水性，K_2CO_3和$CaCl_2$加速混凝土的凝结，增加混凝土坍损。掺用K_2CO_3、$NaNO_2$和NaCl的混凝土，后期强度有所降低，降低的幅度与胶凝材料的组成有关，可达10%～20%。掺钙盐防冻剂对混凝土的抗渗性能有所提高，掺加K_2CO_3则降低混凝土的抗渗性，使用复合减水剂可以改善对抗渗性的不利影响。

（3）复合类防冻剂。防冻组分与早强、引气和减水组分复合而成的防冻剂。从使用效果上来看液体防冻剂的效果好于粉剂，复合液体防冻剂含有减水、早强、引气、缓凝和防冻等多种组分，在制成液体产品时，不少厂家都发现有沉淀产生，因而怀疑产品的匀质性。配制液体防冻剂时应考虑各有效组分之间的相容性。

1）防冻组分。主要采用醇类（如甲醇、乙二醇、乙醇胺等）和尿素，既能降低水的冰点又能使含该物质的冰晶格构造严重变形，因而无法形成冻胀应力去破坏水化产物结构，使混凝土强度不受损，属于冰晶干扰防冻剂。此类掺量一般为胶凝材料质量的0.08%～0.1%。防冻剂用量不足时，混凝土在负温下强度停止增长，但转化正温后对后期强度无影响。

2）早强组分。为使混凝土尽快达到抗冻临界强度，需加入能提高混凝土早期强度的外加剂，目前采用较多的是0.05%三乙醇胺+0.5%氯化钠早强剂。

3）引气组分。优质的引气剂可在混凝土中引入无数微小而富有弹性的气泡，改善混凝土孔结构，降低毛细孔中水的冰点。同时当混凝土中的水结冰时，毛细管中的水分可以迁移到气孔中去，从而减少毛细孔中水分冻胀力，降低水结冰体积膨胀对混凝土的破坏力，引气剂质量越好，引入的气泡越少，气泡稳定性越好，气泡间距越小，混凝土抗冻性越好（引气剂掺量可根据产品说明书提供的掺量）。

4）减水组分。减水组分的作用主要在于减水和增强两个方面，减水混凝土拌和水量意味着减少混凝土中可结冰的水，降低了水结冰所产生的冻胀应力；另外，减少用水量，水胶比降低，有利于提高混凝土强度，增强抗冻能力。

在防冻剂复合过程中应注意：引气剂与氯酸钙复合时，应先加引气剂，经搅拌后在加氯酸钙溶液；钙盐与硫酸盐复合时，先加入钙盐，经搅拌后在加入硫酸盐溶液，应注意观察是否有沉淀生成；甲酸、乙酸、柠檬酸与甲醇、乙醇等在溶液中可能发生一些中和反应而影响使用效果。

2. 防冻组分之间的复配技术

（1）亚硝酸盐与氯盐复合。氯盐掺量为水泥质量的 0.5%～1.0%时，$NaNO_2$:NaCl＞1:1，或氯盐掺量为水泥质量的 1%～2%时，$NaNO_2$:Cl＞1:1.3，亚硝酸钠与氯盐具有非常好的防冻性能，且不会产生钢筋锈蚀。

（2）硝酸钙和尿素的复合。硝酸钙与尿素以 4:1 的比例复合，可以使水泥的冰点降低到－22.2℃，从而具有更好的防冻效果。

（3）亚硝酸钙、硝酸钙与氯化钙的复合。亚硝酸钙、硝酸钙与氯化钙的复合可以使水泥的冰点达到－48.0℃，在－25℃时可使混凝土硬化，如果结合保温措施，可达－50℃，且具有较好的阻锈效果。

（4）三乙醇胺与钠盐、甲醇及尿素的复合。三乙醇胺与钠盐，如硫酸钠、乙酸钠、亚硝酸钠及硝酸钠等复合均有较好的早强防冻效果，三乙醇胺与甲醇、尿素、铵盐等复合也具有较好的降低冰点的作用，达到防冻增强的效果。

3. 防冻剂对混凝土性能的影响

（1）对混凝土工作性的影响。防冻剂的使用或多或少都会对混凝土的工作性产生影响，只是组分不同，影响也有一定的差异性。亚硝酸钠和尿素对混凝土拌和物有塑化作用，可以增大混凝土流动性。亚硝酸钠中硝酸根离子可以和钙离子络合包裹在 C_3A 的表面，阻碍 C_3A 的水化，有利于混凝土的保坍作用。但是亚硝酸钠电离出的钠离子增加了混凝土浆体的碱含量，加速 C_3A 的溶解，导致水泥水化速度加快；乙二醇是一种非离子表面活性剂，吸附在水泥颗粒的表面，起到一定的缓凝作用，使混凝土初始坍落度增大，但 30min 后混凝土损失加快，随着掺量的增加而增加；硝酸钙对混凝土初始坍落度变化不明显，但会加快混凝土坍落度的经时损失。此外，多数防冻剂组分都会促进水泥的反应，有利于改善混凝土在负温环境下的抗泌水性能，降低泌水量。

（2）对混凝土凝结时间的影响。防冻剂中往往含有一定的早强成分，如碳酸钠、氯化钠往往会缩短混凝土的凝结时间，有利于水泥的硬化；硝酸钙和硝酸钠对混凝土凝结时间影响不大；有机防冻剂（如乙二醇）、尿素、氨水等会延长混凝土凝结时间，也会增大大流动性混凝土的泌水。因此，在使用防冻剂时应进行凝结时间试验，了解不同种类的防冻剂对混凝土凝结时间的影响情况，避免工程质量事故的发生。

（3）对混凝土力学性能的影响。防冻剂均可有效减小负温条件对混凝土力学性能产生的影响，这是因为防冻剂中某些组分（如亚硝酸钙）可降低混凝土自由水的冰点，使混凝土在负温条件下缓慢水化。防冻剂组分也可改变冰晶的形态，使质地坚硬的板状冰晶结构变成质地松软的锯片状、树枝状、羽绒状等层状结构减小混凝土冰冻时的膨胀力。防冻剂中的硝酸钠、氯化钠等组分可以加速水泥中 C_3A 的水化，提高混凝土早期强度。掺用碳酸钾、亚硝酸钠和氯化钠的混凝土，其后期强度有时相对有所降低，降低幅度与水泥矿物组成有关可达 10%～20%，其原因可能是这些外加剂加速了水泥早期的水化，过早形成较致密的结构，从而阻碍了后期的水化和强度的发展。

（4）对混凝土耐久性的影响。防冻剂中的引气组分使混凝土拌和物中引入大小均匀，粒径较小、稳定性好的气泡，混凝土中的游离水结冰时，块状冰晶嵌入气泡中，减少冻胀力，降低混凝土内部因冻胀产生的损害，从而提高了混凝土的抗冻性。

防冻剂中的引起组分在混凝土内部引入的大量微小气泡阻断、破坏混凝土泌水通道，使外界水分不易侵入，提高混凝土抗渗透性，且混凝土的抗渗性随着防冻剂掺量的增加而提高。掺亚硝酸钠对抗渗性没有多大影响，掺用碳酸钾抗渗性能有所降低。

防冻剂掺量的增加可以调高混凝土的 pH 值，提高混凝土抗碳化能力。

4.2　如何调整外加剂与混凝土的相容性

预拌混凝土经过 30 多年的发展，外加剂在混凝土使用过程中表现出来的优越性能，已得到业界的广泛认可。混凝土原材料复杂多变再加上环境等因素的影响，外加剂与混凝土原材料的相容性差的问题时常出现。国内大量的专家学者针对这一问题进行大量的试验研究，虽然在外加剂的相容性方面取得了巨大进步，但是至今仍没有找到一个从根本上解决问题的办法。混凝土及外加剂生产一线的技术人员主要根据自己的经验解决这一问题，但方法上仍存在很大的盲目性。本书根据外加剂复配的经验通过大量的试验，尝试以分解论理论为指导，将混凝土相容性问题分离成多个因素，逐个试验分析。总结出分步解决混凝土各原材料与外加剂相容性的问题，仅供读者参考。

使用外加剂的过程中经常遇到与混凝土原材料不相容的问题，常见的外加剂在混凝土中相容性差的具体表现如下。

（1）外加剂用量大，混凝土初始坍落度偏小，扩展度更小，通俗说法就是“打不开”。

（2）混凝土坍落度损失快，出机后混凝土和易性很差，坍落度和扩展度 5～10min 内完全损失。

（3）混凝土坍落度和扩展度都不小，但混凝土泌水、也有时滞后 1～3h 泌水并且量大；还有时是砂浆包裹不住石子，发生离析但却并未伴大量泌水。

（4）混凝土对外加剂掺量敏感，掺量低时坍落度偏小，增加掺量可以满足坍落度要求，但混凝土泌水严重，且 30min 后坍落度损失严重。

4.2.1　影响外加剂相容性的因素

混凝土中外加剂相容性的影响因素很多，大致可以分为外加剂自身的特点、水泥的矿物组成、矿物掺合料、砂石的质量、环境等因素。这些影响因素有时不是单一的，而是多个因素相互影响、共同作用的结果。外加剂相容性的影响因素不同解决的办法也不相同。具体采用哪种解决方案需要进行充分的试验和具体的分析对症下药，才能从根本上解决外加剂在混凝土中不相容的问题。

1. 外加剂

减水剂是外加剂的主要品种，减水剂占外加剂总量的80%～90%。目前市场上常见的高效减水剂主要有两类：一类是以萘系及脂肪族类为代表的传统高效减水剂，此类减水剂的减水性能相似只是萘系的含气量稍高于脂肪族高效减水剂，脂肪族高效减水剂的缓凝性及泌水高于萘系产品；另一类是以聚羧酸盐系、氨基磺酸盐系（因价格高未大规模使用）为代表的高性能减水剂。我国的聚羧酸减水剂主要有两种：一种是通常呈微黄色的聚醚类；另一种是通常呈现暗红色的聚酯类。酯类的生产工艺相对复杂，市场上不常见，市场上常见的是醚类产品。一般聚酯类聚羧酸减水剂的引气性和保坍性较好，聚醚类聚羧酸减水剂的减水率较高且性能稳定。聚羧酸系减水剂的合成原料和工艺的差异（如聚羧酸减水剂在合成过程中需要先消泡再引气的工艺所使用消泡剂与引气剂的差别，也影响聚羧酸减水剂产品的性能）造成聚羧酸减水剂产品的性能有很大的差别。聚羧酸减水剂的合成工艺直接影响外加剂的分子结构，原材料的质量与生产管理决定了产品的稳定性。聚羧酸减水剂按合成工艺不同可以分为高减水型、保坍型、缓凝型、早强型等。聚羧酸减水剂与水泥存在相容性问题，对矿物掺合料甚至对骨料的品质也存在相容性问题。聚羧酸减水剂也存在与传统的外加剂相容性问题（如在有 Na_2SO_4 存在的情况下聚羧酸减水剂减水率变差），聚羧酸减水剂的复配技术难度大而且复配技术尚不成熟，许多结论还存在很大争议。

进行外加剂复配工作前应熟悉外加剂的品种、性能及优缺点。外加剂种类不同，性能会有很大的差别，使用效果也会大相径庭。减水剂自身的合成工艺也对相容性有重要影响，例如萘系和脂肪族高效减水剂，合成本身就影响产品的质量，磺化程度影响减水剂的分散性分子量、分子分布及聚合度，聚合性质影响减水率。针对这些产品的不同特点进行复配是有效解决外加剂相容性差的方法之一。

2. 水泥

（1）C_3A、SO_3 和碱含量三者之间的关系。水泥中 C_3A、可溶 SO_3 和碱含量的平衡关系是影响外加剂与水泥中的相容性的关键因素。水泥中的石膏与 C_3A 反应生成 AFt（钙矾石）包裹在 C_3A 的表面阻止 C_3A 的进一步水化，C_3A 水化速度最快，在没有 SO_3 存在的情况下可以瞬间水化。因此水泥中的 SO_3 过少不能阻止 C_3A 的水化；SO_3 过多石膏沉淀会导致假凝；水泥浆体中可溶性的碱可以促进 C_3A 的溶出，增加溶液中 C_3A 的数量，降低 SO_3 与 C_3A 的比值，使水化速度加快；碱又能突破石膏与 C_3A 反应生成 AFt（钙矾石），使被 AFt（钙矾石）包裹的 C_3A 继续水化。可见水泥中的 C_3A、SO_3 及碱三者的平衡对水泥与外加剂的相容性有十分重要的作用。凡是打破三者平衡的因素都会影响到外加剂在混凝土中的相容性。应当注意的是，水泥中的碱与 Na_2SO_4 对减水剂的作用是不一样的，Na_2SO_4 在水泥浆体的溶解速度大于石膏的溶解速度，Na_2SO_4 与 $Ca(OH)_2$ 反应生成的 $CaSO_4$ 的溶解速度，比水泥中石膏快但作用时间较短；水泥中的石膏溶解速度慢主要对水泥的 C_3A 产生作用，且作用时间长。

（2）C_3A、SO_3 和碱含量匹配的因素。影响 C_3A、SO_3 和碱含量的因素很多，水泥比表面积、C_3A 含量及形态石膏的种类、细度、用量等因素都可以打破 C_3A 与 SO_3 之间的平衡；水泥中的碱分为可溶性和非可溶性两部分，水泥中的可溶性碱可以促进水泥水化，有利于混凝土早期强度发展，但会影响混凝土的流动性和坍落度经时损失；非可溶性碱大多固溶在 C_3A 中对外加剂相容性影响不大。

水泥在粉磨过程中，磨机温度的高低可以使部分二水石膏发生转化。例如：在80～140℃时，二水石膏逐步转化成半水石膏；在130～200℃时，半水石膏又逐步转化成无水石膏。不同种类的石膏的溶解度和溶解速度差异很大，半水石膏的溶解速度最快，远大于二水石膏，硬石膏的溶解度和溶解速度最慢。水泥水化过程中由于不同种类石膏溶解度的不同，使石膏持续不断地对C_3A产生作用可以改善外加剂的相容性。因此，适宜的石膏掺量和不同形态石膏比例应综合考虑水泥熟料中C_3A含量及结晶形态、碱含量及形态、水泥比表面积和水泥出机温度等因素。当熟料出窑温度高、冷却速率慢时，活性高、溶解速率快，石膏中需要一部分溶解速率快的半水石膏与其相匹配。出磨水泥温度低于110℃时，二水石膏转化成半水石膏的量较少，当出磨水泥温度达到130℃时大部分二水石膏都转化为半水石膏和硬石膏。因此控制出磨水泥温度，最好为120～125℃，最高不超过130℃，可以使二水石膏转化成一定比例的半水石膏。

张大康认为：掺加助磨剂后水泥中最佳流变性能要求的SO_3含量为2.7%～2.9%，但国内多数水泥厂仅根据凝结时间和强度确定水泥中SO_3含量，许多水泥厂P·O42.5R水泥的SO_3含量在2.2%左右，低于最佳流变性能要求的SO_3含量。蒋世平（Shiping Jiang）通过对萘系高效减水剂与六种含碱量不同的水泥相容性的研究表明：存在一个相对于流动性和流动性损失而言的最佳可溶性碱含量，是0.4%～0.5%Na_2O当量。在这个最佳碱含量下，浆体的流动性最好，流动性损失最小，而且这个最佳碱含量，是独立于水泥组成与高效减水剂掺量的。水泥中含有少于最佳可溶性碱含量的碱时，掺加Na_2SO_4后浆体的流动性会表现出明显的增加；当水泥中的可溶性碱含量高于最佳值时，掺加Na_2SO_4会使浆体流动性略有降低。

碱含量对水泥净浆流动度的影响，表4-2列举了部分净浆流动度的试验数据，从表中可知，碱含量较大的水泥与外加剂适应性比较差，这是因为水泥中碱含量越高，减水剂对水泥的塑化效果变得就越差。水泥碱含量的增加还将导致混凝土凝结时间的缩短和坍落度损失的增大。

表4-2　　水泥碱含量对净浆流动度的影响

序号	R_2O（%）	水泥净浆流动度/mm		
		初始	30min	60min
1	0.37	235	225	210
2	0.48	195	210	225
3	0.52	195	190	180
4	0.56	190	160	110
5	0.61	85	无流动性	无流动性
6	0.67	无流动性	无流动性	无流动性

水泥中的碱主要来源于所用原材料，特别是石灰和黏土。碱含量过高或过低的水泥，在加入某些品种的外加剂时，会引起水泥中石膏溶解度的变化，使水泥矿物成分C_3A的水化速率加快，使需水量增大，工作性损失也变快。这时加入可溶性的Na_2SO_4能够提高其与外加剂的适应性。

（3）助磨剂的影响。在水泥粉磨工艺中，添加助磨剂可以有效降低生产能耗，但不同品种的助磨剂的添入，也给外加剂的相容性带来了不可忽视的影响。李宪军、兰自栋试验发现：三聚磷酸钠和六偏磷酸钠作助磨剂，对水泥与外加剂的相容性有明显改善作用，而三乙醇胺、丙三醇、乙二醇作助磨剂对水泥与外加剂相容性产生不利的影响。

（4）水泥的细度。水泥颗粒对减水剂分子具有较强的吸附性，在掺加减水剂的水泥浆体中，水泥颗粒越细，则对减水剂分子的吸附量越大，随着水泥细度的增大，在相同的水灰比和减水剂掺量相同的状况下，外加剂的效果呈线性下降趋势。如水泥比表面积较大，应提高减水剂掺量或增大水灰（胶）比，见表 4-3 和表 4-4。

表 4-3　相同流动度下不同细度水泥的净浆流动度损失情况

水泥细度/（m^2/kg）	高效减水剂（%）	水灰比	净浆流动度/（mm × mm）			
			0min	30min	60min	。90min
299	0.7	0.25	260×265	240×240	225×230	140×140
325	0.7	0.26	245×255	220×225	200×200	100×110
359	0.7	0.28	255×260	230×230	210×210	115×110
392	0.7	0.28	250×250	225×225	210×210	120×115
420	0.7	0.29	250×250	215×220	150×150	无流动度

表 4-4　同水胶比下不同细度的水泥净浆流动度

水泥细度/（m^2/kg）	高效减水剂（%）	水灰比	净浆流动度/（mm×mm）
299	0.7	0.29	32×0×320
325	0.7	0.29	290×295
359	0.7	0.29	285×290
392	0.7	0.29	260×255
420	0.7	0.29	250×250

（5）水泥的新鲜度和水泥的温度。水泥在经过粉磨后，水泥熟料矿物表面产生很多新鲜面，这些新鲜面包含许多新鲜硅氧断键。从水泥颗粒本身看新鲜面的表面自由能很高，如果此时水泥与水相遇，两者会快速发生水化反应，形成密实度很差的搭生连接的水化产物。水泥经过一段时间的存储，水泥新鲜表面的断键会逐步与空气中的水分、二氧化碳等反应从而达到钝化，同时消除了静电，水泥颗粒之间的相互吸附得以解聚，其较高的表面自由能得以释放。当水泥与水接触后，水泥水化速率得到缓解。因此，水泥越新鲜，减水剂对其塑化效果相应越差。

水泥温度的高低对水泥水化速度的影响特别明显，水泥水化是放热反应，如果水泥自身温度就很高，则对水泥早期水化速率有更大的促进作用。水泥温度越高，减水剂对其塑化效果也越差，混凝土坍落度损失也越大。不同温度下的水泥在掺 0.8%萘系外加剂、水灰比 $W/C=0.29$ 时的水泥净浆流动度进行了检验，试验数据，见表 4-5。随着水泥温度升高，净浆流动度无论是初始，经时 30min 或者经时 60min 均呈下降趋势，温度高流动度越小。预拌混凝土生产者利用刚出磨未来得及散失掉热量的水泥配制的混凝土，往往现坍落度损失特别快，甚至出现在搅拌机内就异凝结的现象。

表 4-5　　不同温度的水泥其净浆流动度变化情况

序号	水泥温度/℃	水泥净浆流动度/mm		
		初始	30min	60min
1	25	260	245	230
2	53	210	205	185
3	75	165	155	100
4	98	100	无流动度	无流动度
5	121	无流动度	无流动度	无流动度

所以，水泥厂应特别注意对水泥温度的控制，设法从源头熟料冷却抓起，控制好入磨熟料温度，必要时可采取入磨前淋水或磨内喷水。对于出磨水泥温度较高的问题，也是目前各大中小水泥厂很棘手的问题，特别是夏季在熟料得不到有效冷却的情况下，出磨水泥温度高达 120℃以上是很常见的，水泥厂应该将如何降低水泥温度作为一个专门问题来研究，从而杜绝过热水泥的出厂。

3. *矿物掺合料*

水泥熟料的主要矿物成分 C_3S、C_2S、C_3A、C_4AF，水泥的矿物成分对外加剂的吸附能力大小依次为：$C_3A>C_4AF>C_3S>C_2S$，其中 C_3A 和 C_4AF 对减水剂的吸附量最大，与外加剂相容性的关系最密切。由于矿物掺合料的矿物组成与水泥的矿物成分不同，在水泥或混凝土中添加一定比例的矿物掺合料代替水泥，可以降低 C_3A 等矿物成分的含量，进而降低对外加剂的吸附相当于在浆体中增大外加剂的掺量，改善外加剂的相容性。

如果水泥及混凝土中掺加煤矸石、炉渣、Ⅲ级粉煤灰等需水量较大、多孔的矿物掺合料，那么在混凝土的拌制过程中这些矿物掺合料就不可避免地吸入拌和水，因为外加剂是溶解在水中，所以吸水的同时部分外加剂也随着水被吸收，见表 4-6。这样就会造成在混凝土拌和物中的外加剂有效成分减少，混凝土拌和物的初始流动性降低，坍落度损失加快。

表 4-6　　混合材对外加剂适应性的影响

序号	水泥配比（%）							标准稠度用水量（%）	净浆流动度/mm	
	熟料	石膏	炉渣	煤矸石	矿渣粉	粉煤灰	石灰石		初始	1h
1	80	6	7	—	—	—	7	28.8	185	155
2	80	6	—	7	—	—	7	28.5	195	150
3	80	6	—	—	7	—	7	28.2	205	195
4	80	6	—	—	—	7	7	27.1	210	200
5	80	6	—	—	—	—	14	26.3	220	210

对于使用非活性混合材的负面效果主要体现在杂质的影响上，例如水泥企业大量采用石灰石，这些石灰石往往来源于生料粉磨系统。石灰石在矿山开采过程中，含有大量的山皮土等杂质，严重影响石灰石质量，加上石灰石检测取样过程不规范，取样过程仅取块状物质，检测结果显示石灰石氧化钙含量较高，实际上有很多的杂质并没有被检测到，这在国内水泥企业十分普遍。通常水泥企业仅控制石灰石中的 CaO 含量，对水泥与外加剂适应性影响较大

的 SiO_2、Al_2O_3 等都不加控制，而这些化学成分正好从侧面反应石灰石杂质中黏土的含量。石灰石中黏土杂质的存在不仅吸附混凝土外加剂而且更损害水泥强度，所以必须对混合材中廉价的石灰石的质量进行严格控制。对石灰石杂质含量最有效的测量方式是检测其亚甲基蓝的 MB 值来反映石灰石中黏土杂质的含量。石灰石粉中含有大量以蒙脱石、伊利石等为主要矿物的黏土物质，对外加剂的危害严重。

4. 骨料

预拌混凝土 60%～70%的成分是砂、石，砂、石的质量直接影响混凝土的质量。砂中的含泥量及石子中的石粉含量对外加剂的影响不容忽视，尤其是使用聚羧酸减水剂以后，砂、石的质量问题表现得更加突出。有研究表明：高岭土和伊利土对聚羧酸系减水剂的吸附量相当大，分别是水泥的 5～10 倍和 2～5 倍，而膨润土对聚羧酸系减水剂的吸附量则是水泥的 50 倍左右。砂子的含泥量在 2%以下时，对聚羧酸及各种减水剂的适应性没有太大影响，随着含泥量的增加，混凝土的初始坍落度明显降低，砂子的含泥量越大对坍落度的影响越明显，且坍落度降低的速率呈加速降低趋势。当砂含泥量达到 10%时，在相同材料的情况下混凝土拌和物初始坍落度为 0mm。

人工砂及石子的石粉不同于泥粉，对外加剂的吸附很小，仅表现为物理性的表面吸附。从粒径上讲，砂、石中的石粉粒径接近矿物掺合料，在计算外加剂用量时应给予考虑。也不能忽视石粉含量的变化对外加剂的影响，例如人工砂在混凝土中的用量 800kg/m³，若人工砂石粉含量变化 5%，相当于变化 40kg/m³ 的细粉料，必然引起外加剂使用效果的变化。

5. 环境条件对混凝土坍落度损失的影响

气温高，水泥水化反应快，外加剂的消耗加快混凝土坍落度损失越大；风越大，混凝土水分蒸发越快，加快了水泥颗粒之间的物理凝聚，混凝土坍落度损失越大。一般而言，温度每升高 10℃，坍落度损失率增大 10%～40%。根据实际情况，可采用在混凝土运输车上覆盖隔热材料或采用缓凝性高效减水剂降低水化速度等措施以减少坍落度损失，尽量使混凝土的温度保持在 10～30℃，从而在一定时间范围内，控制混凝土坍落度的损失。夏季气温太高时，温度每升高 10～15℃，应增加用水量 2%～4%或外加剂掺量增加 0.1%～0.2%。运距每增加 10～15km，增加用水量 5～8kg 或外加剂掺量增加 0.1%～0.2%，也可采用二次添加外加剂或采取对骨料浇水降温的办法，减小坍落度损失。

4.2.2 混凝土与外加剂相容性分步调整

影响混凝土与外加剂相容性的因素很多，调整外加剂与混凝土原材料的相容性也是一项复杂的工作。只有找到影响外加剂与混凝上相容性的形成原因，才能有效避免调整方案的盲目性，找到最佳的解决方案。将各种原材料分解开，一个一个地分析，找到影响外加剂相容性的根本原因。

1. 初步确定外加剂配方

（1）净浆流动度试验。根据《混凝土外加剂匀质性试验方法》（GB/T 8077—2012）规定的试验方法：水泥 300g，水 87g，外加剂掺量——萘系、脂肪族类掺量（折固）0.6%左右，聚羧酸类减水剂掺量（折固）0.15%左右。萘系、脂肪族类掺量（折固）0.6%左右。在进行水泥净浆试验时，为避免外加剂成分之间相互干扰，只使用水泥和减水剂母液进行试验，不加入其他复配外加剂（俗称“小料”）。观察水泥与减水剂的相容性，若水泥净浆流动度达到

220mm 左右；聚羧酸类减水剂掺量（折固）0.15%左右，水泥净浆流动度 250mm 左右，浆体有适量的气泡且浆体有光泽，则说明该减水剂与水泥相容性较好，可以直接进行下步复配试验。从实践来看，净浆试验并不能很好地反应外加剂与水泥的相容性，很多情况下，净浆流动性很好，但拌制混凝土时，不相容的现象时有发生。原因可能是聚羧酸具有较强的分散能力，净浆流动性往往很好，在拌制混凝土时，原材料的吸附造成与净浆试验很大的差别。

对于遇到水泥净浆流动度小于 140mm 的情况，根据上述影响因素分析，可以初步判断可能是由于 C_3A、SO_3 与碱三者平衡关系遭到破坏，不能有效控制水泥的水化。采用添加新的外加剂的办法调节 C_3A、SO_3 与碱三者平衡关系的方法进行调整，为了便于观察新添加的外加剂对净浆的影响，先通过提高用水量或改变减水剂掺量的方法将水泥净浆流动度调到 220mm 以上。再通过调节 C_3A、SO_3 与碱三者平衡关系来解决水泥与减水剂的相容性。搅拌站所使用的水泥，C_3A 的含量是固定的，也很难进行调整，仅能改变 SO_3 和碱的含量来使 C_3A、SO_3 与碱三者之间的关系达到平衡。可以参照冯浩的测 pH 值的办法先测水泥的 pH 值：用 3 份水溶解一份水泥充分搅拌后澄清，取一滴清液滴在 pH 试纸上观察试纸背面变色程度以判断水泥的碱性（一般 pH 值在 12 以上）。偏高也就是 SO_3 少了，要再加少量含 SO_3 的盐，偏低应当把外加剂 pH 值略微用碱调高。

调节 C_3A、SO_3 与碱三者之间平衡时也要注意减水剂自身的特性。萘系高效减水剂在合成的过程不可避免地含有 Na_2SO_4，而脂肪族高效减水剂是在碱性环境下合成的脂肪族，pH 值较高。了解这些特性可以根据各自的优点进行复配，使用调节 SO_3 和碱与 C_3A 的平衡有时也会取得良好的效果。

在水泥与外加剂净浆试验做到满意的流动度（大于 220mm）以后，接着按照生产实际 C30 混凝土配合比将水泥、粉煤灰、矿粉所占的百分比，再按 GB/T 8077—2012 进行净浆流动性试验，测试初始的净浆流动度及经时损失与水泥净浆流动度时的差别。一般情况下，由于矿物掺合料的矿物组成、颗粒级配、颗粒形态与水泥的差别，掺加矿物掺合料后，初始净浆流动度会增加，经时静浆流动度损失会减少，外加剂的相容性得到一定改善。如果发现加入矿物掺合料后初始净浆流动度及经时损失明显变差，则矿物掺合料对外加剂相容性就产生不利的影响。此时将三元胶凝材料改为二元胶凝材料再进一步试验确认是哪种材料有问题。

（2）用缓凝组分控制净浆流动度损失。确认按照 C30 混凝土配合比的胶凝材料比例的净浆流动度满足复配要求后，紧接着用调整缓凝剂掺量的办法控制 1h 净浆流动度损失不超过 30mm，根据试验结果找出一两种较好的复配组分，并确定各组分的复配掺量。

由于水泥中的 C_3A 的水化受到石膏的抑制作用，因此缓凝剂的大部分作用是针对 C_3S 的水化而发生作用的。不宜使用过多的缓凝组分，以防止各缓凝组分之间相互影响。一般选用对 C_3S 作用好的葡萄糖酸钠作为缓凝组分进行试验，如果保坍效果不佳，可以采用两种组分复合使用。常用的复合组合：对于矿物成分 C_3S 含量多的水泥可以采用葡萄糖酸钠或其他羟基羧酸盐六偏磷酸钠、三聚磷酸钠、柠檬酸钠；对于 C_3A 含量多的水泥采用葡萄糖酸钠复合三聚磷酸钠、硼砂、改性淀粉、糊精（DE 值[1]在 20 以上）。C_4AF 含量偏高的水泥，用三聚

[1] DE 值（也称葡萄糖值）表示淀粉的水解程度或糖化程度。糖化液中还原性糖全部当作葡萄糖计算占干物质的百分比称为 DE 值，DE 值越高葡萄糖浆的级别越高。

磷酸钠比其他磷酸盐有效，对于C_3A、C_4AF含量偏高的水泥聚羧酸减水剂的保坍效果优于萘系等传统高效减水剂。另外单糖对葡萄糖酸钠有增效作用，这也是在高温环境下液体葡萄糖酸钠的效果好于粉剂葡萄糖酸钠的原因。

若外加剂的掺量是胶凝材料的 2%，一般葡萄糖酸钠的用量在 20～40kg/t 左右，用葡萄糖酸钠复合三聚磷酸钠、硝酸锌或硫酸锌、糊精按克分子比 3:1。

在复合使用缓凝保坍组分时，应注意各组分的使用掺量的上限并考虑各组分叠加后的缓凝性能。防止各组分缓凝掺量叠加过高造成缓凝事故，并根据气温变化及时调整掺量。另外在复合使用防冻剂、膨胀剂、早强剂等外加剂时应通过试验重新确定各组分的使用掺量。

2. 确定外加剂最佳复配配方

砂浆与混凝土的差别在于没有粗骨料，砂浆的性能更接近混凝土的性能，用砂浆试验可以反映混凝土的情况。测试砂浆配比为去除石子的工程实际混凝土施工配合比，砂浆的水胶比与混凝土的水胶比相比低 0.02，聚羧酸减水剂应按混凝土配合比掺量，砂浆数量不宜少于 1L，砂浆扩展度应达到保持 260mm 以上，砂浆流动度小时不能反映外加剂相容性的变化。对于聚羧酸减水剂适应性试验可以直接采用砂浆试验判定、调整外加剂相容性。具体试验方法如下。

（1）所用仪器。

行星式水泥胶砂搅拌机：符合 JC/T 681 的要求。

电子秤：量程 3kg，分度值 0.1g。

电子秤：量程 800g，分度值 0.01g。

玻璃板：400mm × 400mm × 5mm。

截锥圆模：70mm × 100mm × 60mm（上口内 × 下口内 × 高），符合《水泥胶砂流动度测定方法》（GB/T 2419—2005）的要求。

不锈钢尺：量程 300mm，分度值 1mm。

塑料量杯：300mL。

不锈钢刮尺：30mm × 200mm × 2mm。

玻璃表面皿：直径 80mm。

（2）试验方法。

1）开始试验前用拧干的湿抹布擦拭搅拌叶和搅拌锅，使其表面湿而不带水渍。在表面皿内称取减水剂（准确至 0.1g），将减水剂置于搅拌锅内。在 300mL 塑料烧杯内称取拌和水（准确至 1g），以拌和水冲洗盛放减水剂的表面皿 3 次，洗涤用拌和水及剩余拌和水合并于搅拌锅的减水剂中。轻摇搅拌锅，使减水剂与水混合。称取水泥等胶凝材料（准确至 1g），置于搅拌锅中。把搅拌锅放在固定架上，上升至固定位置。按照混凝土配合比称取砂用量，并筛去 4.75mm 以上的颗粒。

2）启动胶砂搅拌机自动搅拌程序。低速搅拌 60s，在后 30s 期间将标准砂均匀加入，再高速搅拌 30s，停止 90s，在第一个 15s 内用刮尺将搅拌叶和锅壁上的胶砂刮入锅中间，再高速继续搅拌 60s。记录搅拌机开启时间。

3）拌和砂浆的同时，将玻璃板放置在水平位置，用湿抹布擦拭玻璃板、截锥圆模，并把它们置于玻璃板中心，盖上湿布备用。

4）待搅拌机停止后，取下搅拌锅，迅速用湿抹布将玻璃板及试模再均匀擦拭一遍，将搅拌好的砂浆迅速注入试模内，用刮尺刮平，将试模按垂直方向提起，任砂浆在玻璃板上自由流淌，至停止流动（试模提起后约30s），用钢尺量取流淌部分互相垂直的两个方向的最大直径，取其平均值作为水泥砂浆扩展度。

5）测试经时扩展度时，将测试完初始扩展度的浆体用刮尺刮至搅拌锅内，加盖湿抹布静置至一定时间（一般为自搅拌机开启后30min或60min），用搅拌机慢速搅拌30s，再按照步骤4）方法进行扩展度测试。

在外加剂相容性的调整过程中，经常会遇到净浆试验与混凝土试验的相关性差的情况，这是由于GB/T 8077—2012中水泥净浆试验方法的水胶比是0.29（或0.35）与砂浆试验方法的水胶比可能不相同，水胶比的差异会造成水泥中 C_3A、SO_3 与碱溶解度的不同。试验前应在保持母体用量不变的情况下，对外加剂的复配成分调整。做以下几个配方：① 原配方不变；② 原配方的缓凝成分不变，按照0.29除以砂浆水胶比，再乘以原配方补充的 SO_3 与碱量进行调整；③ 将原配方的复配成分均乘以0.29与砂浆水胶比的比值进行调整。最后观察这三种外加剂配方哪一个配方更优。

3. 混凝土试验检验外加剂配方

在上述相关的试验基础上，可以确定外加剂的复配配方，进行最后一步试验——在混凝土中检验复配配方。

用生产C30配合比做混凝土试验不宜少于10L，试验结果有可能需要调整，大可不必重新推倒重来，增加高效减水剂用量也是有必要的。外加剂净浆流动度试验取得满意效果，但混凝土工作性有可能较差，如果净浆试验都不行用在混凝土中更不行。

遇到混凝土离析、泌水时，可以通过掺用糊精、纤维素、酰胺等保水组分进行调整。加入适量的引气剂也可以有效防止离析泌水，尤其是聚羧酸减水剂加入引气剂后，在减小泌水的同时，又能保持坍落度损失；降低用水量减少外加剂掺量，增加砂率及细粉料用量也能有效控制泌水、离析。在很多情况下，仅靠调整外加剂的办法很难得到满意的结果，配合比的调整也是十分必要的。

外加剂在混凝土中每立方米只有六七千克，作用有限，外加剂不是“万能药”，仅仅靠外加剂解决不了所有问题。有时根据混凝土试验反映出的结果，灵活调整混凝土配合比的砂率、骨料的级配、胶凝材料种类及用量可以取得良好的效果。在调整外加剂与混凝土适应性的问题上，其实只有40%的问题用外加剂可以解决，约30%的问题可以通过混凝土材料和配合比解决，剩下的约30%通过同时调整混凝土配合比和外加剂或通过水泥厂调整比调整外加剂更有效。

4.2.3 砂浆扩展度法检测外加剂减水率

外加剂是混凝土中重要的原材料，能够显著降低混凝土用水量，提高混凝土拌和物工作性能。减水率是外加剂的一项重要指标，也是配制混凝土时需要考虑的因素。《混凝土外加剂》（GB 8076—2008）和《混凝土外加剂匀质性试验方法》（GB/T 8077—2012）分别对外加剂减水率检测方法进行规定。

1. GB 8076中减水率的试验方法

《混凝土外加剂》（GB 8076—2008）中规定的测定外加剂减水率的试验方法是：按《普通混凝土配合比设计规程》（JGJ 55—2011）设计基准混凝土配合比，见表4-7，配制掺外加剂与不掺外加剂的混凝土，两种混凝土坍落度基本相同时，掺外加剂混凝土和不掺外加剂基准混凝土单位用水量之差与不掺外加剂基准混凝土单位用水量的百分比。

表 4-7　　混凝土配合比设计表

外加剂种类单方用量	水泥	砂率	用水量	外加剂
高性能外加剂或泵送剂	（360±5）kg/m³	43%～47%	混凝土坍落度（210±10）mm	推荐掺量
其他外加剂	（360±5）kg/m³	36%～40%	混凝土坍落度（80±10）mm	推荐掺量

减水率按下式计算：

$$W_R=(W_0-W_1)/W_0\times 00\%$$

式中　W_R——减水率，%；

W_0——基准混凝土单位用水量，kg/m³；

W_1——掺外加剂混凝土单位用水量，kg/m³。

该方法的优点是能够比较准确地测定外加剂的减水率及与外加剂适应性的问题，但该方法工作量较大，一般需要多次试验才能得出结果且混凝土配合比设计及坍落度的测定都可能影响到减水率计算结果的准确性。

2. GB/T 8077 中减水率的试验方法

水泥胶砂工作性测定减水率适用于测定外加剂对水泥的分散效果，以水泥砂浆流动性表示其工作性。

先测定不添加外加剂的基准水泥砂浆的浆流动度为（180±5）mm 时的用水量，作为基准水泥砂浆流动度的用水量 M_0，再测出掺外加剂砂浆流动度达（180±5）mm 的用水量 M_1，则：

$$砂浆减水率=(M_0-M_1)/M_0\times 100\%$$

3. 改进砂浆扩展度法测定减水率法

混凝土砂浆的工作性能直接影响混凝土拌和物的工作性能，即同配比砂浆的扩展度与混凝土拌和物的工作性具有良好的相关性。使用砂浆扩展度来检测外加剂的减水剂更接近混凝土实践应用，且砂浆流动度法较混凝土法简单。该方法不同于《混凝土外加剂匀质性能试验方法》（GB/T 8077）中减水率的试验方法，不使用跳桌试验，让砂浆自由流动，其性能更贴近大流动性混凝土的特点，相关性较好。

（1）所用仪器。

行星式水泥胶砂搅拌机：符合 JC/T 681 的要求。

电子秤：量程 3kg，分度值 0.1g。

电子秤：量程 800g，分度值 0.01g。

玻璃板：400mm×400mm×5mm。

截锥圆模：70mm×100mm×60mm（上口内×下口内×高），符合《水泥胶砂流动度测定方法》（GB/T 2419—2005）的要求。

不锈钢尺：量程 500mm，分度值 1mm。

塑料量杯：300mL。

不锈钢刮尺：30mm×200mm×2mm。

玻璃表面皿：直径 80mm。

（2）试验方法。

1）按照设计混凝土配合比的胶凝材料比例称取水泥和矿物掺合料（400±1)g，再按照胶凝材料与细骨料的比例 1:3 称取实际生产使用的细骨料（1200±3)g，称取适量的水。

2）开始试验前用拧干的湿抹布擦拭搅拌叶和搅拌锅，使其表面湿而不带水渍。

3）先将水倒入搅拌锅内，再将胶凝材料倒入搅拌锅中，注意液体溅出。把搅拌锅放在固定架上，上升至固定位置。启动胶砂搅拌机自动搅拌程序。低速搅拌 60s，在后 30s 期间将标准砂均匀加入。再高速搅拌 30s，停止 90s，在第一个 15s 内用刮尺将搅拌叶和锅壁上的胶砂刮入锅中间，再高速继续搅拌 60s。

4）拌和砂浆的同时，将玻璃板放置在水平位置，用湿抹布擦拭玻璃板、截锥圆模，并把它们置于玻璃板中心，盖上湿布备用。待搅拌机停止后，取下搅拌锅，将搅拌好的砂浆迅速注入试模内，用刮尺刮平，将试模按垂直方向提起，任砂浆在玻璃板上自由流淌，至停止流动（试模提起后约 30s)，用钢尺量取流淌部分互相垂直的两个方向的最大直径，取其平均值作为水泥砂浆扩展度。以砂浆扩展度达到（260±10)mm 时的用水量为基准用水量 m_0。

5）称取相同比例的水泥和矿物掺合料（400±1)g，按照胶凝材料与细骨料的比例 1:3 称取实际生产使用的细骨料（1200±3)g，按照外加剂掺量称取外加剂及适量的水。

6）以拌和水冲洗盛放外加剂的表面皿 3 次以上，洗涤用拌和水及剩余拌和水合并于搅拌锅的减水剂中。轻摇搅拌锅，使减水剂与水混合。将胶凝材料倒入搅拌锅中，注意防止液体溅出。把搅拌锅放在固定架上，上升至固定位置，进行搅拌。使添加外加剂的砂浆扩展度达到（260±10）mm 时的用水量记作 m_1。

7）按照以下公式计算外加剂减水率：

$$外加剂减水率=(M_0-M_1)/M_0\times 100\%$$

4.2.4　如何确定外加剂的掺量

外加剂作为混凝土的重要组分，如何确定混凝土外加剂的掺量对试验和生产至关重要。一般来说随着外加剂掺量的增加，外加剂减水率也逐渐增加，其增长速率接近线性增长。当外加剂掺量增加到某一掺量时，再增加外加剂掺量，减水率不再显著增加，该掺量称为该外加剂的饱和掺量，与其对应的减水率为饱和减水率。

1. 胶凝材料饱和减水率的确定

依据《混凝土外加剂匀质性试验方法》（GB/T 8077—2012）规定的砂浆减水率试验方法，可以测定外加剂的饱和减水率。应用该标准测定饱和减水率时，只使用水泥一种胶凝材料，而现代混凝土中普遍使用了矿物掺合料。在此饱和减水率的基础上应考虑矿物掺合料对减水剂的辅助作用，从 2.2 节的试验分析可知，粉煤灰、矿渣粉等矿物掺合料对外加剂起两方面的作用，一方面存在表面物理吸附现象，另一方面粉煤灰、矿渣粉的填充作用，可以增加外加剂的减水率。

$$\beta_0=\beta(1-F-K)+\frac{\beta F}{\alpha_F}+\frac{\beta K}{\alpha_K} \tag{4-4}$$

式中　β——外加剂的饱和减水率；

α_F——粉煤灰的吸附系数；

F——粉煤灰的掺量；

α_K——矿渣粉的吸附系数；

K——矿渣的掺量。

粉凝煤灰和矿渣粉的吸附系数可以经过试验测得，见表 4-8。

表 4-8　粉凝煤灰和矿渣粉的吸附系数

名称	粉煤灰需水量比			矿渣粉流动度比	
	≤95	96～100	101～105	95～99	100～105
吸附系数	0.4	0.5	0.7	0.8	0.7

例如：根据《混凝土外加剂匀质性试验方法》（GB/T 8077—2012）测得外加剂的饱和减水率为 25%；某胶凝体系中粉煤灰掺量为 20%，粉煤灰吸附系数为 0.5；矿渣粉掺量为 15%，矿渣粉吸附系数为 0.7；则该胶凝体系的饱和减水率为：

$$\beta_0 = 25\% \times (1-20\%-15\%) + \frac{25\% \times 20\%}{0.5} + \frac{25\% \times 15\%}{0.7} = 31.6\%$$

2. 混凝土外加剂掺量的确定

在低于外加剂饱和掺量时，外加剂的掺量与其对应的减水率近似于线性变化。因此，混凝土外加剂掺量可以按照下面公式进行近似计算。

$$\mu = \left(\frac{W_0 - W}{W_0}\right) \times \frac{\mu_0}{\beta_0} \times 100\%$$

式中　μ——外加剂掺量，%；

μ_0——外加剂饱和掺量，%；

β_0——外加剂饱和减水率，%；

W——配制混凝土的用水量，kg/m^3；

W_0——达到混凝土设计目标坍落度时基准用水量。

$$W_0 = W_1 + \frac{T-80}{20} \times 5$$

$$W_0 = W_1 + \frac{T-80}{20} \times 5 + 10 \times (2.7 - M_x)$$

式中　W_1——坍落度 7～9cm 的基准混凝土用水量，与石子最大粒径有关，见表 4-9；

M_x——砂细度模数，一般来说，砂细度模数越小，细骨料砂的比表面积越大，用水量相对越高，砂细度模数越大，细骨料砂的比表面积越小，用水量也相对越小。

表 4-9　基准混凝土用水量与石子最大粒径系数表

最大粒径/mm	碎石				卵石			
	16.0	20.0	25.0	31.5	10.0	20.0	25.0	31.5
用水量/（kg/m^3）	230	215	210	205	215	195	190	185

如何在混凝土中有效、合理使用外加剂是一个综合性、复杂、多变的问题，涉及水泥、矿物掺合料和砂石质量对外加剂的相容性的影响，解决了外加剂与混凝土原材料的相容性问

题，还要考虑工作性、用水量所需要的外加剂掺量。只有综合考虑各方面的因素，才能有效使用外加剂，达到预期的效果。

4.2.5　如何正确选用混凝土外加剂

外加剂在混凝土中尽管用量少，但对于提高混凝土性能，降低成本具有重要的作用。外加剂种类繁多，作用各异，其中减水剂占主要地位。

1. 外加剂在混凝土中的应用问题

减水剂主要通过对胶凝材料的分散使混凝土获得良好的工作性，混凝土硬化好的性能主要取决于水胶比和分散的均匀性。不同减水剂对水泥早期水化的影响也不相同，造成混凝土的早期性能有所差异。实际应用中经常遇到混凝土拌和物达不到预期效果的情况，如坍落度过小或过大，坍落度损失快，容易泌水、离析，凝结时间过长或过短等，这些问题在原材料供应紧张时更突出。造成上述问题的原因主要有以下三方面：① 外加剂本身不能很好地满足混凝土的性能要求而勉强使用；② 外加剂质量波动大；③ 混凝土原材料质量控制不到位，造成原材料质量波动大与外加剂相容性不良。问题的根源在于混凝土企业和外加剂企业管理缺失，盲目追求低成本。解决外加剂应用中的问题，要针对外加剂自身特点选择与混凝土原材料合适的外加剂，并控制外加剂和混凝土组成材料的质量稳定性。

解决外加剂在应用中的问题需要回归到基本层面，针对具体的性能要求和使用的混凝土组成材料选择合适的外加剂，并严格控制外加剂和混凝土组成材料的质量稳定性。

2. 如何选用合适的外加剂

混凝土性能要求和原材料来源的差别造成没有最好的，只有最合适的外加剂。只有选用合适且性能稳定的外加剂产品，才能充分发挥外加剂的作用，满足混凝土性能的要求。选用外加剂时，应考虑外加剂的敏感性、质量稳定性，与水泥等胶凝材料的相容性，外加剂厂家的技术服务能力和价格，再综合混凝土性能的要求和原材料状况选择合适的外加剂产品。具体来说，首先，根据混凝土工程的类型特点，混凝土强度等级、耐久性能以及其他性能要求，混凝土施工方法和施工条件，施工时的环境等因素确定混凝土性能要求；其次，要根据生产所使用的具体原材料以及所用的配合比选择合适的外加剂；最后，由于混凝土公司生产的混凝土等级多样，因此，选择外加剂时，需要满足日常生产的不同混凝土性能要求。

弄清楚需要什么样的外加剂后，使用正在使用的混凝土原材料对外加剂样品进行混凝土性能试验，确定满足混凝土性能要求的外加剂和最佳掺量。需要注意的是，外加剂最佳掺量不应在其饱和掺量附近选择，饱和掺量附近的外加剂掺量的敏感性非常高，混凝土生产中细小的波动都可能造成混凝土性能的巨大变化。不同外加剂品种或同一品种不同厂家的外加剂最佳掺量可能都不相同，在饱和掺量范围内外加剂减水率与掺量变化接近于线性关系，即可以根据掺量变化预测混凝土性能变化。超出外加剂最佳掺量时，混凝土的性能变化对外加剂掺量非常敏感，各种问题可能随时发生，如离析、泌水、凝结时间变长和含气量增大等。一般来说，外加剂掺量在工作范围内性价比也是最好的。在确定外加剂最佳掺量时，应先试验外加剂掺量的工作范围和混凝土配合比允许波动的范围。

实际生产过程中，外加剂的敏感性也是一个需要重视的质量指标。实际生产中，混凝土原材料和配料总会发生一定的波动，如生产中砂的含水率波动约 1%，会造成混凝土用水量波动 5～8kg/m^3。在确定外加剂掺量和混凝土配合比以后，应加减 5～8kg/m^3 的用水量，检查混凝土除坍落度或流动度发生的变化外，是否还发生离析、泌水、气泡增多等现象。再者，还应该确定一些突发事件的技术预案，如交通堵塞、工地等待时间过长造成混凝土工作性的降低等，可考虑现场添加外加剂来恢复泵送浇注性能。要预先做好试验，确定外加剂的添加量与凝结时间以及对早期强度的影响，并将这些预案告知施工单位。

3. 外加剂质量稳定性的检测和控制

外加剂的技术指标是以满足混凝土性能要求为前提，生产实践中，混凝土企业除了注意控制原材料和生产过程的稳定性外，还要控制外加剂质量的稳定性。现实中，有些外加剂厂家在试验时提供的是性能好的样品，以便顺利通过试验，但到实际供货时，由于价格和成本的原因，常有与所提供实验样品不相符的情况发生。控制外加剂质量时应做好以下几点：首先，确定外加剂的基准指标和检测方法，把外加剂厂家提供的样品作为外加剂基准样品，基准指标根据基准样品的技术性能和匀质性指标来确定，同时确定指标允许波动的范围。基准指标和允许波动的范围以及检测方法供货合同中应明确，并注明相应的处理方法和赔偿标准。其次，控制外加剂质量稳定性的指标不需要太多，可以采用减水剂、固含量和相对密度等。再次，也有混凝土企业把静浆流动度作为质量指标，但有时很难确定是水泥还是外加剂质量发生波动。这也是国标中外加剂水泥净浆流动度试验中规定须采用基准水泥的原因，实践中很少有人用基准水泥做净浆流动度试验来检测外加剂的质量稳定性。很多情况下都是采用正在使用的水泥来检测外加剂质量。个人认为，净浆流动度与混凝土工作性之间的相关性并不好，净浆流动性试验应是外加剂产品质量检测的方法而不是性能试验的措施。

4. 外加剂与原材料的相容性

影响外加剂与水泥相容性的方法很多，如水泥的比表面积、助磨剂、熟料矿物中 C_3A 的含量、含碱量、混合材品种和质量、熟料硫酸盐化程度等因素。实践中水泥质量波动造成外加剂性能波动的现象很常见，在绝大多数情况下可以通过适当调整外加剂掺量解决。真正的相容性问题是水泥中的铝酸盐活性与可溶硫酸盐之间的平衡、碱含量及碱硫酸盐平衡对外加剂的影响。

另外一些问题，如减水率不够、离析、泌水等大部分来自混凝土组成材料质量（如砂石料、外加剂质量），并非真正技术上的相容性问题，而是由管理水平和市场方面的原因造成的。很多情况下，搅拌站总希望外加剂厂家通过调整外加剂配方可以解决各种原材料问题，如砂石料质量差引起的离析、泌水等。单纯从技术角度来看好像是可行的，但从质量控制和质量保证体系的角度来说，如果什么问题都让外加剂解决，未免有点本末倒置，搅拌站势必经常陷入“救火”状态。搅拌站不应该是出现问题再去解决问题，而是应该如何预防和避免问题出现。用外加剂调整的办法来解决问题，只是一种救急的方法，不可能预防混凝土质量问题的出现。如果不从源头上控制产生混凝土质量问题的因素，一味有问题时再调整，问题就会不断出现。外加剂配方改变或调整是在出现新的技术要求（如新项目）或不可控制的情况下解决问题的方法，而不应作为日常质量控制的方法。

5. 混凝土搅拌站与外加剂厂商的关系

选择信誉度高、产品质量稳定、服务技术水平高的外加剂厂家建立长期合作伙伴关系是减少外加剂应用中的问题、提高混凝土质量的一个重要措施。可靠的外加剂供应商可以提供满足性能要求、质量稳定的外加剂，甚至可以提供各种增值的解决方案，提高混凝土搅拌站的技术水平，降低搅拌站的运作成本。混凝土搅拌站和外加剂厂商的目的都是为了获取利润，如果搅拌站一味追求低价格，当外加剂厂家看不到利润时，要么退出供应，要么采取其他措施降低标准，导致质量没有保证。只有在质量稳定的前提下混凝土搅拌站才可能进一步提高技术水平，优化降低成本的空间。混凝土成本不只是材料成本，还需要考虑整体运作成本。外加剂质量的不稳定，会增加混凝土搅拌站对外加剂质量检测的项目和检测频率，使用时会提高混凝土配和比的安全系数，否则将以牺牲混凝土的质量为代价，最终提高混凝土搅拌站的运作成本。反之，如果外加剂的质量很稳定，混凝土搅拌站就可以减少检测的项目和检测频率，节省人力资源。

混凝土用水

水是混凝土的主要成分，它直接影响混凝土拌和物的工作性、硬化混凝土的力学性能和耐久性。水在混凝土中一般以两种形式存在，一种是参与水泥水化而产生的化合水，大约占水泥用量的25%；另一种是为了满足混凝土的工作性而提供润滑作用的自由水。

一般认为能够饮用的水就能拌制混凝土，而且绝大部分混凝土使用当地饮用水直接拌制混凝土。某些情况下也允许使用海水拌制混凝土。水的品质可能影响混凝土的和易性、凝结时间、强度发展、耐久性及表面装饰性。《混凝土用水标准》（JGJ 63—2006）中对拌和用水和养护用水作出了相应的技术要求。

5.1 混凝土用水性能指标及用水量的选定

混凝土用水是混凝土拌和用水和混凝土养护用水的总称，包括地表水、地下水、饮用水、再生水、混凝土企业设备洗刷水和海水等。

5.1.1 混凝土拌和水技术要求

对于设计使用年限为100年的结构混凝土，氯离子含量不得超过500mg/L；对使用钢丝或经热处理钢筋的预应力混凝土，氯离子含量不得超过350mg/L。混凝土拌和用水水质要求应符合表5-1的规定。

表5-1　混凝土拌和用水水质要求

项目	预应力钢筋混凝土	钢筋混凝土	素混凝土
pH值	≥5.0	≥4.5	≥4.5
不溶物/（mg/L）	≤2000	≤2000	≤5000
可溶物/（mg/L）	≤2000	≤5000	≤10 000
Cl^-/（mg/L）	≤500	≤1000	≤3500
SO_4^{2-}/（mg/L）	≤600	≤2000	≤2700
碱含量/（mg/L）	≤1500	≤1500	≤1500

注：碱含量按$Na_2O+0.658K_2O$计算值来表示，采用非碱性骨料时，可不检验碱含量。

地表水、地下水、再生水的放射性应符合《生活饮用水卫生标准》（GB 5749—2006）的规定。

被检验水样应与饮用水样进行水泥凝结时间对比试验，对比试验的水泥初凝时间差及终凝时间差均不应大于30min。初凝和终凝时间应符合《通用硅酸盐水泥》（GB 175—2007）的规定。

被检验水样应与饮用水样进行水泥胶砂强度对比试验，被检验水样配制的水泥胶砂3d和28d强度不应低于饮用水的水泥胶砂3d和28d强度的90%。

混凝土拌和用水不应有漂浮明显的油脂和泡沫，不应有明显的颜色和异味。

混凝土企业设备洗刷水不宜用于预应力混凝土、装饰混凝土、加气混凝土和暴露于腐蚀环境的混凝土，不得用于碱活性或潜在碱活性骨料的混凝土。

海水中含有大量的硫酸盐以及钠和镁的氧化物（见表5–2），能加速混凝土凝结，提高混凝土早期强度。由于硫酸盐会降低混凝土后期强度，特别是氯离子能引发钢筋锈蚀，所以海水只允许拌制素混凝土，不得用于钢筋混凝土和预应力混凝土。另外，海水能引起盐霜，有饰面要求的混凝土不得用海水拌制。

表5–2　海水中溶解盐的组分

物质名称	含量	物质名称	含量
氯化钠（%）	2.70	硫酸钙（%）	0.11
氯化镁（%）	0.32	氯化钙（%）	0.05
硫酸镁（%）	0.22	溶解盐总量（%）	3.40

近年来一些研究证明，用海水拌制的素混凝土除抗冻性有所下降外，长期强度是令人满意的，它和淡水拌制的掺氯化钠与硫酸钠早强剂的混凝土类似，具有提高混凝土早期强度的作用。

5.1.2　混凝土养护用水

混凝土养护用水可不检验不溶物和可溶物，其他检验项目应符合标准相关条款的规定；混凝土养护用水可不检验水泥凝结时间和水泥胶砂强度。

5.1.3　检验规则

1. 取样

水质检验水样不应少于5L，用于测定水泥凝结时间和胶砂强度的水样不应少于3L。采集水样的容器应无污染，容器使用后采集水样冲洗3次再灌装，并应密封待用。

地表水宜在水域中心部位、距水面100mm以下采集，并应记载季节、气温、雨量和周边环境的情况。地下水应在放水冲洗管道后接取，或直接用容器采集；不得将地下水积存于地表后再从中采集。再生水应在取水管道终端接取；混凝土企业设备洗刷水应沉淀后，在池中距水面100mm以下采集。

2. 检验期限和频率

（1）水样检验期限应符合下列要求。

1）水质全部项目检验宜在取样后 7d 内完成。

2）放射性检验、水泥凝结时间检验和水泥胶砂强度成形宜在取样后 10d 内完成。

3）地表水、地下水和再生水的放射性应在使用前检验；当有可靠资料证明无放射性污染时，可不检验。

（2）地表水、地下水、再生水和混凝土企业设备洗刷水在使用前应进行检验；在使用期间，检验频率宜符合下列要求：

1）地表水每 6 个月检验一次。

2）地下水每年检验一次。

3）再生水每 3 个月检验一次；在质量稳定一年后，可每 6 个月检验一次。

4）混凝土企业设备洗刷水每 3 个月检验一次；在质量稳定一年后，可一年检验一次。

5）当发现水受到污染和对混凝土性能有影响时应立即检验。

3. 结果评定

符合《生活饮用水卫生标准》（GB 5749—2006）要求的饮用水，可不经检验作为混凝土用水；符合本标准混凝土用水要求的水，可作为混凝土用水；符合混凝土养护要求的水，可作为混凝土养护用水；当水泥凝结时间和水泥胶砂强度的检验不满足要求时，应重新加倍抽样复检一次。

5.1.4 确定预拌混凝土用水量的方法

1. 混凝土坍落度与浆体用量关系

预拌混凝土坍落度是表示混凝土工作性的方法之一，随着预拌混凝土坍落度的增加，混凝土的浆体用量也要相应地增加。混凝土坍落度一定时，混凝土浆体不宜过少，浆体填充骨料间的空隙后，富裕的浆体较少，包裹在骨料表面的厚度不够，不能在骨料表面形成润滑层，难以克服骨料间的相互摩擦力，造成混凝土流动性差，甚至出现离析、泌水现象。但混凝土坍落度一定时，混凝土浆体也不宜过多，过多的浆体会造成混凝土体积稳定性差，影响混凝土的耐久性，再者过多的浆体用量也会影响到混凝土的经济性。因此，对于一定的混凝土坍落度应有一个适宜的浆体用量与其适应。

对于没有添加减水剂的传统混凝土来说，混凝土的用水量主要取决于混凝土的坍落度和石子的最大粒径，而今高效减水剂的广泛使用，可以大幅度降低用水量，控制混凝土的坍落度。要获得良好的工作性，单纯靠增加外加剂掺量的办法是不行的，外加剂掺量的增加使混凝土浆体的分散性增加，变形能力增强，但也造成混凝土抗离析、泌水能力下降。因此，增加混凝土坍落度的，保持混凝土良好的保水性，要相应增加一定的浆体用量，而不是简单地增加外加剂掺量。从上述关系式可以看出，混凝土坍落度变化 20mm，混凝土的浆体用量也应相应变化 $10L/m^3$，才能保持混凝土良好的工作性能。在生产的过程中应注意在使用引气剂或引气型减水剂时，扣除由于添加引气剂造成的浆体体积增加的量。

2. 计算确定预拌混凝土用水量

预拌混凝土坍落度的大小直接决定浆体用量的大小，混凝土浆体用量由用水量、胶凝材料用量求得。在混凝土水胶比一定的情况下，即用水量和胶凝材料质量比一定，根据浆体用量和水胶比两个关系式可以计算出用水量和胶凝材料用量。

例如：某混凝土设计坍落度为 200mm，水胶比为 0.47，胶凝材料密度为 $2.75\times10^3kg/m^3$，若与混凝土坍落度相适应的浆体体积为 305L/m³，即$V=\frac{m_B}{\rho_B}+\frac{m_W}{\rho_W}=\frac{m_B}{2.75}+m_W=305L$，在根据 W/B=0.48，两个方程式联立可以求得：用水量为 172kg/m³，胶凝材料用量为 366kg/m³。

3. 选择用水量

在生产和试验过程中，也可以不经过上述计算方法确定用水量，按经验根据坍落度选择用水量和胶凝材料用量。用水量的选择应综合考虑工作性和耐久性，合理选定在一定的范围内，见表 5-3。

表 5-3　　用水量和胶凝材料用量推荐表

强度等级	C10	C15	C20	C25	C30	C35
用水量/（kg/m³）	195～185		190～180	185～175	180～170	175～170
浆体量/m³	0.27～0.28		0.28～0.30		0.30～0.31	
胶凝材料用量/（kg/m³）	270～310		300～340		350～400	
强度等级	C40	C45	C50	C55	C60	
用水量/（kg/m³）	170～165	165～160	160～155	155～150	150	供参考
胶凝材料用量/（kg/m³）	400～420	420～440	450～480	490～520	520～540	
浆体量/m³	0.31～0.33		0.33～0.36			

注：对于路面、地坪等坍落度要求较低时，用水量可以降低 10kg/m³。

5.1.5　混凝土用水量的影响因素

水是混凝土中不可缺少的组分，适量的水是混凝土完成水化反应，实现预期混凝土性能的必需条件。在水泥水化所需结合水充足的情况下，水泥强度等级相同，水胶比越小，与骨料黏结力越大，混凝土强度也就越高。在原材料、外部环境条件相同的条件下，水胶比是影响混凝土整体性能的最主要因素，用水量对混凝土性能起着至关重要的作用。水泥用量不变的条件下，用水量减少会使混凝土拌和物干涩，坍落度减小，工作性能变差，施工振捣困难，构件成形质量难以保证，混凝土构件容易形成麻面或出现较多的蜂窝（孔洞），不但影响美观，而且混凝土强度和耐久性也会降低。反之，用水量过多，容易造成混凝土拌和物泌水、离析、黏底等和易性不佳的现象，不符合施工要求，同时还可能因混凝土硬化后多余水分蒸发形成较大的失水空间，混凝土密实度降低，耐久性能变差，强度显著降低。

混凝土拌和物中的水主要以物理结合水、化学结合水和物理化学结合水三种方式存在。

（1）物理结合水。也称游离水，是混凝土中各晶格间及粗、细毛孔中的自由水，含量不稳定，结合强度低，极容易受水分蒸发影响而破坏结合。物理结合水是积极参与和外界进行湿度交换的水，为化学结合水、物理化学结合水充分发挥作用提供外部支持。

（2）化学结合水。是以严格的定量参加水泥水化，是保证水泥颗粒能充分水化的必需条件。化学结合水使水泥浆形成结晶固体，不参与混凝土与外界湿度交换作用，不引起收缩与膨胀变形，成微小自生变形。

（3）物理化学结合水。在混凝土中表现为以吸附薄膜结构存在，是保证水泥颗粒能充分扩散、逐步完成水化反应的必要因素。物理结合水在混凝土中的作用是扩散及溶解水泥颗粒，属中等结合，容易受到外界水分蒸发的破坏，积极地参与混凝土与环境的湿度交换作用。

1. 胶凝材料对混凝土用水量的影响

胶凝材料对混凝土用水量影响的因素主要包括水泥标准稠度用水量、粉煤灰需水量、矿粉流动度比等。

（1）水泥标准稠度用水量。水泥标准稠度用水量是反映水泥浆体达到标准稠度时需水量的多少。一般情况下，水泥标准稠度用水量与水泥品种、细度及原材料有关。

其他条件不变时，混凝土的用水量随着水泥标准稠度用水量的增大而增大，水泥标准稠度用水量每增加 1%，混凝土要达到相同要求的坍落度，则用水量至少会增加 3～5kg/m^3。为降低混凝土用水量，降低水胶比，降低单方混凝土水泥用量。在配制混凝土时宜选择强度相同、标准稠度用水量较低的水泥，提高混凝土的强度和耐久性。

（2）粉煤灰需水量。粉煤灰可分为Ⅰ级、Ⅱ级、Ⅲ级三个等级，粉煤灰需水量比是指掺30%粉煤灰胶砂用水量与基准水泥砂浆用水量之比，粉煤灰需水量的大小直接影响混凝土用水量的大小，进而影响混凝土的强度与耐久性。随着粉煤灰需水量比的增加，混凝土拌和物要达到相同的坍落度，拌和用水量也会相应增加。实践中发现，在混凝土中掺加需水量低的粉煤灰，不但不会增加混凝土的用水量，反而可能降低用水量。但同时也发现，含碳量较高（烧失量较大）的粉煤灰需水量较大，会明显增加混凝土用水量。在配制混凝土时，宜选用水量比较小的（小于 100%）粉煤灰可以混凝土用水量，改善混凝土拌和物的和易性，增强混凝土的可泵性。同时，也可以减少了混凝土的徐变，减少了水化热，提高了混凝土的抗渗力和耐久性。

（3）矿粉流动度比。矿粉的流动度比对混凝土用水量也会产生一定的影响，矿粉的流动度比越大，在配制坍落度一定的混凝土时，混凝土用水量越低，反之亦然。矿粉的流动度比与其生产工艺、颗粒级配、比表面积等因素有关，矿粉中级配合理，球形颗粒较多时，流动度比较大，比表面积较大时，会较低流动度比。比表面积对矿粉的活性具有重要的影响，比表面积小于 400m^2/kg 时，会降低其活性，同时，配制的混凝土也容易泌水。

2. 骨料对混凝土用水量的影响

（1）骨料品种。天然骨料表面光滑，而人工砂石的表面粗糙，多棱角，比表面积较天然骨料大，用水量较高。一般来说，在混凝土拌和物坍落度相同的条件下，天然骨料的用水量比人工砂石骨料的用水量低 5～10kg/m^3。

（2）骨料的粒径。骨料的粒径越小，比表面积越大，拌制混凝土时，用水量也就越高。一般来说，粗骨料最大粒径每变化一个档次，用水量将变化 5kg 左右，如碎石最大粒径由 5～31.5mm 变为 5～20mm 时，达到相同混凝土坍落度时，用水量需增加约 5kg/m^3。同样，砂的细度模数变化也会引起细骨料粒径变化，砂细度模数相差一档，混凝土用水量相差 10～15kg，如使用细度模数为 2.7 左右的中砂拌制混凝土用水量较粗砂高 10～15kg，较细砂低 10～15kg。

（3）含泥量与细粉含量。在混凝土用水量不变的条件下，随着细粉量的增加，混凝土拌和物坍落度也逐渐降低，要保持坍落度不变，应相应增加用水量或外加剂用量。若一方混凝土中细骨料的用量为 800kg/m^3，细粉含量每增加 1%，细粉量增加 8kg/m^3，可见如果细粉含量过多，必然会造成混凝土浆体稠度增加，工作性降低。若骨料所含的细颗粒主要成分为泥土，对混凝土用水量影响更大。

（4）骨料吸水率对混凝土用水量的影响。骨料的吸水率是指骨料处于饱和状态下的含水率，骨料表面粗糙度越大，其吸水率越高。一般来说，天然骨料的表面较为圆滑，人工骨料的表面多呈棱角状态，较天然砂的吸水率大。骨料表面毛细孔率大的石料较毛细孔率小的石料吸水率大，例如花岗岩的吸水率较青石的吸水率大。表面较粗糙的骨料在混凝土拌和物中流动性差，要达到相同的流动度，需水量较大。吸水率较大的骨料可以将混凝土拌和物的自由水吸入其内部造成混凝土的流动性较差，坍落度经时损失较大，和易性、可泵性也有所下降。骨料的吸水率是一项重要的物理指标，骨料的吸水率对混凝土用水量具有重要的影响。因此，骨料的吸水率宜控制在1%以下，不应超过2%。

3. 外加剂减水率对混凝土用水量的影响

外加剂减水率对混凝土用水量具有重要的影响，外加剂减水率越高，混凝土用水量可以在较低的情况下获得满意的工作性。但也不是外加剂减水率越大越好，过高的减水率虽然有利于降低混凝土用水量，提高混凝土的工作性，但是过高的减水率会造成混凝土拌和物黏聚性差，容易离析、泌水，同时，也会给生产质量控制带来难度。因此，应选择适合配制混凝土工作性所需要的减水率。一般来说，外加剂减水率随着其掺量的提高而增大，当外加剂掺量增加到某一值时，再增加掺量减水率不再显著增加，即饱和掺量时的最大减水率；在掺量相同的条件下，外加剂与其他混凝土原材料相容性越好减水率越高。

5.2 预拌混凝土搅拌站废水的回收利用

随着我国经济建设和城市化进程的加快，基础设施建设逐年增加，预拌混凝土的需求量也逐年增长，预拌混凝土行业得到迅猛发展。同时，混凝土搅拌站生产过程中产生的固体废弃物和废水也随之增加，废水的随意排放，对环境造成严重的污染。

搅拌站废水是搅拌站清洗地面及设备（搅拌车、泵车及其他施工车辆）而产生的固体废弃浆体，这些浆体经沉淀分离后，形成搅拌站废水，如图5-1所示。

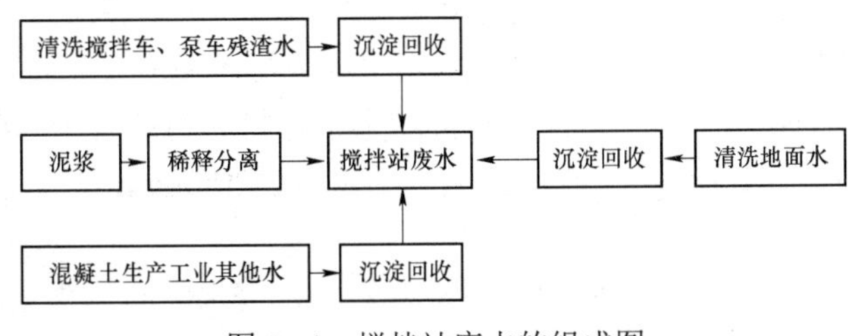

图5-1 搅拌站废水的组成图

清洗搅拌、运输设备的废水中含有水泥、外加剂等强碱性物质，其pH值可达到10～12，不溶物含量为3000～5000mg/L。由于缺乏科学的管理和配套的处理技术措施，大量的废水直接排入下水道，废水中的微粉颗粒淤积硬化后堵塞下水道，需要花费大量的人力、物力来清理。

5.2.1 废水的特点与应用现状

1. 废水的特点

水泥是由 CaO、Fe_2O_3、Al_2O_3、SiO_2 四种主要的氧化物化合而成，水泥与水接触后，水泥熟料中的离子开始溶解，迅速变成含有 Ca^{2+}、Na^+、K^+、OH^-和SO_4^{2-}，液相中还有极少量的 Al_2O_3、SiO_2 等多种离子的溶液。天然砂、石中含有泥、泥块、硫化物、硫酸盐等。运输车中残留的混凝土冲洗后，粒径大于 0.15mm 的颗粒经过砂石分离机分离出去，废水中含有的细小固体颗粒主要为水泥、矿物掺合料，以及砂、石等带入的黏土或淤泥颗粒及可溶性的无机盐和残留的外加剂。因此，废水是含有 Ca^{2+}、Na^+、K^+、OH^-和SO_4^{2-}等离子和没有水化的水泥、矿物掺合料、细砂、泥土的混合水溶液。

废水中因含有Na^+、K^+等离子，含碱量较高，在有水存在的条件下，废水中的碱与砂、石骨料中的活性成分 SiO_2 发生化学反应，引起混凝土的不均匀膨胀，导致裂缝的产生，影响混凝土结构物的耐久性，这种化学反应造成的破坏叫作“碱–骨料反应”。“碱–骨料反应”已经引起业界的普遍关注，我国对“碱–骨料反应”也做出相应的规定，我国依据工程环境进行分类，将水泥的总碱量（以当量 Na_2O 计，即 $R_2O=Na_2O\%+0.658K_2O\%$）控制在 0.6%以下，外加剂带入的碱含量不宜超过 $1kg/m^3$，混凝土总碱量不超过 $3kg/m^3$。

搅拌站废水中的Na^+、K^+来自水泥、外加剂、矿物掺合料，混凝土运输车残留运输量 0.5%的混凝土，混凝土中的浆体约占 30%，混凝土的总碱量不超过 $3kg/m^3$，假如刷一次车用 0.5t 水，可以计算出每吨搅拌站废水中的碱含量为 0.009%，含量较低。可以认为，使用废水不会造成“碱–骨料反应”。

2. 搅拌站废水回用的研究应用现状

20 世纪 80 年代，德国混凝土搅拌站废水已经被利用到混凝土生产中。德国的利用率为 95%，日本的利用率为 92%，而我国搅拌站废水的利用率仅为 5%左右，远低于发达国家的利用水平。国外对废水中的固体含量，也有标准规定，1991 年 9 月，丹弗斯（Dafst）制定的第 1 版《利用废水、混凝土残余物、砂浆残余物生产混凝土准则》，依照该准则，搅拌站废水固体物质含量不超过 $18kg/m^3$，对于短期使用的建筑，固体物的含量可以放宽到不超过 $35kg/m^3$，可作为混凝土拌和用水使用，禁止在加气混凝土和高强混凝土中使用搅拌站废水。

英国标准 BSEN1008 中规定，搅拌站废水可单独或混合后应用于混凝土生产，其中固体材料总量不超过混凝土骨料总量的 1%。如果混凝土中骨料的用量为 $1800kg/m^3$，按照此规定，废水中的固体物含量可以有 18kg/t，假如混凝土用水量为 $180kg/m^3$，则废水中的固含量浓度允许达到 10%。

美国的 ASTMC1602/C 与 1603M–04 标准中规定，废水中固体含量不应大于 5%。某公司技术人员分别对早晨（6 时）、上午（11 时）、下午（16 时）的废水取样，一天测试 3 次。经过一个月的取样检测发现，洗车高峰期上午 11 时废水固含量达 10%～12%，早晨仅为 1%～3%。废水的密度为 $1.04g/cm^3$，平均固含量为 5.4%，由此看来美国标准的规定更符合实际。

搅拌站废水在混凝土中作为拌和水使用，国内外学者均进行了大量的研究，主要集中在搅拌站废水对混凝土的工作性能、力学性能和耐久性几个方面。从工作性上看，使用搅拌站废水拌制的混凝土流动性、和易性均小于饮用水拌制的混凝土；从力学性能来看，对于低强度等级混凝土，搅拌站废水掺量的增加对混凝土抗压强度影响不大，而对中高强度等级的混凝土，混凝土抗压强度随搅拌站废水掺量的增加而降低，掺量越大，降低幅度也越大；从混凝土耐久性上来看，掺加搅拌站废水对混凝土的抗冻融性、抗渗透性和抗碳化性方面基本无不良影响。姚志玉研究表明，掺加搅拌站废水抗冻融能力优于饮用水配制的混凝土。

5.2.2　废水对水泥性能影响的研究

研究所用混凝土拌和用水有两种：① 符合国家标准的饮用水，pH 值为 7.1；② 搅拌站废水的固含量为 5.3%，pH 值为 11.5，主要成分为水、水泥、粉煤灰、矿物掺合料、小于 0.15mm 的细砂粉及少许的含泥量（亚甲蓝试验合格），并对废水固体成分分析，见表 5–4。

表 5–4　　废水固体成分分析

矿物成分	氧化硅	氧化钙	氧化铁	氧化铝	氧化镁	烧失量	总和
含量（%）	35.1	9.8	3.1	32.5	2.9	15.4	98.8

1. 废水对水泥标准稠度用水量、凝结时间的影响

搅拌站废水中含有少量水泥水化产物 $Ca(OH)_2$ 及残留的外加剂，pH 值为 11.5，将其按一定比例与饮用水混合作为混凝土拌和用水使用时，可能影响到水泥的标准稠度用水量、凝结时间、安定性及水泥胶砂强度等。按照《水泥标准稠度用水量、凝结时间、安定性检验方法》（GB/T 1346—2011），对废水掺量分别为 0%、20%、40%、60%、80%、100%时，测试水泥的标准稠度用水量、凝结时间及安定性，其试验结果见表 5–5。

表 5–5　　搅拌站废水掺量对水泥性能的影响

水泥用量/g	废水掺量（%）	标准稠度用水量（%）	凝结时间/min		安定性
			初凝	终凝	
500	0	26.3	188	245	合格
	20	26.9	195	249	合格
	40	27.5	192	252	合格
	60	28.0	195	258	合格
	80	28.4	198	256	合格
	100	28.6	205	265	合格

由表 5–5 试验结果可知：搅拌站废水在不同的掺量下，水泥的安定性均合格，说明搅拌站废水没有对水泥的安定性产生不良影响。

搅拌站废水对水泥的标准稠度用水量产生一定的影响，随着掺量的增加，水泥标准稠度用水量逐渐增大，搅拌站废水掺量为 100%时，水泥标准稠度用水量较掺量（0%）增加了 2.3%，基本接近掺量每增加 20%，标准稠度用水量增加 0.5%左右。这是因为搅拌站废水中含有一些悬浮颗粒，不易沉淀，增加了水泥的总表面积，增加水泥的标准稠度需水量；此外，这些颗粒本身会有一定的吸水性，同样会增加用水量。

搅拌站废水对凝结时间产生一定的影响，随着掺量的增加，初、终凝时间逐渐延长，掺量为 100%时，初凝时间延长 17min，终凝时间延长 20min。初凝与终凝时间对水泥凝结时间

的影响小于《混凝土用水标准》（JGJ 63—2006）规定的差值，在30min以内，可以用作混凝土拌和水。水泥凝结时间的测定是在水灰比为0.25左右情况下测得的，而C30混凝土的水胶比为0.5左右，其凝结时间约是水胶比为0.25时的2倍，如果考虑上矿物掺合料替代的水泥减少的量，再加上外加剂对混凝土凝结时间的影响，水泥凝结时间波动30min，混凝土凝结时间将波动到90～120min。

2. 废水对水泥胶砂强度的影响

依据《水泥胶砂强度检验方法（ISO法）》（GB/T 17671—1999），当搅拌站废水掺量为0%、20%、40%、60%、80%、100%时，对3d和28d水泥胶砂抗折和抗压强度进行试验，水泥胶砂配合比见表5-6。

表5-6　不同掺量废水的水泥胶砂配合比

序号	废水掺量（%）	拌和水/g		水泥/g	砂/g
		自来水	废水		
1	0	225	0	450	1350
2	20	180	45	450	1350
3	40	135	90	450	1350
4	60	90	135	450	1350
5	80	45	180	450	1350
6	100	0	225	450	1350

搅拌站废水不同掺量的情况下，对3d和28d的水泥胶砂抗折强度和抗强的影响，其试验结果见表5-7。

表5-7　搅拌站废水对水泥胶砂强度的影响

序号	废水掺量（%）	抗折强度/MPa		抗压强度/MPa	
		3d	28d	3d	28d
1	0	5.4	7.5	28.3	48.1
2	20	5.5	7.5	28.5	48.3
3	40	5.3	7.6	27.3	47.9
4	60	5.7	7.4	27.2	47.7
5	80	5.6	7.3	27.5	47.6
6	100	5.4	7.2	26.8	47.1

由表5-7试验结果可知：不同掺量搅拌站废水对水泥胶砂3d、28d抗压强度和抗折强度影响不大，各掺量下的强度值与饮用水水泥胶砂强度的比值均大于90%，符合《混凝土用水标准》（JGJ 63—2006）要求的指标，可以作为混凝土用水使用。

根据《普通混凝土配合比设计规程》（JGJ 55—2011）的计算公式，碎石混凝土强度$f_{cu,0}$与胶凝材料28d胶砂强度f_b（可以按照水泥28d胶砂强度值乘以矿物掺合料的影响系数求得）存在如下关系：

$$f_{cu,0}=\frac{0.53f_b}{\frac{W}{B}}-0.53\times0.20f_b \tag{5-1}$$

从式（5–1）可知，当水胶比一定时，混凝土抗压强度随胶凝材料 28d 强度变化而变化，而胶凝材料 28d 胶砂强度与水泥的 28d 强度有很大的关系。若胶凝材料中粉煤灰掺量为 20%，粉煤灰的影响系数取 0.8，水泥 28d 胶砂强度变化 1MPa，则胶凝材料 28d 强度变化 0.8MPa。假设 C30 混凝土水胶比为 0.47，代入式（5–1），混凝土强度将变化约 0.8MPa。假如水胶比为 0.3，则水泥强度波动 1MPa，混凝土强度波动约 1.3MPa。从以上分析来看搅拌站废水对水泥胶砂强度影响较小，不会引起混凝土抗压强度的巨大波动。

5.2.3 废水对减水剂减水率影响的研究

搅拌站废水的 pH 值较高，并含有砂、石留下的泥粉等有害杂质，这些物质将会对减水剂带来一定的影响。根据《混凝土外加剂匀质性试验方法》（GB/T 8077—2012）及《混凝土外加剂》（GB 8076—2008），废水与饮用水对不同种类减水剂的减水率、水泥净浆流动度和 1h 经时损失、凝结时间的差别，将所使用减水剂的减水率调整到 20%左右，进行试验，其结果见表 5–8。

表 5–8 废水对外加剂性能的影响

减水剂	水的种类	减水率（%）	净浆流动度/mm		凝结时间/min	
			初始	1h 后	初凝	终凝
萘系	饮用水	20.3	230	205	390	615
	废水	18.0	195	170	395	625
脂肪族	饮用水	20.5	235	215	380	625
	废水	18.5	210	185	385	635
氨基磺酸盐	饮用水	20.2	245	235	370	615
	废水	18.8	220	205	380	625
聚羧酸	饮用水	20.6	265	260	360	560
	废水	16.6	190	155	335	525

从表 5–8 试验数据可知，搅拌站废水对不同种类的减水剂的净浆流动度和 1h 经时损失的性能指标差别很大。从减水率来看：萘系减水剂、脂肪族减水剂的减水率饮用水与废水差别相差 2%左右；氨基磺酸盐减水剂的减水率差别在 1.5%左右；聚羧酸减水剂的减水率降低最多，减低了 4%。从净浆流动度来看：萘系、脂肪族、氨基磺酸盐高效减水剂的初始流动度，饮用水与废水相差 20～30mm，1h 经时损失小于 30mm；聚羧酸减水剂两者的初始净浆流动度差值为 70mm 左右，1h 经时损失两者差值更大，达 100mm，经时损失也达 45mm/h，超过 30mm/h。从凝结时间来看，搅拌站废水对萘系、脂肪族、氨基磺酸盐减水剂的凝结时间影响不大，对聚羧酸减水剂的凝结时间缩短 30min 左右。

有研究表明，水泥中的硫酸根含量对于萘系减水剂和脂肪族减水剂存在最佳掺量，水泥净浆流动度及经时损失取决于最佳硫酸根含量，搅拌站废水中含有的硫酸根离子对萘系和脂肪族的影响较小。搅拌站废水中的硫酸根离子影响聚羧酸减水剂在水泥上的吸附量，再加上搅拌站废水中的砂石骨料剩余的泥粉吸附一定量的聚羧酸，降低聚羧酸的浓度，使净浆流动性变差。

搅拌站废水可以使减水剂减水率降低，使用搅拌站废水拌制混凝土时，应尽量避免使用聚羧酸减水剂，使用传统高效减水剂可以通过提高减水剂掺量来获得满意的混凝土工作性。

5.2.4 废水对混凝土性能影响的研究

1. 废水对混凝土的工作性、抗压强度的影响

搅拌站废水含有水泥水化产物 $Ca(OH)_2$、矿物掺合料和残留的外加剂，pH 值较高。国内外已经有许多专家学者对搅拌站废水对混凝土性能的影响做大量的研究，并得出很多有价值的结论，搅拌站废水的掺入对混凝土性能并没有明显不良影响。结合自身搅拌站废水的具体特点，用搅拌站废水与饮用水混合使用配制 C20、C30、C40 三种强度等级的混凝土，搅拌站废水分别掺入 0%、20%、40%、60%、80%、100%进行试验，其配合比见表 5-9～表 5-11。

表 5-9　C20 混凝土配合比

废水掺量（%）	混凝土各原材料用量/（kg/m³）						
	自来水	废水	水泥	粉煤灰	砂	石	外加剂
0	180	0	210	90	825	1050	5.4
20	144	36	210	90	825	1050	5.4
40	108	72	210	90	825	1050	5.4
60	72	108	210	90	825	1050	5.4
80	36	144	210	90	825	1050	5.4
100	0	180	210	90	825	1050	5.4

表 5-10　C30 混凝土配合比

废水掺量（%）	混凝土各原材料用量/（kg/m³）						
	自来水	废水	水泥	粉煤灰	砂	石	外加剂
0	175	0	280	80	772	1066	7.2
20	140	35	280	80	772	1066	7.2
40	105	70	280	80	772	1066	7.2
60	70	105	280	80	772	1066	7.2
80	35	140	280	80	772	1066	7.2
100	0	175	280	80	772	1066	7.2

表 5-11　C40 混凝土配合比

废水掺量（%）	混凝土各原材料用量/（kg/m³）						
	自来水	废水	水泥	粉煤灰	砂	石	外加剂
0	165	0	340	72	725	1090	9.5
20	132	33	340	72	725	1090	9.5
40	101	66	340	72	725	1090	9.5
60	66	101	340	72	725	1090	9.5
80	33	132	340	72	725	1090	9.5
100	0	167	340	72	725	1090	9.5

依据《普通混凝土拌合物性能试验方法标准》(GB/T 50080—2016)，测定 C20、C30、C40 混凝土坍落度和扩展度，比较不同掺量的搅拌站废水对混凝土拌和物的影响。

C20 混凝土的初始坍落度、扩展度和 1h 后坍落度、扩展度及抗压强度见表 5－12；C30 混凝土的初始坍落度、扩展度和 1h 后坍落度、扩展度及抗压强度见表 5－13；C40 混凝土的初始坍落度、扩展度和 1h 后坍落度、扩展度及抗压强度见表 5－14。

表 5－12　C20 混凝土抗压强度

废水掺量（%）	初始/mm		1h/mm		抗压强度/MPa	
	坍落度	扩展度	坍落度	扩展度	7d	28d
0	185	495×500	175	480×490	16.7	25.8
20	185	480×480	180	470×470	16.9	26.2
40	180	465×470	170	430×430	16.4	25.3
60	175	465×480	170	445×450	16.0	24.8
80	160	410×395	120	300×305	16.5	24.9
100	150	330×340	105	无流动性	15.8	24.1

从表 5－12 可以知，搅拌站废水掺量不超过 60%时，混凝土的初始坍落度在 180mm 左右变化，对混凝土的工作性影响不大。超过 60%以后，随着搅拌站废水掺量的增加，坍落度逐渐减低，混凝土流动性降低更快，坍落度 1h 经时损失更大。

从 C20 混凝土的力学性能看，随着搅拌站废水掺量的增加，混凝土强度值变化不大。但是，强度等级 C20 的混凝土，废水掺量不宜超过 60%，即混凝土拌和用水的固体废物含量不超过 3%，混凝土强度等级低于 C20 的混凝土可以适当增加搅拌站废水的掺量。

表 5－13　C30 混凝土抗压强度

废水掺量（%）	初始/mm		1h/mm		抗压强度/MPa	
	坍落度	扩展度	坍落度	扩展度	7d	28d
0	200	520×525	200	500×500	29.4	38.1
20	205	500×500	185	460×460	29.1	38.5
40	195	485×480	175	430×435	27.8	37.1
60	185	445×445	165	395×400	27.6	37.6
80	175	380×365	140	330×230	27.1	36.7
100	160	350×350	125	无流动性	28.8	36.3

从表 5－13 可以知，搅拌站废水掺量不超过 40%，混凝土的坍落度在 200mm 左右，混凝土的坍落度、扩展度及 1h 的坍落度和扩展度经时损失均能满足《预拌混凝土》(GB/T 14902—2012)要求。搅拌站废水的掺量对混凝土的抗压强度影响不大，均满足 C30 强度等级的要求。

当搅拌站废水掺量超过 40%以后，坍落度与扩展度损失较快，不能满足混凝土工作性的要求。因此，C30 混凝土的搅拌站废水最大掺量为 40%，即混凝土拌和用水的固体废物含量不超过 2%，强度等级降低可以适当增加搅拌站废水的掺量。

表 5-14 **C40 混凝土抗压强度**

废水掺量（%）	初始/mm		1h/mm		抗压强度/MPa	
	坍落度	扩展度	坍落度	扩展度	7d	28d
0	220	520×525	200	500×500	41.4	50.1
20	215	500×500	190	480×470	39.1	50.5
40	200	465×470	180	430×430	37.7	50.1
60	185	415×410	155	345×350	37.4	48.6
80	170	380×365	120	300×290	37.1	46.8
100	160	330×340	105	无流动性	38.8	47.2

从表 5-14 可以知，搅拌站废水在各掺量下，抗压强度均能满足 C40 混凝土的强度要求，说明搅拌站废水配制的混凝土在力学性能上差别不大。对于 C40 的混凝土，搅拌站废水掺量不超过 20%时，对混凝土的工作性影响不大。搅拌站废水的掺量在 20%时，初始坍落度为 215mm，扩展度为 500×500mm，经时损失小于 30mm/h，工作性能较好。随着搅拌站废水掺量的增加，混凝土工作性逐渐下降，掺量越多，减低的幅度越大。因此，对于 C40 混凝土的搅拌站废水掺量不宜超过 20%，即混凝土拌和用水的固体废物含量不超过 1%，强度等级降低时，搅拌站废水的掺量可以适当增加。

2. 废水对混凝土抗裂性的影响

混凝土塑性开裂是指混凝土处于塑性阶段时产生的塑性变形产生裂缝，这种裂缝伴随混凝土凝结的整个过程。混凝土的水胶比及原材料等参数对混凝土的塑性开裂有重要的影响，这些参数主要影响新拌混凝土的塑性状态和水泥水化进程。搅拌站废水的 pH 值较高，且含有一定的固体颗粒，必然造成混凝土的收缩变大，造成混凝土塑性开裂。只有了解搅拌站废水使用过程中塑性开裂的特点，才能采取有效的措施控制裂缝。

本试验参考《普通混凝土长期性能和耐久性能试验方法标准》（GB/T 50082—2009）的试验方法，采用混凝土平板法抗裂试验，选用 C20、C30、C40 三个强度等级，分别对搅拌站废水不同掺量的混凝土拌和物塑性裂缝出现的时间、发展速度和 5h 裂缝宽度测量，混凝土配合比和试验结果见表 5-15。

表 5-15 **不同废水掺量对混凝土裂缝的影响**

废水掺量（%）	C20		C30		C40	
	裂缝出现时间/min	5h 裂缝宽度/mm	裂缝出现时间/min	5h 裂缝宽度/mm	裂缝出现时间/min	5h 裂缝宽度/mm
0	170	0.20	155	0.30	145	0.75
20	155	0.25	140	0.45	120	0.90
40	145	0.60	120	0.60	105	1.10
60	130	0.85	105	1.15	95	1.40
80	120	1.00	95	1.45	85	1.50
100	115	1.10	75	1.55	55	1.40

从表 5-15 可以知，各强度等级的混凝土均有裂缝产生，随着搅拌站废水掺量的增加，

塑性裂缝出现的时间越来越短，5h 裂缝的宽度越来越大。混凝土强度等级越高，塑性裂缝出现的时间越来越短，5h 裂缝的宽度随着强度等级的增高而变宽。混凝土强度越高随着搅拌站废水掺量的增加，5h 裂缝宽度的增幅越来越大。

搅拌站废水的加入在一定程度上加剧了混凝土的塑性开裂，在混凝土的施工过程中，我们要更加重视混凝土的保水养护，及时进行二次抹面。在高温、大风等水分蒸发量较大的天气下施工时，在混凝土二次抹面之前，必要时要进行喷雾增湿，增加空气湿度。

5.2.5　废水利用的生产应用技术

1. *施工操作要点*

（1）砂、石回收。砂石的回收使用的砂石分离机。砂石分离机主要由内壁附有螺旋叶片的筛网滚筒和螺旋铰龙构成，通过倾斜筛网滚筒和铰龙的分离输送将残余料中的砂石分别分离出来，送回各自的料场用于混凝土的生产，分离后的废水进入回收池。

（2）废水回收。回收池的废水通过池中搅拌器的间歇性周期运动，保持废水的均匀并不使池中废水产生沉淀。废水通过搅拌站主机控制系统被合理地用于混凝土的生产。

通过搅拌站内混凝土拌和物分离系统将整个搅拌站生产的固体废弃物进行分离后，废水通过排水沟聚集于一个沉淀池进行稀释沉淀、澄清后，重新利用；而又可抽取澄清池内的水以供冲洗搅拌站车和泵车的外表或冲洗搅拌站地面等各种用途，所产生的废水通过排水沟回到沉淀池，得到重新利用，真正实现搅拌站废水的零排放。具体废水利用工艺流程如图 5-2 所示。

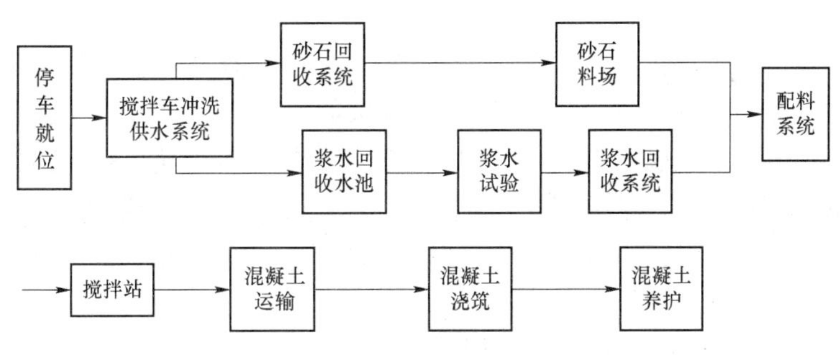

图 5-2　混凝土废水回收再利用工艺流程图

2. *劳动力组织*

废水利用自动化程度高，需要劳动力较少，不需额外增加劳动力，均可由搅拌站操作人员兼任，能极大地提高生产效率，劳动力组织见表 5-16。

表 5-16　　劳动力组织一览表

序号	工种	所需人数	工作内容	备注
1	电工	1	维护保养	由搅拌站电工兼任
2	回收站操作人员	4	废水回收利用	由搅拌站操作人员兼任
3	回收站装载机驾驶员	2	砂石回收利用	由搅拌站装载机驾驶员兼任

3. 材料与设备

现场施工材料设备根据施工进度随时调整，详见表5-17。

表5-17 材料设备一览表

序号	名称	规格	单位	数量
1	螺旋分离机	—	台	1
2	可编程控制器	西门子S7-200	台	1
3	混合砾石箱	—	个	1
4	污水回流管路	ϕ75	m	按场地配置
5	回收水池	4×4×3	m^3	1
6	搅拌器	功率5.5kW，叶片直径1200mm	台	1
7	至水秤管路	ϕ75	m	按场地配置
8	至清洗架冲洗管路	ϕ75	m	按场地配置
9	振动筛	—	台	
10	水箱补水管路	ϕ75	m	按场地配置
11	水位控制开关	—	个	2
12	污水泵	流量25m^3/h，功率2.2kW	台	2
13	污水泵	流量36m^3/h，功率5.5kW	台	1

4. 质量控制

（1）质量控制标准。依据《建设用砂》（GB/T 14684—2011）、《建设用卵石、碎石》（GB/T 14685—2011）和《混凝土用水标准》（JGJ 63—2006）对废水及回收砂石进行检测。

（2）质量控制措施。在废水的使用过程中，应注意以下几点质量控制措施。

1）废水回收管线应与原搅拌站用水管线并行，使之与搅拌站协调一致。在所有的废水水平水管上均设有1%～2%的坡度，且在靠近废水池的一端低，以便于废水不用时管内的废水顺利排出，以防长时间不用废水时废水沉淀堵塞管道。

2）在污水泵进水口和进水管道末端均设置过滤网，以防污水中粒径过大的杂物进入混凝土中，并应对滤网定期清理，以防污物堵塞管道。

3）废水浓度控制，浓度过高生产的混凝土坍落度较小，和易性差，不便于施工，应保证废水浓度在经试验证明的允许范围之内，废水浓度在2%～4%时可顺利生产；废水浓度超过4%时可调整施工配合比中废水和饮用水的比例来实现。

4）每盘混凝土的坍落度严格控制，使其误差控制在±30mm以内。

5）严格控制混凝土的搅拌时间，搅拌时间不低于规范规定，并保证搅拌好的混凝土均匀、和易性良好。混凝土配料采用质量比，并严格计量，其允许偏差不得超过下列规定：水泥、掺合料±1%，砂石±2%，水、外加剂±1%。

5. 安全措施

在生产中应加强如下安全措施。

（1）经搅拌后仍会有部分浆料沉淀，随时间增长会严重影响设备寿命，应定期安排人员清理水池底部沉淀浆料。

（2）搅拌池中的水位低于搅拌器叶片时，严禁启动搅拌器，否则将造成搅拌器轴弯曲、搅拌器减速机损坏，同时应及时向搅拌池中补水。

（3）在回收水池周围的池壁上安装护栏，防止人员和异物进入回收池中。

（4）严禁人员在水管上面行走，防止管道损坏。

（5）定期进行用电线路和废水管线进行检修，预防雨天生产出现漏电现象。

6. 环保措施

（1）沉淀池壁必须进行抗渗处理，废水属碱性，如不进行抗渗处理碱水外渗会污染周围环境。

（2）搅拌车停靠进行清洗时放料口必须对准回收料斗，不得随便排放。

（3）回收的砂石及时运至料场，有序堆放。

（4）分离设备的外面要封闭，降低分离时的噪声。

混凝土配合比设计

6.1 混凝土配合比设计原则与参数

混凝土配合比设计是将水泥、矿物掺合料、骨料、水和外加剂按照一定的比例配制出强度、耐久性、工作性满足工程需要的混凝土拌和物。在混凝土配合比设计过程中，首先满足工程施工要求、强度和工程环境所需的耐久性，其次考虑混凝土的经济性。通过合理选择原材料生产出满足工程要求、经济合理、耐久性良好的混凝土。混凝土配合比设计就是根据原材料的技术性能及施工条件，合理选择原材料，并确定出能满足工程所需求的技术经济性能指标的各项组成材料的用量，使混凝土的工作性、强度、耐久性和经济性等方面达到最佳。

6.1.1 工作性

1. 混凝土工作性的内涵

混凝土工作性是指新拌混凝土易于搅拌、输送、浇筑、捣实等各工序操作，并能获得质量均匀、成形密实的性能。其含义包括流动性、黏聚性和保水性，也称混凝土和易性。

（1）流动性。流动性是指新拌混凝土在自重或机械振捣的作用下，能产生流动，并均匀密实地填满模板的性能。流动性反映混凝土拌和物的稀稠程度。若混凝土拌和物稠度太大，则流动性差，难以振捣密实；若拌和物过稀，则流动性好，但容易出现分层离析现象。

影响混凝土拌和物流动性的最主要的因素是胶凝材料与水组成的浆体数量和浆体自身的流动性。一方面，浆体的浓度（即水胶比）对浆体自身的流动度具有重要的影响。一般情况下，浆体的水胶比越低，浆体的稠度越大，流变性能越差，反之亦然。另一方面，胶凝材料与外加剂的相容性对浆体的流动性也具有重要的影响，在水胶比和外加剂用量相同的情况下，较低的外加剂掺量就可以获得满意的浆体流动性。当外加剂与胶凝材料相容性较差时，需要提高外加剂用量才能获得较满意的浆体流动度。此外，骨料的级配、粒形也会影响混凝土拌和物流动性，例如细骨料粒径大于 1.18mm 的颗粒含量过少易造成混凝土流动性变差。

（2）黏聚性。黏聚性是指新拌混凝土的组成材料之间有一定的黏聚力，在运输、浇筑、振捣、养护的过程中，不致发生分层和离析现象的性能。黏聚性的好坏是混凝土拌和物均匀性的反映，若拌和物黏聚性不好，则容易发生浆体与骨料分离，造成拌和物不均匀，振捣后容易出现麻面、蜂窝，甚至影响混凝土强度。

混凝土拌和物黏聚性的影响因素主要来自拌和物内摩擦阻力，一部分来自胶凝材料颗粒间的内聚力（包括水泥浆颗粒间和矿物掺合料浆颗粒间）与浆体的黏性，另一部分则来自骨料颗粒间的摩擦力。前者主要取决于水胶比的大小，后者取决于骨料颗粒间的摩擦系数。

（3）保水性。保水性是指新拌混凝土具有一定的保水能力，施工过程中不致产生泌水现象的性能。保水性反映混凝土拌和物的稳定性，保水性差的混凝土内部易形成透水通道，影响混凝土的密实性，并降低混凝土的强度和耐久性。混凝土底部没有过多的或少量的稀浆流出，说明混凝土的保水性好。混凝土在拌和的过程中大量的稀浆流出，说明混凝土保水性非常不好。

混凝土拌和物的保水性一方面受胶凝材料颗粒对水的附着力和浆体影响黏性（水胶比）的影响，另一方面受骨料的细小颗粒（小于300μm）、骨料的级配以及外加剂性能的影响。

2. 混凝土工作性各要素之间的关系

混凝土拌和物的工作性是流动性、黏聚性和保水性三方面的综合表现，混凝土拌和物的流动性、黏聚性和保水性之间既互相联系又互相矛盾。混凝土拌和物流动性的增加必然引起黏聚性和保水性的降低；拌和物黏聚性增加有助于提高混凝土拌和物的保水性，但会降低其流动性；拌和物保水性降低，流动性提高，但黏聚性变差。混凝土配合比设计（或调整）的目的就是找出这三方面性能的一个平衡点，使混凝土拌和物既满足流动性要求，同时又具有较好的黏聚性和保水性。

（1）流动性与黏聚性。混凝土流动性和黏聚性是一对矛盾，流动性大的拌和物要求颗粒间的内摩擦较小易于密实，而颗粒间的内摩擦小也即黏聚性较小，易于泌水和离析。反之，黏聚性增加也会降低混凝土拌和物的流动性。提高混凝土拌和物流动性通常有两种方式，一种是保持混凝土水胶比不变的前提下增加拌和物浆体用量，浆体包裹在骨料表面起润滑作用，减少骨料之间的摩擦力，提高混凝土的流动性；另一种方法是适当提高减水剂和引气剂，增加减水剂的用量可以在混凝土拌和物中释放出部分自由水，提高拌和物的流动性，引气剂可以在混凝土拌和物内形成大量起润滑作用的微气泡，增加混凝土的流动性，但这种方法会使黏聚性会有所下降。

（2）流动性和保水性。混凝土拌和物的流动性和保水性也是一对矛盾。一般来说，混凝土流动性越大，保水性就会相对变差，反之亦然。但两者的关系并不是不可以协调解决，一方面可以通过选择与混凝土原材料适应性较好的外加剂，使用合适的掺量，既可以获得满意的拌和物流动性，也可以使拌和物保水性不降低，不出现泌水现象。另一方面，在配制混凝土时，将不同粒径的骨料搭配使用，降低空隙率，选择合理的砂率也能起到提高混凝土流动性、改善拌和物保水性。

（3）黏聚性和保水性。混凝土拌和物的黏聚性和保水性是相辅相成的，黏聚性较好的混凝土拌和物其保水性也较好。

3. 配合比参数对工作性的影响

（1）浆体量。混凝土骨料间的摩擦力对拌和物的工作性具有重要影响，其大小受包裹在骨料颗粒表面浆体厚度的影响，即混凝土拌和物中的浆体量的影响。在浆体稠度不变（即水胶比不变）的情况下，拌和物中浆体越多，包裹在骨料颗粒表面浆体层越厚，对骨料颗粒的润滑作用越好，骨料间摩擦力越小。若浆体量过少，不能有效填充骨料间的空隙或对骨料表面包裹厚度不足，会容易使混凝土拌和物黏聚性变差，产生崩塌现象。但若浆体量过多，骨料用量降低，混凝土拌和物容易出现流浆及泌水现象。因此，混凝土拌和物水中浆体用量不能过多也不能太少。

（2）水胶比。混凝土拌和物所产生的内在阻力来自浆体与骨料间的摩擦力和浆体的黏聚力对混凝土拌和物产生的黏滞力，浆体的黏聚力主要受水胶比大小的影响。混凝土水胶比减小，浆体稠度变稠，浆体的黏聚力增大，混凝土拌和物的黏聚性和保水性会变好，而混凝土拌和物发涩导致流动性变差。若水胶比增大，浆体稠度降低，过稀的浆体容易导致混凝土拌和物流动性变大，严重时会造成拌和物分层离析和泌水现象。减水剂是调整浆体稠度的一个有效手段，在水胶比不变的条件下，随着减水剂掺量的增加，浆体稠度降低，流动性增加。使用外加剂调整混凝土拌和物工作性时，应注意掺量对流动性、黏聚性和保水性的影响，防止使用不当造成分层离析、泌水。

（3）砂率。砂率是指混凝土中粗细骨料的组合比例，砂率的变动，会引起骨料总的比表面积和空隙量发生变化，因而对混凝土拌和物的工作性会产生影响。混凝土浆体一定的条件下，存在一个合适砂率值，不但可以使骨料的混合空隙率最小，还能使骨料表面包裹一定厚度的砂浆层使骨料颗粒间的摩擦力较低，使混凝土拌和物流动性最大，且具有良好黏聚性及保水性，这个砂率值是该混凝土拌和物的最佳砂率（合理砂率）。砂率值超过最佳砂率值时，骨料的总比表面积和总空隙量都变大，在浆体一定的情况下，包裹在骨料颗粒表面的浆体厚度变薄，骨料间摩擦力变大，混凝土拌和物显得干涩，工作性差。若砂率过小，混凝土拌和物中粗骨料颗粒较多，拌和物中砂浆不足以填充粗骨料间的空隙，也没有足够的砂浆包裹在骨料表面。此时，混凝土拌和物的流动性变差，黏聚性和保水性降低，拌和物易产生骨料离析、水泥浆流失，甚至出现崩散现象。

4. 混凝土原材料对工作性的影响

（1）胶凝材料。胶凝材料是混凝土拌和物的重要组成材料，胶凝材料的品种、质量对混凝土拌和物的工作性有非常重要的影响。胶凝材料对混凝土工作性的影响首先表现在胶凝材料的用水量上，对于需水量较大的胶凝材料，混凝土拌和物要达到相同的坍落度需要较多的用水量或外加剂用量。例如，水泥的标准稠度用水量增加 1%，混凝土用水量增加 3～5kg/m^3；优质粉煤灰具有减水作用，改善混凝土工作性，但烧失量较大的劣质粉煤灰具有较强的吸水性，增加混凝土拌和物的用水量或外加剂用量；矿渣粉吸水能力弱，合理的掺量可以提高混凝土拌和物的流动性，但黏聚性差和保水性变差，拌和物易泌水离析。

（2）骨料。骨料的品种、级配、颗粒粗细及表面形状等因素，对混凝土拌和物的工作性具有重要的影响。

在混凝土骨料用量一定的情况下，采用卵石和河沙拌制的混凝土拌和物，其流动性、工作性比碎石和山砂、机制砂拌制的要好；用级配较好的骨料拌制的混凝土拌和物其流动性、工作性比级配较差的骨料拌制的混凝土拌和物要好；用细砂拌制的混凝土拌和物的黏聚性和保水性较好，但流动性、工作性较差。

1）骨料的粒形。球形或近似球形的骨料，既有利于降低骨料间的摩擦力，也有利于降低骨料空隙率，使浆体充分包裹在骨料表面起润滑作用，提高混凝土流动性。针片状含量较大的骨料，骨料间摩擦力较大，不规则的粒形造成骨料空隙率增加，再加上不规则的骨料比表面积较大，造成包裹在骨料表面的浆体数量偏少，混凝土拌和物的流动性、黏聚性和保水性均变差。因此，中低强度等级的一般混凝土，针片状含量应控制在10%以内，配制高强混凝土的骨料针片状颗粒含量应控制在5%以内。

2）骨料的级配。级配良好的骨料可以降低空隙率，浆体不变的情况下，混凝土拌和物流动性达到最大。级配较差的骨料具有较大的空隙率，用于填充骨料间空隙的浆体增多，包裹在骨料颗粒表面起润滑作用的浆体减少。在浆体一定的条件下，包裹在骨料颗粒表面的浆体变薄，骨料颗粒间摩擦力增大，混凝土拌和物流动性变差，黏聚性下降。

3）骨料的空隙率。按照致密填充理论，骨料在混凝土拌和物中起骨架作用，骨料间的空隙需要浆体来填充。骨料空隙率的波动直接影响填充空隙所需的浆体，骨料的级配进而粒形的超范围波动使其空隙率发生很大波动，造成填充浆体的波动而引起混凝土拌和物的工作性变化。骨料空隙增大时，混凝土拌和物的流动性和黏聚性变差。因此，生产实践中应尽量使用空隙率较低的骨料，或采用不同骨料的复配技术降低其混合空隙率，改善混凝土工作性。

4）细度模数。细度模数的大小对混凝土拌和物的工作性具有重要影响。细度模数较大时，粗颗粒含量多，对粗骨料产生“干涉”影响，造成空隙率变大。使用细度模数较大的细骨料拌制的混凝土拌和物流动度变差，且容易出现拌和物干涩，保水性较差易泌水、离析。在使用细度模数较大的细骨料配制混凝土时，应适当提高砂率，必要时应增加胶凝材料用量来改善混凝土工作性。细度模数过小时，骨料比表面积增大，需水量增加，配制的混凝土拌和物保水性较好，发黏，流动性差。使用细度模数偏小的细骨料配制混凝土时，应适当提高外加剂掺量以控制用水量，适当降低砂率，必要时需要提高浆体用量来改变混凝土拌和物工作性。配制混凝土时，砂细度模数选用2.4～2.8的中砂，当细度模数不满足要求时，可以采用两种砂复配解决。

5）含泥量。骨料的含泥量对混凝土拌和物的影响主要表现在两个方面：一方面，骨料中的泥具有较强吸水性，拌和物中的“游离”自由水量降低使流动性变差；另一方面，骨料中的泥会吸附一定量的外加剂，造成外加剂有效量降低，减水率下降，混凝土拌和物的流动性下降，浆体黏聚性增加。

6）骨料吸水率。骨料的吸水率是一项重要的物理指标，对混凝土用水量具有重要的影响。骨料吸水率的大小直接影响混凝土拌和物中“游离”自由水的数量，吸水率较大的骨料可以将混凝土拌和物的自由水吸入其内部造成拌和物中“游离”自由水减小，流动性变小，坍落度经时损失增大。一般来说，天然骨料的表面较为圆滑，人工骨料的表面多呈棱角状态，较天然砂的吸水率大。骨料表面毛细孔率大的石料较毛细孔率小的石料吸水率大，例如花岗岩的吸水率较青石的吸水率大。表面较粗糙的骨料在混凝土拌和物中流动性差，要达到相同的流动度，需水量较大。因此，骨料的吸水率宜控制在1%以下，不应超过2%。

（3）外加剂。水是混凝土中唯一的液态组分，对拌和物的工作性起着决定性的影响。混凝土拌和物中游离水的数量对拌和物的工作性具有直接影响，游离水数量越多，拌和物流动性越大，但黏聚性和保水性也随之降低。减水剂可以减少水在胶凝材料吸附，提高浆体的分散能力，释放出较多的自由水，提高混凝土流动性。引气剂能引入大量分布均匀的微小封闭具有“滚珠”效应的球状气泡，减少了颗粒间的摩擦阻力，使混凝土拌和物流动性大大增加。此外，由于水分均匀地分布于气泡表面，使自由移动的水量减少，从而提高了混凝土拌和物的保水性、黏聚性，减少了泌水、离析现象，改善了工作性。在混凝土中添加适量的缓凝剂，可以延缓水泥的水化，提高拌和物工作性的保持能力。混凝土拌和物中加入适量的增稠剂，可以提高混凝土的黏聚性和保水性，但随着掺量的增加，拌和物的流动性降低。

5. 存放时间和环境温度

搅拌后的混凝土拌和物，随着时间的延长而逐渐变得干稠，坍落度减小，工作性变差。混凝土拌和物中一部分水已与水泥水化，一部分水被骨料吸收，一部分水蒸发，以及混凝土凝聚结构的逐渐形成，致使混凝土拌和物的流动性变差。存放时间对混凝土工作性的影响主要表现在混凝土的运输时间、浇筑时间、振捣时间上，运输、浇筑时间较长的工地可以适当提高外加剂用量，提高混凝土初始坍落度。

混凝土拌和物的工作性也受温度的影响，环境温度升高，水分蒸发及水化反应加快，相应使流动性降低，坍落度损失加快，影响混凝土的浇筑质量。因此，施工中为保证混凝土的工作性，必须注意环境温度的变化，采用相应的搅拌和养护措施。混凝土拌和物从搅拌机中卸出到浇筑完毕延续时间与温度的控制要符合试验要求：浇筑混凝土时的温度低于25℃时，混凝土的浇筑时间易控制在2h以内，如果高于25℃时，易控制在90min，以免影响混凝土拌和物的工作性，而影响到混凝土的浇筑质量。

另外，搅拌时间也会对混凝土拌和物的工作性有影响，搅拌时间不足，搅拌不均匀，拌和物的工作性就差，同时也会影响混凝土的质量。

6. 混凝土可泵性评价方法

混凝土拌和物在泵送过程中，泵送压力分布在整个截面上，但混凝土拌和物流动的阻力却主要发生在与泵管接触壁处，在整个截面上阻力不是均匀分布的，在泵管接缝处和弯管处，会增加阻力分布的不平衡性。混凝土本身就是一个非均匀的混合体，由多种材料混合而成混凝土拌和物，其中各组分的流变性能又相差甚大，如粗骨料颗粒具有巨大的内摩擦力，它必须分布在砂浆的介质中才能流动。此外，水是混凝土拌和物中唯一的液体组分，流动性最好，在泵送压力作用下容易穿过固体颗粒间的空隙，流向阻力较小的区域，这是一种特殊形式的泌水观象，称为“压力泌水”。

混凝土可泵性是指在压力作用下，混凝土拌和物可以顺利通过泵管接头或弯管的能力。混凝土拌和物在泵送压力作用下，会在靠近泵管壁处出现一层含水量较大的薄浆层起润滑作用，大大降低了混凝土拌和物在泵管中流动的阻力，以保证泵送顺利进行。可泵性能可以反映混凝土拌和物的三个功能：① 混凝土拌和物充满泵管，且与泵管壁之间的摩擦力不宜过大，在泵管内易于流动；② 混凝土拌和物在泵送过程中不发生离析、泌水，具有良好的黏聚性；③ 混凝土泵送前后，拌和物的工作性不发生显著的改变。由此可见，混凝土拌和物的可泵性是一个综合性指标，很难用某一检测方法进行评定。

混凝土拌和物要具有良好的可泵性必须是：① 混凝土拌和物中具有足够的浆体量，既可填充骨料间的空隙，又能使富余浆体在泵管壁和混凝土之间形成薄浆层；② 泵送过程中，浆体层内含有较多的水在泵管壁处形成一层水膜，起到润滑作用。

要配制出具有饱和状态的混凝土比较简单，只要在试配时注意控制水胶比、砂率及水泥（包括其他粉料）含量即可。但要使混凝土在整个泵送过程中能保持住饱和状态却是一个问题。例如水胶比过大或坍落度过大，虽然在初始时混凝土具有很好的流动性并处于很好的饱和状态，但在泵送过程中有时会发生组分比例变化，混凝土由饱和状态变成非饱和状态并很快导致堵塞。

（1）坍落度试验。坍落度试验是一种常用的测混凝土拌和物工作性的试验方法，其操作简单，省时省力。一般来说，坍落度试验在一定程度上可以比较准确地反映混凝土拌和物的可泵性。混凝土可泵性的好坏与坍落度的大小有比较密切的关系，坍落度过小，拌和物干涩、黏稠，使得与泵管摩擦阻力增加，泵送困难；坍落度过大，虽然拌和物的流动性增强，泵压降低，但拌和物易出现泌水、离析造成堵管，影响混凝土拌和物的可泵性。

需要指出的是，用坍落度试验评定混凝土拌和物的可泵性也具有一定的局限性。首先，坍落度试验受到气温、人为因素等影响以及泵送过程中坍落度损失和坍落度变大情况的发生。其次，坍落度试验往往采用目测来观测拌和物的黏聚性，混凝土可泵性的阻力来自混凝土与泵管壁之间的黏附作用，这与拌和物自身内聚力产生的黏聚性有一定差别，坍落度试验并不能真实地反应泵送混凝土在泵压下的状态。再次，泵送混凝土拌和物流动性较大，坍落度常大于 200mm，对于普通混凝土的坍落度试验 2s 左右即可达到坍落度值稳定，而低水胶比的高强混凝土拌和物黏聚性好，流动速度较慢，往往要在 5s 以上拌和物才停止流动。测试出来的坍落度值即使相同，但混凝土拌和物在其他方面的性能也是存在差异的，坍落度值是不能够全面表征泵送混凝土可泵性的。因此，在坍落度试验过程中除测试坍落度，也要考虑扩展度。坍落度和坍落扩展度的关系可以一定程度上反映拌和物的工作性能。测定坍落度后，测定拌和物停止流动时扩展的直径，用坍落度结合坍落流动度（用拌和物坍落稳定时所铺展的直径表示，也称扩展度），参考图 6－1 进行评价。

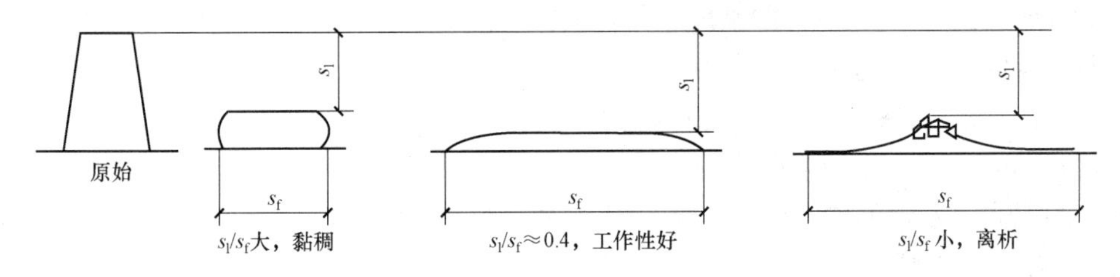

图 6－1　混凝土拌和物工作性的简易评价

s_l—坍落度；s_f—扩展度

坍落度与扩展度的比值也称为坍扩比，从图 6－1 中可以看出坍扩比在 0.4 左右，混凝土的工作性较好；大于 0.4 时，混凝土工作性黏稠；小于 0.4 时，混凝土工作性差，易出现泌水、离析。坍扩比与 0.4 的差值越大，工作性越差，坍扩比可以作为工作性评价的简易方法。

内外混凝土密度差和内外混凝土粗骨料质量差也能反映混凝土的工作性，具体操作方法如下。首先测混凝土坍落度，等到混凝土不再流动，以扩展度的 1/2 作为直径画圆，并以此圆作为取样区域的分界线，分别取中心部位的混凝土和周边部位的混凝土，取样后将内外混凝土分开并拌匀，按照《普通混凝土拌合物性能试验方法标准》（GB/T 50080—2016）测内外混凝土密度差。待内外混凝土密度测量完毕，将装置置于振动台上，将内外混凝土分别倒入，打开振动台，持续振动 5min，直至砂浆基本筛入下面的容器中为止。将留在 4.75mm 筛上的粗骨料进行清洗，称量其饱和面干质量，对比两种混凝土粗骨料质量，计算内外混凝土粗骨料质量差。内外混凝土密度差和内外混凝土粗骨料质量差越小，表明混凝土的匀质性越好。

（2）倒坍落筒试验。用倒坍落筒方法测量混凝土拌和物，在自重作用下克服剪切应力下落的流动速度，可以反映拌和物的黏聚性，作为控制可泵性的综合指标之一。该方法操作简单，便于计时，其试验过程是将坍落筒倒置，封盖底部，筒内装满混凝土并抹平，抬离地面约 500mm，然后撤去封底，记录下混凝土完全流出坍落筒的时间。通过流出时间来表征混凝土拌和物的流动速度，间接表征混凝土拌和物的黏聚性。流出时间长，流动速度慢，拌和物黏性大，流出时间短，流动速度快，则拌和物的黏性小。一般来说，倒坍时间为 5～15s 时，混凝土的可泵性能良好。

（3）压力泌水试验。混凝土压力泌水是混凝土可泵性“脱水性能”的一个重要指标，它反映了混凝土在泵送过程中遇到管道截面变化或有弯头等情况时，即混凝土形成的润滑层受到破坏时，混凝土拌和物保持稳定输送的能力。在输送过程中，一定量的水分或稀浆的泌出，可以起到润滑的作用，但是压力泌水总量不能太大，也不能太小。如果压力泌水量过多，发生的泌水离析会导致泵送阻力的增大，泵压会变得不稳定；但如果压力泌水量太小，拌和物过于黏稠，泵送阻力就会变大，也不适合泵送。

压力泌水率由 10s 的泌水量 V_{10} 和 140s 的泌水量 V_{140} 组成，V_{10}/V_{140} 表示压力泌水率。如果 V_{140} 太大，说明混凝土在压力作用下脱水严重，拌和物流动性差，易产生堵管。但是如果 V_{140} 过小，泌出的浆液不能在拌和物和管壁之间形成润滑层，将加大摩擦阻力，不利于泵送。实际上，对于泵送混凝土，压力泌水应有一个最佳范围，超出此范围，泵压将明显提高、波动甚至造成阻泵。试验表明，当 V_{140}＜80mL 时，泵压随着 V_{140} 减小而增大；当 80mL≤V_{140}＜110mL 时，泵压与 V_{140} 无关；高层泵送时，当 V_{140}＞110mL 时，泵压波动；当 V_{140}＞130mL 时，容易堵泵；V_{140} 取 40～110mL 最利于泵送。

在压力泌水试验中，一般采用 $V_{140}-V_{10}$ 来评价混凝土拌和物的稳定性。采用该指标是因为 $V_{140}-V_{10}$ 反映了在泵送时一定压力作用下的泌水速度；同时，还反映了拌和物在管道内遇到局部阻碍时，并且在短时间内能否保持饱和状态的能力。

如果单用 $V_{140}-V_{10}$ 作为混凝土稳定性指标还是不够的，因为这两项之差本身受到总泌水量（140s 的压力泌水量）的影响，为了避免这种影响，通常采用泌水率来评定。混凝土的泌水率按式（6－1）计算：

$$S_{10}=\left(\frac{V_{10}}{V_{140}}\right)\times100\% \qquad (6-1)$$

随着混凝土强度等级的增大，压力泌水总量在减少，这是由于混凝土的水胶比的降低，胶凝材料的用量变大，由于胶凝材料的比表面积大，吸附水增多，总泌水量下降。总体上来看，当 V_{140} 和 S_{10} 同时小时，混凝土可泵性良好的概率较大，在这种状态下，混凝土的保水性和黏聚性越好，并且 S_{10} 不超过 40%。

值得注意的是，压力泌水也有其局限性：一方面，该仪器操作不便捷，不适合在现场进行操作使用，只能在试验室进行，与混凝土经过运输到达现场后的压力泌水同试验室的测试结果有误差；另一方面，就是在衡量高强超高强泵送混凝土工作性时有一定的困难，对于胶凝材料用量大的高强超高强泵送混凝土来说，拌和物的黏性大，其压力泌水值小，而且差异很小。

6.1.2 强度

尽管强度不再是衡量混凝土质量好坏的唯一指标，但是强度仍然是混凝土结构的一个重要因素。因为强度是保证混凝土结构工作的重要保证，所以混凝土强度的保证是混凝土配合比设计的原则之一。影响混凝土强度的因素很多，主要有以下几种。

1. 水泥实际强度与水胶比

水泥实际强度越大，硬化水泥石强度就越大，骨料之间更易于胶结，由此形成高强度的混凝土。假设水泥实际强度一定，水胶比越小，混凝土强度越大，与骨料黏结力就越大，由此也能形成高强度的混凝土。

2. 骨料的选择

水泥石与骨料的黏结度取决于骨料的表面状况，水泥石与骨料黏结度差，必然降低混凝土强度。一般来讲，选用有粗糙表面的碎石能够增强水泥石与骨料之间的黏结性，提高混凝土强度；如选用有光滑表面的卵石，则会降低骨料和水泥石之间的黏结性，降低混凝土强度。鉴于此，在配合比一定的条件下，尽量选择碎石混凝土。在水灰比低于 0.4 的条件下，卵石混凝土与碎石混凝土在强度上往往呈现明显的差异。选择骨料不但要确定骨料的表面状况，而且还要注意骨料最大粒径。

3. 外加剂与掺合料

混凝土中掺入适量的外加剂既可以改善混凝土的工作性也能提高混凝土的密实性和强度。设计配合比时，一定要考虑外加剂的特性和减水率，选择适宜的外加剂掺量。外加剂掺量不宜过低，掺量过低混凝土流动性差，保坍性差，施工过程中易出现空洞、蜂窝和麻面；外加剂掺量也不宜过高，掺量过高会造成混凝土离析、泌水现象，分层严重造成混凝土稳定性差，甚至出现长时间缓凝现象。因此，配合比设计时，要根据混凝土的工作性，选择合适的外加剂掺量，获得工作性、匀质性良好的混凝土，提高混凝土的强度。

混凝土中使用适量的矿物掺合料可以提高后期强度，这是因为矿物掺合料的活性低于水泥，但它会造成混凝土早期强度偏低。为克服矿物掺合料对早期强度的影响，通常采用增加外加剂掺量、降低水胶比的办法来增加混凝土早期强度。虽然这种办法可以解决混凝土早期强度低的问题，但是水胶比过低使用水量变化敏感，会造成混凝土生产控制的困难，造成混凝土强度离散大。大量的矿物掺合料的使用对混凝土抗冻性和抗碳化性性能产生不利的影响，在混凝土配合比设计时应充分考虑这些因素对混凝土性能的影响。

6.1.3　耐久性

目前，提升混凝土耐久性主要从合理使用胶凝材料、增强界面的黏结性、合理选择水泥品种、降低毛细孔渗透性、掺用引气剂、防止钢筋锈蚀等方面考虑。

1. 合理使用胶凝材料

在胶凝材料体系中，降低水泥用量，增大矿物掺合料用量，可以提高混凝土结构的化学稳定性和抵抗化学侵蚀的能力，降低内部缺陷，提高密实性。要实现混凝土配制时减少拌和水与水泥浆量，技术途径主要有：① 选用良好级配和粒形的粗骨料；② 掺加减水剂；③ 掺加低需水量比的矿物掺合料。

2. 增强界面的黏结性

粗骨料颗粒和水泥浆体之间存在过渡区，浆骨界面是整个混凝土结构中的薄弱环节，强化骨料与水泥浆界面黏结是提高耐久性的重要措施。降低水泥用量、增加矿物掺合料的方式可以有效降低界面水胶比，提高密实性，减少氢氧化钙富集现象。

3. 合理选择水泥品种

高水化热和高碱含量水泥可能导致混凝土膨胀开裂，一般来说，C_3A 含量越高的水泥越容易开裂。因此，应避免使用 C_3A 和碱含量高的水泥。我国开发有中热、低热、高贝利特等特种水泥，具有低水化热、高抗裂、高耐久的特点。在三峡、向家坝、溪洛渡等重点水电工程建设中已得到规模应用。

4. 降低毛细孔渗透性

毛细孔的渗透性越强，对混凝土的耐久性危害越大。降低拌和水量，从而增加粉体材料的用量，添加优质矿物细粉掺合料等方式能够使孔隙变细且减少，能有效降低电通量和氯离子扩散系数。

5. 掺用引气剂

混凝土中的微小气泡可以缓解部分内部应力，抑制裂纹生成和扩展。掺用引气剂，引入微小封闭气泡，不仅可以有效提高混凝土抗渗性、抗冻性，而且可以明显提高混凝土抗化学侵蚀能力。对有抗冻性要求的混凝土而言尤为重要。引气剂还可以明显改善混凝土的工作性，提高混凝土的匀质性。

6. 防止钢筋锈蚀

碳化和氯盐侵蚀是混凝土中钢筋腐蚀的主要原因，对混凝土耐久性危害最大。既要严格控制混凝土骨料、拌和水中的氯离子含量，又要提高混凝土密实度，降低氯离子渗透量和混凝土碳化速度。这样不但能有效防止碳化引起的钢筋腐蚀，而且还能防止含氯盐混凝土碳化时氯离子向钢筋表面富集加速钢筋腐蚀。

6.1.4 经济性

预拌混凝土设计的经济性原则是在保证工作性、强度和耐久性的前提下，降低混凝土成本，实现良好的经济效益和社会效益。经济性原则是配合比设计时要考虑的重要原则，如何降低成本，实现混凝土的经济性能是配合比技术人员必须思考的问题。

1. 采用矿物掺合料双掺、多掺技术

利用矿物掺合料比水泥在价格上有优势，采用矿物掺合料双掺、多掺技术设计配合比是实现混凝土经济性的重要手段。矿物掺合料的使用是当代混凝土的重要标志之一。不同的矿物掺合料具有不同的性能和技术特征。预拌混凝土设计时采用矿物掺合料双掺、多掺技术，有利于不同掺合料的性能相互叠加，发挥出良好的综合效应。预拌混凝土配合比设计时，不能单纯为了降低成本而一味地增加矿物掺合料的掺量，应充分考虑各种掺合料独特的作用和特点，应根据工程、气候温度等因素合理选用矿物掺合料品种和掺量。例如，随着粉煤灰掺量的增加，混凝土的 28d 强度逐渐降低，60d 以后强度会赶上或超过不掺粉煤的水泥混凝土强度，在大体积混凝土配合比设计时可以适当加大粉煤灰掺量，充分利用后期强度，并可以有效降低水化热。在早期强度有较高要求的主体结构混凝土配合比设计时，应适当降低粉煤灰掺量，同时也可以采用与矿渣粉双掺技术，充分利用矿渣粉提高早期强度。

2. 调整骨料级配降低空隙率

混凝土是由浆体体积填充骨料形成的空隙形成的密实结构，骨料的空隙率是有细骨料的空隙率乘以粗骨料的空隙率得到的。浆体体积的用量是混凝土经济性的直接影响因素，浆体用量越高，混凝土的经济性越差。利用不同粒径（细度模数）的骨料复配技术等手段，确定合理的配合比，降低骨料的空隙率，实现降低浆体用量的目的。

3. 采用新技术、新材料

随着混凝土技术的进步和发展，新技术、新工艺和新材料不断涌现，运用新技术、采用新材料进行配合比设计，实现降低混凝土的成本，是实现经济性的一种重要手段。例如，选用增效剂（强效剂、减胶剂等）降低胶凝材料用量，提高混凝土的经济性。选用引气型高效减水剂适当提高混凝土含气量，改善混凝土工作性，降低浆体用量。

6.1.5　混凝土配合比参数

1. 水胶比

水胶比是指混凝土用水量与胶凝材料用量的比值，水胶比是混凝土配合比的重要参数，混凝土的工作性、强度、耐久性等都与水胶比有直接的关系。

（1）水胶比与强度的关系。在胶凝材料品种、质量和掺量确定不变的情况下，水胶比的大小直接决定混凝土强度。混凝土强度随着水胶比的减小而变大，强度随着水胶比的增大而降低。水胶比的变动与强度的变化不是显简单的线性关系，在不同的水胶比范围内水胶比变化 0.01 对强度产生的影响有很大区别，水胶比越小，同样的变化对强度影响越大。过去只使用水泥一种胶凝材料，水泥的品种和质量一旦确定，水灰比的大小直接影响混凝土强度。如今，胶凝材料不再是单一的水泥，还包括矿物掺合料，水胶比与强度的关系变得相对复杂，相同的水胶比，强度不一定相同，有时甚至有很大的差别。例如，水泥和粉煤灰品种和质量不变，相同的水胶比 0.5，粉煤灰掺量 30%与粉煤灰掺量 50%配制的混凝土 28d 强度显然具有很大的差别；再如，相同的水胶比 0.5，粉煤灰掺量 30%与矿粉掺量 30%配制的混凝土 28d 强度也是不同的；再如，相同的水胶比 0.5，掺量同为 30%的Ⅰ级粉煤灰与Ⅱ级粉煤灰配制的混凝土 28d 强度也不相同等。都说明现在混凝土水胶比与强度的影响不再是单一的影响，两者关系十分复杂，受矿物掺合料品种、质量、细度（比表面积）、活性、掺量等多种因素制约，甚至同种矿物掺合料，同样的质量等级都会有很大的差别，但原材料和掺量一旦确定后，仍然符合水胶比与强度反比关系，只是更加不是线性关系。

（2）水胶比对工作性的影响。水胶比的大小对混凝土浆体稠度有直接的影响，水胶比越大，浆体稠度越低，浆体的抑制骨料下沉的浮力越小，混凝土就越容易分层，反之浆体稠度越大，混凝土抗离析能力越强。水胶比较大的低强度等级混凝土，浆体浓度低，混凝土黏聚性差，保水性不足，混凝土容易泌水、离析，宜使用低外加剂掺量，并适当提高砂率，改善保水性。而在低水胶比的高强混凝土中，浆体的浓度大，混凝土黏聚性较好，保水性好，但黏度大，工作性差，在不增加用水量的情况下，应使用较高的外加剂掺量提高混凝土工作性。

（3）水胶比与矿物掺合料掺量。矿物掺合料的活性低于水泥的活性，在水胶比不变的情况下，随着矿物掺合料掺量的增加，混凝土早期强度降低。为了获得满意的早期强度，在增加矿物掺合料掺量的同时，适当降低水胶比，提高混凝土早期强度，使其满足施工的需要。矿物掺合料增加所需降低的水胶比的量与混凝土水胶比有很大的关系，例如，当混凝土水胶比为 0.6 左右时，粉煤灰掺量增加 10%，水胶比要降低 0.04 左右，才能保证混凝土 28 天强度不明显降低；在水胶比 0.4 左右时，粉煤灰掺量增加 10%，水胶比降低 0.01 可以保证混凝土 28 天强度不明显降低。此外，随着粉煤灰掺量的增加，水胶比降低的幅度逐渐增加。外加剂的使用可以实现低水胶比配制混凝土已经不是什么难事，但混凝土水胶比并不是越低越好，过低的水胶比使外加剂用量增加，用水量敏感性增加，给混凝土质量控制带来困难。因此，不应一味追求矿物掺合料大掺量，低水胶比，应根据工程实践需要选择合适矿物掺合料掺量和适宜的水胶比。

（4）怎么考虑骨料中的细颗粒对水胶比的影响。骨料不可避免地混入粒径小于 0.075mm 的细粉颗粒，这些颗粒有时虽然不具有活性，仅仅在混凝土中起填充作用，但是在水胶比计算时需要考虑这些颗粒的增加会不会影响实际水胶比的大小，应不应该计入胶凝材料，控制有效水胶比。骨料混入的细粉颗粒成分很复杂，一部分是石粉或砂粉，可以起到填充作用，但也有一部分细的泥粉颗粒。这些泥粉颗粒吸附水和外加剂，阻碍水泥与骨料的黏结，降低混凝土强度。实际配合比设计中是否把这些细粉颗粒作为胶凝材料的一部分，应视具体问题区别对待。

2. 水灰比

水灰比是指混凝土拌和物中用水量与水泥用量的质量比值，在组成材料确定的情况下，水灰比是决定混凝土强度、耐久性和其他一系列物理力学性能的主要参数。

（1）水灰比对混凝土强度的影响。水灰比的大小直接影响混凝土强度的大小，水灰比较大时，混凝土拌和物中水泥颗粒相对较少，颗粒间距离较大，水化生产的胶体不足以填充颗粒间的空隙，过多的水分蒸发后留下较多的水空，两者均使混凝土强度降低。相反，水灰比较小时，水泥颗粒间距离小，水泥水化生产的胶体容易填充颗粒间的空隙，蒸发后留下的水空也较低，混凝土强度高。但是，过低的水灰比，造成水的数量过少，水泥水化困难，部分水泥得不到充分水化，也不利于强度的提高。

（2）水灰比对混凝土和易性的影响。水灰比变小，浆体稠度增加，混凝土拌和物流动度降低，拌和物发涩，难以振捣密实。此时，需要较多的外加剂来提高和易性，改善混凝土的施工性能。水灰比变大，浆体稠度变稀，虽然流动性有所增加，但是黏聚性和保水性变差，骨料的下沉速度变快，混凝土拌和物容易产生分层、离析和泌水现象，严重影响混凝土的强度和耐久性。

（3）水灰比对混凝土耐久性的影响。混凝土耐久性是混凝土在使用环境下抵抗各种物理和化学作用破坏的能力，直接影响结构物的安全性和使用性能。耐久性指标包括抗渗性、抗冻性、化学侵蚀和碱集料反应等。水灰比对混凝土耐久性起着关键性的作用。

1）对抗渗的影响。抗渗性是指混凝土抵抗水在混凝土毛细孔向其内部渗透作用的能力，一般来说，混凝土水灰比越小，密实度越高，抗渗性越好。水灰比越大，混凝土内部相互联通的、无规则的毛细孔越多，水泥石的孔隙率增加，透水性强，当水灰比大于 0.6 时，混凝土的抗渗性急剧增加。但过小的水灰比不利于水泥充分水化，密实度也会降低，透水性增加。在水工建筑物基础、挡水和过流建筑物、翼墙等水位变动区要严格控制施工时的水灰比，一般为 0.38～0.4。

2）对抗冻的影响。混凝土的抗冻性是指混凝土在使用条件下经受多次冻融循环之后，不破坏，强度也不明显降低的性能。水灰比对混凝土抗冻性的影响有以下几点：首先，水灰比过大，在振捣过程中粒径不同的骨料下沉速率不同，造成浆体与骨料分层，较多的水泥浆浮于表层，耐磨性差，混凝土受冻融破坏时易形成表面剥蚀。因此，在高寒地区，尤其是在有水接触的受冻环境下，应适当降低混凝土水灰比以提高抗冻能力。其次，混凝土气泡尺寸和气泡的间距随水灰比降低而减小，随水灰比增大而增大。在混凝土引气量相近的情况下，水灰比越大，气泡的间距越大，表现为混凝土抗冻性能越差。最后，水灰比增加，混凝土内部孔的总的体积和孔径越来越大，在冻融过程中产生的冰胀压力和渗透压力就大，混凝土的抗冻性必然降低。

3）对氯离子扩散的影响。水灰比的大小对混凝土抵抗氯离子扩散能力有重要的影响，水灰比越大，混凝土的氯离子结合能力也就越大，水灰比和氯离子扩散系数的关系：

$$D_{cl} = 34.776W/C - 6.448 \times 10^{-8} \qquad (6-2)$$

式中　D_{cl}——氯离子扩散系数，cm^2/s；

W/C——水灰比。

4）对混凝土碳化的影响。混凝土碳化是指空气中的 CO_2 向混凝土内扩散的过程，从混凝土自身因素考虑，碳化速率受水泥用量或水泥石中的 $Ca(OH)_2$ 含量和混凝土密实度影响。一方面，混凝土中水泥用量越小，水化生产 $Ca(OH)_2$ 的量也就越少，扩散的阻力就越小，碳化速度也就越快。另一方面，水灰比增大，混凝土孔隙率增大，密实度降低，碳化速度增大。反之，水灰比降低，混凝土密实度增强，孔隙率降低，碳化速度较慢。

（4）水灰比对混凝土裂缝的影响。水灰比较低时，混凝土的匀质性和黏聚性变好，产生的塑性沉降较小，塑性收缩裂缝宽度及总面积均较小。水灰比的增大会使混凝土拌和物凝结时间相对延长，使混凝土抵抗塑性收缩的力产生时间延长，抵抗塑性收缩的力减弱，混凝土容易产生裂缝。水灰比越大，混凝土拌和物中水分越多，水分蒸发也越多，产生的塑形收缩也越大。

（5）水灰比对混凝土收缩的影响。混凝土的收缩是由水泥凝胶体本身的体积收缩（即所谓的凝缩）和混凝土失水产生的体积收缩（即所谓的干缩）两部分所组成。水灰比的大小对混凝土干缩有很大的影响。水灰比越大，干缩越大。水灰比为 0.6 的混凝土收缩值比 0.4 的收缩值增加约 40%。混凝土拌和物用水量越大，干缩就越大，采用外加剂控制水灰比和工作性是十分必要的。水灰比越小，混凝土因水化而产生的温度越高，其早期温度变形值也越大，混凝土的自收缩及其速率随水灰比的较小而增大，低水灰比混凝土硬化早期会产生很大的自缩。

3. *砂率*

砂率是指单位混凝土中砂子的质量与砂、石总质量的百分率。砂子的作用是填充石子间的空隙，用砂浆包裹在石子的外表面以减少石子间的摩擦，使混凝土具有一定的流动性。简而言之，合理砂率可以在浆体量不变的条件下，混凝土拌和物获得较高的流动性。

（1）密实填充作用。砂与浆体组成的砂浆填充在粗骨料的空隙内，形成混凝土拌和物的一个级配链节。随着砂率由小到大的变化，混凝土依次形成骨架空隙结构、骨架密实结构、骨架悬浮结构、悬浮密实结构，悬浮密实结构是大体积混凝土的基本结构。

（2）保水黏聚作用。砂颗粒比表面积较粗骨料大，随着砂率的增加，细颗粒变多，比表面积增大，吸附在骨料表面的水分增多，起到良好的保水作用。砂率增加使砂浆中的砂含量增多，在用水量不变的情况下，砂浆稠度增加，保水性能提高。

（3）流动润滑作用。浆体与砂组成的砂浆填充于粗骨料颗粒间的空隙，并包裹在粗骨料表面起润滑作用，减小粗骨料颗粒间的摩擦力，增加混凝土拌和物的流动性。当砂率偏小时，过少的砂与浆体组成的砂浆不足以包裹粗骨料表面，无法发挥所需的润滑作用。随着砂率的增加，粗骨料周围包裹的砂浆膜适中，所产生的润滑作用显著，可以提高拌和物的流动度。在浆体量固定不变的条件下，砂率过大时，细骨料的总表面积增大，浆体数量相对减少，会削弱浆体所产生的润滑作用导致混凝土拌和物流动性降低。

（4）砂率变化带来的影响。砂率的变化会引起骨料的总比表面积和空隙的变化，从而对混凝土拌和物的和易性具有较大的影响。总的来说，砂率变动会引起骨料以下几个方面的变动。

1）随着砂率的增加，粗骨料的用量减小，粗骨料总的空隙降低。在粗骨料在空隙率不变的情况下，粗骨料空隙的大小与粗骨料用量有关，粗骨料用量越大，粗骨料间的空隙也越大，需要填充的砂浆体积也就越多。

2）砂率的变动引起砂在骨料中的比例大小的变动，随着砂率的增大，砂的数量增加，粗骨料数量减少，反之亦然。在混凝土中，粗骨料的空隙用砂来填充，随着砂率的增大，填充粗骨料空隙的砂的总的数量越来越大，填充越来越密实，砂石混合骨料空隙率也越小。当砂率增大到某一值时，粗骨料的空隙会达到最小值，再增加砂率，过多的砂会“挤开”粗骨料，造成空隙增加。由此可见，混合骨料的空隙率随着砂率的增加先减小后增大。

3）砂率的变动会引起骨料的总比表面积发生变化。一般来说，生产普通混凝土所用的粗细骨料的表观密实相差不大，砂的平均粒径小于粗骨料的平均粒径。在质量相同的情况下，砂的颗粒数量远远大于粗骨料颗粒的数量，砂的比表面积要大于粗骨料的比表面积。随着砂率的增加，混凝土拌和物中，骨料总的比表面积也随之增加。在混凝土体系中，水和胶凝材料组成的浆体包裹在骨料的表面起润滑作用，骨料的比表面积越小，包裹在表面的浆体越厚，骨料间的摩擦力越小，混凝土的工作性也越好。

砂率的变化既具有改变骨料的空隙的填充效应，又具有改变骨料比表面积的作用。在混凝土体系中，水和胶凝材料组成的浆体首先填充骨料间的空隙，多余的浆体才能包裹在骨料表面起润滑作用增加混凝土拌和物的流动性。在浆体一定的情况下，砂率的变化可以使骨料空隙的变小，形成足够多的浆体包裹在骨料的表面，使骨料表面浆体增加，改善混凝土拌和物的流动性。但砂率的改变同样也影响到骨料总的比表面积，在浆体一定的条件下，骨料总的比表面积增加，造成包裹在骨料表面降低厚度的减小，骨料间摩擦力增加，混凝土工作性降低。这两方面相互联系，相互影响，且不可分割，砂率的变动对这两方面的影响同时进行。在混凝土体系的浆体不变的条件下，只有细骨料砂充分填充粗骨料间的空隙，使混合骨料具有较低的空隙率，才会有较多的浆体包裹在骨料的表面。因此，砂率所产生的填充效应可以看作是这对矛盾的主要方面，砂率表动引起的比表面积的改变是矛盾的次要方面。在调整砂率时，应把握矛盾的主要方面，但也不能忽视矛盾的次要方面，注意砂率这一量的调整引起质变。在水胶比、胶凝材料用量一定时，砂率存在一个最佳值，即在该砂率值时，混凝土工作性相对最佳。混凝土最佳砂率应结合原材料和所配制的混凝土情况，依据试验确定，不能生搬硬套。

（5）砂率对混凝土主要性能的影响。在混凝土体系中，砂子和胶凝材料浆体组成砂浆填充石子间孔隙并包裹在其表面起润滑作用。与石子相比，砂子具有更大的比表面积，砂率的变化会导致骨料总的表面积发生变化，同时也会引起骨料空隙率和粗骨料相对含量的变化，进而对混凝土拌和物的和易性及硬化后混凝土的强度和耐久性产生影响。

1）砂率对流动性的影响。在浆体用量一定的条件下，砂浆填充、包裹在骨料表面以减小粗骨料间的摩擦阻力，起整体润滑作用。当砂率过小时，浆体与砂组成的砂浆也相对较少，不足以填充粗骨料间的空隙并包其表面，难以起到润滑作用，粗骨料间具有较大的摩擦力，混凝土拌和物的流动性较差。随着砂率的增加，砂浆体积逐渐增加，在一定范围内，砂浆的填充和包裹作用明显改善粗骨料间的摩擦力，混凝土拌和物的流动性提高。随着砂用量的增加，粗、细骨料的表面积明显增大，一定数量的浆体不足以填充粗、细骨料间的空隙并包裹其表面，不能有效降低骨料间的摩擦力，同样会导致混凝土拌和物的流动性变差。

2）对黏聚性和保水性的影响。砂率减小时，骨料总的表面积减小，其表面吸附水分的能力明显降低，使混凝土拌和物的黏聚性和保水性均变差，易产生泌水、离析和流浆现象。随着砂率的增大，骨料的比表面积增加，混凝土拌和物的黏聚性和保水性将得到改善。但砂率过大，当一定数量的水泥浆不足以包裹骨料表面时，则黏聚性反而变差，混凝土拌和物容易发生崩坍、发散、黏聚性差。

3）砂率对混凝土强度的影响。砂率对强度的影响虽然不像水胶比那样明显，但砂率对混凝土会产生一定的影响，其影响程度与水胶比大小有关。当水胶比大于 0.4 时，混凝土的受压破坏主要发生在水泥石自身及其与骨料的黏结界面发生破坏，而水泥石的强度及其与黏结界面的强度主要取决于水泥的强度和水胶比。因此，当水胶比较大时，砂率对混凝土强度影响表现的不明显；但当水胶比小于 0.40 时，水泥石和黏结强度有较大的提高，混凝土的抗压破坏除发生水泥石自身和与骨料黏结面以外，还包含骨料自身的破坏。

在配合比设计时，选用的砂率较大，就增加了粗、细骨料总的表面积，使混凝土拌和物的黏聚性严重变差，甚至于出现崩塌现象，导致混凝土的各组成材料之间的结合力下降，混凝土硬化后强度会降低。但如果砂率过小，则浆体过于富余，在混凝土成形过程中，在自重及强力振实的条件下，更容易出现泌水现象。如果混凝土拌和物泌水严重，就会造成以下不良影响：① 形成大量的泌水道，增大了混凝土内部的孔隙率，从而降低混凝土的强度；② 在粗骨料及水平钢筋的下缘，由于泌水作用出现水膜，水膜蒸发后将形成空隙，降低了混凝土的强度及混凝土与钢筋之间的握裹力；③ 泌水使表层混凝土的水胶比增大，形成了所谓的浮浆层，而浮浆层在硬化后强度很低；④ 泌水还会导致混凝土内部不均匀，增加混凝土硬化过程中的收缩，同样会降低混凝土的强度。砂率选择较为合理时，混凝土拌和物既可以获得良好的工作性能，提高混凝土硬化后的强度。

4）对混凝土耐久性的影响。砂率看似与混凝土耐久性之间并没有直接的关系，砂率往往通过对混凝土拌和物工作性的影响对混凝土硬化后的耐久性产生影响。合适的砂率是混凝土拌和物具有良好的工作性，便于振捣、密实，在一定程度上可提高混凝土的密实性和抗渗性，提高抵抗外部侵蚀性介质的破坏作用，有效降低侵蚀的程度和延缓侵蚀的发展速度。而对于处于冻融环境中的混凝土，其抗渗性的好坏，将决定着混凝土抵抗受冻破坏的能力。砂率过大或过小，均会造成混凝土拌和物流动性降低，一方面使混凝土不易拌和均匀，均质性差；另一方面，使混凝土在浇筑过程中，不易被振捣密实，浇筑后在其内部和模板的内侧容易形成蜂窝和空洞，表面也易形成麻面，增大硬化混凝土内部的孔隙率。此外，砂率过小使混凝土保水性下降，泌水通道增加，增大混凝土内部连通孔隙的数量，降低混凝土的抗渗性能。

（6）影响砂率的因素。

1）石子最大粒径越大，最佳砂率越小。

2）粒径相同的情况下，碎石的最佳砂率较卵石的大。

3）砂细度模数越大，最佳砂率越大，砂细度模数越小，砂率越小。

4）在工作性相同的情况下，浆体越大，砂率越小。

5）石子的空隙率越小，最佳砂率也越小。连续级配的碎石的最佳砂率比单粒级石子的砂率小约2%。

6）混凝土坍落度越大，砂率越大，坍落度变化20mm，砂率相应变化1%，用水量约多5kg左右。

4. 外加剂掺量和用水量

（1）外加剂用量。混凝土用水量和外加剂掺量存在一个比较合适的组合，能使混凝土的黏聚性、流动性和保水性达到相对最佳状态，在水泥、矿物掺合料和砂石用量一定的条件下，使用外加剂确定掺量时应有一个允许的富余值以保障混凝土的工作性安全。例如，外加剂的最大掺量为2.2%，外加剂掺量确定在1.8%左右，使外加剂有0.3%～0.5%的允许上调空间。

设计配合比时，如果可以先确定用水量，则外加剂掺量可以依据减水率进行评估，最终混凝土试配验证确定。也可以在水泥、矿物掺合料和砂石用量确定的情况下，根据混凝土工作性要求，先确定一个基准混凝土用水量，再根据外加剂的减水率，估算混凝土用水量的大致范围。例如，碎石最大粒径31.5mm，砂细度模数2.6，混凝土坍落度设计值为180mm，基本用水量为227.5kg/m^3，外加剂掺量为2.0时，减水率为25%，则掺加外加剂的混凝土用水量约为170kg/m^3。

外加剂掺量的大小不仅受水泥质量的影响，矿物掺合料和砂石质量也影响外加剂的使用效果。对于已经确定的材料组合，最佳用水量和最佳外加剂掺量都不相同，应根据试验确定。试配时以混凝土拌和物各组分均匀分布，浆体饱满，拌和物具有满意的流动度，不泌水、离析为判断准则。试配时如果拌和物坍落度过大，出现严重泌水、离析，调整时可以先将用水量降下来，也可以在降用水量的同时降低外加剂掺量；如果混凝土拌和物坍落度偏小不是太多，可以适当调整外加剂掺量0.1%左右；若混凝土拌和物坍落度偏小太多，则应根据经验调整用水量，混凝土用水量提高5kg/m^3，混凝土拌和物坍落度可增加20mm。至于外加剂掺量变化增加0.1%，混凝土拌和物坍落度变化多少，应通过试验确定，因为不同品种外加剂甚至同品种不同厂家的外加剂差异很大。

外加剂掺量一定时，存在一个临界用水量，即用水量大于该值时，混凝土拌和物容易离析、泌水。如果混凝土的用水量在临界用水量附近时，生产混凝土时会给质量控制带来难度，用水量的细微变化将会引起混凝土拌和物状态的巨大变动，砂石含水率的变化，会让人误以为外加剂质量有问题，其实是配合比的问题。

（2）用水量。水泥标准稠度用水量、粉煤灰需水量比以及矿物掺合料流动度比的大小都会影响到混凝土用水量，但混凝土坍落度对用水量的影响是最直接的。随着外加剂的使用，混凝土拌和物坍落度的大小不再与用水量有直接的关系。但是，如果混凝土坍落度要求较大，用水量较少，在水胶比一定的情况下，混凝土浆体偏低，仅仅靠增加外加剂掺量很多获得满意的混凝土工作性，甚至过大的外加剂掺量可能引起离析、泌水。对于水泥、矿物掺合料和砂石比例确定时，要拌制一定坍落度的混凝土，可能存在一个最少用水量，低于该值时，外加剂很难发挥出良好的作用。

混凝土原材料变差，容易造成混凝土原材料与外加剂适应性变差，减水率降低。生产时应注意观察原材料的变化，利用外加剂控制混凝土用水量，不能一味地靠增加用水量来提高混凝土工作性。尤其是使用聚羧酸减水剂时，对砂石含泥量和石粉含量更敏感，所以在遇到具体的问题时，适当提高外加剂掺量。

6.2　常规混凝土配合比设计

6.2.1　配合比设计的基本要求

混凝土配合比是生产、施工的关键环节之一，对于保证混凝土质量和节约资源具有重要意义。混凝土配合比设计不仅要满足强度要求，还要满足施工性能、其他力学性能、长期性能和耐久性能的要求。在配合比设计方面，长期存在一种误解：仅仅通过计算而不经过试验即可完成设计。实际上，配合比设计是一门试验技术，试验才是混凝土配合比设计的关键，计算是为试验服务的，具有近似性，目的是将试验工作压缩到一个较小的合理范围，使试验工作更为简捷、准确和减少试验量。

（1）混凝土配合比设计应满足混凝土配制强度、拌和物性能、力学性能和耐久性能的设计要求。混凝土拌和物性能、力学性能和耐久性能的试验方法应分别符合《普通混凝土拌合物性能试验方法标准》（GB/T 50080—2016）、《混凝土物理力学性能试验方法标准》（GB/T 50081—2019）和《普通混凝土长期性能和耐久性能试验方法标准》（GB/T 50082—2009）的规定。

（2）混凝土配合比设计应采用工程实际使用的原材料，并应满足国家现行标准的有关要求；配合比设计应以干燥状态骨料为基准，细骨料含水率应小于 0.5%，粗骨料含水率应小于 0.2%。

（3）混凝土的最大水胶比应符合《混凝土结构设计规范》（GB 50010—2010）的规定。

（4）混凝土的最小胶凝材料用量应符合表 6-1 的规定。配制 C15 及其以下强度等级的混凝土，可不受此表的限制。

表 6-1　混凝土的最小胶凝材料用量

<table>
<tr><th rowspan="2">最大水胶比</th><th colspan="3">最小胶凝材料用量/（kg/m³）</th></tr>
<tr><th>素混凝土</th><th>钢筋混凝土</th><th>预应力混凝土</th></tr>
<tr><td>0.60</td><td>250</td><td>280</td><td>300</td></tr>
<tr><td>0.55</td><td>280</td><td>300</td><td>300</td></tr>
<tr><td>0.50</td><td colspan="3">320</td></tr>
<tr><td>≤0.45</td><td colspan="3">330</td></tr>
</table>

（5）矿物掺合料在混凝土中的掺量应通过试验确定。钢筋混凝土中矿物掺合料最大掺量宜符合表 6-2 的规定；预应力钢筋混凝土中矿物掺合料最大掺量宜符合表 6-3 的规定。

表 6-2 钢筋混凝土中矿物掺合料最大掺量

矿物掺合料种类	水胶比	最大掺量（%）	
		硅酸盐水泥	普通硅酸盐水泥
粉煤灰	≤0.40	≤45	≤35
	>0.40	≤40	≤30
粒化高炉矿渣粉	≤0.40	≤65	≤55
	>0.40	≤55	≤45
钢渣粉		≤30	≤20
磷渣粉		≤30	≤20
硅灰		≤10	≤10
复合掺合料	≤0.40	≤60	≤50
	>0.40	≤50	≤40

注：1. 采用硅酸盐水泥和普通硅酸盐水泥之外的通用硅酸盐水泥时，混凝土中水泥混合材和矿物掺合料用量之和应不大于按普通硅酸盐水泥用量 20%计算混合材和矿物掺合料用量之和。

2. 对基础大体积混凝土，粉煤灰、粒化高炉矿渣粉和复合掺合料的最大掺量可增加 5%。

3. 复合掺合料中各组分的掺量不宜超过任一组分单掺时的最大掺量。

表 6-3 预应力钢筋混凝土中矿物掺合料最大掺量

矿物掺合料种类	水胶比	最大掺量（%）	
		硅酸盐水泥	普通硅酸盐水泥
粉煤灰	≤0.40	≤35	≤30
	>0.40	≤25	≤20
粒化高炉矿渣粉	≤0.40	≤55	≤45
	>0.40	≤45	≤35
钢渣粉		≤20	≤10
磷渣粉		≤20	≤10
硅灰		≤10	≤10
复合掺合料	≤0.40	≤50	≤40
	>0.40	≤40	≤30

注：1. 粉煤灰应为Ⅰ级或Ⅱ级 F 类粉煤灰。

2. 在复合掺合料中，各组分的掺量不宜超过单掺时的最大掺量。

（6）混凝土拌和物中水溶性氯离子最大含量应符合表 6-4 的要求。

表 6–4　　混凝土拌和物中水溶性氯离子最大含量

环境条件	水溶性氯离子最大含量（%，水泥用量的质量百分比）		
	钢筋混凝土	预应力混凝土	素混凝土
干燥环境	0.3	0.06	1.0
潮湿但不含氯离子的环境	0.2		
潮湿而含有氯离子的环境、盐渍土环境	0.1		
除冰盐等侵蚀性物质环境	0.06		

（7）长期处于潮湿或水位变化的寒冷和严寒环境以及盐冻环境的混凝土应掺用引气剂。引气剂掺量应根据混凝土含气量要求经试验确定；掺用引气剂的混凝土最小含气量应符合表 6–5 的规定，最大不宜超过 7.0%。

表 6–5　　掺用引气剂的混凝土最小含气量

粗骨料最大粒径/mm	混凝土最小含气量（%）	
	潮湿或水位变动的寒冷和严寒环境	受除冰盐作用、盐冻环境、海水冻融环境
40.0	4.5	5.0
25.0	5.0	5.5
20.0	5.5	6.0

注：含气量为气体占混凝土体积的百分比。

（8）对于有预防混凝土碱骨料反应设计要求的工程，混凝土中最大碱含量不应大于 3.0kg/m^3，并宜掺用适量粉煤灰等矿物掺合料；对于矿物掺合料碱含量，粉煤灰碱含量可取实测值的 1/6，粒化高炉矿渣粉碱含量可取实测值的 1/2。

6.2.2　配制强度的确定

1. 混凝土配制强度

（1）当混凝土的设计强度等级小于 C60 时，配制强度应按式（6–3）计算：

$$f_{\mathrm{cu},0} \geqslant f_{\mathrm{cu,k}} + 1.645\sigma \tag{6–3}$$

式中 $f_{\mathrm{cu},0}$——混凝土配制强度，MPa；

$f_{\mathrm{cu,k}}$——混凝土立方体抗压强度标准值，这里取设计混凝土强度等级值，MPa；

σ——混凝土强度标准差，MPa。

（2）当设计强度等级大于或等于 C60 时，配制强度应按式（6–4）计算：

$$f_{\mathrm{cu},0} \geqslant 1.15 f_{\mathrm{cu,k}} \tag{6–4}$$

2. 混凝土强度标准差

（1）当具有近 1～3 个月的同一品种、同一强度等级混凝土的强度资料，且试件组数不少于 30 时，其混凝土强度标准差σ应按式（6–5）计算：

$$\sigma = \sqrt{\frac{\sum_{i=1}^{n} f_{\mathrm{cu},i}^2 - n m_{\mathrm{fcu}}^2}{n-1}} \tag{6–5}$$

式中 $f_{\mathrm{cu},i}$——第 i 组的试件强度，MPa；

m_{fcu}——n 组试件的强度平均值，MPa；

n——试件组数，n 值应大于或等于 30。

对于强度等级不大于 C30 的混凝土：当σ计算值不小于 3.0MPa 时，应按照计算结果取值；当σ计算值小于 3.0MPa 时，σ应取 3.0MPa。对于强度等级大于 C30 且不大于 C60 的混凝土：当σ计算值不小于 4.0MPa 时，应按照计算结果取值；当σ计算值小于 4.0MPa 时，σ应取 4.0MPa。

（2）当没有近期的同一品种、同一强度等级混凝土强度资料时，其强度标准差σ可按表 6-6 取值。

表 6-6　　标准差 σ 值　　（MPa）

混凝土强度标准值	≤C20	C25～C45	C50～C55
σ	4.0	5.0	6.0

6.2.3 水胶比的计算及要求

1. 水胶比

混凝土强度等级小于 C60 等级时，混凝土水胶比宜按式（6-6）计算：

$$W/B=\frac{\alpha_a f_b}{f_{cu,0}+\alpha_a\alpha_b f_b} \tag{6-6}$$

式中 α_a、α_b——回归系数；

f_b——胶凝材料（水泥与矿物掺合料按使用比例混合）28d 胶砂强度，MPa。

试验方法应按《水泥胶砂强度检验方法（ISO 法）》（GB/T 17671—1999）进行；当无实测值时，可按下列规定确定：

（1）根据 3d 胶砂强度或快测强度推定 28d 胶砂强度关系式推定 f_b 值。

（2）当矿物掺合料为粉煤灰和粒化高炉矿渣粉时，可按式（6-7）推算 f_b 值：

$$f_b=\gamma_f\gamma_s\gamma_l f_c \tag{6-7}$$

式中 γ_f、γ_s、γ_l——粉煤灰影响系数、粒化高炉矿渣粉影响系数和石灰石粉的影响系数，可按表 6-7 选用；

f_c——水泥 28d 抗压强度值，MPa。

表 6-7　　矿物掺合料影响系数 γ_f、γ_s、γ_l

掺量（%）	粉煤灰影响系数 γ_f	粒化高炉矿渣粉影响系数 γ_s	石灰石粉影响系数 γ_l	
0	1.00	1.00	0	1.00
10	0.85～0.95	1.00	10%	0.90
20	0.75～0.85	0.95～1.00	15%	0.85
30	0.65～0.75	0.90～1.00	20%	0.80
40	0.55～0.65	0.80～0.90	25%	0.75
50	—	0.70～0.85	—	

注：1. 应以 P·O 42.5 水泥为准。如采用普通硅酸盐水泥以外的通用硅酸盐水泥，可将水泥混合材掺量 20%以上部分计入矿物掺合料。

2. 宜采用Ⅰ级或Ⅱ级粉煤灰；采用Ⅰ级灰宜取上限值，采用Ⅱ级灰宜取下限值。

3. 采用 S75 级粒化高炉矿渣粉宜取下限值，采用 S95 级粒化高炉矿渣粉宜取上限值，采用 S105 级粒化高炉矿渣粉可取上限值加 0.05。

4. 当超出表中的掺量时，粉煤灰和粒化高炉矿渣粉影响系数应经试验确定。

2. 回归系数α_a和α_b

回归系数α_a和α_b宜按下列规定确定：

（1）根据工程所使用的原材料，通过试验建立的水胶比与混凝土强度关系式来确定。

（2）当不具备上述试验统计资料时，可按表 6-8 采用。

表 6-8　回归系数α_a、α_b选用表

回归系数	粗骨料品种	
	碎石	卵石
α_a	0.53	0.49
α_b	0.20	0.13

混凝土配合比设计分为计算和试配两个阶段，计算的目的是将试配工作压缩到一个较小的范围，使试配工作更为简便、准确和减少试验量，因此具有近似性，允许存在误差。水胶比计算同样遵循这一思想，因此，有试验数据，可以据此进行计算；没有试验数据，也可以依据长期大量总结的经验公式和数据进行计算，差异在于误差大小以及后续试验工作范围的大小。总之具有可算性。

3. 用水量和外加剂用量

（1）每立方米干硬性或塑性混凝土的用水量m_{w0}应符合下列规定。

1）混凝土水胶比在 0.40～0.80 范围时，可通过表 6-9 选取。

2）混凝土水胶比小于 0.40 时，可通过试验确定。

表 6-9　塑性混凝土的用水量　（kg/m^3）

项目	指标	卵石最大粒径/mm				碎石最大粒径/mm			
		10.0	20.0	31.5	40.0	16.0	20.0	31.5	40.0
坍落度/mm	10～30	190	170	160	150	200	185	175	165
	35～50	200	180	170	160	210	195	185	175
	55～70	210	190	180	170	220	105	195	185
	75～90	215	195	185	175	230	215	205	195

注：表中用水量是采用中砂时的取值；采用细砂时，每立方米混凝土用水量可增加 5～10kg；采用粗砂时，可减少 5～10kg。

（2）掺加减水剂的流动性或大流动性混凝土的用水量m_{w0}可按式（6-8）计算：

$$m_{w0} = m'_{w0}(1-\beta) \tag{6-8}$$

式中　m_{w0}——计算配合比每立方米混凝土用水量，kg/m^3；

m'_{w0}——未掺减水剂时推定的满足实际坍落度要求的每立方米混凝土用水量，kg/m^3，以表 6-9 中 90mm 坍落度的用水量为基础，按每增大 20mm 坍落度相应增加 5kg 用水量来计算；

β——外加剂的减水率，%，应经混凝土试验确定。

用水量应满足浆体量的需求，而浆体量应能充分填充骨料间的空隙并起到“润滑”骨料的作用。骨料的粒径、混凝土拌和物的坍落度不同，则需要浆体量也不同，因而用水量也不同。

在实际工作中，一些有经验的专业技术人员将满足混凝土拌和物性能和节约胶凝材料作为目标，结合经验选择比较经济的胶凝材料用量并经对比试验来确定混凝土的外加剂用量和用水量，这种做法也是可行的。

4. *胶凝材料、矿物掺合料和水泥用量*

（1）每立方米混凝土的胶凝材料用量 m_{b0} 应按式（6-9）计算：

$$m_{b0}=\frac{m_{w0}}{W/B} \tag{6-9}$$

（2）每立方米混凝土的矿物掺合料用量 m_{f0} 计算应符合下列规定。

1）确定符合强度要求的矿物掺合料掺量 β_f。

2）矿物掺合料用量 m_{f0} 应按式（6-10）计算：

$$m_{f0}=m_{b0}\beta_f \tag{6-10}$$

式中 m_{f0}——每立方米混凝土中矿物掺合料用量，kg；

β_f——计算水胶比过程中确定的矿物掺合料掺量，%。

（3）每立方米混凝土的水泥用量 m_{c0} 应按式（6-11）计算：

$$m_{c0}=m_{b0}-m_{f0} \tag{6-11}$$

式中 m_{c0}——每立方米混凝土中水泥用量，kg。

（4）每立方米混凝土中外加剂用量应按式（6-12）计算：

$$m_{a0}=m_{b0}\beta_a \tag{6-12}$$

式中 m_{a0}——每立方米混凝土中外加剂用量，kg；

m_{b0}——每立方米混凝土中胶凝材料用量，kg；

β_a——外加剂掺量，%，应经混凝土试验确定。

应注意，计算胶凝材料、矿物掺合料和水泥用量时，不要变动水胶比。对于同一强度等级混凝土，矿物掺合料的增加会使水胶比相应减小，才能满足强度要求。如果用水量不变，计算的胶凝材料就会增加，并可能不是最节约的胶凝材料用量，因此，公式计算结果仅仅为计算的胶凝材料用量，实际采用的胶凝材料用量还需在试配阶段进行调整，经过试配选取一个满足拌和物性能要求的、较节约的胶凝材料用量。

5. *砂率*

砂率是混凝土中砂的质量与砂、石质量之和的比值，混凝土配合比中的重要参数。砂率不仅影响混凝土拌和物的工作性，也影响混凝土的强度和耐久性。砂率应根据骨料的技术指标、混凝土拌和物性能和施工要求，参考既有历史资料确定。当无历史资料可参考时，混凝土砂率的确定应满足下列规定。

（1）坍落度小于 10mm 的混凝土砂率应经试验确定。

（2）坍落度为 10～60mm 的混凝土砂率，可根据粗骨料品种、最大公称粒径及水胶比按表 6-10 选取。

（3）坍落度大于 60mm 的混凝土砂率，可经试验确定，也可在表 6-10 的基础上，按坍落度每增大 20mm 砂率增大 1%的幅度予以调整。

表 6－10　　混 凝 土 的 砂 率　　（%）

水胶比（W/B）	卵石最大公称粒径/mm			碎石最大粒径/mm		
	10.0	20.0	40.0	16.0	20.0	40.0
0.40	26～32	25～31	24～30	30～35	29～34	27～32
0.50	30～35	29～34	28～33	33～38	32～37	30～35
0.60	33～38	32～37	31～36	36～41	35～40	33～38
0.70	36～41	35～40	34～39	39～44	38～43	36～41

注：1. 表中数值是中砂的选用砂率，对细砂或粗砂，可相应地减少或增大砂率。
2. 采用人工砂配制混凝土时，砂率可适当增大。
3. 只用一个单粒级粗骨料配制混凝土时，砂率应适当增大。
4. 对薄壁构件，砂率宜取偏大值。

按照表 6－10 可以快速、准确地找到所用配制混凝土的砂率，如 C30 混凝土水胶比为 0.48，粗骨料品质为碎石，最大粒径为 20mm，砂子的细度模数为 2.7。根据表 6－17，砂率的范围就可以确定为 29%～34%，利用插入法可得砂率 x：

$$\frac{0.48-0.40}{0.49-0.40}=\frac{x-29}{34-29} \tag{6-13}$$

解方程可得砂率为 33%。

我国规范用砂率（砂质量与砂、石质量之和的比值）这一概念来表现砂、石之间的用量关系。在配合比设计中确定单位体积混凝土中砂、石的总重量，根据砂率就可以求出各自的用量。我国规范在确定砂率的方法上主要考虑以下因素：水胶比、粗骨料的最大粒径、种类（卵石和碎石）、砂的粗细（粗砂、中砂、细砂）。从表 6－10 可看出，将水胶比作为确定砂率的一个参量，随着水胶比增大，砂率随之增大，水胶比增大 0.1，砂率增大 3%。

6. 粗、细骨料用量

（1）采用质量法计算粗、细骨料用量时，应按式（6－14）和式（6－15）计算：

$$m_{f0}+m_{c0}+m_{g0}+m_{s0}+m_{w0}+m_{cp} \tag{6-14}$$

$$\beta_s=\frac{m_{s0}}{m_{g0}+m_{s0}}\times 100\% \tag{6-15}$$

式中　m_{g0}——每立方米混凝土的粗骨料用量，kg；

m_{s0}——每立方米混凝土的细骨料用量，kg；

m_{w0}——每立方米混凝土的用水量，kg；

β_s——砂率，%；

m_{cp}——每立方米混凝土拌和物的假定质量，kg，可取 2350～2450kg。

（2）采用体积法计算粗、细骨料用量时，应按式（6－16）计算：

$$\frac{m_{c0}}{\rho_c}+\frac{m_{f0}}{\rho_f}+\frac{m_{g0}}{\rho_g}+\frac{m_{s0}}{\rho_s}+\frac{m_{w0}}{\rho_w}+0.01\alpha=1 \tag{6-16}$$

式中　ρ_c——水泥密度，kg/m^3，应按《水泥密度测定方法》（GB/T 208—2014）测定，也可取 2900～3100kg/m^3；

ρ_f ——矿物掺合料密度，kg/m^3，可按《水泥密度测定方法》（GB/T 208—2014）测定；

ρ_g ——粗骨料的表观密度，kg/m^3，应按《普通混凝土用砂、石质量及检验方法标准》（JGJ 52—2006）测定；

ρ_s ——细骨料的表观密度，kg/m^3，应按《普通混凝土用砂、石质量及检验方法标准》（JGJ 52—2006）测定；

ρ_w ——水的密度，kg/m^3，可取 1000kg/m^3；

α ——混凝土的含气量百分数，在不使用引气型外加剂时，α 可取为 1。

在骨料用量已定的情况下，砂率的大小决定了用砂量的多少，而用砂量应能有效填充粗骨料间的空隙并起“润滑”粗骨料的作用。骨料的粒径、水胶比不同，则需要的砂率是不同的。砂率对混凝土拌和物性能影响较大，可调整的范围略宽，因此，本表选择的砂率仅是初步的，需要在试配过程中调整并确定合适的砂率。

6.2.4　配合比的试配与优化

1. 试配要求

（1）混凝土试配应采用强制式搅拌机，搅拌机应符合《混凝土试验用搅拌机》（JG 244—2009）的规定，并宜与施工采用的搅拌方法相同。

（2）试验室成形条件应符合《普通混凝土拌合物性能试验方法标准》（GB/T 50080—2016）的规定。

（3）每盘混凝土试配的最小搅拌量应符合表 6-11 的规定，并不应小于搅拌机额定搅拌量的 1/4，且不应大于搅拌机公称容量。

表 6-11　　混凝土试配的最小搅拌量

粗骨料最大公称粒径/mm	最小搅拌的拌和物量/L
31.5	20
40.0	25

（4）混凝土配合比设计应采用工程实际使用的原材料；配合比设计所采用的细骨料含水率应小于 0.5%，粗骨料的含水率应小于 0.2%。

2. 试拌调整拌和物性能，确定试拌配合比

试拌按以下步骤进行：

（1）先按计算配合比进行称量，留出部分外加剂，将全部原材料倒入搅拌机进行搅拌。

（2）逐步加入留出的外加剂，需要的话还可以适当补充，将外加剂量调整到适度。

（3）将混凝土拌和物卸出搅拌机，看混凝土拌和物流动性与工作性是否好。如果不好，可适当增加浆体，即维持水胶比不变，同时增加水和胶凝材料，使混凝土拌和物达到流动性与工作性要求；如果非常好，则可在满足拌和物流动性与工作性要求的前提下适当减少浆体。即维持水胶比不变，同时减少水和胶凝材料。

（4）在计算砂率的基础上，在分别增加和减少砂率，可以选 3～5 个砂率进行试拌，取拌和物流动性与工作性最好的砂率为后续试验砂率。

（5）修正计算配合比，提出试拌配合比。

试拌是试配的第一步，试拌的目的有两个：① 使拌和物性能满足施工要求；② 是优化外加剂、砂率和胶凝材料用量，主要是优化胶凝材料用量。在试拌调整的过程中，保持计算水胶比不变，即如果增加或减少浆体量，则按比例同时增加或减少用水量或胶凝材料用量。尽量采用较少的胶凝材料，以节约胶凝材料为原则，并通过调整外加剂用量和砂率，使混凝土拌和物的坍落度和和易性满足施工要求，提出试拌配合比。

3. 试验选定配制强度，优化调整配合比

（1）采取 3 个不同的配合比，其中一个应为上述确定的试拌配合比，另外两个配合比的水胶比宜较试拌配合比分别增加或减少 0.05，用水量与试拌配合比相同，砂率可分别增加或减少 1%。

无论是计算配合比还是试拌配合比，都不能保证混凝土配制强度是否满足要求，混凝土强度试验的目的是通过三个不同水胶比的配合比相比较，取得能够满足配制强度要求的、胶凝材料用量经济合理的配合比。由于混凝土强度试验是在混凝土拌和物调整适宜后进行，所以强度试验采用三个不同的水胶比的配合比的混凝土拌和物性能应维持不变，即保持用水量不变，增加或减少胶凝材料用量，并相应减少或增加砂率，外加剂掺量也做减少或增加的微调。

（2）进行混凝土强度试验，每个配合比应至少制作一组试件，并标准养护到 28d 或设定龄期时试压。

在没有特别规定的情况下，混凝土强度试件在 28d 龄期进行抗压试验；当工程设计方同意采用 60d 或 90d 等其他龄期的设计强度时，混凝土强度试件在相应的龄期进行抗压试验。

（3）根据强度试验结果，绘制强度和胶水比的线性关系图，或采用插值法，选定略大于配制强度对应的胶水比，并在此基础上，维持用水量 m_w 不变，重新算出相应的胶凝材料 m_b、矿物掺合料 m_f 和水泥用量 m_c，以及粗骨料 m_g 和细骨料 m_s 用量。

（4）在试拌配合比的基础上，用水量 m_w 和外加剂用量 m_a 应根据确定的水胶比做调整。

4. 配合比校正

配合比应按照以下规定进行校正。

（1）调整后的配合比按式（6－17）计算混凝土拌和物的表观密度计算值 $\rho_{c,c}$：

$$\rho_{c,c} = m_c + m_f + m_g + m_s + m_w \tag{6-17}$$

（2）应按式（6－18）计算混凝土配合比校正系数 δ：

$$\delta = \frac{\rho_{c,t}}{\rho_{c,c}} \tag{6-18}$$

式中　$\rho_{c,t}$ ——混凝土拌和物表观密度实测值，kg/m^3；

$\rho_{c,c}$ ——混凝土拌和物表观密度计算值，kg/m^3。

（3）当混凝土拌和物表观密度实测值与计算值之差的绝对值不超过计算值的 2%时，调整的配合比可维持不变；当二者之差超过 2%时，应将配合比中每项材料用量均乘以校正系数 δ。

5. 试验验证耐久性能

（1）测定拌和物水溶液氯离子含量，试验结果应符合标准要求。

（2）对设计要求的混凝土耐久性能进行试验，试验结果应满足设计要求。

6. 重新进行配合比设计

生产单位可根据常用材料设计出常用的混凝土配合比备用，并应在使用过程中予以验证或调整。遇有下列情况之一时，应重新进行配合比设计：

（1）对混凝土性能有特殊要求时。

（2）水泥、外加剂或矿物掺合料品种质量有显著变化时。

（3）该配合比的混凝土生产间断半年以上时。

6.2.5 配合比设计实例

［**例 6-1**］某住宅小区主体为钢筋混凝土结构，设计混凝土强度等级为C30，泵送施工要求到施工现场混凝土拌和物坍落度为（160±30）mm，设计坍落度为180mm。

原材料：水泥：P·O 42.5，28d胶砂抗压强度47.0MPa，密度3000kg/m^3；粉煤灰：Ⅱ级，细度15%，需水量比99%，密度2200kg/m^3；矿粉：S95级，流动度比100%，密度2800kg/m^3；砂子：河砂，Ⅱ区中砂，细度模数2.70，含泥量2.0%，泥块含量0.6%，表观密度2600kg/m^3；碎石：连续级配5～25mm，含泥量2.0%，泥块含量0.3%，针片状8.1%，表观密度2700kg/m^3；外加剂：减水率25%，固含量32%，掺量2.0%；水：饮用水。

请进行计算配合比。

解：根据《普通混凝土配合比设计规程》（JGJ 55—2011），设计计算过程如下。

1. 配制强度的确定

已知设计强度等级为C30，标准差由于无历史统计数据，查表取$\sigma=5\text{MPa}$，可以求得C30配制强度：$f_{\text{cu},0}=30\text{MPa}+1.645\times5\text{MPa}=38.2\text{ MPa}$。

2. 水胶比计算

已知水泥28d胶砂抗压强度47.0MPa，回归系数$\alpha_\text{a}=0.53$，$\alpha_\text{b}=0.20$。

方案一：粉煤灰掺量为30%，影响系数取0.75，胶凝材料强度$f_{\text{b}1}=47.0\text{MPa}\times0.75=35.3\text{MPa}$。

方案二：矿粉、粉煤灰双掺，各掺20%，粉煤灰影响系数取0.8，矿粉影响系数取0.98，胶凝材料强度$f_{\text{b}2}=47.0\text{MPa}\times0.8\times0.98=36.8\text{MPa}$；由式（6-6）求得：

方案一：$W/B=\dfrac{\alpha_\text{a}f_\text{b}}{f_{\text{cu},0}+\alpha_\text{a}\alpha_\text{b}f_\text{b}}=0.53\times35.3/(38.2+0.53\times0.20\times35.3)=0.45$

方案二：$W/B=\dfrac{\alpha_\text{a}f_\text{b}}{f_{\text{cu},0}+\alpha_\text{a}\alpha_\text{b}f_\text{b}}=0.53\times36.8/(38.2+0.53\times0.20\times36.8)=0.46$

3. 确定用水量

碎石最大粒径为25mm，坍落度为75～90mm时，查表用水量取210kg，未掺外加剂、坍落度为180mm时单位用水量为（180-90）kg/m^3/20×5+210kg/m^3=232.5 kg/m^3；掺外加剂时，用水量为232.5kg/m^3×（1-25%）=174kg/m^3。

胶凝材料用量：

方案一：$m_{\text{b}01}=174\text{kg/m}^3/0.45=387\text{kg/m}^3$

粉煤灰用量$m_{\text{f}01}=387\text{kg/m}^3\times30\%=116\text{kg/m}^3$

水泥用量$m_{\text{c}01}=387\text{kg/m}^3-116\text{kg/m}^3=271\text{kg/m}^3$

外加剂用量$m_{\text{a}01}=387\text{kg/m}^3\times2.0\%=7.7\text{kg/m}^3$

胶凝材料用量：

方案二：$m_{\text{b}02}=174\text{kg/m}^3/0.45=378\text{kg/m}^3$

粉煤灰用量$m_{\text{f}02}=378\text{kg/m}^3\times20\%=76\text{kg/m}^3$

矿粉用量 $m_{f02'}=378\text{kg/m}^3\times20\%=76\text{kg/m}^3$

水泥用量 $m_{c02}=378\text{kg/m}^3-76\text{kg/m}^3-76\text{kg/m}^3=226\text{kg/m}^3$

外加剂用量 $m_{a02}=378\text{kg/m}^3\times2.0\%=7.6\text{kg/m}^3$

4. *砂率的确定*

按砂率表初步选取砂率为31%，在坍落度为60mm的基础上坍落度每增加20mm，砂率增加1%。坍落度为180mm的砂率 $\beta_S=1\%\times(180-60)/20+31\%=37\%$。

假定C30表观密度 $m_{cp}=2380\text{kg/m}^3$，计算砂、石用量为：

方案一：由 $\dfrac{m_{s01}}{m_{s01}+m_{g01}}\times100\%=37\%, m_{a01}+m_{b01}+m_{g01}+m_{s01}+m_{wc}=m_{cp}$，解得砂子用量 $m_{s01}=670\text{kg/m}^3$，石子用量 $m_{g01}=1141\text{kg/m}^3$。

方案二：由 $\dfrac{m_{s02}}{m_{s02}+m_{g02}}\times100\%=37\%, m_{a02}+m_{b02}+m_{g02}+m_{s02}+m_{w0}=m_{cp}$，解得砂子用量 $m_{s02}=673\text{kg/m}^3$，石子用量 $m_{g02}=1147\text{kg/m}^3$。

综上所述，质量法计算所得C30的配合比见表6-12。

表6-12　质量法计算所得C30配合比　（kg/m^3）

名称	水	水泥	粉煤灰	矿粉	外加剂	砂子	石子
方案一	174	271	116	—	7.7	670	1141
方案二	174	226	76	76	7.6	673	1147

6.3　预拌混凝土配合比设计——坍落度法

混凝土的配合比设计是混凝土学科的技术核心，如何进行混凝土配合比设计、提高配合比设计的效率、降低成本提高企业的市场竞争力，成为混凝土技术人员经常讨论的问题。混凝土掺合料技术的发展促进了混凝土配合比技术的提高，外加剂技术的进步改善了混凝土的施工性能。随着结构物使用领域的不断扩大，对环境与混凝土性能关系的认知已提高到与强度同等重要的地位，使混凝土在不同工程领域范围内性能要求不断深化。在混凝土配合比设计中如何兼顾力学性能、变形性能以及耐久性能，能否通过配合比设计的优化减少裂缝，不同使用领域的混凝土如何正确制定技术指标要求，外加剂的选用应遵循什么原则……这一系列问题都启示从事混凝土生产的业内人士应更重视如何来搞好混凝土配合比设计，以便使本已十分紧缺的原材料资源能更充分地发挥作用，使所有的混凝土结构更耐久。

6.3.1　确定混凝土坍落度

混凝土是一门实验科学，配合比设计（计算）是仅供参考的初步比例，其最终配合比应通过实验室验证并调整后获得。随着混凝土技术的进步，坍落度已不是评价混凝土流动性的唯一指标，但坍落度仍是目前世界上应用最普遍也是最简单的测试和评价混凝土流动性的试验方法。混凝土的工作环境、设计强度、耐久性、工程部位、混凝土浇筑的工艺、施工速度、运输距离、气温条件等因素的差异决定混凝土拌和物具有不同的坍落度要求，具有良好的流动性、匀质性混凝土拌和物是混凝土硬化后具有良好的强度和耐久性的前提和保障。因此，混凝土拌和物的工作性指标是混凝土配合比设计时首先要考虑的因素，然后根据混凝土工程特点、所处环境、施工工艺等相关影响因素选择满足施工要求的坍落度，见表 6-13。

表 6-13　　不同的施工部位对混凝土坍落度的要求

工程部位	梁、板、柱、墙	桩基	筏板基础	路面/地坪	斜屋面、楼梯
坍落度/mm	180±30	200±30	150±30	120±30	120～150

不同的施工工艺对混凝土的工作性的要求也不相同，对于非泵送施工工艺，混凝土坍落度只要满足工程部位所要求的坍落度即可。对于泵送施工工艺，混凝土坍落度除满足上述工程部位所要求的坍落度，还应满足表 6-14 的要求，同时，还要结合配筋特点，确定石子的粒径大小。

表 6-14　　混凝土入泵坍落度与泵送高度关系

最大泵送高度/m	＜50	100	200	400	400 以上
入泵坍落度/mm	100～140	150～180	190～220	230～260	—
入泵扩展度/mm	—	—	—	550～590	600～750
碎石粒径/泵管直径	≤1:3.0	≤1:4.0	≤1:5.0		
卵石粒径/泵管直径	≤1:2.5	≤1:3.0	≤1:4.0		

在实际工程中，混凝土的坍落度保持性的控制是根据预拌混凝土运输和等候时间决定的，浇筑时的坍落度应满足施工部位及施工工艺的需要。预拌混凝土坍落度经时变化量可按《混凝土外加剂应用技术规范》（GB 50119—2013）的规定，见表 6-15。

表 6-15　　运输时间与坍落度损失经时变化量

序号	运输和等候时间/min	坍落度 1h 经时变化量/mm
1	＜60	≤80
2	60～120	≤40
3	＞120	≤20

6.3.2　混凝土配制强度

混凝土主要作为建筑承重材料使用，抗压强度是混凝土的主要性能指标之一，混凝土抗压强度受到施工条件、结构、养护、环境等因素影响。在混凝土配合比设计时要综合考虑各种可能出现的因素所引起的强度变化。混凝土抗压强度必须达到设计要求，混凝土强度等级保证率不低于 95%，见表 6-16。

表 6-16　　强度等级 C10～C60 的设计强度

强度等级	C10	C15	C20	C25	C30	C35
设计强度/MPa	≥16.6	≥21.6	≥26.6	≥33.2	≥38.2	≥43.2
强度等级	C40	C45	C50	C55	C60	供参考
设计强度/MPa	≥48.2	≥53.2	≥59.9	≥64.9	≥69.9	

6.3.3　水胶比的确定

1. 根据混凝土配制强度确定水胶比

（1）利用规范水（胶）比。根据《普通配合比设计规程》（JGJ 55—2011）所给出的水胶比计算公式，见式（6-6），再结合规范中关于水胶比公式中各参数确定的方法，逐步确定各参数，就可以计算出混凝土配制强度对应的水胶比。虽然很多专家认为混凝土水胶比不是算出来的，而是试验出来的，但规范给定的公式可以计算出所配制混凝土的大致水胶比，便于初学者试验。

（2）建立水胶比的一元回归方程。在混凝土的生产过程中，根据所使用的原材料，根据预拌混凝土生产实际，建立“胶水比—混凝土强度”的回归方程。从生产和试验中随机选取 C10～C60 的 W/B 与 R_{28} 关系对应数据，使用电脑建立两者的关系，在配合比设计时直接利用两者的关系确立水胶比。建立胶水比为 x，对应的混凝土强度值为 y，建立如下关系式：

$$y = ax + b \tag{6-19}$$

在混凝土配合比试验时，直接利用根据生产实践所建立的关系式，直接确定混凝土配制强度所对应的胶水比，然后取其倒数即为水胶比。

生产中产品的质量波动是不可避免的，只能使波动减至最小，控制在许可范围。所谓控制，实际上是在生产过程中对混凝土强度的质量控制，即按要求 R_{28} 的预期平均值在要求的置信度范围内（y_1，y_2）内取值时，相应的 x 值应控制的范围，才能满足在预定的置信度范围内合格，尽早发现问题，做到预防在先。因此，在选定混凝土的水胶比时，不是选定某一个确定的数值，而是选定一个水胶比区间。矿物掺合料掺量的选择应根据工程部位的强度、耐久性以及工作性确定矿物掺合料的掺量范围，见表 6-17。

表 6-17　　各强度等级矿物掺合料掺量与水胶比推荐选用表

强度等级	粉煤灰单掺		粉煤灰、矿粉双掺	
	水胶比	掺量	水胶比	掺量
C10	0.70～0.66	30%～40%	0.68～0.64	40%～50%
C15	0.66～0.63		0.63～0.60	
C10	0.68～0.64	40%～50%	0.66～0.62	50%～60%
C15	0.63～0.60		0.61～0.58	
C20	0.62～0.57	20%～30%	0.60～0.58	30%～40%
C25	0.56～0.52		0.55～0.52	

续表

强度等级	粉煤灰单掺		粉煤灰、矿粉双掺	
	水胶比	掺量	水胶比	掺量
C20	0.59～0.54	30%～40%	0.57～0.53	40%～50%
C25	0.53～0.50		0.51～0.49	
C20	0.57～0.53	35%～45%	0.55～0.52	45%～55%
C25	0.51～0.48		0.49～0.47	
C30	0.49～0.46	20%～30%	0.48～0.45	30%～40%
C35	0.44～0.41		0.43～0.40	
C30	0.47～0.44	30%～40%	0.47～0.43	35%～45%
C35	0.42～0.39		0.42～0.38	
C40	0.41～0.38	15%～25%	0.40～0.37	20%～30%
C45	0.38～0.36		0.38～0.35	
C40	0.40～0.37	20%～30%	0.39～0.36	30%～40%
C45	0.36～0.34		0.35～0.33	
C50	0.34～0.32	≤15%	0.34～0.32	≤20%
C55	0.32～0.30		0.32～0.30	
C60	0.31～0.29		0.31～0.29	
C50	0.33～0.31	15%～25%	0.33～0.31	20%～30%
C55	0.32～0.29		0.32～0.29	
C60	0.31～0.28		0.31～0.28	
＞C60，＜C80	0.28～0.33	—	—	—
≥C80，＜C100	0.26～0.28	—	—	—
C100	0.24～0.26	—	—	—

注：1. 所用水泥为 P·O 42.5，长期统计 28d 抗压强度平均值为 47.0MPa，矿物掺合料为：Ⅱ级粉煤，S95 级矿渣粉。
2. 矿物掺合料的掺量根据气温变化，可以调整幅度±5%左右，即夏季比春秋季、比冬期掺量逐步增多。
3. 单掺要比复掺的掺量低 10%左右。
4. 高强混凝土可使用 P.O 52.5 水泥，S105 级矿粉，适当加入硅灰。

表 6-17 所用的 P·O 42.5 水泥，经长期统计 28d 抗压强度平均值为 47.0MPa。从上文分析可以看出，影响混凝土强度的因素除了水胶比，还有胶凝材料强度，而水泥又是影响胶凝材料强度的重要因素。在矿物掺合料品种、掺量、品质均相同的情况下，胶凝材料强度随着水泥强度变化而变化，水泥强度高的胶凝材料强度就高，水泥强度低相应的胶凝材料强度也低。对于实际生产所用 P·O 42.5 水泥强度与得出上表水胶比的 P·O 42.5 水泥存在的差异定义为变异系数（变异系数β=所用 P·O 42.5 强度/47.0MPa）。根据这种变异系数，对上表的水胶比进行调整，同样要达到配制强度可以采用两种调整方法，即调整水胶比（用上表水胶比乘以变异系数β得出需要的水胶比）或者调整胶凝材料强度（用矿物掺合料掺量乘以变异系数β得出所需的矿物掺合料掺量）。这两种调整方法在实际应用中可以比较使用，选择符合要求、经济性又好的水胶比。

2. 根据混凝土耐久性修正水胶比

在混凝土配合比设计工作中，混凝土耐久性是根据工程环境的特点，在满足混凝土强度的基础上，必须满足的技术指标。混凝土强度是各项指标中最容易检测的，在某种程度上混凝土强度可以反映混凝土的耐久性指标。但为了满足工程实际对耐久性的需求，应有一个最大水胶比和最小胶凝材料总量的限制。

水胶比：

$$(W/B) \leqslant (W/B_0)_{\max} = 0.75 - 0.05H$$

胶凝材料总量：

$$m_{b0} \geqslant m_{b\min} = 275 + 25(H + I)$$

式中　H——耐久性环境作用等级；

　　　I——配筋情况。

根据《混凝土结构耐久性设计标准》（GB/T 50476—2019）标准，把耐久性所要求的环境类别分为一般环境、冻融环境、海洋氯化物环境、除冰盐等其他氯化物环境、化学腐蚀环境，并把这些环境类别等级分为 A（轻微）、B（轻度）、C（中度）、D（严重）、E（非常严重）、F（极端严重）六个等级，其 H 分别取 1、2、3、4、5、6；对于 I 的取值，有配筋要求取 I=1，无配筋要求取 I=0。

当耐久性确定的最大水胶比小于依据强度确立的水胶比时，取依耐久性确定的水胶比进行试配。如果强度超出配制强度的要求，调整矿物掺合料掺量，对混凝土强度进行调整。最终找到一个既满足混凝土耐久性要求，有符合混凝土强度要求，经济合理的水胶比。

6.3.4　用水量及胶凝材料用量

混凝土胶凝材料浆体包裹在混凝土骨料的表面，减小骨料颗粒之间摩擦力，增大混凝土的工作性。如果把混凝土看作悬浮体结构，骨料悬浮在浆体中，浆体作为连续介质为骨料提供一个变动的变形空间，因此浆体是确保混凝土工作性的必要条件。混凝土浆体越多，骨料间的摩擦力就越小，混凝土坍落度越大，混凝土的浆体量与坍落度有良好的相关性。混凝土坍落度的大小直接决定浆体的用量，浆体用量过少，保水性差易泌水、离析，要提高混凝土的坍落度必然要提高混凝土的浆体量。混凝土浆体量增大，混凝土体积稳定性变差，混凝土收缩、变形裂缝的概率增大。因此，要保持混凝土良好的体积稳定性，提高耐久性，在满足混凝土施工的前提下，尽量选择较小的坍落度以降低混凝土浆体量。

混凝土拌和物中的浆体量主要起到两方面的作用，首先填充粗细骨料间的空隙，当浆体充分填充骨料间空隙后，富裕的浆体包裹在骨料表面减少骨料间的摩擦力，改善混凝土拌和物的工作性。一般来说，富裕浆体越多，包裹在骨料表面的浆体厚度越厚，越便于流动，混凝土拌和物的坍落度相对也就越大。混凝土拌和物骨料的综合空隙体积可以利用粗骨料空隙率乘以细骨料空隙率近似获得，试验表明混凝土拌和物浆体充分填充骨料空隙后，浆体量每增加 10L/m^3，混凝土拌和物坍落度变化 20mm 左右。

混凝土拌和物浆体量 y 与混凝土坍落度 x 之间的线性关系：

$$y = 0.5x + V_{GP}V_{SP} + 15 \times (3.0 - M_x)$$

式中　V_{GP}——石子空隙率；

V_{SP} ——砂空隙率；

x ——混凝土拌和物配制目标坍落度，mm；

M_x——砂细度模数。

混凝土的坍落度确定以后，混凝土要达到相应坍落度的浆体量可以按照上述关系式确定。混凝土中胶凝材料浆体总量由胶凝材料用量、用水量和含气量组成，在使用非引气型减水剂时，混凝土胶凝材料浆体体积 V 由胶凝材料体积 V_b 和水的体积 V_w 两部分构成，即

$$V = V_b + V_w \tag{6-20}$$

因为体积 $V=m/\rho$，则式（6-20）可以变形为：

$$V = \frac{m_b}{\rho_b} + \frac{m_w}{\rho_w} \tag{6-21}$$

又因为水胶比为水的质量与胶凝材料质量的比值，即

$$\frac{W}{B} = \frac{m_w}{m_b} \tag{6-22}$$

在已知混凝土胶凝材料浆体用量和水胶比的情况下，联立上述两个方程即可解出胶凝材料用量和用水量。例如，假定已知某混凝土的浆体体积用量为 310L，胶凝材料密度为 2.75g/cm^3，水胶比为 0.47，即

$$V = \frac{m_b}{\rho_b} + \frac{m_w}{\rho_w} = \frac{m_b}{2.75} + \frac{m_w}{1.0} = 310\text{L} \tag{6-23}$$

因为水胶比为 0.47，则 $m_w=0.47m_b$，代入上述方程可得：

$$\frac{m_b}{2.75} + 0.47m_b = 310$$

解得，混凝土胶凝材料用量 m_b=371.9kg/m^3，约 372kg/m^3；用水量 m_w=0.47m_b=372kg/m^3×0.47=174.8kg/m^3≈175kg/m^3。

在使用引气型外加剂或者引气剂的情况下，按照引起量的多少减去相应的浆体体积。然后，按照上述步骤计算出用水量和胶凝材料用量。虽然使用适量引气剂或引气型外加剂在一定程度上可以降低混凝土用量，而且还可以提高混凝土的耐久性。但在使用引气剂或引气型外加剂时，应注意过量对混凝土强度产生的不利影响，不宜盲目使用。

6.3.5　外加剂用量的确定

外加剂减水率与外加剂掺量具有直接的关系，一般来说掺量越大，减水率越高。在低于外加剂饱和掺量时，外加剂的掺量与其对应的减水率近似于线性变化。因此，混凝土外加剂掺量可以按照式（6-24）进行近似计算：

$$\mu = \left(\frac{m_{w0} - m_w}{m_{w0}}\right) \times \frac{\mu_0}{\beta_0} \times 100\% \tag{6-24}$$

式中　μ ——外加剂掺量，%；

μ_0 ——外加剂饱和掺量，%；

β_0 ——外加剂饱和减水率，%；

m_w ——配制混凝土的用水量，kg/m³；

m_{w0} ——达到混凝土设计目标坍落度时基准用水量。

设：不掺矿物掺合料时，外加剂的饱和减水率为 β，粉煤灰的吸附系数为 α_f，掺量为 F，矿渣粉的吸附系数为 α_k，掺量为 K，则掺加矿物掺合料后，外加剂的饱和减水率：

$$\beta_0 = \beta(1-F-K) + \frac{\beta F}{\alpha_f} + \frac{\beta K}{\alpha_k} \tag{6-25}$$

式中　α_f、α_k ——粉煤灰和矿渣粉的吸附系数，可以经过试验测得，也可以从表6–18选取。

表6–18　　粉煤灰和矿渣粉的吸附系数

名称	粉煤灰需水量比			矿渣粉流动度比	
	≤95	96～100	101～105	95～99	100～105
吸附系数	0.4	0.5	0.7	0.8	0.7

$$m_{w0} = m_{w1} + \frac{T-80}{20} \times 5 + 10 \times (2.7 - M_x) \tag{6-26}$$

式中　m_{w1} ——坍落度7～9cm的基准混凝土用水量，与石子最大粒径有关，见表6–19；

T ——设计坍落度，mm；

M_x ——砂细度模数，一般来说，砂细度模数越小，细骨料砂的比表面积越大，用水量相对越高，砂细度模数越大，细骨料砂的比表面积越小，用水量也相对越小。

表6–19　　基准混凝土用水量与石子最大粒径系数表

最大粒径/mm	碎石				卵石			
	16.0	20.0	25.0	31.5	10.0	20.0	25.0	31.5
用水量/（kg/m³）	230	215	210	205	215	195	190	185

外加剂用量为：

$$m_a = \mu m_b \tag{6-27}$$

式中　m_b ——胶凝材料用量；

μ ——外加剂掺量。

6.3.6　砂、石用量

在预拌混凝土中，石子都是松散悬浮在砂浆中，形成工作性良好的拌和物。如果把混凝土看作由粗骨料（即石子）和砂浆两部分组成，砂浆包裹在石子的表面，一方面填充石子之间的空隙，另一方面在混凝土硬化前起润滑作用，使得混凝土具有一定的流动性以便于浇筑。若石子用量过大，石子间没有足够的砂浆层填充，石子间的摩擦力增大，混凝土出现石子堆积现象；若石子用量过小，在混凝土浆体不变的情况下，砂子用量增加，比表面积变大，包裹骨料的浆体厚度减小，从而减弱混凝土浆体的润滑作用，混凝土流动性变差。

我们通常用砂率来表示混凝土砂石的用量比例，使用《普通混凝土配合比设计规程》（JGJ 55—2011）（以下简称《规程》）给定的砂率选定表。该表是建立在水胶比为0.40～0.80、坍落度为10～60mm的基础上，砂率根据粗骨料的品种、最大公称粒径进行选取。对于坍落度大于 60mm 的混凝土，其砂率可以试验确定，也可以在砂率表的基础上，按坍落度每增大 20mm，砂率增大 1%的幅度予以调整。《规程》对其他影响砂率的因素（如石子的空隙率、砂的细度模数）则以一个取值范围进行概括。

如今，预拌混凝土的强度等级和水胶比的范围都有很大的改变，利用《规程》给定的砂率表格查找砂率，再根据坍落度要求层层递推得出砂率，显然很难适应预拌混凝土实际生产的需要。经过大量的试验和生产实践发现，石子的用量与混凝土坍落度有良好的相关性，当混凝土坍落度在某一个范围变化时，混凝土中石子用量也在一个相应的范围内变化，由此可见混凝土坍落度与石子用量之间有规律可循。混凝土拌和物中石子用量的大小受砂细度模数和混凝土坍落度大小影响，一般来说，砂细度模数越小，石子用量相对增加，混凝土拌和物坍落度越大，石子用量相对减少，将大量实验和生产进行归纳得出石子松散堆积体积用量 y 与坍落度 x 之间的关系，近似地可以表示成：

$$y=-1.15x+900-100(M_x-2.7) \tag{6-28}$$

式中 y——石子松散堆积体积；

x——混凝土拌和物坍落度；

M_x——砂细度模数。

根据关系式，由混凝土坍落度对应的石子松散堆积体积用量乘以石子松散堆积密度，可以得出单方石子用量。

细骨料砂的用量可以按照以下方法求得。

1. 假定表观密度法

先假定单方混凝土表观密度 m_p，见式（6–29）。

$$m_b+m_s+m_g+m_w+m_a=m_p \tag{6-29}$$

式中 m_b——每立方米混凝土胶凝材料用量，kg/m^3；

m_s——每立方米混凝土砂用量，kg/m^3；

m_g——每立方米混凝土石子用量，kg/m^3；

m_w——每立方米混凝土水用量，kg/m^3；

m_a——每立方米混凝土外加剂用量，kg/m^3。

用假定表观密度减去其他原材料质量，即可求得每立方砂的用量。

2. 体积法

每立方混凝土的体积为：

$$V+\frac{m_g}{\rho_g}+\frac{m_s}{\rho_s}+0.01\alpha=1 \tag{6-30}$$

式中 V——浆体体积；

m_g——每立方米混凝土石子用量，kg/m^3；

m_s——每立方米混凝土砂用量，kg/m^3；

ρ_g——石子的表观密度，kg/m^3；

ρ_s——砂的表观密度，kg/m^3；

α——混凝土的含气量百分数，在不使用引气剂或引气型外加剂时，α 可取 1。

依据上述公式，用石子的用量除以石子的表观密度求出石子的绝对体积，然后结合浆体

体积和混凝土含气量，可以计算求得砂的绝对体积，即

砂子绝对体积=混凝土体积–石子绝对体积–浆体体积–外加剂体积–含气量

然后再用砂的绝对体积乘以砂的表观密度就可以求出砂的用量。

6.3.7 试配确定配合比

1. 试配基本配合比

根据以上步骤确定的水胶比、用水量、砂石用量等参数，进行配合比试验，测试基准配合比的坍落度、黏聚性、保水性及表观密度等，调整混凝土拌和物满足设计的坍落度要求。

当混凝土拌和物表观密度实测值与计算值之差的绝对值不超过计算值的2%时，配合比可维持不变；当两者之差超过2%时，应将配合比中每项材料用量均乘以校正系数δ。

混凝土配合比校正系数：

$$\delta=\frac{\rho_{c,t}}{\rho_{c,c}} \tag{6-31}$$

式中 $\rho_{c,t}$——混凝土拌和物表观密度实测值，kg/m^3；

$\rho_{c,c}$——混凝土拌和物表观密度计算值，kg/m^3。

2. 新拌混凝土工作性调整方法

混凝土拌和物的初始状态是衡量配合比好坏最直观的方法，在混凝土配合比试拌的过程中，往往会遇到一些工作性不能满足要求的情况。引起这些现象的原因多种多样，有混凝土配合比设计方面的，有原材料质量方面的，也有外加剂与混凝土原材料相容性方面的。找到问题的原因所在，才能有效调整混凝土的工作性，以下几点是根据一些混凝土拌和物常见的状态而采取的一些方法，希望有所帮助，同时也需要在实践中多多总结。

（1）混凝土坍落度不符合要求，黏聚性和保水性合适。混凝土体系中浆体填充砂石混合骨料的空隙略有富裕才能在骨料表面形成润滑层，使浆体推动骨料运动。富裕浆体增大，混凝土的坍落度也随之增大，有研究表明，包裹在骨料表面的浆体厚度每增加3μm，混凝土坍落度增大30～50mm。混凝土浆体用量每增加10L/m^3，混凝土坍落度增大20mm左右。当混凝土坍落度小于设计坍落度时，黏聚性和保水性较好时，应保持水胶比不变，增大浆体用量或适当提高外加剂用量；当坍落度大于混凝土设计坍落度时，应保持水胶比不变，减少浆体用量或适当降低外加剂用量。

（2）混凝土坍落度合适，黏聚性和保水性不好。混凝土坍落度可以满足设计要求，混凝土拌和物黏度较低，保水性能较差，虽然没有明显泌水现象，但存在部分粗骨料无浆体包裹。遇到这种情况一般可以从两方面着手：一方面增加细骨料用量，降低粗骨料用量；另一方面是保持水胶比不变适当增加浆体用量，相应调整砂石用量。

（3）混凝土砂浆含量过多。混凝土拌和物砂浆过多，石子含量较少，造成混凝土发散，流动性较差。针对这一现象，可以降低砂的用量，增加石子用量。如果调整后砂石用量比例合适，但混凝土仍然发散，流动性差，应适当增加浆体用量，增加混凝土黏聚性。

（4）混凝土泌水、抓底。混凝土拌和物拌和时流动性很保水性都很好，一旦停止拌和就慢慢泌水，下沉的石子紧紧地与铁板黏结在一起，很难用铁锹等工具铲动，这一现象称为抓底，也称板结。产生抓底的主要原因是外加剂掺量敏感，外加剂用量或用水量提高 2～

3kg/m³，就会出现泌水。遇到这种情况，应适当降低外加剂掺量，或提高砂率，使用细度模数较小的砂。

（5）混凝土流动性差。混凝土拌和物坍落度、保水性均可以满足要求，就是混凝土拌和物看起来动感不足。造成这种现象的原因很可能是混凝土中起分散作用的外加剂有效成分不足，可以适当提高外加剂用量，必要时需要降低用水量，提高混凝土的流动性，又不至于泌水。

3. 确立混凝土配合比

在基本配合比满足工作性的基础上，依据基本配合比的水胶比±0.03 来确立另外两个配合比的水胶比。保持混凝土浆体体积不变，砂、石用量不变，对另外两个配合比进行试配。

然后分别成形，并分别测试 3、7、28d 或设计要求的其他龄期进行龄期试压，根据需要测定混凝土收缩变形性能、抗渗、抗冻、抗碳化和抗钢筋锈蚀性能。

根据混凝土强度试验结果，绘制强度和胶水比的线性关系图，用图解法或插值法求出与略大于配制强度的强度对应的胶水比。用插入法确立混凝土的水胶比，并最终确定配合比。

为了方便预拌混凝土生产质量控制，建议找出满足设计要求的水胶比范围。

6.3.8 配合比设计实例

［**例 6.2**］某住宅楼五层梁、板、柱，混凝土设计强度等级为 C30，输送方式为泵送，最高泵送高度 50m，施工季节为初夏，温度 20～25℃，距离为 25km，耐久性满足干燥环境中的要求。

原材料：某 P·O 42.5 水泥，28d 实测强度f_{ce}=47.1MPa，密度为 3000kg/m³；粉煤灰：Ⅱ级，需水量比为 99%，细度为 18%，密度为 2200kg/m³；矿粉：S95，流动性比为 105%，密度为 2800kg/m³；石子：5～31.5mm 连续级配碎石，松散堆积密度为 1530kg/m³，松散空隙率为 43%；砂子：细度模数为 2.7 的中砂，含泥量小于或等于 3%，大于或等于 5mm 的石子少于 5%，松散空隙率 44%；脂肪族高效减水剂 A：固含量 30%，饱和掺量 λ=2.2%时，减水率为 25%。

（1）根据工程部位及泵送要求，设计坍落度 220mm。

（2）配制强度取 38.2MPa。

（3）矿物掺合料掺量取代水泥 35%，其中，矿粉为 15%，粉煤灰为 20%，实测胶凝材料密度为 2760kg/m³。

其中

解：$f_b = \gamma_f \gamma_s f_c = 0.8 \times 1 \times 47.1\text{MPa} = 37.68\text{MPa}$

式中 γ_f、γ_s——粉煤灰影响系数，粉煤灰掺量 20%时，取 0.8、粒化高炉矿渣粉影响系数，矿粉掺量 15%时，取 1。

带入水胶比公式（6–6）求得：

$$\frac{W}{B} = \frac{\alpha_a f_b}{f_{cu,0} + \alpha_a \alpha_b f_b} = \frac{0.53 f_b}{38.2 + 0.53 \times 0.2 \times f_b} = 0.47$$

（4）混凝土坍落度为 220mm，可以求出浆体体积为：

$$V = V_{gp}V_{sp} \times 1000 + 0.5T + 15 \times (3.0 - M_x)$$
$$= 0.43 \times 0.44 \times 1000 + 0.5 \times 220 + 15 \times (3.0 - 2.7) \approx 305$$

即
$$V = \frac{m_B}{\rho_B} + \frac{m_W}{\rho_W} = \frac{m_B}{2.76} + m_W = 305L$$

又有 W/B=0.47，两个方程式联立可以求得用水量为 172kg/m^3，胶凝材料用量为 366kg/m^3，进而算出水泥用量为 238kg/m^3，粉煤灰为 73kg/m^3，矿粉为 55kg/m^3。

用水量为 172kg/m^3，设计坍落度为 220mm，石子的最大粒径为 20mm，不掺加减水剂用水量为：

$$m_{W0} = m_{W1} + \frac{T-80}{20} \times 5 + 10 \times (2.7 - M_x)$$

即　$m_{W0} = 205\text{kg}/\text{m}^3 + \frac{220-80}{20} \times 5\text{kg}/\text{m}^3 + 10 \times (2.7-2.7)\text{kg}/\text{m}^3 = 240\text{kg}/\text{m}^3$

外加剂饱和掺量 λ=2.2%时，减水率为 25%，粉煤灰的吸附系数为 0.5，掺量为 20%；矿渣粉的吸附系数为 0.7，掺量为 15%。则胶凝材料饱和减水率为：

$$\beta_0 = 25\% \times (1 - 20\% - 15\%) + \frac{25\% \times 20\%}{0.5} + \frac{25\% \times 15\%}{0.7} = 31.6\%$$

掺加 15%的矿渣粉和 20%的粉煤灰后饱和减水率为 31%，外加剂掺量为：

$$\mu = \left(\frac{240-172}{240}\right) \times \frac{2.2}{31.6} \times 100\% \approx 2.0\%$$

根据公式可以计算出外加剂掺量为 2.0%，外加剂用量为 366kg/m^3 × 2.0%≈7.3kg/m^3。

（5）石子松散堆积体积用量 y 与坍落度 x 之间的关系，近似地可以表示成：

$$y = -1.15x + 900 - 100(M_x - 2.7)$$

则，坍落度为 220 时，混凝土单方石子松散体积用量为：

$$y = -1.15x + 900 - 100 \times (2.7 - 2.7) = -1.15 \times 220\text{L} + 900\text{L} = 647\text{L}$$

单方混凝土石子松散堆积体积取 650L（0.65m^3），石子的用量为 0.65×1530kg/m^3=995kg/m^3。

（6）根据以上步骤选择的参数可知，用水量为 172kg/m^3、胶凝材料用量为 366kg/m^3；石子用量为 995kg/m^3。假定 C30 的混凝土表观密度为 2380kg/m^3，则砂子用量 m_s=2380kg/m^3－172kg/m^3－366kg/m^3－7kg/m^3－995kg/m^3=840kg/m^3。

（7）根据确立的各配合比参数，进行试配，调整其工作性满足要求，最终基本配合比（见表 6－20）。

表 6－20　　C30 试配配合比用量表　　（kg/m^3）

水胶比 W/B	W	C	K	F	A	S	G
0.47	172	238	55	73	7.3	840	995

根据表 6－20 中配合比进行试配，根据试配情况调整砂石用了，确定工作性符合设计要求的砂石比例。然后在保持基本配合比浆体用量、砂、石用量不变的基础上，将基本配合比的水胶比±0.03，两个配合比进行试配测试混凝土强度，见表 6－21。

表 6-21　　C30 试配配合比用量表　　(kg/m³)

水胶比 W/B	W	C	K	F	A	S	G
0.47	172	238	55	73	7.3	840	995
0.44	167	247	57	76	7.6	825	1010
0.50	177	230	53	71	7.1	855	980

分别测试三个配合比的坍落度 T、扩展度 K、表观密度 ρ 及 3d、7d、28d 抗压强度，测试结果见表 6-22。

表 6-22　　C30 试配测试结果表

项目 / 水胶比 W/B	T/mm	K/mm	3d/MPa	7d/MPa	28d/MPa	ρ / (kg/m³)
0.47	210	525×520	17.9	28.3	37.6	2383
0.44	205	500×500	19.8	31.1	41.7	2389
0.50	210	530×530	16.6	25.8	34.9	2375

从表 6-21 的结果来看，C30 配制强度为 38.2MPa 对应的配制强度范围为 37.6～41.7MPa，对应的水胶比在 0.47～0.44，采用差值法计算 38.2MPa 对应的水胶比。即先确定要配制的强度 $f_{cu,0}$ 所在的范围（M，N），进而确定配制强度所在的水胶比范围（m，n），然后根据公式进行计算水胶比：

$$\frac{W}{B}=m+\frac{m-n}{M-N}(M-f_{cu,0})$$

将 B=37.6、A=41.7、α=0.48、b=0.45 代入公式中，则 38.2MPa 对应的水胶比为 0.475。算出的水胶比与基准配合比的水胶比 0.47 相差不大，可以不做调整，设计的基准配合比为符合工程部位实际要求的配合比。

预拌混凝土质量控制和施工

预拌混凝土具有自身的特性：时效性、半成品性、影响因素多样性、检验的滞后性、处理结果困难性。

（1）时效性。预拌混凝土具有明显的时间特征，必须在规定的时间内完成运输、浇筑、养护等工序。

（2）半成品性。预拌混凝土实际上是半成品，其浇筑和养护往往是由施工企业完成，而成品质量受时间、施工工序、养护和气候等因素的影响，因此，经常出现混凝土标准养护试块合格但实体结构不合格的现象。在国家强制使用预拌混凝土之前，混凝土的生产、浇筑、养护等工序完全由施工企业负责。而在国家规定对预拌混凝土强制使用之后，由预拌混凝土企业独立完成预拌混凝土的生产，后期的浇筑和养护等阶段需要预拌混凝土企业和施工单位配合完成。这就导致了预拌混凝土企业和施工单位因为各自利益的不同而产生的责任不明确等问题，这在一定程度上影响了预拌混凝土的质量管理问题。

（3）影响因素的多样性。就预拌混凝土企业而言，原材料、配合比、计量、搅拌、运输及泵送过程中（见图7–1），任何一个环节出现问题，都会对质量产生不同程度的影响。除企业自身因素外，还与施工企业的施工工艺过程密切相关，很难做到混凝土质量始终处于有效的受控状态。

（4）检验的滞后性。混凝土强度和耐久性验收一般在28d以后进行，基本上是“死后验尸”，质量检查和验收的滞后，导致当产生质量问题时往往很难补救。

（5）处理结果的困难性。当混凝土质量出现问题时，一般不会降级使用，往往作修复处理，甚至报废，给企业造成巨大的经济损失。

7.1 预拌混凝土生产质量控制

影响预拌混凝土质量的因素多、技术复杂，致使生产质量始终存在着不可预见性的风险和隐患，这种风险和隐患超过一定限值就会造成质量事故。影响混凝土质量波动主要有六个因素：人、机器、材料、方法、测量、环境。

（1）人。操作者对质量的认识、技术熟练程度、身体状况等，主要体现在试验员技术水平、操作员对坍落度控制、驾驶员运输时间、搅拌车残料留水、施工人员技术素质等因素。

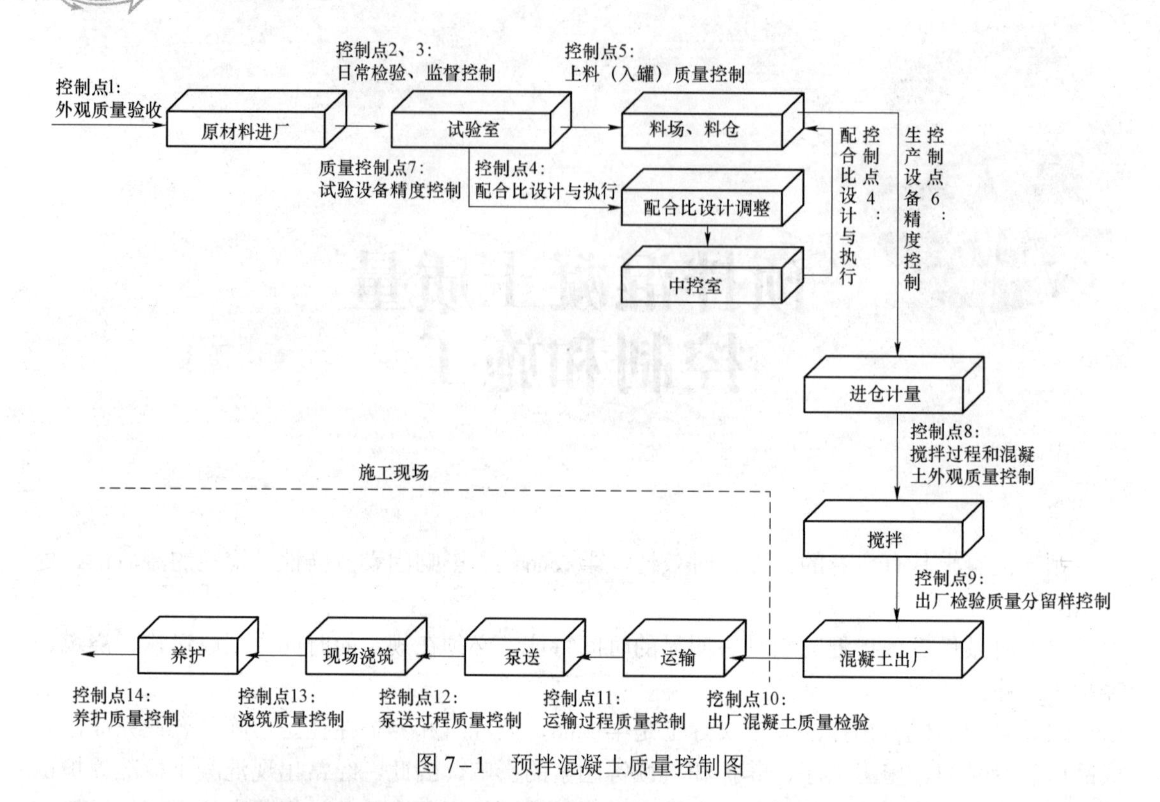

图 7-1　预拌混凝土质量控制图

（2）机器。机器设备计量的精度和维护保养状况等，主要体现在配料秤计量精度、搅拌机搅拌性能和搅拌车性能等因素。

（3）材料。材料的成分、物理性能和化学性能等，主要体现在水泥（品种、强度、细度、新鲜度）、粉煤灰（细度、需水比）、矿粉（细度、活性指数）、石子（品种、压碎值、级配、粒形、含泥量）、砂（品种、细度模数、级配、有机物含量）、外加剂（品种、掺量）等。

（4）方法。这里包括加工工艺、操作规程，主要表现在配合比使用、材料投料顺序、搅拌时间、混凝土含气量、混凝土温度、施工浇筑工序、开始养护时间及方法等。

（5）测量。测量时采取的方法是否标准、准确，具体体现在取样方法、成形试验方法、试验仪器设备、试压机性能等。

（6）环境。生产和施工现场的温度、湿度、照明和清洁条件等，具体表现为环境温度、湿度、入模后的养护条件（高温、冻害）、脱模后的养护条件、试验条件（湿度、温度）等。

7.1.1　人员管理措施

预拌混凝土作为建筑市场用量最大的一种材料，其质量要求非常重要，而所有的质量活动均离不开人员的参与管理。对于预拌混凝土企业的人员来说，造成预拌混凝土质量管理问题的人为因素主要有质量管理意识缺乏、专业素质和文化水平有限等。部分预拌混凝土企业的管理人员缺乏技术知识和管理能力，过分追求企业的效益水平，而忽略了质量问题。

（1）质量管理意识差。有的管理人员对质量管理体系的了解和认识不够，质量管理体系的编写过于理想化或脱离实际，在生产管理中形同虚设，这就直接导致了后期的预拌混凝土质量管理不到位。而操作人员的质量管理意识差，又会导致许多实际问题。例如：有的操作人员由于质量管理意识差在具体的工作中不能严格执行具体的标准和规定，埋下许多质量隐患。

（2）专业素质和文化水平有限。行业人员接受知识能力差，创新水平低，综合素质低，新技术和方法引用不及时，导致预拌混凝土的质量和服务跟不上，埋下了安全隐患。

可见，预拌混凝土企业的质量控制人员综合素质与混凝土质量水平息息相关。为确保预拌混凝土质量，应对质量控制人员进行详细的技术水平规定，从学历、专业能力、职称等级上都有相应的要求。尤其预拌混凝土企业对管理人员，要求必须大专以上学历，专业能力考试达标、中级职称以上，要有多年的混凝土质量控制经验；试验室操作人员，要求中专以上学历、动手操作能力达标、会一定的数据处理、专业能力考试达标；具体操作人员，要求相对低于质量控制管理人员，要求有一定的专业工作年限及相应的初级职称。

由于预拌混凝土行业属于全天候服务企业，因此对于质量控制人员数量的配备也必须满足生产需要，要建立相应的人员档案。同时，预拌混凝土企业要积极培养专业技术人员，建立一支团结、稳定的专业技术队伍。

最后，就是要树立起全企业的质量管理意识，定期培训和教育。使全员具备高度的工作责任感和敬业精神，各司其职，做好预拌混凝土的质量管理工作。

7.1.2　原材料质量控制

对于预拌混凝土企业来说，做好材料管理主要是做好控制原材料质量、选择合适性能指标的材料品种、做好材料的管理等工作。

1. 原材料进货验收

原材料进厂（场）后，应做好原材料的验收工作。原材料进货验收的主要内容：① 原材料的品种、规格和数量；② 产品质量合格证；③ 建立“原材料进厂台账”。

2. 原材料检测

原材料进厂（场）后应及时通过目测等简单的检验方法，检查外观质量，重点做好下列项目的检查。

（1）水泥。重点检查水泥的生产单位、水泥品种、强度等级、出厂日期、随车“产品质量合格证”。按同一厂家、同一等级、同一品种的水泥，不超过 500t 为一批，每批抽检一次，或按出厂编号对必要试验的项目进行复检，随到随检，发现异常，立即报告试验室主任及相关人员。通过胶砂稠度初步对比水泥的需水量，定期进行配合比试验，跟踪生产、运输、浇筑过程中混凝土的用水量及状态的变化。注意观察不同时期的水泥颜色，如果水泥颜色突变，则要慎重使用，避免工程事故。及时发现水泥中的掺合料或熟料变化、调包、误用粉煤灰等。3d 和 28d 强度发展情况，总结水泥胶砂强度发展规律，发现 3d 强度偏低时应及时调整混凝土配合比。水泥应选择强度稳定，与外加剂相容性好，便于操作控制的大厂水泥。

（2）砂。重点检查砂的细度模数、颗粒级配、含泥量、泥块含量、含水率、杂物等。砂子应先进行目测含泥量、泥块含量等指标，同规格的砂以 $400m^3$（或 600t）为一批次，不足 $400m^3$（或 600t）时，检验一次，对于砂质量稳定、进量较大时，可以 1000t 检验一次。初步判断砂质量的好坏，主要靠“看、捏、搓、抛”的方法。“看”，抓一把砂摊在手心，细看粗细砂粒分布的均匀程度，各级颗粒级配分布越均匀质量越好；“捏”，砂含水率的高低通过手捏，捏后观看砂团的松紧程度，砂团越紧证明含水率越高，反之越低；“搓”，抓一把砂在手心，用两手掌搓后，轻轻拍手，看手心上黏附的泥层，泥层越多且黄则证明砂含泥量高，反之含泥量低；“抛”，砂经捏后在手心抛一抛，若砂团不松散，可以判定出砂细、含泥量或含水量较高。

（3）石。重点检查石的规格、颗料级配、含泥量、泥块含量、针片状颗料含量、杂物等。石子应先目测含泥量、泥块含量等指标，对同规格的石子以 400m^3（或 600t）检验一次，不足 400m^3（600t）时，检验一次。对于石子质量稳定、进量较大时，可以 1000t 检验一次。目测碎石质量好坏，主要靠“看、磨”的直观方法。“看”，看碎石的最大粒径以及不同粒径的碎石颗粒分布的均匀程度，可以初步判断出碎石级配的好坏；看针片状颗粒分布多少，可以估计出碎石对混凝土和易性和强度的影响程度大小；看碎石表面附着尘粒厚薄程度，可以分析出含泥量的大小；看干净的碎石表面晶粒分布程度，结合“磨”（两粒碎石对磨）可以分析出碎石的坚硬程度。

查看石子中是否有页岩和黄皮颗粒，如果有较多的页岩颗粒就不可用。黄皮颗粒分两种情况，表面有水锈而没有泥，这种颗粒可用，不会影响石子与砂浆间的黏结。当颗粒表面粘有黄泥时，这种颗粒为最差的颗粒，它会较大地影响石子与砂浆的黏结，这种颗粒较多时就会降低混凝土的抗压强度。

（4）外加剂。重点检查外加剂的生产单位、外加剂品种、随车“产品质量合格证”。做到每车进行水泥净浆或者混凝土试验对经时损失检测，合格方可入罐。混凝土外加剂，通过目测观察颜色，可以大致判断出是萘系（褐色）、脂肪族（血红）还是聚羧酸（无色或淡黄色），当然，还有萘系和脂肪族复配后的产品（红褐色），从气味上也能判断减水剂的品种。

至于混凝土膨胀剂，如聚丙烯纤维，钢纤维等特殊材料，一般都随货物附有产品说明书和质检报告，做好产品验收即可。

（5）掺合料。重点检查掺合料的生产单位、掺合料的品种、随车“产品质量合格证”。对进厂粉煤灰均应车车检测细度、需水量比，检测合格方可入罐。粉煤灰观感质量的判定，主要用“看、捏、洗”的简便方法。“看”，则是看粉煤灰的颗粒形状，若颗粒是球形，证明粉煤灰是原状的风道灰，反之则是磨细灰；“捏”，用拇指和食指捏，感受两指间的润滑程度，越润滑，则反映粉煤灰越细，反之则越粗（细度大）；“洗”，用手抓一把粉煤灰捏后用自来水冲洗，若附着在手心的残余物很易被冲洗干净，则可以判断该粉煤灰烧失量小，反之残余物较多不易冲洗则说明粉煤灰烧失量偏高。粉煤灰的外观颜色也能间接反映粉煤灰的质量。颜色黑，含碳量高，需水量就越大，异常情况及时采取配合比试验，查看对用水量、工作性能、凝结时间和强度的影响。矿渣粉外观颜色为白色粉末，矿渣粉颜色发灰或发黑说明矿渣粉中可能掺加了活性较低的钢渣粉或粉煤灰。对矿渣粉车车检测流动度比，合格方可入罐，注意同一厂家不同时间产品的质量稳定性。

3. 砂浆扩展度法检测原材料

混凝土原材料进场验收是控制原材料质量的关键环节，混凝土生产企业原材料来源广，用量大，原材料进场验收需要做到快捷、经济方能满足生产实践的需要。按照国标、行标规定的试验方法，能准确判断混凝土原材料的质量指标，但一般耗时较长，在原材料进场质量控制方面不能快捷判断原材料对混凝土的影响。因此，需要一种简单的方法对原材料进场质量控制，力求几分钟就能出结果。使用砂浆扩展度法试验就可以快速判定待检原材料对混凝土的影响，迅速做出判断，同时也可以给生产配合比调整提供参考。

（1）所用仪器。

行星式水泥胶砂搅拌机：符合 JC/T 681 的要求。

电子秤：量程 3kg，分度值 0.1g。

电子秤：量程 800g，分度值 0.01g。

玻璃板：400mm×400mm×5mm。

截锥圆模：70mm×100mm×60mm（上口内×下口内×高），符合《水泥胶砂流动度测定方法》（GB/T 2419—2005）的要求。

不锈钢尺：量程 500mm，分度值 1mm。

塑料量杯：300mL。

不锈钢刮尺：30mm×200mm×2mm。

玻璃表面皿：直径 80mm。

（2）试验方法。

1）开始试验前用拧干的湿抹布擦拭搅拌叶和搅拌锅，使其表面湿润但不带水渍。

2）按照 C30 配合比称取水泥、矿物掺合料，称取生产使用的砂用量，并筛除粒径大于 4.75mm 的颗粒，按 C30 配合比的水胶比降低 0.02 计算并称取用水量，外加剂掺量较 C30 配合比降低 0.1%称取。

3）用拌和水冲洗盛放减水剂的表面皿 3 次以上，洗涤用拌和水及剩余拌和水合并用于搅拌锅的减水剂中。轻摇搅拌锅，使减水剂与水混合。将水泥（准确至 0.5g）倒入搅拌锅中，注意防止液体溅出。把搅拌锅放在固定架上，上升至固定位置。

4）启动胶砂搅拌机自动搅拌程序。记录搅拌机开启时间。低速搅拌 60s，在后 30s 期间将标准砂均匀加入。再高速搅拌 30s，然后停止 90s，在第一个 15s 内用刮尺将搅拌叶和锅壁上的胶砂刮入锅中间，再高速继续搅拌 60s。

5）在拌和砂浆的同时，将玻璃板放置在水平位置，用湿抹布擦拭玻璃板、截锥圆模，并把它们置于玻璃板中心，盖上湿布备用。

6）待搅拌机停止后，取下搅拌锅，迅速用湿抹布将玻璃板及试模再均匀擦拭一遍，将搅拌好的砂浆迅速注入试模内，用刮尺刮平，将试模按垂直方向提起，任砂浆在玻璃板上自由流淌，至停止流动（试模提起后约 30s），用钢尺量取流淌部分互相垂直的两个方向的最大直径，取其平均值作为水泥砂浆扩展度。

7）对比已知合格原材料与检测材料的砂浆扩展度，初步判定其质量的好坏。

（3）砂浆扩展度法的特点。

1）砂浆扩展度法试验适用除石子以外的所有原材料。

2）试验配合比和原材料采用生产实践中的配合比和原材料，与生产相关性好，可以很好地指导生产过程中的混凝土质量控制。

3）试验方法简便，可以在较短时间内出结果，适用于预拌混凝土公司进量大、来源复杂的原材料检测，节省人力。

4）便于混凝土生产企业技术人员快速了解原材料情况，及时与供应商沟通。

5）混凝土拌和物出现较大波动，不利于质量控制时，可以使用该方法快速查找导致问题的原因。

（4）原材料处理原则。

1）进场原材料砂浆扩展度与同品种原材料（已检合格）砂浆扩展度值波动范围在5%以内，认为进场原材料合格，可以正常使用。

2）进场原材料砂浆扩展度与同品种原材料（已检合格）砂浆扩展度值波动范围在10%以内，但砂浆扩展度经时（30min或60min）损失波动不大，通过调整外加剂掺可以使用，及时与供应商沟通。

3）进场原材料砂浆扩展度与同品种原材料（已检合格）砂浆扩展度值波动超过10%，砂浆扩展度损失也较大，调整配合比仍没有明显改善，应退货处理。不得已必须使用时，应重新进行混凝土试配。

4. 原材料储存

（1）水泥。水泥应按品种、强度等级、牌号及批次分别储存在专用的储仓内，并有醒目标志标明水泥品种、厂家等。不同的水泥助磨剂、石膏含量及种类、熟料的比例均有可能不同，这些差异有可能造成水泥的凝结时间、安定性等性能的差异，如果混合使用易造成质量事故。对存放时间超过3个月的水泥，使用前应重新检验，并按检验结果使用。

（2）砂、石。砂、石场应采用硬地坪（水泥地坪），并有可靠排水措施，防止积水。砂、石应按品种和规格分别堆放，不得混杂，在其装卸和储存期间应采取措施，保持洁净。

（3）外加剂。外加剂应按生产单位、品种分别存放。存放外加剂的储槽（桶）应使用醒目标志标明外加剂的品种等。

（4）掺合料。掺合料应按生产单位、品种，批次分别储存在专用储仓内。储存掺合料的专用储仓应密封、防潮，并有醒目标志标明掺合料的品种、等级等。

（5）使用记录。生产过程中应经常检查原材料的消耗情况，保证原材料的正常供应和生产的正常进行。

7.1.3 生产质量控制

预拌混凝土的特点是产量大、生产周期短、生产过程中混凝土质量检验难度大，出厂时混凝土强度等重要技术指标不易检测。实际生产时混凝土的质量依据混凝土配合比设计，通过控制原材料的质量和控制生产过程来保证。因此，加强对预拌混凝土生产过程的质量控制尤为重要。

1. 预拌混凝土的生产管理

预拌混凝土生产过程的质量控制，一般包括各组成材料计量、搅拌、出厂检验、运输和泵送（或自卸）等工序的控制。针对每道工序，制定相应的工作流程和控制要点，收集相应的数据并整理归档，使其具有可追溯性。预拌混凝土的生产是预拌混凝土配合比实现的过程，其生产过程的质量控制如图7-2所示。

（1）预拌混凝土生产前的组织准备。混凝土购买方应提前1～2d将混凝土需求量、施工部位、施工方式告知预拌混凝土企业，便于预拌混凝土企业安排生产、组织原材料、查看行车路线。

1）“生产任务单”的签发。“生产任务单”是预拌混凝土生产的主要依据，预拌混凝土生产前的组织准备工作和预拌混凝土的生产都是依据“生产任务单”进行的。“生产任务单”是

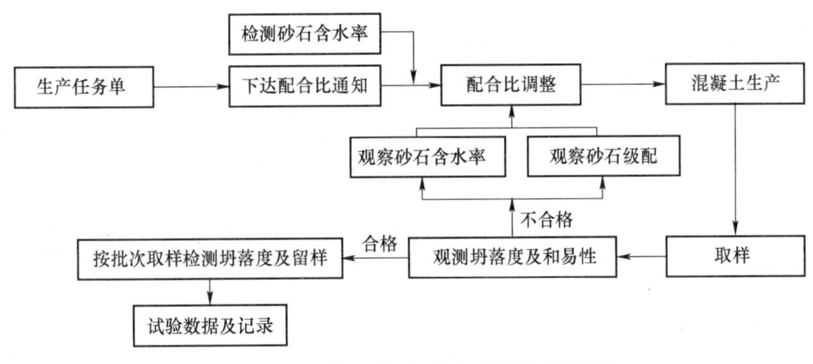

图7－2　预拌混凝土生产质量控制流程

由经营部门依据预拌混凝土“供销合同”向生产部门和技术质量部门签发。“生产任务单”主要包括购货单位、工程名称、工程部位、混凝土品种、强度等级、交货地点、供应日期和时间、供应数量和供应速度以及其他特殊要求。

2）“混凝土配合比通知单”的签发。技术质量部门收到“生产任务单”后，应根据“生产任务单”中混凝土品种、工程部位、运输距离、气候情况等并结合搅拌站实际情况（现有原材料情况等），选择适宜的混凝土配合比，并签发“混凝土配合比通知单”。实际生产时，还应根据当时的砂、石含水率及砂、石的级配情况对混凝土配合比做出适当调整。

3）原材料的组织。生产部门依据“生产任务单”和“混凝土配合比通知单”组织原材料的供应，保证原材料的品种、规格、数量和质量符合生产要求。

4）仪器、设备检查和运转。预拌混凝土质量是否满足标准或项目要求，对混凝土的性能检测必不可少，因此配备必要的仪器设备能够为原材料质量控制、过程控制和成品检验中提供有力的保障。

预拌混凝土企业中除了预拌混凝土的生产设备，其他设备仪器主要集中在试验室。仪器设备的配备从数量、精度上应能满足国家标准规定，同时对于仪器设备的管理，从采购、建档、定期维护、保养、自检等几个方面进行。每年请国家认可的专业机构进行检定（校准），确保仪器设备运转正常，对于不合格仪器设备的处置，采取修理、调整、限制使用、降级、报废的措施进行处置。

对于生产过程中使用的设备更要严格检修、保养，要做到以下几点。

① 班前计量检查，包括检查各计量料斗的工作情况，传感器的工作情况，计量显示器的复零等。

② 搅拌机的空运转。生产前对搅拌机进行一次检查，包括搅拌机各联结部位的连接情况、润滑情况，在检查无误的情况下，启动搅拌机进行空运转检查，运转正常后方可生产。

③ 上料设备和筒仓出料设备的确认。为了防止误用原材料，生产前应对各上料设备和筒仓出料设备进行一次全面的检查，保证原材料的品种、规格符合“混凝土配合比通知单”所规定的要求。

④ 供应组织。混凝土生产前应按混凝土供应的速度安排运输车辆，明确送货地点和运输路线，施工现场应有专人负责混凝土的接收、指挥和协调。

（2）预拌混凝土生产。

1）混凝土配合比的输入和原材料的确认。严格按照“混凝土配合比通知单”，将混凝土配合比输入搅拌机的配料系统。为了防止出错，这项工作一般应有两人操作，其中一人负责将混凝土配合比输入计算机，另一人负责核查确认，并对混凝土配合比的输入工作做好记录。要严格核查原材料的品种、规格以及数量，保证混凝土用各种原材料的质量符合有关标准的要求和“混凝土配合比通知单”的规定。特别要注意原材料筒仓的编号、筒仓内原材料的品种和出料闸门（阀门）。

2）计量。各种原材料应按“混凝土配合比通知单”规定值计量，保证混凝土配合比的正确，保证混凝土质量。

3）搅拌。原材料的供应得到保证，生产设备运行可靠，混凝土配合比输入和原材料准确，混凝土运输和施工现场准备工作完毕后方可生产混凝土，混凝土生产时应做好下面几项工作。

① 每次搅拌前应先开动搅拌机空运转，空运转前一定要打铃 30s～1min 确保维修及清理皮带人员离开，以免发生事故。运转正常后方可加料搅拌，加料的程序和搅拌时间按规定进行。

② 搅拌机启动开始拌料后，立即对机械设备的运转、计量料斗的工作情况再进行一次检查，确保运行正常。同时对所用原材料还要进行一次核查，防止误用。各项检查完成，并符合生产要求时，才能正常生产混凝土。

③ 在混凝土生产过程中，还要经常对机械设备的运行和原材料的使用进行巡回检查。

④ 做好首盘（前期生产）的质量检查。做好混凝土前期生产的质量检查十分关键，第一盘以目测为主，根据第一盘目测结果调整第二、第三盘。对第一车非泵送（或第二车泵送）混凝土进行取样，检测混凝土的坍落度及和易性，并进行混凝土成形。当检测结果与“混凝土配合比通知单”的要求有较大误差时，应分析原因，需要时由技术质量部门进行调整。

混凝土的开盘鉴定是预拌混凝土企业的重要管理环节，生产技术人员应做到“两看一听”。一看混凝土搅拌过程中电流表的变化情况，混凝土坍落度的大小可以通过电流表的数值变化表现出来，混凝土坍落度大时，电流表数值较小，反之电流表数值较大；二看搅拌机下料的状态，滴浆速度快则混凝土坍落度大，滴浆呈块状则混凝土坍落度小；一听要听混凝土下料的声音，若可以听到混凝土“啪啪”的声音，则混凝土坍落度大，混凝土离析或砂率较小。

4）混凝土配合比调整。混凝土在生产过程中应根据实际情况，对“混凝土配合比通知单”所规定的配合比进行调整。

① 配合比调整的原因。

a. 砂、石含水率、颗粒级配、粒径、含泥量等发生变化。砂、石含水率会因砂、石所处的不同区域及进料时间发生变化，造成混凝土坍落度发生变化。砂子的细度模数变化 0.2，砂率相应增减 1%～2%；砂石级配不合格或采用单级配时，砂率应适当提高 2%～3%；石子最大粒径降低一个等级，砂率增减 2%～3%；砂石的针片状含量增大，针片状含量变化 5%左右，砂率应调整 2%～3%；砂子含石量的变化应及时调整砂率；砂子含水率变化 2%左右，会使混凝土的坍落度发生显著变化，例如：单方混凝土砂子用量为 800kg，含水率变化 2%，则混凝土单方用水量变化 15kg 左右，坍落度浮动 40～60mm。因此，生产混凝土时应随时注意砂、石含水率的变化，并按规定调整配合比中的用水量。在生产过程中要求质量控制人员经常查看料场原材料的实际情况，根据实际情况进行有效控制混凝土质量。

b. 胶凝材料用水量发生变化。水泥标准稠度用水量变化，通过试验室的复试可以发现水泥标准稠度用水量的变化，水泥标准稠度用水量波动 1%，混凝土用水量将波动 3～5kg/m^3。

矿物掺合料的需水量随等级、厂家等不同而有很大的不同。矿物掺合料需水量的变化直接影响混凝土的坍落度，如粉煤灰需水量变化 1%，将要影响减水剂减水率 1%，才能保证混凝土初始坍落度不发生变化。

c. 外加剂减水率发生变化。外加剂减水率的变化对混凝土用水量的影响非常显著，减水率高时，用水量减少，水胶比降低，混凝土强度提高。但是减水率过高时，会使混凝土对用水量变化十分敏感，难以控制，很容易出现离析、泌水现象。

d. 坍落度损失的变化。运输距离、运输时间、气候变化、施工速度等因素常常会造成混凝土坍落度损失。运输时间长、温度高、气候干燥，坍落度损失就大；反之，坍落度损失就小。在炎热条件下，混凝土拌和物的需水量随温度升高而增加，其增加的需水量可用下列经验公式得出：$W=(t-20)\times 0.7$（t 为混凝土处于高温季节施工时的温度）。在夏季气温高于 20℃时，温度每增加 10～15℃，应增加用水量 2%～4%或外加剂掺量增加 0.1%～0.2%。运距每增加 10～15km，增加用水量 5～8kg 或外加剂掺量增加 0.1%～0.2%，也可采用二次添加外加剂或采取对骨料浇水降温的办法，减小坍落度损失。

e. 现场施工需要。施工现场由于浇筑部位不同，对混凝土坍落度要求也不一样，例如：大体积混凝土施工时，在后期为了有利于收尾（头）或因泵送距离缩短可适当减小坍落度。

② 混凝土配合比调整的基本要求。实际生产过程中，可根据需要调整混凝土配合比，但调整时要求如下。

a. 调整要有足够的理由和依据，防止随意调整，见表 7－1。

表 7－1　　配合比调整规定

混凝土拌和物不良状态	调整措施
坍落度小于要求，黏聚性和保水性合适	保持水胶比不变，增加水泥浆用量，相应减少砂石用量（砂率不变）
坍落度大于要求，黏聚性和保水性合适	保持水胶比不变，增加水泥浆用量，相应增加砂石用量（砂率不变）
坍落度合适，黏聚性和保水性不好	保持砂石总量不变，增加砂率。或保持水胶比不变，调整胶凝材料用量，相应调整砂石用量
砂浆含量过多	减少砂率（保持砂石总量不变，提高石子用量，减少砂用量）

b. 调整应不影响混凝土质量，通常情况下，调整过程中混凝土水胶比不能发生变化。加强生产水胶比的监控，水胶比不仅是决定混凝土强度的主要因素，也是影响混凝土硬化后耐久性的主要因素，水胶比一经确定，不得随意更改。但在实际生产过程中确实存在用水量与配合比设计用水量的差别，使水胶比发生改变。在混凝土生产过程中控制混凝土质量的核心内容是控制生产用水量，使混凝土实际水胶比在±0.02 范围以内浮动，将混凝土 28d 强度值在表 7－2 的范围内变化，保证混凝土质量的稳定性。水胶比每降低 0.01%，混凝土强度增长 4%左右；水胶比变化 0.05～0.1，砂率变化 1%～2%。

表 7－2　　生产控制强度建议表

强度等级	C10	C15	C20	C25	C30	C35
控制强度/MPa	14±2	18±2	24±3	30±3	36±4	41±4
强度等级	C40	C45	C50	C55	C60	供参考
控制强度/MPa	47±4	52±4	59±5	65±5	68±5	

c. 调整配合比必须按规定程序进行，要由技术质量部门或由技术质量部门授权的专业技术人员按照规定进行。试验员调整配合比应遵守以下规定：砂率允许调整±2%，外加剂允许调整胶凝材料用量的±0.2%，用水量允许调整 5～10kg/m^3，对超出上述范围应向试验室主任或技术负责人申请。胶凝材料的调整相对复杂，原则上不允许试验员调整胶凝材料用量，见表 7–3 和表 7–4。

表 7–3　　胶凝材料随不同因素变化规律

序号	因素变化内容	胶凝材料调整范围
1	混凝土强度变化 5～10MPa	变化 35～70kg/m^3
2	水泥强度等级每差一个等级	变化 40kg/m^3
3	坍落度变化 20～30mm	变化 15～20kg/m^3
4	砂子细度模数相差一档	变化 15～20kg/m^3
5	粗骨料最大粒径相差一档	变化 30～40kg/m^3
6	气温高低每差 10℃	增减 20kg/m^3

表 7–4　　原材料质量对水泥用量的影响

原材料	影响因素	品质（%）	增加水泥量/kg	备注
矿物掺合料	需水量比	＜100	0	减少相应的矿物掺合料用量，增加外加剂掺量获得满意的工作性
		100～105	10	
		105～115	20	
细骨料	细度模数和级配	2.3～3.0（Ⅱ区）	0	应根据细度模数、含泥量综合确定，最后相加取得
		3.1～3.4（Ⅰ区） 2.0～2.3（Ⅲ区）	8	
		3.4～3.7（Ⅰ区） 1.7～2.0（Ⅲ区）	15	
	含泥量或 *MB* 值	＜5（0.5）	0	
		5～8（0.5～1）	10	
		8～10（1.0～1.4）	20	
粗骨料	空隙率	38～40	0	应根据空隙率与针片状取值相加取得
		41～43	8	
		＞43	15	
	针片状	＜8	0	
		8～13	10	
		13～20	20	

d. 要做好调整记录。

5）动态计量检验。在混凝土生产过程中，操作人员应注意动态计量误差，当原材料的设定值与实际计量值（使用值）的偏差超过表 7–5 的规定时，要找出原因，及时处理。技术质量部门也要加强对混凝土生产时的动态计量精度的抽查，一般情况下，每个工班不少于一次。

表7-5　混凝土原材料计量允许偏差表

原材料品种	骨料	水泥	掺合料	水	外加剂
每盘计量允许偏差（%）	±3	±2	±2	±2	±2
每车计量允许偏差（%）	±2	±1	±1	±1	±1

6）计量记录。混凝土生产时应对每一盘的原材料实际使用量进行记录。计量记录是反映混凝土实物质量的有效依据。应认真做好计量记录和计量记录的归档保存工作。

7）拌和物质量抽检。生产过程中应加强对拌和物质量检测，一般情况下，每工作班不少于一次。在混凝土浇筑过程中应安排技术人员到施工现场查看混凝土施工情况，看混凝土施工现场的卸料过程中是否出现砂石分离现象；对于泵送混凝土，要听泵车的声音，若泵车泵送过程中发出“唰唰”的声音，则和易性较好，若泵车发出“咕噔咕噔”的声音，则混凝土砂率较小，应调整砂率。

8）质量检验。依据国家标准《预拌混凝土》（GB/T 14902—2012），预拌混凝土的质量检验分为出厂检验和交货检验。预拌混凝土在生产过程中和出厂前应做好质量检验工作，通常情况，质量检验的检验项目有混凝土坍落度和混凝土强度两项检验。

2. 预拌混凝土的供应管理

按照《预拌混凝土》（GB/T 14902—2012）的规定，预拌混凝土的强度和坍落度以现场交货检验为准，而预拌混凝土的质量在供应过程中随时间等其他因素的变化会发生显著变化，所以加强对预拌混凝土的供应管理也十分重要。预拌混凝土供应过程中应重点做好以下几项工作。

（1）组织协调。

1）装料及运输。混凝土搅拌运输车罐内严禁有积水，特别是刷罐后或者在下雨后，搅拌罐应先反转泄水。装完料后，应高速搅拌，防止混凝土拌和物抛洒。混凝土运输过程中，混凝土运输车的搅拌罐应保持 3～5r/min 的慢速转动，以防止混凝土拌和物出现离析、分层等现象。

2）交货地点和行驶路线。预拌混凝土出厂前（生产前）应明确交货地点和行驶路线，并将有关情况通知驾驶员，确保以最短的时间运送混凝土。

3）供应速度。预拌混凝土的生产和使用一般是连续的，工程项目受工程部位、作业面大小、输送泵数量和人员等因素的影响，对混凝土的需求量和需求速度是不同的，这就要求预拌混凝土生产企业掌握实际情况，并适应现场需求。供应速度过快，会造成施工现场车辆等候时间过长，影响混凝土工作性和质量；反之，供应速度过慢，会造成施工现场缺料，不能保证连续浇捣，影响浇捣质量。所以要合理安排生产和发车。调度员在向施工工地发车时，开始速度要慢，并及时与工地沟通，以便根据实际施工要求进行调整。

（2）发货和交货检验。

1）发货单。依据“生产任务单”和施工现场的各项组织协调要求，预拌混凝土生产企业将经过检验合格的预拌混凝土向施工现场运送。混凝土出厂时应随车向购货单位（建设单位或施工单位）签发“预拌混凝土发货单”，做到一车一单，“预拌混凝土发货单”可作为预拌混凝土的交货验收凭证。

2）交货检验。预拌混凝土发货送到施工现场后，依据《预拌混凝土》（GB/T 14902—2012）

规定做好交货检验工作。交货检验的取样试验工作由供需双方协商，当施工方不具备上述检验条件时，供需双方通过协商委托双方认可的有资质的试验室承担，并应在合同中予以明确。

交货检验的混凝土取样工作要求：应在混凝土运到交货地点时算起20min内完成坍落度试验，40mim内完成试件制作，并规定混凝土试样的取样应随机从同一车卸料过程中的1/4～3/4之间抽取。试块制作与养护要严格按国家标准规定的方法操作。在浇筑混凝土时，应制作供结构或构件拆模、吊装、张拉和强度合格评定的试件，根据需要制作抗冻、抗渗或其他性能试验用试件。

3）预拌混凝土产品质量合格证。预拌混凝土生产企业必须按批次向购货单位（建设单位或施工单位）提供“预拌混凝土产品质量合格证”。同一单位工程内同一分部工程、强度等级相同、配合比基本相同、同一工作班或一次连续浇捣的混凝土为一批。“预拌混凝土产品质量合格证”应在该批次混凝土有关检测项目检验后及时送到购货单位。

（3）施工现场的信息反馈。

1）供应速度和供应量的调整。混凝土施工时，常会遇到不可预见的情况，影响混凝土的浇筑速度，因此，需要及时通知预拌混凝土企业的生产部门，以期达到供应速度和需要速度的基本平衡。混凝土浇捣结束前要对混凝土的需求量进行估算，防止浪费混凝土。

2）质量情况的反馈。

① 混凝土在供应过程中质量可能发生变化，特别在夏季气温较高、运输路程较长情况下，混凝土坍落度损失快，不能满足泵送和浇捣要求；有时混凝土离析现象严重等问题，这些情况应及时通知技术部门予以调整。

② 在混凝土浇捣过程中，不同的部位，对混凝土坍落度的要求也不相同。例如：大体积混凝土浇捣时，由于泵管长度的变化和浇捣过程中出现的泌水现象，需要对混凝土坍落度做适当的调整，这些情况应及时通知技术部门予以调整。

（4）现场配合和督促。预拌混凝土生产企业在供应预拌混凝土时要积极配合施工单位做好有关工作，同时又要督促施工单位做好以下几项工作：

1）督促施工单位做好预拌混凝土的接收工作，保证以合理的混凝土浇捣速度，防止混凝土等候的时间过长。一般情况下，混凝土从拌制到完成浇捣总时间不宜超过 90min，对于高温季节，还要缩短时间。当需要间歇时，应在初凝前浇筑完毕且符合表7-6的要求。

表7-6　　混凝土运输、浇筑及间歇全部时间限值　　（min）

条件	气温	
	≤25℃	＞25℃
不掺外加剂	180	150
掺外加剂	240	210

2）督促施工单位不得在混凝土中加水。

3）督促施工单位做好交货验收工作，包括交货检验的取样、试件制作、养护和试验工作。

3. 预拌混凝土生产质量检验

预拌混凝土生产质量检验十分重要，不仅能够判定混凝土是否合格、能否使用，同时也是对原材料质量、混凝土配合比设计和生产过程质量控制的全面检查。凡不合格的混凝土不得出厂，更不得在工程上使用。一旦发现混凝土质量不合格，要找出原因，采取措施。预拌混凝土生产质量检验的主要内容如下：

（1）混凝土拌和物工作性。混凝土拌和物要能满足拌和物在搅拌、运输、浇筑、捣实及表面处理等生产工序易于施工操作，达到质量均匀、不泌水、不离析的要求，以获得良好的浇筑质量，从而为保证混凝土的强度、耐久性及其他要求具备的性能创造必要的条件。拌和物质量检验的主要项目有拌和物坍落度、含气量等。

（2）混凝土强度。混凝土强度是混凝土极为重要的技术指标。虽然在许多实际工程中，混凝土的抗渗性、抗冻性等性能确实也很重要，但由于混凝土结构主要是用以承受荷载或抵抗其他各种作用力，而且混凝土强度与这些性能密切相关。因此，通常将混凝土强度作为极其重要的指标来控制和评定混凝土质量。

（3）混凝土的耐久性。

1）抗渗性。混凝土的抗渗性是指混凝土抵抗液体在压力作用下渗透的性能。抗渗性是混凝土的一项重要性能，它不仅关系到混凝土阻挡水或溶液的通过能力，而且还直接影响混凝土的抗冻性和抗侵蚀性。当混凝土的抗渗性较差时，水或溶液易于渗入内部，从而增大了冰冻时的破坏作用或侵蚀介质的侵蚀作用，降低混凝土的抗冻性和抗侵蚀性。混凝土的抗渗等级可为 P4、P6、P8、P10、P12 五个等级。

2）抗冻性。混凝土的抗冻性是指混凝土在饱和水下能经受冻融循环而不受破坏，同时强度也不严重降低的性能。在寒冷地区，特别是在接触水而又受冻环境下的混凝土要求具有一定的抗冻性。混凝土抗冻等级可为 F25、F50、F100、F150、F200、F250、F300 七个等级。

3）氯化物含量。氯化物含量主要与钢筋锈蚀有关，由于氯离子会破坏钢筋钝化薄膜、引起钢筋锈蚀、破坏混凝土结构，因此要严格控制混凝土拌和物的氯化物总含量（以氯离子质量计）。

4）碳化。碳化作用使混凝土碱性降低（中性化），对钢筋钝化薄膜不利，使钢筋锈蚀。同时，碳化作用使混凝土收缩容易造成混凝土结构发生裂缝，因此也应控制混凝土的碳化。

4. 退回搅拌站的混凝土处理

应加强对退回混凝土的质量控制，以科学合理地利用退回混凝土，减少废料，增加效益。退回站内的混凝土，均应首先考虑降低等级使用。在无法降低等级使用时，应根据情况分清原因，判断混凝土的性能，然后进行合理的处理。以下就经常出现的几种情况，制定了具体处理办法。

（1）因检验不严造成的混凝土退料。因混凝土出站前未经检查或检查不严、判断失误等原因，致使不合格的混凝土发往工地，造成施工方拒收。退回后，应分以下两种情况处理。

1）坍落度过大（或离析），应根据实际情况增加同配比的干料或稠砂浆，快速搅拌不少于 90s，经检查无干料块，坍落度符合设计要求，且实际水胶比不大于理论水胶比方可出站。如果处理后坍落度小于出站要求，应加入适量外加剂调整到满足施工要求的坍落度方可出站。

2）坍落度过小，应适当增加水泥浆，然后加外加剂，并强制搅拌，直到坍落度达到出站要求为止。但应注意，外加剂的掺量不得超过推荐掺量的最大值。

（2）因施工原因造成的混凝土退料。因运输、泵送、浇筑等各种原因造成的退回混凝土，首先由罐车司机过磅，质检员根据罐车司机提供的过磅单及该罐车的皮重计算剩余方量，然后按照同等级或降低等级使用，分别采用以下处理方法。

1）同等级使用。延误时间在 2h 以内，处理后应保证水泥用量比原配合比提高 10～15kg/m^3，外加剂提高 0.1%～0.3%。或直接降低一个强度等级，适当增加外加剂掺量进行调整。延误时间在 2～4h，处理后应保证水泥用量比原配合比提高 20～40kg/m^3，外加剂提高 0.4%～0.6%。或直接降低两个强度等级，适当增加外加剂掺量进行调整。

2）降低等级使用，必须以降低等级后的混凝土与原等级混凝土所用原材料完全相同为基础，且仅适用于 C40 及 C40 以下的混凝土的处理。在 1）的基础上，再降低一个强度等级进行处理。

3）延误时间超过 4h，应报废或用作非承重低等级混凝土使用。若日平均温度为 5～20℃范围内，可按 1）的情况增加 0.5h 处置。若日平均温度小于 5℃时，可按 1）的情况增加 1h 处置。

4）当混凝土送到工地时，发现混凝土坍落度达不到施工要求，若坍落度低于设计要求 30～50mm，可按运输单上的立方米数量，每立方米添加 0.5kg 泵送剂。例如：所运输量为 8m^3，即可加 0.5×8kg=4kg。若用 10kg 塑料桶装泵送剂，满桶为 11kg，可约计加入 2/5 桶，然后用水管加水 3～5s，把接料斗部位的泵送剂冲入罐内，开动罐体快速旋转 3min，上车观察混凝土拌和物是否合适，若符合要求，即可使用。

5）当混凝土送到工地等待了很长时间才开始用料或用混凝土打柱子时间过长，混凝土在卸料槽中不流淌时，应先估计罐内混凝土立方米数量，然后按每立方米加 1kg 计算加入泵送剂数量，加泵送剂后按第 4）条要求的加水、快转、观察等步骤操作。当使用了部分料而估计不准立方米数量时，宁可低估，不可多算。先少加一些，如果达不到要求，可再加第一次的量，就能符合要求。若一次加入泵送剂量太多，会使混凝土拌和物坍落度过大，并导致混凝土缓凝。

6）在初凝时间内的混凝土，由于气温较高、运距较远、压车时间较长等造成混凝土坍落度损失较大，可通过试验添加同型号的泵送剂或减水剂，但添加与原先已加的总掺量不能超过外加剂最大掺量的 20%。而且应先少加，逐渐添加，掺入后，搅拌运输车必须快速转动 2min 左右，测定坍落度符合要求。运到现场的混凝土不能立即卸料，应快速转动运输车 2min 后卸料，以确保坍落度和质量。超过初凝时间的混凝土应废弃，不能再使用。混凝土浇筑前停滞的时间越长，混凝土强度损失越严重，应当引起足够重视，见表 7-7。

表 7-7　混凝土浇筑前停滞时间对混凝土强度的影响（气温 25℃）

停滞时间/h	0	2	4	6	8	10
强度/MPa	44.3	40.1	38.4	27.8	19.7	15.0
强度损失（%）	0	9	13	27	56	66

7.1.4 混凝土泌水和离析

1. *泌水和离析的概念*

（1）泌水。混凝土拌和物经浇筑振捣后，在凝结过程中，伴随着粒状材料的下沉所出现的部分拌和水上浮至混凝土表面的现象，称为泌水。在混凝土表面出现少量的泌水，属正常现象，对混凝土拌和物和硬化后的性能无影响，但泌水量过大将会带来许多不利后果。

（2）离析。由于混凝土拌和物中个组分的颗粒粒径和密度的不同，而导致出现组分分离，不均匀的现象，称为离析。这种组分分布不均匀将导致各部分混凝土性能的差异，易使混凝土内部或表面产生一些缺陷，影响混凝土性能和正常使用。因此，必须注意采取有效的措施防止离析，保证混凝土拌和物具有良好的黏聚性、匀质性，从而保证混凝土各部分性能一致。

混凝土中存在两种离析，一种是混凝土中的粗骨料易于分离脱落，另一种是在搅拌时水泥浆易于混合料分离。黏度较高的水泥浆有利于防止离析，因此混凝土水胶比较小时，离析倾向小；而胶凝材料用量小的混凝土拌和物，在流动性偏大时，容易产生粗骨料的离析；大流动性混凝土，则容易产生水泥浆的分离。

2. 混凝土原材料对泌水、离析的影响

（1）水泥方面的原因。水泥的比表面积越大，需水量越大，保水性能越好，抗泌水能量越强。相反，水泥的比表面积变小，混凝土的抗泌水性能减弱。此外水泥的温度越高，存放时间越短，与外加剂适应性相对变差，混凝土的需水量大。但随着水泥存放时间的增加，水泥温度降低，与外加剂适应性变好，如果不了解这一特点，及时降低外加剂掺量，势必造成混凝土泌水。

水泥中 C_3A 含量突然下降，减缓了水泥水化速率，需水量及减水剂用量减少，搅拌用水如未减少，混凝土就会泌水。

水泥中的碱含量降低，特别是可溶性碱如果降得很低，混凝土不但严重泌水，而且坍落度损失会加快，一般可溶性碱含量 0.4%～0.6%时为最佳。碱含量过低时如外加剂稍过量，混凝土不仅坍落度损失较快，而且还会泌水。尤其是遇到以氨基磺酸盐减水剂为主的外加剂，混凝土便会泌水、离析。

混凝土掺合料的质量也是造成泌水的一个原因。例如：粉煤灰质量差、含碳量高，会大量吸附外加剂，造成混凝土需水量大大增加，混凝土振捣后多余的水分有释放出来，就会在结构表面形成很厚的泌水层，尤其是墙体，柱、灌注桩等高度较大的构件，泌水量惊人。

（2）骨料方面的原因。粗骨料级配不良，粒径偏大、级配不连续，混凝土在运输过程中稍一停歇，石子下沉，混凝土就会离析。

砂质量不稳定，含水率较大、细度模数变粗或含泥量突然变小，技术人员未进行调整，造成混凝土离析。

砂细度模数过大，粒径小于 0.315mm 的颗粒不足 15%，混凝土黏聚性下降，出现泌水。

（3）外加剂方面的原因。减水剂掺量饱和点范围窄，组成不合理或掺量不合理。一些减水剂，如聚羧酸高效减水剂、氨基磺酸盐减水剂，对水剂减水剂用量十分敏感，在复配和计量中，由于其最佳使用范围（饱和点）较窄，掺量稍多，很容易导致混凝土泌水离析。

在外加剂复配过程中，使用时引气剂质量较差，稳泡性能差，在混凝土浇筑过程中，气泡破裂，造成混凝土保水性能降低，产生泌水现象。

预拌混凝土企业为保证现场泵送坍落度的要求，减少其经时损失，加大外加剂掺量，造成混凝土减水剂超量，导致混凝土泌水甚至离析。此外，外加剂中缓凝剂超量使用，混凝土水化速率减慢，也是造成混凝土泌水的原因，尤其是使用磷酸盐、柠檬酸、蔗糖类和羟基羧酸盐缓凝剂易产生泌水。

3. 混凝土配合比对泌水、离析的影响

（1）胶凝材料用量。混凝土配合比中胶凝材料用量偏少，造成混凝土黏聚性差，保水性不佳。

（2）混凝土用水量偏大。混凝土的用水量对泌水有直接的影响，用水量增加，必然降低浆体的黏聚性，增加泌水的概率。

（3）水胶比的影响。在用水量不变的情况下，胶凝材料用量增加，水胶比降低，混凝土浆体的黏聚性增加，混凝土的保水性能增强，发生泌水的概率减小。

（4）砂率对混凝土泌水的影响。砂率是指在混凝土中砂所占砂石总质量的比例，众所周知，砂的比表面积大于石子的比表面积。增加砂率，混凝土骨料的比表面积增大，混凝土需水量提高，抗泌水性能提高。反之，使用较低的砂率，混凝土保水性较差，易产生泌水现象。根据生产经验，混凝土砂率提高1%，保持混凝土坍落度不变的情况下，混凝土用水量需要增加5kg/m^3。可见提高砂率是克服混凝土泌水的一种手段。

4. 混凝土不当施工原因造成的泌水

（1）施工工地加水。施工现场加水是造成混凝土泌水、离析的直接原因，无论是往搅拌车内加水，还是往泵料槽中加水，均会改变混凝土的保水性能，增大混凝土泌水的可能性。

（2）过度振捣。适宜的振捣可以提高混凝土的密实性，但过度振捣易造成混凝土分层离析，密度较小水上浮至混凝土表面，造成泌水。因此，在混凝土施工过程中应适度振捣防止过振。适度振捣的标志是：混凝土充满模板，混凝土不再显著下沉，表面出现浆体，无气泡溢出。

5. 泌水、离析混凝土造成的后果

离析混凝土泵送很容易造成堵管和爆管，尤其是泵送中断时，积存在泵管中的混凝土骨料与水泥浆分离，粗骨料很容易集中在弯管处，造成堵管和爆管，轻者影响施工速度，严重时爆管还会造成人员伤害。

严重离析的混凝土泵送入模会造成梁板结构开裂，墙柱结构分层，严重时甚至会在结构上部1m左右无石子，混凝土强度较低。

混凝土泌水会造成收缩、沉降加大，密度下降，混凝土分层，表面耐磨性下降，起砂、起粉现象。

严重泌水的混凝土振捣时，水和水泥浆从模板缝窜出，造成混凝土表面蜂窝、麻面、空洞等缺陷。混凝土内部产生贯通性毛细管泌水通道，使混凝土抗渗性、抗冻性、耐久性下降。

由于离析、泌水混凝土会造成上述不良后果，混凝土生产企业一定要加强混凝土出厂坍落度检测和入泵前复查，发现离析、泌水混凝土必须返回厂内处理。若离析、泌水程度较轻，在搅拌运输车中加入干水泥砂浆调整，但严重离析、泌水应报废处理。

混凝土轻微泌水有时也不全是缺点，例如：在大风或高温天气的路面施工，混凝土浇筑以后往往来不及覆盖，水分蒸发过快，造成混凝土收缩裂缝的概率加大。如果此时混凝土有适当的泌水，可以从一定程度上缓解蒸发产生的拉力，减少塑性开裂。只要收面及时，不会对混凝土产生不良影响，相反泌水造成混凝土用水量降低，降低水胶比，可以提高强度。

6. 混凝土生产过程中出现泌水、离析的对策

预拌混凝土拌和物出现离析、泌水后，应及时组织试验人员对产生泌水、离析的原因进行分析，找出产生的主要因素，做到有的放矢，从根本上解决问题。

（1）检验原材料是否有质量波动。原材料质量波动是引起混凝土拌和物波动的直接因素，出现离析泌水现象后，应及时组织人员复查原材料。水泥的标准稠度用水量、水泥与外

加剂的适应性、外加剂减水率、矿物掺合料的需水量（流动度）比和砂石的含水量、含泥量等因素。认真分析各种原材料的实验结果，进行比对，查清原因。

（2）查看混凝土计量设备是否异常。混凝土搅拌设备故障也是使混凝土拌和物产生泌水、离析的原因之一，很多情况下具有隐蔽性，不宜发现。检查外加剂称、水称是否出现计量故障导致称量过多，造成混凝土离析；检查水泥、矿物掺合料和砂是否存在下料不足现象；检查是否存在其他影响原材料计量的故障。

（3）调整混凝土配合比。产生混凝土泌水、离析的直接原因就是混凝土拌和物中的自由水量过多，混凝土保留不住多余的水，就以泌水的形式释放出来。针对混凝土泌水、离析采用调整混凝土配合比的方法一般主要体现在两个方面：一方面降低混凝土自由水产生的影响，进而控制混凝土泌水，如减低用水量或降低外加剂掺量进而降低减水率，减少混凝土体系中自由水的相对量；另一方面是提高混凝土的保水性，降低泌水的概率，例如：提高胶凝材料用量，提高砂率或使用细度模数较小的砂，增加混凝土引气剂，提高混凝土的保水性。

7.1.5　混凝土强度验收及评定

要保证混凝土的实际强度达到合格的要求，必须做好三个环节的控制。除切实做好混凝土的原材料控制（又称初步控制）、生产控制，还要进行合格性检验评定（又称验收控制）。对使用方而言，现场试块强度是评定混凝土结构实际强度并进行验收的依据。

1. 混凝土强度类型

对混凝土进行强度试验的目的大体有两个，因此所得的强度也有两种。

（1）标准养护强度。对用于工程结构中的一批混凝土（验收批）按标准方法进行检验评定，视其是否达到该等级混凝土应有的强度质量，以评定其是否合格。这种强度的试件应在标准条件下养护，故称为混凝土的标准养护强度，简称标养强度。

需要强调的是，在使用预拌混凝土时，作为结构混凝土强度验收的依据是运送到施工现场的混凝土并在现场由预拌混凝土供应方、施工方和监理单位共同取样制作并进行标准养护的试块强度。预拌混凝土供应方的试块标准养强度只是预拌混凝土供应方用于评定企业的生产质量水平和作为生产控制用的，虽然可以参考，但不能作为结构强度验收的依据。

（2）同条件养护强度。对在混凝土生产施工过程中，为满足拆模、构件出池、出厂、吊装、预应力筋张拉或放张等的要求，而需要确定当时结构中混凝土的实际强度值以便进行施工控制。这种强度的试块一般均置于实际结构旁，以与结构同样的条件对其进行养护，故称为混凝土的同条件养护强度。又因其多用于控制施工工艺，故简称施工强度。按照《混凝土结构工程施工质量验收规范》（GB 50204—2015）的规定：同条件养护试件的强度代表值应根据强度试验结果按《混凝土强度检验评定标准》（GB/T 50107—2010）的规定确定后，除以 0.88 后使用。当同条件养护试件强度的检验结果符合 GB/T 50107—2010 的有关规定时，混凝土强度应判为合格。

这两种强度在取样、养护、评定方面有很大的不同，应注意它们的差异以免混淆。标养强度和施工强度有以下三点差别。

1）养护方式不同。如前所述分别为标准养护和同条件养护。

2）评定方式不同。标养强度按批评定（验收批的划分见后面），有三种评定方法（标准差已知统计法、标准差未知统计法、非统计法）；施工强度基本按组与相应的工作班混凝土一一对应地检验。

3）评定目的不同。标养强度是为了确定该批混凝土的强度是否合格，以便于验收；施工强度不是为了评定合格与否，只是为了判断施工工艺过程（拆模、起吊、张拉、放张等）的可能性。

2. 标养强度验收批的划分

（1）同一验收批的条件。混凝土强度的检验评定应分批进行，构成同一验收批的混凝土质量状态应大体一致。所谓大体一致由“四同”条件加以确定：① 强度等级相同；② 龄期相同；③ 生产工艺条件基本相同；④ 配合比基本相同。

其中，生产工艺条件基本相同是指混凝土的搅拌方式、运输条件、浇筑形式一致的情况。配合比基本相同是指施工配制强度相同，并能在原材料有变化时及时调整配合比使其施工配制强度的目标值不变。

（2）验收批的批量和样本容量。混凝土每一验收批的批量和样本（试件）的容量大小，除应满足 GB/T 50107—2010 规定的按混凝土生产量所需制作试件组数（取样频率）外，还与选用标准中采用的评定方法（标准差已知和标准差未知统计法或非统计法）来评定混凝土强度有关。同批混凝土试件组的数量称样本容量，即被验收混凝土的批量。

3. 统计方法评定

（1）采用统计方法评定时，应按下列规定进行。

1）当连续生产的混凝土，生产条件在较长时间内保持一致，且同一品种、同一强度等级混凝土的强度变异性保持稳定时，按一个检验批的样本容量（应为连续的 3 组试件），其强度应同时符合下列规定：

$$m_{f_{cu}} \geqslant f_{cu,k} + 0.7\sigma_0 \tag{7-1}$$

$$f_{cu,min} \geqslant f_{cu,k} - 0.7\sigma_0 \tag{7-2}$$

当强度等级小于或等于 C20 时，其最小值还应满足：

$$f_{cu,min} \geqslant 0.85 f_{cu,k} \tag{7-3}$$

当强度等级大于 C20 时，其最小值还应满足：

$$f_{cu,min} \geqslant 0.9 f_{cu,k} \tag{7-4}$$

式中 $m_{f_{cu}}$ ——验收混凝土强度的平均值，其值由验收批的连续 3 组试件求得，MPa；

$f_{cu,k}$ ——混凝土强度等级对应的立方体抗压强度标准值，MPa；

$f_{cu,min}$ ——同一验收批混凝土立方体抗压强度的最小值，MPa；

σ_0 ——验收批前一统计期混凝土强度的标准差，MPa。

检验批混凝土立方体抗压强度的标准差，应根据前一个检验期内同一品种混凝土试件的强度数据计算：

$$\sigma_0 = \sqrt{\frac{\sum_{i=1}^{n} f_{cu,i}^2 - n m_{f_{cu}}^2}{n-1}} \tag{7-5}$$

式中 $f_{cu,i}$ ——第 i 组的试件强度，MPa；

$m_{f_{cu}}$ ——n 组试件的强度平均值，MPa；

n——试件组数，n 值应大于或者等于 45。

对于强度等级不大于 C30 的混凝土：当σ计算值不小于 2.5MPa 时，应按照计算结果取值；当σ计算值小于 2.5MPa 时，σ应取 2.5MPa。

2）当样本容量不少于 10 组时，其强度应同时满足下列要求：

$$m_{fcu} \geqslant f_{cu,k} + \lambda_1 S_{fcu} \tag{7-6}$$

$$f_{cu,min} \geqslant \lambda_2 f_{cu,k} \tag{7-7}$$

同一检验批混凝土立方体抗压强度的标准差应按式（7−8）计算：

$$\sigma_{fcu} = \sqrt{\frac{\sum_{i=1}^{n} f_{cu,i}^2 - n m_{fcu}^2}{n-1}} \tag{7-8}$$

式中　$f_{cu,i}$——第 i 组混凝土试件的立方体抗压强度值，MPa；

n——一个验收批混凝土试件的组数；

σ_{fcu}——同一检验批混凝土立方体抗压强度的标准差，N/mm^2，精确到 $0.01N/mm^2$；当检验批混凝土强度标准差σ_{fcu}计算值小于 $2.5N/mm^2$ 时，应取 $2.5N/mm^2$；

λ_1、λ_2——合格判定系数，按表 7−8 所示。

表 7−8　　混凝土强度的合格评定系数λ_1、λ_2的取值

试件组数	10−14	15−19	≥20
λ_1	1.15	1.05	0.95
λ_2	0.90	0.85	

（2）非统计方法评定。当用于评定的样本容量小于 10 组时，应采用非统计方法评定混凝土强度。按非统计方法评定混凝土强度时，其强度应同时符合下列规定：

$$m_{fcu} \geqslant \lambda_3 f_{cu,k} \tag{7-9}$$

$$f_{cu,min} \geqslant \lambda_4 f_{cu,k} \tag{7-10}$$

式中　λ_3、λ_4——合格评定系数，应按表 7−9。

表 7−9　　混凝土强度的非统计法合格评定系数

混凝土强度等级	<60	≥60
λ_3	1.15	1.10
λ_4	0.95	

7.1.6　影响回弹法检测混凝土结构强度的因素

通过回弹法检测结构实体混凝土强度，是一种既简便又实用的无损检测方法，也是在进行结构实体检测过程中使用频率最高的检测手段。其检测误差一般在 15%左右，可以在一定程度上作为混凝土实体强度的参考值。

回弹法检测实体强度，是通过混凝土表面硬度间接反映混凝土内部强度的方法，其关键在于混凝土表面硬度。影响混凝土回弹强度的因素主要有以下几个方面。

1. 表面平整度

如果混凝土表面不平整，由于回弹仪冲击头接触混凝土表面时有一定的夹角，对回弹值会有一定的影响。

2. 混凝土表面密实度差

如果混凝土表面有气泡、麻面等缺陷时，回弹仪的冲击头接触混凝土的表面积减少，回弹值降低；有时混凝土表面气泡少，有一层浮浆，回弹值也会有所降低；混凝土浇筑过程中未按照规范要求施工，过振、漏振以及没有按要求分层浇筑，都会导致混凝土结构回弹强度存在很大的差异。

3. 混凝土内外强度不一致

混凝土结构的养护不足是造成强度内外不一致的直接原因，养护不足造成表面水泥不能充分水化，再加上矿物掺合料的添加造成水泥熟料量下降，如果养护不足很容易造成混凝土表面结构粉化严重。现在施工单位普遍拆模较早，也不进行养护，造成混凝土结构表面硬度低，回弹值低于混凝土实体强度。这也是很多实体结构回弹不合格而取芯检测强度都合格的原因。

4. 碳化深度较高

施工单位养护不到位，表层混凝土没有水化。混凝土表面发白，粉状严重，在用磨石清除表面浮浆时，经常会出现混凝土表层起砂掉粉现象，检测发现碳化值很高。有时混凝土结构表面密实，无起砂掉粉、蜂窝麻面，观感较好，回弹值正常，但碳化值较高，造成这种现象的原因是施工单位使用废弃机油作为脱模剂，其 pH 值为 5～6，呈现弱酸性，也会稀释混凝土表面的碱性造成混凝土碳化值较高。

5. 涂抹混凝土表面强化剂

氟硅酸镁、水玻璃、氢氧化钙和硫酸铝为主要组分的具有渗透、成膜双功效的混凝土表面强化材料可以稳定提高混凝土表面回弹值，使混凝土吸水率、抗碳化、氯离子扩散系数、硫酸盐耐蚀系数等耐久性指标得到显著改善。在凝土表面单独涂抹固水比 1:5～1:6 的氟硅酸镁，固水比 1:30 的氢氧化钙，固水比为 1:20 硫酸铝，或涂抹固水比为 1:5 的氟硅酸镁和 1:4 水玻璃复合组分的不同强度等级、养护不同龄期的混凝土的吸水率、抗氯离子系数、碳化值、回弹值、耐蚀系数均有较大的改善。对于涂刷工艺，单组分每隔 2h 涂刷 1 次，共涂刷 3 次；双组分，涂抹完一种材料 0.5h 之后，涂抹另外一种材料，隔 2h 重复 1 次，共 3 次。

7.1.7 有效数字修约与运算法则

检测人员感到不解的是，既然有效数字表示一个数的准确度，为什么试验规定在确定结果的准确度时都是指明准确到小数第几位，而不是保留几个有效数字？实际上试验规程在说明准确到小数第几位时，也就指明了几位有效数字，因为对于具体的检测项目的试验结果，其有效数字位数是确定的。因此，有效数字理论在数字的准确度及进行有效数字运算时是很有用的。

1. 有效数字的基本概念

有效数字是指在检验工作中所能得到有实际意义的数值，其最后一位数字欠准是允许的，这种由可靠数字和最后一位不确定数字组成的数值，即为有效数字。有效数字的定位（数位），是指确定欠准数字的位置，这个位置确定后，其后面的数字均为无效数字。

例如，一支 25mL 的滴定管，其最小刻度为 0.1mL，如果滴定管的体积介乎于 20.9～

21.0mL，则需估计一位数字，读出 20.97mL，这个 7 就是个欠准的数字，这个位置确定后，它有效位数就是 4 个，即使其后面还有数字也只是无效数字。

在没有小数位且以若干个零结尾的数值中，有效位数系指从非零数字最左一位向右数得到的位数减去无效零（即仅为定位用的零）的个数。

例如：35 000，若有两个无效零，则为三位有效位数，应写作 350×10^2 或 3.50×10^4；若有三个无效零，则为两位有效位数，应写作 35×10^3 或 3.5×10^4。

在其他 10 进位数中，有效数字系指从非零数字最左一位向右数而得到的位数，例如：3.2、0.32、0.032 和 0.003 2 均为两位有效位数；0.320 为三位有效位数；10.00 为四位有效位数；12.490 为五位有效位数。

非连续型数值：（如个数、分数、倍数）是没有欠准数字的，其有效位数可视为无限多位。例如，H_2SO_4 中的 2 和 4 是个数。常数 Л 和系数等数值的有效位数可视为无限多位。每 1mL 某滴定液（0.1mol/L）中的 0.1 为名义浓度，规格项下的 0.3g；“1mL：25mg”中的“0.3”“1”“25”均为标示量，其有效位数，为无限多位。即在计算中，其有效位数应根据其他数值的最少有效位数而定。

2. 数字的修约及其取舍规则

（1）数字修约是指拟修约数值中超出需要保留位数时的舍弃，根据舍弃数来保留最后一位数或最后几位数。

（2）修约间隔是确定修约保留位数的一种方式，修约间隔的数值一经确定，修约值即应为该数值的整倍数。例如：指定修约间隔为 0.1，修约值即应在 0.1 的整数倍中选取，也就是说，将数值修约到小数点后一位。

（3）确定修约位数的表达方式。

1）指定数位。

指定修约间隔为 10^{-n}（n 为正整数），或指明将数值修约到小数点后 n 位。

指定修约间隔为 1，或指明将数值约到个数位。

指定将数值修约成 n 位有效位数（n 为正整数）。

指定修约间隔为 10^n（n 为正整数），或指明将数值修约到 10^n 数位，或指明修约到“十”“百”“千”数位。

指定将数值修约成 n 位有效位数（n 为正整数）。

在相对标准偏差（RSD）的求算中，其有效数位应为其 1/3 值的首位（非零数字），故通常为百分位或千分位。

2）进舍原则。

① 拟舍去数字的最左一位数字少于 5 时，则舍去，即保留的各位数字不变。例如，将 12.149 6，修约到一位小数（十分位），得 12.1；将 12.149 6，修约到两位有效位数，得 12。

② 拟舍去数字的最左一位数字大于 5 时，或者是 5，而后跟有并非全部为 0 的数字，则进一，即在保留的末位数字加 1。例如：

a. 将 1268，修约到百数位，得 13×10^2。

b. 将 1268，修约到十数位（即三位有效数字），得 127×10。

c. 将 10.502 修约到个数位，得 11。

拟舍去数字的最左一位数字为 5，而右面无数字或皆为 0 时，若所保留的末位数为奇数

（1，3，5，7，9）则进一；为偶数（2，4，6，8，0）则舍弃（留双的原则）。例如：

a. 将 1.050 按间隔为 0.1（10^{-1}）修约，修约值为 1.0。

b. 将 0.350 按间隔为 0.1（10^{-1}）修约，修约值为 0.4。

c. 将 2500 按间隔为 1000（10^{3}）修约，修约值为 2×10^{3}。

d. 将 3500 按间隔为 1000（10^{3}）修约，修约值为 4×10^{3}。

e. 将 0.032 5 修约成两位有效位数，修约值为 0.032 或 3.2×10^{-2}。

f. 将 32 500 修约成两位有效位数，其修约值为 32×10^{3}。

③ 在相对偏差中，采用“只进不舍”的原则，如 0.163%，为两个有效位时，宜修约为 0.17%；0.52%，为一个有效位时，宜修约为 0.6%。

④ 不得连续修约。

拟修约的数字应在确定修约位数后一次修约获得结果，不得多次按前面规则连续修约。

例如：15.454 6，修约间隔为 1；

正确的做法为：15.454 6→15；

不正确的做法为：15.454 6→15.455→15.46→15.5→16。

为了便于记忆，上述规则可归纳成以下口缺：四舍六入五考虑，五后非零则进一，五后全零看五前，五前偶舍奇进一，不论数字多少位，都要一次修约成（在英、美日药典中修约均是按四舍五入进舍的）。

3）0.5 单位修约与 0.2 单位修约。在对数值修约时，若有必要，也可采用 0.5 单位修约或 0.2 单位修约。

① 0.5 单位修约。

0.5 单位修约是指按指定修约间隔对拟修约的数值 0.5 单位进行修约。

0.5 单位修约方法如下：将拟修约数值 x 乘以 2，按指定修约间隔对 $2x$ 以规定修约，所得数值（$2x$ 修约值）再除以 2。

例如：将 60.25 修约到“个”数位的 0.5 单位修约。

60.25×2→120.50→120/2→60.0。

对于 5 单位的修约依照 0.5 修约的方法进行，例如混凝土坍落度为 183mm，采用 5 单位修约为：

183×2→366→370/2→185（mm）。

② 0.2 单位修约。

0.2 单位修约是指按指定修约间隔对拟修约的数值 0.2 单位进行修约。

0.2 单位修约方法如下：将拟修约数值 x 乘以 5，按指定修约间隔对 $5x$ 以规定修约，所得数值（5×修约值）再除以 5。

例如：将 830 修约到“百”数位的 0.2 单位修约。

830×5→4150→4200/5→840。

7.1.8 预拌混凝土成本控制

1. 预拌混凝土成本构成

预拌混凝土搅拌站每立方米混凝土的成本应包括以下费用。

（1）原材料费用。水泥、砂、碎石、粉煤灰、矿粉、外加剂等所有材料的费用，根据配合比和原材料单价，能够比较简单计算得出的。

（2）运费。混凝土的运费主要包括各种运输车辆的油耗，如搅拌车、泵车、装载车的费用等，一般可以通过统计计算出来。根据经验，搅拌车（工地距离为 20km 左右）约为 20 元/m^3，泵车约为 15～20 元/m^3。

（3）员工工资。一般预拌混凝土单位员工的工资总额跟生产立方米数量还是呈线性关系的，还要结合各地的工资水平和各个企业的情况而定了，一般员工工资综合为 10～15 元/m^3。

（4）设备折旧。需要考虑的是折旧年限，比如是定 5 年收回成本，就是设备总额/五年预计产量，即为每立方米混凝土中设备折旧费用。

（5）营销费用。该费用包括所有在预拌混凝土销售过程中营销部门产生的费用（餐饮、娱乐、回扣等），应该控制在一定范围之内。

（6）水电、通信费用。混凝土企业的水电、通信费用包括生产过程中以及员工在单位生活、工作过程中产生的水、电、通信费用，相对比较固定。电耗一般 1.8kW·h/m^3，水耗 190kg/m^3。

（7）消耗品费用。预拌混凝土企业某些消耗品的费用，例如泵车泵管、S 阀等，搅拌车机油、机油滤清、空气滤清、轮胎消耗等（泵车、装载车同样有），搅拌机衬板、搅拌臂、机油等。

（8）检测费用。检测费用主要是搅拌楼、地磅、试验设备的年检费用，检测站检测费用。

（9）税收费用。

（10）其他费用。其他费用包括办公消耗品（各类用纸、笔、电池、修正液等），网络费用，GPS 费用、ERP 费用等。

2. 预拌混凝土公司成本控制办法

（1）严格控制采购成本。在预拌混凝土企业中，原材料成本占总成本的比例超过 60%，因此，原材料采购人员对企业效益起着举足轻重的作用。预拌混凝土企业应重视原材料采购制度建设，规范原材料采购人员的行为。

1）建立原材料采购计划和审批制度。生产负责人每天根据本企业的生产经营、原材料储备情况确定原材料采购量，并填制采购单报送采购部门。

采购计划由采购部门制订，报送财务部经理并呈报总经理批准后，以书面方式通知原材料供货商。对原材料应采取批量采购争取到厂家的批量折扣，按照计划，制定好采购单，确保有效的库存量。

采购员应该处理和利用好人际关系，尽量寻求到厂家的关系折扣从而降低采购成本。在运用到关系时应该杜绝贿赂现象的出现，严格抓好有关员工的素质，把好产品入库前的质量、数量关。

2）建立严格的采购询价报价体系。财务部设立专门的物价员，定期对日常消耗的原辅料进行广泛的市场价格咨询，坚持货比三家的原则，对原材料采购的报价进行分析反馈，发现有差异及时督促纠正。对于每天使用的水泥、砂、石、外加剂等原材料，根据市场行情每半个月公开报价一次，并召开定价例会，定价人员由使用部门负责人、采购员、财务部经理、物价员、库管人员组成，对供应商所提供物品的质量和价格两方面进行公开、公平的选择。对新增设备及大宗设备、零星维修紧急采购的零配件，须附有经批准的采购单才能报账。

3）建立严格的采购验货制度。库存管理员、司磅员对原材料采购实际执行过程中的数量、质量、标准与计划以及报价，通过严格的验收制度进行把关。对于不需要的超量进货、质量低劣、规格不符及未经批准采购的物品有权拒收，对于价格和数量与采购单上不一致的及时进行纠正；验货结束后库管员要填制验收凭证，验收合格的货物，按采购部提供单价，原材料由生产、施工负责人二次验货，并做记录。对于外地或当地供货商所供的原材料、设备配件，事先与供货商制订好退货或劣质折价收购协议，并由库管及生产部门双方签字确认并报财务部。

4）建立严格的报损制度。对于预拌混凝土企业经常遇到的设备配件损坏应该制订严格的报损制度，报损由生产、施工部门主管上报财务库管，按品名、规格、数量填写报损单，报损需由采购部经理鉴定分析后，签字报损。报损单汇总每天报总经理。

5）严格控制采购物资的库存量。根据本预拌混凝土企业的经营情况合理设置库存量的上、下限，如果库存实现计算机管理可以由计算机自动报警，及时补货。

6）建立严格的原材料、配件出入库及领用制度。制订严格的库存管理出入库手续，以及各部门原辅料的领用制度。

（2）控制生产、物流成本。

1）合理制订本企业的毛利率。每个企业要根据自身的产品品种、规格以及市场行情合理制订毛利率，制作混凝土成本卡，使成本控制与全员奖金挂钩。混凝土企业可以通过成熟的计算机系统实现销售收入的每月成本，实现综合成本分解，进销核对，通过销售的品种数量计算出主辅助料的理论成本，并自动核减库存量，期末与库存管理系统提供的实际盘点成本报表进行比较分析。

2）定期进行科学而准确的成本分析。财务部每月末要召开成本分析会，分析每一混凝土品种的成本率，将各品种的成本与实现的收入进行对比，并分别规定不同的标准成本率，对成本率高的项目进行统计分析，并编制成本月报表和成本分析报告书。

3）生产成本控制。在混凝土生产过程中应加强混凝土质量控制，使混凝土报废率控制到0.1%左右。对于废品和生产后的废料设法回收利用，或者采取集中控制后，为企业赚回点儿利润。

在生产的日常管理中，注重和强调安全的重要性。在产品的生产中一定要按照规定的操作规程来生产，防止因员工的操作不当而造成意外事故。

4）物流的成本控制。所谓物流通常是指产品从供应到销售的过程。其中包括产品的购进、储存、装卸、运输、仓储等环节，搞好物流管理，可以促进企业不断增加产品产量，保证产品质量，提高劳动生产率，加速资金周转，节约物资消耗，降低产品成本，增加企业利润等。对于物资成本的节控，应采取以下有效措施。

① 产品的生产和销售需要运输，对于运输的花费也要注意节控，产品的销售究竟是采用自行运输还是由货运公司运输，两者各有利弊，兼顾使用尽量降低运输成本。

② 强调运输的安全性，对于企业的运输设备都要经过国家的法规、法令进行检查。确保运输车辆的安全，保障人生的安全应该严令禁止超载、酒后驾车、疲劳驾车等违规行为，防止疲劳驾驶造成意外事故，增加企业意外赔偿资金。

（3）加强部门成本核算。成本控制实际上是一个全员参与、个体控制的过程。全员参与是指混凝土企业的每一个人都会影响成本控制的结果，但成本控制的重点不是这些单个的个体，而是这些个体的直接领导者作为“兵头将尾”的部门经理们。

现代企业对部门经理的职能界定上最主要的一项就是对本部门的成本进行有效控制。如果部门经理们真正对本部门实施了有效的成本控制，从某种程度上讲，就实现了整个企业的基本成本控制目标。

实行以部门为单位的“部门核算”方法是一个有效的工具。部门核算是一种针对部门进行的经济控制考核方法，也是一种充分授权部门经理的经济核算方法。主要内容是：对各部门下达全年度的成本、利润指标，企业指定财务、行政、审计等部门（或者是一个专门的项目小组）定期对其进行监督检查、费用稽核，定期进行公布，年终进行汇总，兑现奖惩，部门经理在整个部门的费用上有充分的自主权，但同时也承担完全的责任。

为刺激部门经理和员工的成本控制意识，一般的核算办法中包含的信息有：凡年度成本低于预算、利润高于预算的部分按比例进行奖励，奖励的方法是按照一定比例进行部门提成，反之进行相应惩罚。年度费用的控制结果将直接影响部门经理下一年度的薪资待遇，企业通过对部门经理的控制、员工本身的控制意识增强以及员工部门经理间的自觉监督实现了成本控制的目标。

总之，一个优秀的预拌混凝土企业都有一套完整的、贯穿始终的成本控制流程和制度，这里不仅涉及采购成本、生产物流成本控制、部门成本核算，也涉及各种部门的日常领货、办公用品消耗等方面，用这些去规范预拌混凝土企业日常管理，作为预拌混凝土企业的管理者，只有管理控制好成本，才能保证利润的最大化，进而有效率的达到生产经营的目标。

7.2　预拌混凝土施工技术交底

预拌混凝土与传统现场搅拌混凝土相比，施工工艺并不需要特别要求，但是在施工的有些环节预拌混凝土的影响因素很敏感。需要更严格的控制和管理。预拌混凝土的浇筑、振捣、拆模和养护等问题，需要特别强调。

7.2.1　施工现场要求

1. 现场道路要求

设置混凝土搅拌车出入通道，并应满足重车行驶要求（车辆质量约 40t）。在混凝土搅拌车出入口处，宜设交通安全指挥人员。夜间施工时，现场交通出入口和运输道路上应有良好的照明，危险区域应设警示标志。

2. 泵送现场要求

混凝土支泵安放场地应平整、坚实、道路畅通，供料方便。离浇筑地点较近，接近排水设施，便于支护配管（如需泵送混凝土需提前 24h 通知，以便生产部门安排，泵车长约 12.5m、高 4m，泵腿展开宽度约为 10m，自重约 40t）。出入道路上空电线、电缆距地必须超过 4.5m，布料作业上空严禁有高压线或影响作业的障碍物。

3. 管道安装

输送管的铺设要保证安全施工，根据工程结构、现场场地特点及混凝土浇筑方案进行配管，宜缩短管线长度，少用弯管和软管。垂直向上配管时，地面水平管长不宜小于垂直管长度的 1/4，且不宜小于 15m。输送管道组装前一定检测管道磨损情况，将管内残余混凝土清理、倒净，检测管内无异物后，方可接管。否则，易造成堵管，甚至爆管，造成安全事故。

输送管的安装，要用脚手架管支撑加固，特别是靠近泵的部分一定要固定牢固。输送管接头卡箍内要放置橡胶密封圈，防止漏浆堵管。采用新、旧两种管子时，应将新管布置在泵送压力较大出（靠近泵的部位），同时在混凝土泵及输送管周围设置安全隔离带或安全网。泵送软管前不得再接软管或硬管，防止爆管伤人。软管的弯度不宜大于45°。

4. 模板的安装

模板及其支架应根据工程结构形式，荷载大小、地基土类别、施工设备和材料供应等条件进行设计。模板及其支架应具有足够的承载能力、刚度和稳定性，能可靠地承受浇筑混凝土的重量、侧压力以及施工荷载。模板安装应满足下列要求：① 模板的接缝不应漏浆；在浇筑混凝土前，木模板应浇水湿润，但模板内不应有积水；② 模板与混凝土的接触面应清理干净并涂刷隔离剂，但不得采用影响结构性能或妨碍装饰工程施工的隔离剂；③ 浇筑混凝土前，模板内的杂物应清理干净；④ 对清水混凝土工程及装饰混凝土工程，应使用能达到设计效果的模板。

固定在模板上的预埋件、预留孔和预留洞均不得遗漏，且应安装牢固。对跨度不小于4m的现浇钢筋混凝土梁、板，其模板应按设计要求起拱；当设计无具体要求时，起拱高度宜为跨度的 1/1000～3/1000。用作模板的地坪、胎模等应平整光洁，不得产生影响构件质量的下沉、裂缝、起砂或起鼓。

7.2.2 预拌混凝土交货验收

施工单位安排专人负责检查、签收混凝土实际工程量和进行交货检验。为确保供、需双方在供货单上签认的方量准确无误，用户可以随机根据混凝土的表观密度（试验测得）对某批混凝土之方量进行过磅抽检。混凝土方量允许误差为不大于±2%，若超出±2%时，该批混凝土按抽检过磅实际数量计算。对过磅抽检的混凝土方量超出误差范围时，施工单位应及时通知预拌混凝土公司，以便安排人员到场共同鉴证。

依据《预拌混凝土》（GB/T 14902—2012）规定：预拌混凝土质量的检验分为出厂检验和交货检验。出厂检验的取样试验工作应由供方承担；交货检验的取样试验工作应由需方承担。交货检验应遵循以下几个方面。

1. 交货验收的人员要求

进行混凝土取样及试验的人员必须具有相应资格，当需方不具备试验条件时，供、需双方可协商确定承担单位，其中包括委托供需双方认可的有试验资质的试验单位。

2. 混凝土取样

施工现场混凝土取样要求三方（供、需、监理）共同见证取样。混凝土的取样应该严格按照《普通混凝土拌合物性能试验方法标准》（GB/T 50080—2016）的相关条文执行，确保试件取样过程符合标准要求。

（1）交货检验的试样应随机从同一运输车中抽取，混凝土试样应在卸料过程中卸料量的1/4～3/4 采取。

（2）每个试样量应满足混凝土质量检验项目所需用量的 1.5 倍，且不宜少于 0.02m^3。

（3）取样与试件留置应符合：每拌制 100 盘且不超过 100m^3 的同配合比的混凝土，取样不得少于一次；每工作班拌制的同一配合比的混凝土不足 100 盘时，取样不得少于一次；当一次连续浇筑超过 1000m^3 时；同一配合比的混凝土每 200m^3；取样不得少于一次；每一楼层、同一配合比的混凝土，取样不得少于一次；每次取样应至少留置一组标准养护试件，同条件养护试件的留置组数应根据实际需要确定。对有抗渗要求的混凝土结构，其混凝土试件应在浇筑地点随机取样。同一工程、同一配合比的混凝土，每 500m³ 取样不应少于一次，留置组数可与相关方协商确定。

3. 混凝土坍落度检测

为了保证混凝土施工质量，施工单位应加强对混凝土坍落度的检查。若到达施工现场的混凝土坍落度偏小时，及时与预拌混凝土公司联系，在预拌混凝土公司技术人员的指导下进行调整，严禁施工单位私自向混凝土中加入任何物质。

现场混凝土坍落度检测偏差应符合 GB/T 14902—2012 规定，坍落度大于 100mm，允许偏差为±30mm。若到达施工现场的混凝土坍落度超出交货验收要求时，见表 7-10，用户有权进行退货。当发现到达现场的混凝土离析或和易性明显较差时，应退回预拌混凝土公司（不可勉强浇筑）。

表 7-10　　混凝土入泵坍落度与泵送高度关系

最大泵送高度/m	50	100	200	400	400 以上
入泵坍落度/mm	100～140	150～180	190～220	230～260	—
入泵扩展度/mm	—	—	—	450～590	600～740

混凝土坍落度的检测方法如下。

（1）坍落度筒必须符合《混凝土坍落度仪》（JG/T 248—2009）标准。筒内壁要光滑、无凹凸部位。底面与顶面平行并与锥体轴线垂直。在筒外 2/3 高度处安放两个把手，下端应焊脚踏板。

（2）捣棒直径 16mm，长度 600mm，为钢棒，两端磨圆。

（3）润湿坍落度筒及其他用具，在坍落度筒内壁和底板上应无明水。底板应放置在坚实的水平面上，并把筒放在不吸水的刚性水平底板上，然后用脚踩住两边的脚踏板，使坍落度筒在装料时应保持固定的位置。

（4）把按要求取得的混凝土试样用小铲分 3 层均匀地装入筒内，使捣实后每层高度为筒高的 1/3 左右。每层用捣棒插捣 25 次。插捣应沿螺旋方向由外向中心进行，各次插捣应在截面上均匀分布。插捣筒边混凝土时，捣棒可以稍稍倾斜。插捣底层时，捣棒应贯穿整个深度，插捣第二层和顶层时，捣棒应插透本层至下一层的表面；浇灌顶层时，混凝土应灌到高出筒口。插捣过程中，混凝土沉落到低于筒口，则应随时添加。顶层插捣完后，刮去多余的混凝土，并用抹刀抹平。

（5）清除筒边底板上的混凝土后，垂直平稳地提起坍落度筒。坍落度筒的提离过程应在 5～10s 内完成；从开始装料到提坍落度筒的整个过程应不间断地进行，并应在 150s 内完成。

（6）提起坍落度筒后，测量筒高与坍落后混凝土试体最高点之间的高度差，即为该混凝土拌和物的坍落度值。

4. 混凝土试件制作与养护

混凝土试件的制作应该严格按照《混凝土物理力学性能试验方法标准》（GB/T 50081—2019）的相关条文执行，确保试件制作过程符合标准要求。混凝土试件应在取样拌制后尽量短的时间内成形，一般不宜超过 15min。成形前，应检查试模尺寸并符合《混凝土试模》

（JG 237—2018）中的技术要求，试模内表面应涂一薄层矿物油或其他不与混凝土发生反应的脱模剂。

施工现场采用人工插捣制作试样时应遵循以下几个方面。

（1）混凝土拌和物应分两次装入模内，每层的装料厚度大致相等。

（2）插捣应按螺旋方向从边缘向中心均匀进行。在插捣底层混凝土时，捣棒应达到试模底部；插捣上层时，捣棒应贯穿上层后插入下层 20～30mm；插捣时捣棒应保持垂直，不得倾斜。然后应用抹刀沿试模内壁插拔数次。

（3）每层插捣次数按在 10 000mm^2 截面积内不得少于 12 次。

（4）插捣后应用橡皮锤轻轻敲击试模 4 周，直至插捣棒留下的空洞消失为止。

混凝土试件的养护应该按照 GB/T 50081—2019 的相关条文执行，确保试件养护过程符合标准要求。试件成形后应立即用不透水的薄膜覆盖表面。采用标准养护的试件，应在温度为（20±5）℃的环境中静置 1～2 昼夜，然后编号、拆模。拆模后应立即放入温度为（20±2）℃，相对湿度为 95%以上的标准养护室中养护，或在温度为（20±2）℃的不流动的氢氧化钙饱和溶液中养护。标准养护室内的试件应放在支架上，彼此间隔 10～20mm，试件表面应保持潮湿，并不得被水直接冲淋。

同条件养护试件的拆模时间可与实际构件的拆模时间相同，拆模后，试件仍需保持同条件养护（拆模后应妥善保护试件，避免试件无损坏）。

当用户难以解决标养条件时，可以委托给具有养护条件的第三方或者交由预拌混凝土公司进行养护。

7.2.3 混凝土浇筑施工工艺

混凝土到达现场应及时组织施工人员进行浇筑，以免因坍落度损失、混凝土操作性能下降而影响混凝土浇筑及工程质量。按施工速度及时联系预拌混凝土生产企业控制好发车频率，保证混凝土施工连续性。预拌混凝土浇筑速度较快，应注意控制供货速度，以免振捣和养护工作跟不上。

预拌混凝土泵送前，使用润泵砂浆或润泵剂润泵管后，才可泵送混凝土。如需泵送施工缝接茬用砂浆，应采用同配合比的水泥砂浆。泵送混凝土时，严格控制混凝土坍落度，若遇到混凝土坍落度偏低影响正常浇筑，施工人员不得随意向泵车中加水，应及时退回搅拌站处理。

采用泵送工艺输送混凝土时，宜先远后近采用后退法浇筑施工。同一区域浇筑混凝土时，应先浇筑竖向结构后水平结构的顺序分层连续浇筑。布料设备的出口离模板内侧不宜小于50mm，且不得向模板内侧面直冲布料，也不得直冲钢筋骨架。

1. 柱的浇筑

柱在浇筑混凝土前，应在底部先填以 5～10cm 厚与混凝土相同配合比的砂浆。柱应分段浇筑，混凝土浇筑高度一次不宜超过 2m。过高的柱或墙应分层浇筑，应使用软管或串桶或在模板侧面开门子洞安装斜溜槽分段浇筑，不宜一次浇筑到顶，待已浇筑混凝土完成大部分塑性沉降后再继续浇筑上一层，柱混凝土应使用插入式振捣器，分层振捣。振捣时要做到以下几点。

（1）一般振动采用振动棒与混凝土表面垂直或斜向振捣，当采用斜向振捣时要使振动棒与混凝土表面成 40°～45° 角。

（2）振捣时要做到“快插慢拔”，在振捣过程中，宜将振动棒上下略为抽动，以使上下振捣均匀。

（3）混凝土分层浇筑时，每层混凝土厚度应不超过振动棒长 1.25 倍；在振捣上一层时，应插入下层中 5cm 左右，以消除两层之间的接缝，同时要保证在下层混凝土初凝之前进行上层混凝土的振捣。

（4）每一插点要掌握好振捣时间，过短不易捣实，过长可能引起混凝土产生离析现象。一般应视混凝土表面呈水平不再显著下沉，不再出现气泡，表面泛出灰浆为准。

（5）振动棒插点均匀排列，可采用“行列式”或“交错式”的次序移动，不应混用，以免造成混乱而发生漏振。每次移动位置距离不应大于振动棒作用半径的 1.5 倍。

（6）振动棒使用时，振动棒距离模板不应大于振动棒作用半径 0.5 倍并不宜紧靠模板振动，并应尽量避免碰撞钢筋、芯管、吊环、预埋件等物。

2. 梁、板的浇筑

梁、板采用一次浇筑方法，从一端分段依次向另一端推进，即沿次梁方向浇筑。

梁浇筑由一端开始用“赶浆法”浇捣，浇筑与振捣必须紧密配合，第一层下料慢些，梁底振实后再下二层料，用赶浆法保持水泥浆沿梁底包裹石子向前推进，每层均应振实后再下料，梁底及梁侧部位要注意振实，振捣时不得触动钢筋。

浇筑板混凝土的虚铺厚度略大于板厚，用振捣器垂直浇筑方向来回振捣，振点均匀排列、逐点移动、不得遗漏。振捣完毕后至少找平 3 遍：第一遍借助建筑 0.5m 线用 3～4.5m 长长刮杠初步找平，并用木抹子细致找平；第二遍在收水后且初凝前用木抹子拍打提浆、搓压密实；最后一遍在混凝土终凝前用铁抹子压光，并用软硬适中的塑料扫帚对混凝土表面扫毛，要求顺着一个方向扫毛，扫毛纹路要清晰均匀、方向及深浅一致。

在墙体两侧支模板的底部 100mm 宽范围用铁抹子压光，该位置混凝土表面的平整度要求控制在 2mm 以内。另外在顶板施工缝处要求细致找平，保证施工缝处两边混凝土表面标高一致。

根据施工的实际条件，在浇筑梁、板与柱接点混凝土时，可以采取以下方式进行。

（1）浇筑方法。先将梁根据高度分层浇捣成阶梯形，当达到板底位置时即与板的混凝土一起捣，随着阶梯形的不断延长，则可连接向前推进。倾倒混凝土的方向应与浇筑方向相反。

（2）当浇筑柱、梁及主次梁交叉处的混凝土时，一般钢筋较密集，特别是上部负钢筋又粗又多。因此，要防止混凝土下料困难，与此同时，振捣棒头可改用小直径振动棒。

（3）在浇筑与柱和墙连接成整体的梁板时，应在柱和墙浇筑完毕后停歇 1～1.5h 后再继续浇筑，以免交界处开裂。

3. 楼梯的浇筑

地下室及标准层楼梯间均采用封闭式模板，在每步楼梯踏步模板预留透气孔，以保证混凝土密实；非标准层楼梯间墙混凝土随结构剪力墙一起浇筑，一次成形。楼梯段自下而上浇筑，先振实底板混凝土，达到踏步位置时再与踏步混凝土一起浇捣，不断连续向上推进，并随时用木抹子将踏步上表面抹平。楼梯的施工缝应留置在楼梯段 1/3 的部位。

4. 墙体的浇筑

现场观察洞口、连梁及钢筋稠密位置，保证浇筑时分清部位，对重点部位加强振捣，特别是钢筋密集处、窗下口处必要时辅以铁锤击打该处模板表面，促使混凝土振捣密实。

浇筑前，先在底部均匀浇筑 50mm 厚与墙体混凝土成分相同的水泥砂浆，以免底部出现蜂窝现象。

混凝土采用布料机分层下料、门窗洞口为防止下料挤偏要求对称下料；用ϕ50 振捣棒分层振捣、门窗洞口处要求同时振捣（钢筋稠密处采用ϕ30 振捣棒），分层下料及振捣厚度为 40cm，现场操作时采用标尺杆控制。

振捣棒在墙内采用“一字形”振捣，振捣棒移动间距为 400mm，振捣时快插慢拔，振捣时间以观察混凝土表面无气泡，混凝土不再下沉、表面泛浆为准。振捣上层时振捣棒插入下层混凝土 50mm 交叉振捣，确保混凝土振捣后无隔离层。

减少混凝土表面气泡措施：采用分层下料、分层振捣、振点移动均匀、振捣中快插慢拨、振捣时间以混凝土表面泛浆为宜。墙体连续进行浇筑，间隔时间不超过 2h。接槎处应加强振捣以达到密实。浇筑过程中随时清理落地灰。在下层混凝土初凝前必须开始上层混凝土的浇筑，使之不出现施工冷缝。

5. 底板大体积混凝土的施工

底板大体积混凝土浇筑采用“斜向分层，薄层浇筑，循序退浇，一次到底”的连续施工方法，在 2～3m 范围内水平移动布料，每层浇筑厚度 500mm 左右，由远端向泵方向斜向推进的方式组织施工。当水平结构的混凝土浇筑厚度超过 500mm 时，可按 1:6～1:10 的坡度分层浇筑，且上层混凝土应超前覆盖下层混凝土 500mm 以上。采用溜槽法浇筑布料时，应杜绝采取混凝土长距离由一端流向另一端的施工措施，容易使混凝土拌和物不均匀、不密实，产生离浆现象。

混凝土振捣采用插入式振捣器，振捣棒要求快插慢拔，保证振捣棒下插深度和混凝土有充分的时间振捣密实。振捣点的间距按照振捣棒作用半径的 1.5 倍，一般以 400～500mm 进行控制。振捣时间控制具体以混凝土表面呈水平并出现均匀的水泥浆和不再冒气泡为止，不显著下沉，表示已振实，即可停止振捣。振捣应随下料进度，均匀有序地进行，不可漏振，也不可过振。

钢筋密集处要求多次振捣，保证该处混凝土密实到位，注意不要一次振捣时间过长，防止局部混凝土过振离析。在预埋件和钢筋交错密集区域，需用粗钢筋棒辅以人工插捣。对于柱墙插筋的部位，也必须遵循上述原则，保证其位置正确。在混凝土浇筑完毕后，应及时复核轴线，若有异常，应在混凝土初凝之前及时校正。

底板结构板面上翻起墙体段以及板面粗钢筋，都是容易在振捣后、初凝前容易出现早期沉缩裂缝的部位，必须通过控制补充下料和二次振捣予以消除。板面上有墙体“吊脚模板”部位，应控制下料，在板浇平振实后，稍做停歇，再浇板面上“吊脚模板”内的墙体，浇筑墙体并振捣之后，不得再插捣“吊脚模板”附近墙体，必要时可用木槌适度敲打“吊脚模板”外侧，使可能存在的沉缩裂缝闭合。有埋管部位及表面有粗大钢筋部位，振捣之后、初凝之前易在混凝土表面出现沉缩裂缝，应及时组织人工压抹予以消除。

混凝土表面水分散失，接近初凝时会在表面形成不规则裂缝，应及时组织人工压抹予以消除。处理之后，应防止水分继续蒸发使混凝土表面干缩，应及时进行蓄湿养护。底板面混凝土分两次找平，第一次随振捣随找平，表面还留有部分水分时立即进行第二次找平，并随即覆盖塑料薄膜，以免因表面水分散失过快导致干缩裂缝出现的概率增加。混凝土浇筑应加强现场施工管理，确保已浇混凝土在初凝前被上层混凝土覆盖，不出现“冷缝”。

大体积混凝土浇筑产生的泌水、浮浆比一般结构部位混凝土严重，为保证混凝土质量，采取以下措施。

（1）底板混凝土浇筑过程中由一侧到顶斜向分层，混凝土浇筑统一由一侧向另一侧进行，以保证混凝土泌水、浮浆流向一致，便于混凝土浇筑过程中有组织地抽排。

（2）混凝土泌水处理。浇筑前，预先准备足够的潜水泵及配套的排水软管，在浇筑过程中，置于泌水流向位置抽排，大量泌水时使用功率为 3～4kW 的潜水泵抽排，小量泌水采用小功率软轴泵进行抽排；浇筑过程中若遇到下雨天气视现场情况增加排水泵。

（3）混凝土浮浆处理。浇筑前，预先准备足够的污水泵及配套的排水软管，在浇筑过程中，置于浮浆较多位置及混凝土表面抽排。

7.2.4　二次振捣

混凝土的二次振捣，其实是指在混凝土浇筑后的适当时间，重新对混凝土进行振捣。混凝土二次振捣能否取得预期效果的关键是确定合理的振捣时间。如果距离初次振捣时间间隔过短，则效果不明显；如果时间间隔过长，特别是在混凝土初凝后，超出了重塑时间范围，则会破坏混凝土结构，影响混凝土质量。大量实践表明，混凝土的二次振捣时间应在混凝土初凝前 1～4h 左右进行较佳，尤其是在混凝土初凝前 1h 进行效果最理想。以混凝土坍落度达到 30～50mm 时作为进行混凝土二次振捣的时间，效果较好。但由于混凝土的凝结时间要受到水泥品种、配合比、坍落度、气温、施工方法以及外加剂等因素的影响，所以具体的时间还要根据施工的实际情况加以选择。

混凝土的二次振捣要取得较好的效果，还要根据结构形式的不同采取不同的振捣方法：① 对于 T 形、I 形预制梁，可在腹板位置间距 20cm 用插入式振捣器振捣，翼板则使用附着式（平面）振捣器振捣；② 对厚度不超过 20cm 的预制平板，用附着式振捣器振捣，厚度超过 20cm 的可用插入式振捣器振捣；③ 浇筑与柱和墙连成整体的梁和板时，应在柱和墙浇筑完毕后停歇 1h，使其获得初步沉实，再继续浇筑。二次振捣在柱和墙的顶部用插入式振捣器振捣，在梁和板的部位分别用插入式和附着式振捣器振捣。

另外，无论采用哪种振捣方式，二次振捣的幅度要轻于一次振捣。使用插入式振捣器振捣，以混凝土停止泛浆，没有明显下沉为止，然后缓慢拔出振捣器；使用附着式振捣器振捣时，沿混凝土表面纵横方向振捣一遍即可。

二次振捣的关键是振捣时机的选择，虽然可以在施工前借助多种手段测定混凝土的凝结时间，但由于测试时间、试验室环境温度与施工时间及现场环境温度有较大差异，因此混凝土的凝结时间也会有差异，所以施工时应根据施工现场实际情况，重新确定混凝土进行二次振捣的时间。根据施工经验可以根据以下因素结合施工现场的实际情况对二次振捣时间加以调整。

（1）气温。混凝土的凝结时间与气温变化密切相关，气温升高则凝结变快，二次振捣的时间就应提前，反之就要推后。另外，还应注意昼夜温差，对振捣时间适时调整。

（2）水泥品种。掺有混合材料的水泥一般较纯熟料水泥凝结时间长，如矿渣酸盐水泥较普通硅酸盐水泥凝结时间长。

（3）混凝土强度等级。在其他条件相同的前提下，强度等级高的混凝土凝结时间短。

（4）坍落度。一般情况，凝结时间随坍落度增加而有一定的延长。但是在高温季节，混凝土的凝结时间受坍落度的影响很小。

（5）水灰比。二次振捣对小水灰比的混凝土增强效果好，对水灰比大的混凝土增强效果较差。振捣时要尽量减少构件表面荷载，避免破坏构件整体性，还要尽量避免碰撞钢筋、模板和预埋件。

二次振捣的时机判别：① 将运转着的振动棒以其自身重力逐渐插入混凝土中进行振捣，混凝土仍可恢复塑性状态；② 再将振动棒小心地拔出后，混凝土仍能闭合、不会形成空穴。满足此两个条件即是最适宜的二次振捣时机。

7.2.5 表面抹压、收光

抹压是道面混凝土施工中的一道重要工序，可以起到提高表面平整度和密实度、压下露石、封堵泌水通道、赶出气泡、消除砂眼等作用，同时还可消除早期形成的塑性收缩裂缝。

混凝土抹压收光，不仅要抹还要有压，这样才能有效消除混凝土表面质量缺陷。抹压的时机是该工序的核心部分，抹压过早，起不到消除塑性裂缝的目的，抹压过晚不能有效消除混凝土塑性收缩裂缝。混凝土抹压应在混凝土接近初凝前进行，表面收光则要在混凝土终凝前完成。预拌混凝土的初凝时间一般为 8h±2h，终凝时间一般为 12h±2h，需要说明的是，该凝结时间是在试验室 20℃±2℃的室内条件下测得的，而施工环境温湿度的变化对混凝土凝结时间的影响很大，在春秋季节温度突降时，凝结时间会延长几个小时；遇到高温、大风、干燥环境时，表层混凝土可能在浇筑后很短时间内达到终凝；在昼夜温差较大时，其凝结时间的差异也很大。对初凝前产生的塑性裂缝部位，应在塑性状态下及时采取二次振捣、二次收面、刮平表面多余泥浆、压光、搓毛及其他工序。但要实时掌握好时间，不能过早但也不能过晚，当混凝土表面用手指按有明显印痕，但下沉量不大时即可进行二次搓毛压实。二次抹压时不可在混凝土表面洒水进行，而应将混凝土内部浆液挤压出来，用于表面混凝土湿润抹压，并及时塑盖保温、保湿，以利消除塑性裂缝。

抹面和收光次数对混凝土的质量有一定影响，但存在一些争议。一般认为抹面收光次数以 3～4 次为宜，也有人认为应该达到 6 次。另外，抹面的次数和最后 1 次抹面的时间与表面抗滑工艺有关。当采用拉槽或拉粗毛等措施提供抗滑纹理时，要求拉毛和拉槽在砂浆比较软的时候进行，这时最后一次抹面的时间应提前，抹面次数也较少；而采用硬刻槽工艺时，表面只需要拉细毛，拉毛时间可以比较迟，因此最后一次抹面时间可延后，抹面次数可以增加。

天气炎热或高温、大风施工时，当振捣抹面后，建议用湿麻袋或塑料薄膜覆盖已抹面的预拌混凝土，防止因表面失水产生龟裂现象。

7.2.6 混凝土养护

预拌混凝土是从搅拌站生产出来属于半成品，后期施工、泵送、养护对混凝土质量影响尤为重要。混凝土养护是指在混凝土浇筑完之后，为胶凝材料水化提供所需的介质温度和介质湿度而采取的相应措施，以保证混凝土性能达到预定的要求。

1. 混凝土养护方法

养护方式和养护时间对混凝土的性能有着显著的影响。干燥养护使得混凝土各方面的性能严重劣化，养护过程中要避免此类养护方式。

（1）内养护。混凝土内养护是指在混凝土中引入饱水轻集料或超强吸水剂 SAP，它们均匀地分散在混凝土中，起到内部蓄水池的作用，当混凝土在水化过程中出现水分不足或者离子浓度发生改变时，饱水轻集料或超强吸水剂 SAP 中的水分就向硬化水泥浆体中迁移，形成微养护环境，支持胶凝材料的水化反应继续进行。内养护技术有效改善了混凝土内部相对湿度，减小了混凝土的收缩，从而起到控制混凝土开裂的目的。但饱水轻集料作为内养护材料容易产生一系列问题，例如：流动性变差，集料上浮，和易性变差，弹性模量和抗压强度大幅下降等。而掺入的超强吸水剂 SAP 可能对混凝土的强度和流动性有不利影响。

（2）外养护。外养护包括蓄水养护、喷雾养护、洒水养护、带模供水养护、蒸汽养护、喷涂养护剂、覆盖塑料薄膜和太阳能养护等。

蓄水养护是用砂或者土在平面结构的四周围筑起一层水对其进行水养的方法。蓄水养护在保持混凝土内部温度的均匀性方面效果显著。蓄水养护用水应与拌和用水相同，不应含有会引起混凝土劣化的侵蚀性离子，且为防止温度应力引起的混凝土开裂，养护用水与混凝土的温差不应大于 11℃。但蓄水养护受混凝土硬化程度的制约，需要等混凝土具备一定的强度和硬度后才可使用。此外，蓄水养护还存在劳动强度大并需实时监控的缺点。

在无风或有遮蔽的情况下，喷雾能够保持混凝土表面湿润，可用于混凝土构件的立面或者水平面养护。喷雾间隙应保证混凝土的表面不过于干燥，喷雾压力不宜过大，避免对早期混凝土的表层造成冲刷。此外，喷雾养护的显著优点是可在混凝土凝结之前实施，不受混凝土龄期的限制。

洒水养护是一种很常见的养护方法。根据天气情况确定洒水间隔，以保持混凝土表面潮湿。洒水养护还可与覆盖措施结合使用。覆盖材料应具有吸水保湿功能，如麻袋、草帘和土工布等，同时湿的覆盖物还能起到一定的保温作用。

带模供水养护是指采用内衬憎水塑料绒钢模板代替传统的钢模板，内衬的多孔材料能够吸收大量的水分，同时具有憎水性，极易释放出水分，从而达到在拆模前对与模板接触的混凝土供水养护的目的。这对高性能混凝土来说是一种可行的养护方法，但缺点是需要专门的模板，且费工费时，难以适应高性能混凝土现场施工的要求。

蒸汽养护利用蒸汽的凝结放热来加速水泥硬化。根据介质压力的不同可分为常压蒸汽养护和高压蒸汽养护，前者主要用于可密封的现浇混凝土结构或预制混凝土构件，后者通常用于小型混凝土构件或产品。

喷涂养护剂养护是混凝土养护工艺的一项新技术。养护剂是一种能在混凝土表面形成一层连续不透水的密封养护薄膜的乳液或高分子溶液。养护剂留下的薄膜能够减少水分蒸发，从而起到养护的目的。它不受构件形状、施工场地和施工条件的限制，还可以节省人力和水资源，降低工程成本，目前在公路养护中已获得广泛的应用。对于混凝土构筑物的立面或复杂结构以及缺水地区和不允许水养护的地方，养护剂养护具有先天的独特优势。

塑料薄膜通过隔绝空气，阻止混凝土中的水分向环境散失来达到养护效果。此外，可以根据需要选择不同颜色的薄膜来调节养护温度。例如，在夏天，浅色的薄膜可以反射很大一部分的阳光，减少对热量的吸收；而在冬天，深色的薄膜能够有效地利用太阳能，提高温度。

太阳能养护是利用太阳的辐射能对混凝土进行加热养护，它实际上是一种加速养护方式。太阳能养护箱和养护罩构造简单，制造容易，造价低廉，重量轻，移动灵活，较适宜中小型预制场使用。

由于在终凝前对混凝土进行湿养护会削弱混凝土表面的水泥浆，导致抗渗性降低。建议采取复合养护的方式，即将混凝土的养护过程分为初期养护和湿养护两个阶段。初期养护的目的是减少新拌混凝土的水分散失，直至湿养护开始，待混凝土终凝后开始湿养护。任何传统的养护方法如蓄水养护、潮湿麻袋覆盖养护以及在暴露面上洒水养护，高性能混凝土均可采用。

（3）几种养护方式的比较。养护剂养护、塑料薄膜覆盖养护、湿草帘覆盖养护这几种常见的养护方式相比，湿草帘覆盖养护具有明显的优势，其养护的混凝土抗压强度最高，抗碳化能力最好，氯离子扩散系数最小，并且能显著减小早期收缩，但不一定能减少后期的干缩。施工现场对混凝土进行湿养护有困难时，养护剂养护也不失为一个好方法。养护剂可以显著减小混凝土的收缩，同时可以确保混凝土 28d 前的抗压强度。其主要缺陷是后期因养护剂的密封效果而使混凝土无法从外界环境获取水分，28d 后强度增长缓慢，同时养护剂在混凝土表面所生成的薄膜无法阻碍空气中的 CO_2 进入混凝土内部，其对混凝土抗碳化能力的提升作用较为有限。在选择养护剂养护时，应该根据工程实际情况权衡各方面的利弊。塑料薄膜覆盖与养护剂养护同为密封养护，塑料薄膜除了在提升混凝土抗碳化能力方面具有优势外，对混凝土其他方面的养护效果都不及养护剂。塑料薄膜较适宜与其他养护方式复合使用，在终凝前用塑料薄膜覆盖混凝土，防止水分蒸发，终凝后采取湿养护措施。

2. 养护的要求

养护条件对预拌混凝土强度增长、发展的影响至关重要，并可减少出现裂缝的概率。因此，在施工时应注意根据不同季节、不同部位等具体情况，制定有效的养护制度，保证强度的正常增长，温度对水泥水化速度的影响是：其他条件不变时，每升高 10℃，水化速度增长 2～3 倍。温度、湿度是预拌混凝土最重要的养护条件，采取保温、保湿措施，对保证预拌混凝土强度和控制温度裂缝都是必不可少的。浇筑完毕后（初凝后），对浇筑部位应加以覆盖并保湿养护，因预拌混凝土表面在覆盖下进行潮湿养护能降低放热系数，有利于控制干缩和温差裂缝的产生。

预拌混凝土的配合比均掺有粉煤灰，粉煤灰的二次水化是在正常养护 7d 后形成。为充分发挥粉煤灰的作用，提高预拌混凝土后期强度和抗拉应力，根据国家规范和工程实践，预拌混凝土需有效养护 14d。加 UEA、AEA 等膨胀剂的预拌混凝土，因膨胀剂必须在水中养护才能充分发挥作用。因此，该类预拌混凝土（尤其是底板）最好采用表面蓄水养护。

墙、柱等竖向结构由于养护水分容易散失，可以将侧模松开 5～10mm，然后从顶部淋水养护，使水从板缝中流入，湿润整个结构侧面。环境平均温度在 10℃以上时，应采用时间控制，混凝土墙体的最早松模时间 18h；环境平均温度在 10℃以下时，最早松模时间应采用混凝土强度控制，建议当同条件养护的试块强度达到 2.4MPa 时开始松模。最迟松模时间大体积混凝土 50h，普通混凝土 30h。养护是在模板可松动时，松动模板，淋水养护，保持表面湿润，完全拆除模板后应悬挂草袋淋水养护，总养护时间不少于 14d。

根据规范要求，预拌混凝土在内外温差不宜超过 25℃，对大体积预拌混凝土的施工、养护应采取保温措施，尽量控制外部温度与预拌混凝土内部中心温差。尤其是浇筑后 3～5d，是水化热放热高峰期，内部温度上升最快，甚至超过 60℃，如果环境温度低，极易引起温度裂缝。因此，应加强温度监控与管理，随时控制内外温差，及时调整保温和养护措施。

预拌混凝土洒水养护宜用雾状水，且养护水温度与混凝土表面温度相差不宜过大，洒水次数和浇水量，以保持混凝土表面处于润湿状态为准。用塑料薄膜覆盖养护的预拌混凝土，其敞露的全部表面应覆盖严密，使塑料薄膜紧紧贴在混凝土表面。特殊部位不能采取保温保湿养护的，应喷涂养护剂。

从大量的工程实践看，底板一般较少出现贯穿性裂缝，但内、外墙出现裂缝的现象较多，有的已对结构造成危害，其原因除了该部位不易常规保温保湿养护外，配筋也是决定性因素。因此内、外墙部位的预拌混凝土施工，应与设计单位做好沟通，在门、洞及应力集中、墙体距中处适当提高配筋率，在截面突变和转折处增加斜向构造配筋，以改善应力集中，必要时可采取预拌混凝土中掺加尼龙纤维来预防裂缝产生。

7.2.7　混凝土拆模

1. 拆模的原则

拆模时应遵循的原则：① 先支后拆，后支先拆；② 先拆除板模及两侧模，后拆次梁模板，最后拆主梁模板；③ 先拆不承重的模板，后拆承重部分的模板；④ 自上而下，先拆侧向支撑，后拆竖向支撑；⑤ 安全注意事项：安全监护、安全预防。

拆除时现场应设专职安全人员，对现场拆除情况与安全情况进行指导、监督与监护。主要应注意：① 拆除人员上下层间交叉时相互照应；② 拆卸下的材料不得直接从高空往下扔，应由上往下传递或设遥绳系下；③ 应先在吊料口附近拆出一块安全区域，并由此处往外扩散拆除，以便材料的堆放、运输及拆除安全。

2. 拆除要点

（1）拆除中应注意产品的保护，特别是梁柱棱角（阳角）及梁柱接头节点处。① 模板拆除过程中应严格遵循拆模顺序，轻撬慢卸，严禁生拉硬拽，以免损伤模板及混凝土构件的棱角和表面。拆除下来的模板、木方应按照损坏程度分类堆放后由吊料口处分批运出；② 每个拆除部位应在现场同条件混凝土试块强度达到拆模规定强度后方可拆除；③ 拆模时严禁未经允许擅自拆除，否则将给予严厉处罚。

（2）拆模的强度要求。模板的混凝土强度未达到国家规范要求（1.2MPa）之前，不得踩踏或加载模板及支架，严禁在上面肆意堆放钢管等重物，以防荷载裂缝产生。对于混凝土结构工程中构件，其混凝土强度达到设计的混凝土立方体抗压强度标准值的一定强度时（见表 7−11），方可进行模板的拆除的标准值。

表 7−11　底模拆除时的混凝土强度要求

构件类型	构件跨度/m	达到设计的混凝土立方体抗压强度标准值的百分率（%）
板	≤2	≥50
	＞2，≤8	≥75
	＞8	≥100
梁、拱、壳	≤8	≥75
	＞8	≥100
悬臂构件	—	≥100

混凝土硬化初期，混凝土强度很低，很小的震动也可造成混凝土内部操作引发日后的可见裂缝，因此必须引起足够重视，施工时支撑模板必须要有足够的刚度，不易变形，泵管的

支撑应该不能拉动模板，以免去浇部分已凝结混凝土爱到震动，上面的工序不能过早，楼板面的钢筋模板不能过早堆放，还必须监督工人注意轻拿轻放。

在混凝土墙体强度能保证其表面及棱角不因拆除模板而受损坏后，方可拆除模板。普通混凝土墙体建议浇筑后3～4d拆除模板，大体积混凝土墙体建议浇筑后6～8d拆除模板，以缓解混凝土内外温差，拆模后养护期内避免直接受阳光暴晒。当外界令温低于15℃时，由于凝结时间延长强度增长缓慢，应当延长折模时间。

7.3 预拌混凝土季节施工要点

我国幅员辽阔，南北纵贯5500余千米，包括热带、亚热带、温带和寒带等各种自然气候类型，东西横跨5200多千米，从沿海到内陆也呈现出显著的区域气温差异。日平均气温是指一天中02时、08时、14时和20时，4个时刻的气温相加后平均作为一天的平均气温（即4个气温相加除以4），结果保留一位小数。根据日平均气温范围，将一年分为：25～35℃（夏季）、10～25℃（春、秋季）、－10～5℃（冬季），根据不同的气候特点对混凝土施工进行区别对待，预防混凝土质量事故的发生。

7.3.1 春、秋季混凝土施工

春、秋季多风干燥、湿度低、昼夜温差大，使混凝土施工具有一些特有特点，若施工、养护过程中不采取有效措施，有可能造成质量问题。

1. 凝结时间

一般来说，为保证混凝土施工时具有良好的和易性、可泵性，通常会使用缓凝剂或缓凝型减水剂，预拌混凝土的正常初凝时间为6～10h，终凝时间为8～12h。由于春、秋季昼夜温差大，再加上冷空气、寒潮来袭，在气温产生变化较大时，有可能影响混凝土的凝结时间，给混凝土凝结时间变得难以估算。在春、秋季，白天温度高达25℃左右，夜间温度降到10℃左右，温度的降低引起混凝土的凝结时间延长，终凝时间在20h之内也是正常的，这不会影响混凝土的最终质量。在使用缓凝剂时，应根据当地多年气候情况综合考虑，既要兼顾白天气温高时的保坍要求，也要防止晚上凝结时间过长给施工带来不便。预拌混凝土使用的泵送剂通常是事先配制好的，有时会使用较长时间，因此，添加缓凝剂时应采用略低于中午保坍要求的掺量。在中午高温使用时，适当提高外加剂用量既可以满足保坍要求，晚上气温低时，适当降低外加剂用量也不会造成凝结时间延长。

此外，在日平均温度相差不大时，春季进入夏季时可以比秋季进入冬季的缓凝剂稍微高一些。春秋季混凝土施工时应注意收听天气预报，最好了解一周的天气变化情况，确保混凝土不发生缓凝现象（凝结时间大于48h），对混凝土后期强度影响明显，最多可降低30%。

2. 注意进行保湿养护

在春、秋季风大、高温和干燥的天气情况下，混凝土的表面水分蒸发快，易产生表面塑性收缩裂缝。板类构件混凝土浇筑收浆和抹压后，应立即在混凝土表面覆盖薄膜等；对截面较大的柱子，宜用湿麻袋围裹喷水养护，或用塑料薄膜围裹保湿养护；墙体混凝土拆除模板后应在墙两侧覆挂麻袋或草帘等覆盖物，避免阳光直照墙面，地下室外墙宜尽早回填土。加强混凝土的保湿养护，防止混凝土表面失水过快产生塑性收缩裂缝。保湿养护是防止混凝土产生塑性收缩变形裂缝的根本措施，在不能覆盖的情况下，可在表面喷雾防止干燥，能较好地防止混凝土裂缝的产生。在干燥多风的春、秋季，夜间洒水养护时操作间断会使混凝土忽干忽湿，很易造成裂缝。浇水次数应能保证混凝土表面充分湿润，并不得少于7d，对掺用粉煤灰、缓凝型减水剂或有抗渗要求混凝土保湿养护不得少于14d。

保温养护可以防止温度骤变，避免暴晒和风吹，在气温变化较大的夜晚，大体积混凝土或截面变化多的混凝土，容易产生温度裂缝，尤其是长墙结构。养护时要严格控制混凝土的内外温差，使之不超过25℃，混凝土与环境温度不超过20℃。要控制降温速度不宜过快，不宜超过20℃/d，必要时，适当延长拆模时间或采取适当的保温措施。

7.3.2　夏季混凝土施工

夏季具有气温高，降水多，降水量大、干燥快的气候特点。虽然夏季较高的温度对混凝土强度的早期增长有利，但也存在温度高，坍落度损失，浇筑后水分蒸发快，混凝土收缩大等不利情况。因此，夏季混凝土质量控制包括以下几个阶段的系统过程控制。

1. 混凝土原材料选择与控制

（1）胶凝材料。在夏季炎热天气条件下，应尽可能使用水化热低的水泥，细度不宜太细；减少水泥用量，适当增加粉煤灰、矿渣粉、石灰石粉等矿物掺合料用量，可以防止混凝土因水化热产生的温度裂缝。

（2）骨料。在混凝土中，骨料用量最大，因此骨料的温度对混凝土的温度影响较大，施工时应尽量使用低温度骨料，并使骨料避免日光直接照射，采用覆盖或洒水的措施防止骨料温度的上升。目前越来越多的搅拌站骨料仓和骨料输送系统都搭建有遮阳棚。

（3）水。采用井水（地下水），贮水池、输水管要避免阳光直接照射，必要时采取冷却措施。

（4）外加剂。掺加缓凝剂，可对控制坍落度损失、振捣，防止接茬不好，但对于大面积的混凝土地坪工程，应保证缓凝剂的掺量正确。大型地坪、路面工程的混凝土拌和物如果缓凝剂掺量太高，在表面以下的混凝土仍处于塑性状态时，表面可能结一层硬壳，形成“弹簧”现象。如果过早地抹平、压光，就会导致表面出现波纹，而且会封住泌水通道，不进行抹平、收光混凝土则有可能产生塑性收缩裂缝。

2. 夏季施工混凝土的搅拌、运输与浇筑

（1）搅拌和运输。

1）应对搅拌站料斗、储水器、皮带运输机、搅拌楼采取遮阳措施，在拌和混凝土时采用井水（地下水），并对水管以及水箱加设遮阳和隔热措施。

2）混凝土运输和浇筑时间不宜超过90min。

3）对于长距离运输，可提高外加剂掺量减小坍落度损失，控制凝结时间保证混凝土的工作性。

（2）浇筑。夏季炎热条件下浇筑混凝土前，对模板、钢筋以及浇筑地点的基岩或旧混凝土，洒水冷却，以免温度升高或干燥。采用薄层浇筑，层厚控制在0.4m左右，短间歇、混凝土均匀上升。混凝土出机后最大限度地减少运输及浇筑过程中的温度回升，加快混凝土的入模覆盖速度，减少暴露时间以防止初凝。保证入模温度控制在30℃以下，混凝土芯部与表面、表面与环境温度差不超过15℃，来保证混凝土浇筑的质量，保证混凝土的施工质量符合施工规范及设计要求。

避免在日最高气温，空气干燥时浇筑混凝土，宜选择晚间浇筑混凝土，气温低，空气湿度相对较大，且受风的影响相对较小。同时，混凝土可在接近日出时终凝，这时的相对湿度最高，因而早期干燥和开裂的可能性最小，混凝土浇筑宜安排在下午 7:00 到次日早晨 7:00 之间进行。

3. 夏季施工混凝土的养护

（1）夏季，如养护不及时不但降低强度，甚至有些裂缝向深度发展直至贯穿。因此，尽快保湿养护是防止混凝土产生塑形收缩变形裂缝的有效措施。

（2）在表面处理作业完成之后及时地进行养护，做到随抹随盖，当混凝土表面没有浮水，能经住手指按压，就可以开始覆盖保湿养护，必须保证混凝土表面处于充分的湿润状态，并不得少于 7d，有抗渗防裂剂要求的不得少于 14d。

（3）板类构件浇筑混凝土后及时振捣、找平、抹压，在用塑料薄膜覆盖，防止表面水分蒸发，有条件时尽量蓄水养护。

（4）截面较大的柱子，宜采用湿麻袋围裹喷水养护，或用塑料薄膜围裹自生养护，若湿度降低则宜用高倍吸水树脂类养护膜围裹养护，保证混凝土表面水分不散失。

（5）墙体混凝土浇筑完毕，混凝土达到一定强度（1～3d）后，应避免过早拆模，拆模后应在墙两侧覆挂麻袋或草帘等覆盖物，避免阳光直射墙面，地下室外墙宜尽早回填土。现在很多施工单位夏季混凝土浇筑后，不到 24h 就开始拆除柱、墙模板。有的混凝土才刚刚终凝，混凝土强度很低，模板都能将混凝土粘下来，就硬是将模板拆除了。而模板拆除后又不能保证充分养护，结果墙体的裂缝就不可避免了。对于墙体部位混凝土本身强度较高，厚度大，内部水化热大，不易养护，混凝土表面水分易散失，极易造成墙体的裂缝。如果能像现浇板一样（面积要比墙体大）保证混凝土的湿养护，在混凝土强度增长初期不失水，则墙体的裂缝问题就能解决。

（6）养护时要防止气温骤变，避免暴晒、风吹和雨淋，在气温变化较大的天气，应采用保温材料保温，防止混凝土结构降温过快产生裂缝。

总之，夏季施工混凝土养护的要点是控温和保湿，抓住这个要点，就可以保证夏季施工混凝土的质量。

4. 夏季多雨对混凝土施工影响与措施

夏季施工中，必须特别重视雨季施工对混凝土浇筑的影响，雨水不仅会改变混凝土表面的水胶比，还会冲刷混凝土表层水泥浆，使混凝土的表面强度降低，容易起粉、起砂。施工单位应密切关注气象预报，根据气象预报决定能否浇筑混凝土。但有时天气突变，聚降大雨，如果没有施工预案，会对混凝土工程质量产生不利的影响。因此，施工单位和混凝土生产企业技术人员必须从思想、物质等方面做好充分的准备，制定出应急预案，以应对突发事件。

（1）降雨对混凝土生产的影响。对于露天存放砂、石骨料的混凝土生产企业，降雨会造成砂、石的骨料含水量增大。虽然有的混凝土生产设备有自动检测的骨料含水的功能，但降雨造成骨料表层与中下部含水的差异，常常使设备自动调整的反应变慢（主要是传感器被泥沙包裹所致）。雨天生产混凝土时，应运用动态控制方法，要求试验员定时测定砂子的含水率。含水率测定可近似以密度法求得：

$$\omega=\frac{W-W_0(1-\omega_0)}{W_0(1-\omega_0)} \tag{7-11}$$

式中　ω——现砂子含水率；

ω_0——原砂子含水率；

W_0——某一容器中原砂子质量；

W——同一容器中现砂子质量。

根据砂、石骨料含水率变化，及时调整混凝土生产配合比，防止骨料含水率过大造成混凝土出现离析、泌水、强度下降和强度数值离散变大等不良后果发生。

（2）混凝土雨季施工。

1）多雨季节应将防雨用品运到混凝土浇筑现场，雨衣、雨鞋发给工人，机械设备进行防雨遮盖，同时派专人进行检查。

2）大雨即将来临时，混凝土尚未浇筑到工程部位，现场人员可以根据天气情况，暂停浇筑。夏季一般阵雨较多，只要保证混凝土在罐车内慢速搅拌，混凝土拌和物可以存放一段时间，待雨后浇筑。

3）混凝土未浇筑前，如突遇大雨，雨后应排除模板内的积水，特别应注意柱、墙等结构的混凝土施工缝处凹凸不平处的积水，防止浇筑混凝土后施工缝处局部的水胶比较大而降低接缝处混凝土的抗剪强度。

4）对于已经浇筑完毕的混凝土梁、板结构，在大雨来临前，对板面部位浇筑的混凝土进行振捣并立即进行薄膜覆盖，防止雨水冲刷其表层。

5）刚浇筑的柱、墙结构，因为其顶部均伸出相当长度的钢筋，要做到切实覆盖严密有困难，需用塑料薄膜或其他柔性不透水材料，在柱墙钢筋之间塞入，将混凝土顶面堵严。

6）雨量不大需要继续施工时，应通知搅拌站在满足施工要求的前提下适当降低混凝土坍落度。混凝土浇筑时，缩短作业段，每次的浇筑宽度不宜超过 1.5m，同时要做到“四个随时”，即随时浇筑、随时振捣、随时搓平、随时覆盖塑料薄膜。

7）雨中操作困难，降雨过程中，工人雨水淋身，视线不清，脚底滑溜，容易发生高处坠落事故，平时的要求难以执行，混凝土不密实，影响混凝土强度、抗渗性和耐久性。

（3）事后处理。

1）降雨结束后，检查已浇筑的混凝土，看混凝土表面有无雨水冲刷跑浆现象。有冲刷现象的混凝土结构，马上在表层上摊铺稠砂浆补偿灰浆流失，并清理坡角，即可恢复施工。如果降雨时间长，混凝土已经初凝，则用高压水清除表面软弱层，再在层面上铺砂浆。

2）模板拆除后，检查有无麻面、孔洞、露筋等，如果有应查找原因，及时提出处理方案。

3）做好记录，对出现的问题逐一汇总研究，总结经验，杜绝再次出现。

5. 夏季大风、高温天气路面施工

大风、高温天气防止水分蒸发过快，是做好路面结构的关键。路面混凝土初步摊铺后，由于各组成材料间密度悬殊，水泥、砂石颗粒的沉降，表面泌水是必然的。另一方面，只要混凝土表面与空气存在着饱和蒸汽差，水分蒸发也是必然的。一般情况下只要蒸发速率不大于泌水率，这种泌水和蒸发是无害的，不会影响正常的凝结硬化。国内实测表明，此临界蒸发速率为 0.5kg/（h·m^2）。但是在大风、高温的条件下，蒸发速率会远大于以上临界值，有可能导致刚初步摊铺好的路面混凝土表层温度升高而脱水，面层凝结加快，形成上硬下软的“肚皮现象”。甚至在 1～2h 内，还来不及收光就发生开裂，即发生塑性沉降开裂，在这种情况下，即使再洒水勉强进行表面收光、拉纹等工作，并进行认真养护，也会引起路面硬化后表面起粉、分层、脱皮、耐磨性降低等不良后果。如何在这种气候条件下进行正常的施工，确保路面的表面功能要求，需要做好以下几点。

（1）路面混凝土摊平后立即开始覆盖、洒水。以往公路施工中曾采取用“移动遮阳篷”的方法，使之减弱太阳的辐射，以减少气化热的补给，从而降低蒸发速率。遮阳篷的方法，在大风作用下难以阻止蒸发水分的扩散，降低蒸发速率的作用是有限的。根据施工经验在混凝土初步摊铺后，立即用彩条布覆盖并洒水。刚摊铺好的混凝土路面，有彩条布的覆盖及洒水降温作用，不仅避免了太阳的直接照射，阻止了混凝土中水分的自由蒸发，彩条布上面的水分蒸发，也带走了大量的水化热，从而降低了路面混凝土的温度，使路面混凝土保持在一个气温较低、无蒸发的人工小气候环境中。实测在气温35～38℃的天气下，混凝土表面温度仅在25℃上下，表面湿润凝结硬化正常，再没有发生表层结壳、开裂、起粉等现象。

（2）适时整平、收光。夏季烈日暴晒混凝土失水快，硬化快。对于路面、地坪混凝土，振动密实抹平后，要密切注意，掌握好初凝前的二次抹压时间。二次抹压的时间一般在40～60℃ • h，根据施工观察要做到“水消即抹”，混凝土表面水分蒸发后，裂缝在骨料与浆体的黏结面开始发展，直至连通，此时应及时抹压。如果错过了适宜的抹压时间，对硬化混凝土质量将造成难以挽回的影响。根据现场施工观察，整个收光工作开始于初凝前，结束于初凝后，一般在80～120℃ • h，人踏上去不会陷下去，用指压留下3～5mm凹坑，收光一般要进行3～4遍，一定要一边抹压一边覆盖。抹压是为了彻底消除初凝前形成的失水缺陷，覆盖是防止抹压后的混凝土继续失水。覆盖最好采用吸水性强的麻袋或土工布，要相互衔接，并保持覆盖物一直处于饱水状态，只有这样，才能有效防止混凝土失水。覆盖塑料薄膜是较快捷省工的方法，但要注意其防失水效果。覆盖薄膜应选用不透气不透水的、厚一点的薄膜，一次抹平或二次抹压后立即铺盖在混凝土面上，并将薄膜压紧，使之紧紧贴附在混凝土表面，使拌和水难以蒸发出来。

（3）混凝土路面要认真养护。路面整平、收光及做出防滑构造后，仍需要彩条布覆盖24h，具有一定强度后可改用麻袋或棉毡覆盖并洒水养护，使路面始终保持潮湿状态，此洒水养护时间最好不少于 14d。养护充分的混凝土路面颜色青灰色，面层坚硬不起粉，而养护不够的路面即使是同一配合比且原材料都不变的混凝土表面也会起粉，轻擦很快露出黄沙，混凝土颜色呈灰白色，耐磨性很差。

（4）混凝土路面切缝。混凝土浇捣后，经养护达到设计强度的 20%～30%，按缩缝的位置用切缝机进行切割。切缝时间不宜过早或过迟。应根据气温的不同掌握适宜的切缝时间，一般允许最短切缝时间250℃ •h，允许最长切缝时间310℃ •h，切缝深度为板厚的1/4～1/5。

7.3.3 冬季施工与养护的控制

1. 冬季施工与冬期施工

建筑工程中混凝土冬期施工规范中的“冬期”，与“冬季”施工在概念上不尽相同。我国的冬季的划分如前所述，而JGJ/T 104—2011中的冬期施工有其另外的明确界定：“根据当地多年气象资料统计，当室外日平均气温连续5d稳定低于5℃时，即进入冬期施工；当室外日平均气温连续 5d 高于 5℃时解除冬期施工”。此规定的冬期与一年中的月份没有直接关系。黄河南北的广大地区属于冬季的月份，虽在冬至后有明显的寒冷特征，但应该注意的是，并非连续5d平均气温低于5℃，不应属冬期施工。如遇到大风、降温天气，或寒潮突袭，有可能最低气温出现−5～0℃甚至更低，为防止混凝土受冻，都需采取一定的防寒、防冻养护措施。此种冻害，常发生在刚浇筑的混凝土，由于饱和含水结冰，混凝土中的自由水析出成冰粒，如同“冻豆腐”，破坏了浆体的初始结构，“水泥浆体—骨料—钢筋”的界面会因自由水的结冰而严重削弱，不仅显著影响其 28d 强度，耐久性也会受到极大的影响。此种情况越是发生在早期，影响越大。如不及时采取应对措施，即使气温恢复到 0℃以上，水泥可继续水化，其强度损失也达 60%左右。

冬季是混凝土工程质量事故的多发季节，气温低于 5℃时，混凝土强度增长速度缓慢，在 5℃条件下养护 28d 混凝土强度仅为标准养护 28d 强度的 60%，混凝土凝结时间比 15℃时延长 3 倍。低于 0℃以下，混凝土有可能结冰，并加剧大体积混凝土的内外温差，引发质量事故。如处理不及时或措施不当，会带来难以挽回的损失，应关注预拌混凝土冬季施工与养护的管理。

预拌混凝土与一般自拌混凝土的共同点是：混凝土拌和物的用水量不是根据水泥的水化需要，而是为了满足混凝土的施工性能需要，含有较多的自由水。当混凝土温度降 0℃以下时，混凝土中的自由水由液态的水转化成固态的冰，其体积约增大 9%，产生很大的冻胀破坏力。有学者研究此冻胀力在密闭的容器中，有可能达到 100MPa 以上。新浇的混凝土即便已开始凝结硬化，但初始强度低，很难达到抵抗破坏的最低强度，不能抵抗此冻胀力而导致破坏。气温恢复到 0℃以上后，水泥虽仍可继续水化，但其 28d 强度也会大大削弱，甚至达不到标准养护强度的 60%。如何使混凝土在可能遭受冻害前，尽快达到受冻的临界强度，是冬季施工与养护管理防止冻害的中心环节。混凝土只要含水率低于 85%，不会对混凝土性质造成危害，冻融循环破坏主要发生在水位变化频繁、含水率高于 85%的冰冻区。

2. 临界强度

临界强度的含义是指冬期浇筑的混凝土在受冻前必须有一个预养期，使之达到一个临界强度值，混凝土在达到此临界值后，即使再处于负温环境，只是涉及强度不再增长，而不致因自由水的结冰冻胀，而带来后期强度的损失。

冬期施工临界强度大小与混凝土的水泥品种、外加剂类型及强度等级等有直接关系。各国对临界强度值的规定也不尽相同，1974 年德国就提出过 5.0MPa 的规定；美国在 1978 年提过 3.5MPa；1981 年日本也分别在规范中规定了 3.5MPa 和 5.0MPa 两个值；苏联的 RILE39−BH 委员会则在规范中明确规定为应达到设计强度的 20%。我国的专家学者在分析国内外对此问题研究的基础上，我国的行业标准《建筑工程冬期施工规程》（JGJ /T104—2011）明确规定：对于冬季施工仅采用保温蓄热而未掺外加剂的混凝土比较严格。当采用硅酸盐或普通硅酸盐水泥时，为设计强度值的 30%；当采用矿渣粉水泥时，则为设计强度的 40%，但当混凝土强度等级为 C10 及以下时，也不得小于 5.0MPa。目前，预拌混凝土冬季使用的外加剂，根据最低气温的要求，可分别选择掺用早强型复合减水剂或防冻型复合减水剂。对此掺用外加剂的预拌混凝土，当室外气温不低于−15℃时，临界强度值应为 4.0MPa。最低气温在−30～−15℃时，新浇筑混凝土的临界强度应不低于 5MPa。

还应注意的是，在冬季由于气温较低，虽远未到 0℃，也会加剧大体积混凝土的内外温差。在这种气温下，混凝土结构尺寸只有 40～50cm 的基础伐板、梁、柱和剪力墙，内部水化温度可能到 50℃上下，因内外温差≤25℃而产生温度裂缝。因此，对一般的梁、柱和剪力墙，即使气温并未到 0℃以下，保温养护也应引起应有的重视。既要防止气温低于 0℃以下时的冻害问题，也要在气温小于或等于 5℃时，注意混凝土的保温蓄热的养护。因此，在这里应注意到混凝土强度增长与温度、湿度的关系是十分必要的。

3.“防冻剂”并不防冻

市场上有什么需求，受利润驱动就会有什么产品销售。有些工程因工期要求冬季停不下来，总希望掺“防冻剂”的外加剂能照常施工，实际市场上常见的防冻型外加剂并不能降低冰点，只能加速水化以缩短达到临界前的预养期，达到预防冻害的目的。除东北、内蒙古、乌鲁木齐等地严寒地区外，在长城以南的寒冷的北方，冬季最低气温大于-15℃的北京、天津、兰州、石家庄、太原等地，都可以在采用保温蓄热综合法的同时，掺用防冻型或早强型复合外加剂来达到继续施工的目的。这种防冻型或早强型复合外加剂主要含有减水剂、引气剂、早强剂和少量防冻剂，以水为载体制成，其降低冰点的作用很小，主要靠适当提高单方水泥掺量来降低水胶比，充分利用水泥水化的水化热和保温、蓄热养护，靠混凝土的自身温度，加速水化，使之缩短预养期，尽早达到临界强度来满足预防冻害的需求。设想完全靠防冻剂降低冰点的做法是不现实的。有研究表明，在冬季气温小于-15℃的严寒地区的施工，仅靠防冻剂施工，在采用发热量较大的快硬硫铝酸盐水泥施工的条件下，采用亚硝酸钠（$NaNO_2$）作防冻剂，达到预计施工气温的 $NaNO_2$ 掺量，见表 7-12。

表 7-12　　预计施工气温的 $NaNO_2$ 掺量

预计当天气温/℃	≥-5	-15～-5	-25～-15
$NaNO_2$ 掺量（%）	0.5～1.0	1.0～3.0	3.0～4.0

从表 7-12 的冬季施工按降低冰点的 $NaNO_2$ 掺量看，使要求仅满足在-5℃气温下的要求，采用硫铝酸盐水泥施工，防冻剂亚硝酸钠的掺量也要在 1.0%上下，这比减水剂的有效成分掺量还要多，一般施工中掺用胶凝材料的 2%～3%防冻型复合外加剂中，这种情况下根本就溶不进去。更别说在-15～-5℃气温下的施工了。因此，黄河南北的广大地区，混凝土浇筑后的保温、蓄热养护措施是十分重要的，充分利用水泥水化自身的热量，加速水泥水化，使之尽早达到临界强度，以避免冻害事故的发生，是优先采用的措施。那种完全依赖防冻剂解决冬季施工冻害的方法是欠妥的。

4. 进入冬季预拌混凝土公司应注意的事项

预拌混凝土公司做好冬季施工准备，为施工方提供优质的冬季施工混凝土，并提前与施工方在冬季施工中保温蓄热养护上进行充分的沟通，共同应对冬季混凝土施工中的种种问题。

（1）预拌混凝土公司本身应做好的冬季施工准备。

1）原材料准备。

① 应尽量选用水化热较大的 R 型硅酸盐水泥和普通硅酸盐水泥为主，不宜用矿渣粉水泥、粉煤灰水泥或火山灰水泥。因特殊情况的需要提前竣工，也可选用硫铝酸盐水泥，以保证在冬期气温较低的情况下，混凝土有较大的发热量，为保温蓄热养护提供必要的条件。

② 砂石料的质量和规格应严格把关，含泥量小于或等于 3%，含水量小于或等于 5%。砂石料进场后堆放有序，注意防冻，不允许含有冻结的砂石料或冰块进入生产流程。

③ 外加剂的选用是混凝土冬季或冬期施工的重要环节，应提前做好准备。冬季气温为-15～0℃，采用保温蓄热综合法，当最低气温在-10～0℃时，一般采用早强型复合减水剂；

最低气温为－15～－5℃时，应选择防冻型复合减水剂。一般情况下，其降低冰点的作用是有限的，保温蓄热措施仍是必不可少的重要环节。目前预拌混凝土使用的外加剂，推荐掺量一般是 1.5%～2.2%，这对再复合早强剂和防冻剂来说，达到有效的掺量都是很难的。

2）调整好配合比。为适应冬季施工的需要，选好、用好复合有引气剂、早强剂或防冻剂的外加剂很重要，并适当增大水泥用量 10～20kg/m^3，适当降低水胶比，结构混凝土水胶比不得大于 0.6，胶凝材料用量不宜小于 300kg/m^3。

3）适当延长搅拌时间，必要时使用热水搅拌。混凝土的搅拌时间适当延长，入模温度不得低于 5℃。在气温处于－10℃以下时，可预热砂石或使用热水搅拌，水温不宜高于 80℃，调整加料顺序，不能直接加到水泥上。更不能用含有冻结块的砂石或冰块的水搅拌混凝土，坍落度在满足施工要求的前提下尽可能小。

4）做好设备检修。进入冬季施工后，无论是搅拌或运输车辆都会因气温太低而发生变化，如搅拌楼的上水管和外加剂上料管的防寒防冻，要加强保温措施。车辆要做好检修和更换冬季润滑油加好防冻剂。

（2）加强与施工方充分沟通。预拌混凝土公司应提前以各种方式及时与施工单位沟通，以《建筑工程冬季施工规程》（JGJ/T 104—2011）为依据，当室外日平均气温连续 5 天稳定低于 5℃时，即进入冬期施工。混凝土结构工程应采取冬期施工措施，并应采取气温突然下降的防冻措施。请施工单位关注天气变化，做好冬期施工的准备工作，避免质量事故的发生。

1）施工前的准备工作。混凝土浇筑前应清除模板和钢筋上的冰雪及垃圾，尤其是新老混凝土交接处（如梁柱交接处），但不得用水冲洗。浇筑前应准备好混凝土覆盖用保温材料，如塑料薄膜、彩条布、棉毡和草帘等，做好相应的防冻保温措施。并采取必要的挡风、封闭措施，以提高保温效果。不得在冻土层上进行混凝土浇筑，浇筑前，必须设法升温使冻土消融。混凝土接槎时，应预热旧槎，浇筑后加强保温，防止接槎受冻。

2）混凝土浇筑。冬施期间泵车润管水不得放入模板内；润管用过的砂浆也不得放入模板内，更不准集中浇筑在构件结构内。在浇筑过程中，施工单位应随时观察混凝土拌和物的均匀性和稠度变化。当浇筑现场发现混凝土坍落度与要求发生变化时，应及时与我公司生产部门联系，以便及时进行调整。进入浇筑现场的混凝土严禁随意加水，更应杜绝边加水边泵送浇筑的行为发生。

混凝土的入模温度不得低于 5℃，浇筑后对混凝土结构易冻部位，必须加强保温以防冻害。分层浇注厚大的整体式结构混凝土时，已浇注层的混凝土温度在未被上一层混凝土覆盖前不应低于 2℃。采用加热养护时，养护前的温度不得低于 2℃。

3）混凝土的养护。混凝土经过相关施工工艺处理后，应及时覆盖塑料薄膜并加盖草帘、棉毡等保温养护，以保证混凝土初凝前不受冻。根据施工工程部位及气温情况，可参照以下方法进行覆盖：当气温在 0～5℃时，盖一层棉毡或草帘和一层塑料薄膜；当气温在－5～0℃时，盖两层棉毡或草帘和一层塑料薄膜；当气温在－10～－5℃时，盖三层棉毡或草帘和一层塑料薄膜；当气温低于－10℃时，盖四层棉毡或草帘和一层塑料薄膜，低于－15℃时应采用加温和其他材料（如岩棉、苯板等）进行保温，其保温层厚度，材质应根据计算确定。

养护初期，派专人负责测温并详细记录整个养护期的温度变化，每昼夜最少 4 次测量混凝土和环境温度以便发现问题及时采取措施补救。

混凝土终凝后应立即进行覆盖保温养护，按国家标准要求养护时间不得少于 14d，若早期养护不到位，其 28d 强度将受很大影响。在模板外部保温时，除基础可随浇筑随保温外，其他结构须在设置保温材料后方可浇筑混凝土。钢模表面可先挂草帘、麻袋等保温材料并扎牢后再浇筑混凝土。

4）模板牢固，适时加荷、拆模。混凝土拆模时要注意拆模式时间及顺序，根据同条件养护的试块强度决定拆模时间。模板和保温层，应在混凝土冷却到 5℃后方可拆除。未冷却的混凝土有较高的脆性，所以结构在冷却前不得遭受冲击或动力荷载的作用。当混凝土与外界温差大于 20℃时，拆模后的混凝土表面，应临时覆盖，使其缓慢冷却。特别对于梁、墙板等结构应适当延长拆模时间，拆模后的混凝土也应及时覆盖保温材料，以防混凝土表面温度骤降而产生裂缝。

5）初龄期发生冻害的应急措施。冻害的发生多在当天午后浇筑的混凝土，白天气温在 5℃上下时，本来水泥水化很慢，夜间气温进入负温度，水化完全停止，混凝土还未到初凝，饱含自由水，由于结冰析出，原有的浆体结构遭到破坏。此时如处理不当，即使白天气温恢复到正温以上，强度可继续增长，其强度损失也是无法挽回的。

遇到上述冻害不必惊慌失措，此时混凝土还远未达到终凝，浆体中水泥水化产物并未形成结构。当白天恢复到正温混凝土解冻后，对受冻混凝土表面重新搓拍提浆、抹面，使之恢复原有浆体结构，认真覆盖保温蓄热，强度增长可不受影响。

5. *受冻混凝土的鉴别与处理*

（1）受冻的混凝土的鉴别。对受冻混凝土的鉴别主要有以下几种方法。

1）拆除模板观察。拆除时构件外壁不粘模板，如表面光滑、湿润、颜色均匀，表明构件未受冻。当观察构件表面有冰纹、螺旋纹、直立纹或颜色发白等现象，表示表面混凝土已受冻，当发现表面冰碴纹且有裂纹时，其构件受冻无疑。

2）敲击表面观察判断。敲击拆模后的混凝土表面，受冻后的混凝土会发出沉闷的“噗噗”声。在一个断面处分几个点轻轻敲击，每个点敲三四下，如果发出“噗塔噗嗒”的声音，说明混凝土已经受冻。

3）表面用回弹仪检测。回弹仪检测混凝土时，如果强度较低，常会弹不出数值，但可从回弹反跳锤脱钩时的感觉来判断混凝土受冻情况。当听到反跳锤最后脱钩时为“噗”的一声时，说明混凝土表面已经受冻。如果反跳锤最后脱钩时声音为“铛”的清脆声时，可以肯定混凝土未受冻。

4）取芯样检查。该方法适用于经过一个冬季后对混凝土实际强度的检查。此时取的样本能较准确地测出结构表面与内部之间冻深的损失关系。当混凝土表面受冻时，取样机容易进入表面层，且声音低哑无摩擦尖叫声。而未受冻混凝土因强度较高而会出现机械尖叫声，声音清脆；受冻混凝土取样后的断面会显得疏松，粗骨料或砂浆脱落，颜色略发白。

5）用超声波探测。目前利用超声波研究在负温下混凝土冻害的资料较少。一般情况是受冻混凝土声波传递速度慢，而未受冻混凝土的声波传递速度快。

（2）受冻混凝土的处理。受冻混凝土强度低，抗渗性能差，当不满足设计要求时，应进行适当的处理。混凝土结构受冻后的处理应根据其受冻的程度与状态、受冻位置与数量、受冻后强度的可能增长情况分别进行处理。

1）表面或局部混凝土受冻。根据回弹或人工敲凿判断混凝土实际受冻情况，对有抗渗要求的混凝土，可在清除受冻层后，在未受冻表面涂抹环氧树脂，再浇筑加固混凝土。若大体积的混凝土工程可将受冻部分直接凿出，刷素水泥浆，然后重新浇灌混凝土补齐。

2）掺有外加剂的混凝土受冻处理。当混凝土里掺有防冻剂或减水剂时，若因养护不当受冻，可采用一定养护措施，待气温回升后，强度会有一定程度的提高，若受冻面积较大，则须凿除重新修补。

3）全冻混凝土的处理。此现象多发生在薄壁结构或断面较小的结构。当混凝土最终强度不能达到设计强度 50%时，必须拆除。若可达到设计强度 80%，可进行一定的加固方案加固处理。

气温条件不同，对预拌混凝土和施工方法也应有相应的调整，这是混凝土工程因气温变化的矛盾特殊性表现。一种有效的施工方法或理论都是相对的，有一定的时间空间条件限制。没有一成不变的配合比，也没有用之任何气温条件下都适宜的施工方法。

7.3.4　混凝土路面施工

1. *混凝土路面施工要点*

（1）路基要求。混凝土拌和物铺筑前，应对基层的平整、润湿情况、钢筋的位置和传力杆装置等进行全面检查。基层平整度差易造成路面厚度不一致，在过薄或厚薄交界处形成薄弱断面，混凝土收缩时，易受拉开裂。此外，基层应保持湿润，但无积水现象，防止吸取混凝土水分造成混凝土塑性失水裂缝。

（2）立模。立模时应检验模板高度和模板间宽度是否符合要求，并使模板与基层表面紧贴，并且牢固，经受住振动梁的振动而不走样。若模板与基层间有缝隙，应将间隙填塞以防止振捣时漏浆。为便于拆模，在模板内侧涂隔离剂或铺上一层塑料薄膜，铺薄膜可防止漏水、漏浆，保证混凝土板边和板角的强度、密实度。

（3）摊铺混凝土。混凝土浇筑过程中应分散布料，确保混凝土拌和物均匀分布，无堆积现象。摊铺时应用铁耙子把混凝土钯散、铺平。使用翻斗车或搅拌运输车卸料时，严禁集中几点布料，使混凝土堆积，施工人员在平整过程中，易造成混凝土拌和物匀质性破坏。混凝土板厚大于 220mm 时，可分两次铺筑，下部厚度宜为总厚度的 2/3；板厚小于 220mm 时可一次铺筑。摊铺时的松散混凝土应略高过模板顶面设计高度的 5%左右。

（4）振捣。混凝土浇筑后，使用震动棒以 30°～45° 的角度“快插慢拔”，充分振捣，以“品”字形进行均匀振捣，做到不漏振，不过振。振动棒的每棒移动距离不大于其作用半径的 1.5 倍或按照 30cm 控制，其与模板距离小于振捣作用半径的 0.5 倍。振捣时以混凝土拌和物表面有浆体泛出，拌和物充满模板，不再显著下沉，混凝土表面不再有气泡明显溢出。

混凝土使用振动棒充分振捣后，应采用振动梁紧随其后来，来回行走 2～3 遍，达到不露石子，表面平整均匀。振捣时应辅以人工找平，并应随时检查模板。如有下沉、变形或松动，应及时纠正。

振捣梁整平后，用 600～700mm 长的抹子（木或塑料）采用揉压方法，将混凝土板表面挤紧压实，压出水泥浆，至板面平整，砂浆均匀一致，一般约抹 3～5 次。

（5）收面。在混凝土初凝前，表面无泌水时，用磨盘搓揉表面，使表面进一步提浆压实，消除混凝土泌水过程中产生的泌水通道，消除微小裂纹，控制裂缝扩展。抹压工序要做到及时、到位，切实消除表面裂缝的目的，抹压工序要做到“抹”，更要做到“压”。夏季高温、大风天气，蒸发速度较快，应及时采取保湿措施，防止表面蒸发过快，产生硬壳，内部过软形成弹簧路面。

在混凝土终凝前后要完成收光、压纹等工序，收光要进行 3～4 遍，切实压实混凝土表面，防止混凝土路面起粉。

抹面结束之后的 10min 左右，可以使用棕刷、金属梳沿着横顺方面轻轻拉毛，拉出深度为 2～3mm，间隔 1.5～2cm 的横向防滑槽。

（6）拆模。拆模时间应根据气温和混凝土强度增长情况确定，采用普通硅酸盐水泥时，一般允许拆模时间应符合表 7–13 的规定。

表 7–13　混凝土板允许拆模时间

昼夜平均气温/℃	允许拆模时间/h	昼夜平均气温/℃	允许拆模时间/h
5	72	20	30
10	48	25	24
15	36	30 以下	18

注：1. 允许拆模时间为自混凝土成形后至开始拆模时的间隔时间。

2. 当使用矿渣水泥时，允许拆模时间宜延长 50%～100%。

拆模以不得损坏混凝土面层的边、角为最低要求，在保证混凝土路面边角完整时才能实施大面积拆模。

拆模时先取下模板撑、铁钎等，然后用扁头铁撬棍棒插入模板与混凝土之间，慢慢向外撬动，切勿损伤混凝土板边，拆下的模板应及时清理保养并放平堆好，防止变形。

（7）切缝。切缝设专人负责，按照安全操作规程和切缝技术要求进行切缝。要把握好切缝时机，是防止混凝土路面横向裂缝、断板的重要措施，应“宁早不晚”和“切缝不浅”，以切缝时刀片不蹦起石子，不撕边为最早切缝时机。切缝深度：有传力杆缩缝的切缝深度应为 1/3～1/4 板厚，最浅不得小于 70mm；无传力杆缩缝的切缝深度应为 1/4～1/5 板厚，每间隔 5m 设一道伸缩缝。

（8）养护。混凝土路面收光后应及时采取保温措施，一般优先采用吸水棉毡较好，前 3d 要保证棉毡潮而不湿，3d 后才可以湿水养护。采用塑料薄膜覆盖于混凝土表面养护，虽然也可以防止水分流失，但是吸附在薄膜上的水珠与混凝土接触点容易起粉。养护时间不少于 14d，养护期满后方可清除覆盖物。

混凝土路面板在施工养护初期阶段，不产生温度收缩断板的最大温降值一般在 5～6℃。当温降值超过该温降值时，温度应力高于该龄期混凝土的强度，很容易发生断板现象。

（9）通行。混凝土达到设计强度时，可允许开放交通。当遇特殊情况需要提前开放交通时，混凝土板应达到设计强度的 80%以上，其车辆荷载不得大于设计荷载。混凝土板的强度，应以同条件混凝土试块强度作为依据。

2. 特殊天气的路面施工

（1）雨天。雨天施工前，应准备充足的塑料薄膜等覆盖材料。注意天气预报，有小雨以上时不宜进行路面施工。路面施工过程中突遇阵雨时，应立即停止施工，并紧急使用塑料薄膜等覆盖浇筑的混凝土路面，防止表面水泥浆体流失。对被暴雨冲刷后，路面平整度严重劣化或损坏的部位，应返工处理。

（2）大风天气。混凝土浇筑前应注意天气预报，在风力大于 6 级，风速 10.8m/s 以上的强风天气就要停止施工。在风力较大的天气施工，应注意表面失水养护，防止开裂。

（3）高温天气。当施工环境温度大于 30℃，拌和物摊铺温度在 30～35℃，同时，空气相对湿度小于 80%时，混凝土路面施工应按高温季节施工的规定进行。施工时应避开中午高温时段，选择温度相对较低的早晨、傍晚或夜间进行施工，施工过程中尽量压缩搅拌、运输、摊铺、饰面等各工艺环节所耗费的时间。在采用覆盖保湿养生时，应加强洒水，并保持足够的湿度。切缝应视混凝土强度的增长情况，宜比常温施工适当提早切缝，以防止断板，特别是在夜间降温幅度较大或降雨时，应提早切缝。

（4）低温季节。当施工现场连续昼夜平均气温低于 5℃，夜间最低气温在−3～5℃之间，路面施工时宜采用早强水泥或使用防冻剂和早强剂，混凝土摊铺温度不低于 5℃。混凝土板浇筑时，基层应无冰冻，不积冰雪，模板及钢筋积有冰雪时应清除。混凝土拌和物的运输、铺筑、振捣、压实成活等工序，应紧密衔接，缩短工序间隔时间，减少热量损失。混凝土拌和物不得使用带有冰雪的砂、石料，且搅拌时间应比规定的时间适当延长。应加强保温保湿覆盖养生，可先用塑料薄膜保湿覆盖，再采用草帘等保温覆盖初凝后的混凝土路面。遇雨雪天气再加盖油布、塑料薄膜等应随时检测气温、水泥、拌和水、拌和物及路面混凝土的温度，每工班至少测定 3 次。混凝土路面或桥面强度未达到抗冻要求最低的强度时，应防止路面受冻。低温天施工，路面覆盖保温保湿养生天数不得少于 14d，拆模时间，一般都在 1d 以上。

预拌混凝土常见裂缝及缺陷

8.1 预拌混凝土裂缝形成的因素

预拌混凝土因胶凝材料用量大、砂率大、坍落度大、总收缩量大引起的裂缝现象逐渐增多，且裂缝出现时间早。若处理不及时，不仅会影响建筑物的外部美观，严重者甚至会影响建筑物的使用安全性及使用寿命。

8.1.1 为什么现在的混凝土工程裂缝越来越多

近十多年来，预拌混凝土以其高均质性、自动化、高效率、对环境污染小、施工和运输便捷等特点，带动了混凝土技术领域内的重大革新和进步。但混凝土裂缝的缝频繁出现，使技术人员倍感头疼。

1. 配合比变化

预拌混凝土的配合比较干硬性混凝土的配合比发生了很大的变化，导致形成裂缝的原因也发生了很大变化，控制难度增加。为了满足泵送、大流动性的要求，胶凝材料用量增加、粗骨料粒径减小、砂率提高及坍落度增加等许多客观因素导致了混凝土体积稳定性下降。裂缝问题的出现不再单单是施工单位的质量问题了，与混凝土生产企业和建筑设计人员也有很大的关系。混凝土生产过程中，操作人员对配合比执行不严，发现坍落度偏小时，经常使用简单加水的办法调整，使试验室设计的配合比在生产中严重偏离设计值。此外，施工人员私自加水，搅拌不均，造成混凝土匀质性严重破坏，甚至离析分层，增加混凝土开裂的风险。

2. 混凝土结构的改变

目前，建筑设计人员追求建筑设计的创新独特，再加上满足通风、采光的需求，工程结构越来越复杂，建筑平面不规则，转角数量太多。在楼板转角处混凝土收缩受纵、横两个方向约束，成为结构的薄弱部位，在温度等因素变化时，裂缝的产生难以避免。此外，随着大型设施和高层建筑的出现，结构体积越来越大，高强度等级的混凝土使用越来越多，使混凝土收缩变形增加。现在混凝土结构的刚度增加，抗震烈度提高，结构物所受的约束较以前显著提高，约束应力加大。采用高强度钢筋代替中低强度等级的钢筋，导致钢筋的使用应力也显著增加，这样裂缝的宽度也相应增加。

3. 施工工艺的改变

为了加快施工进度，普遍使用大流动性混凝土，其用水量、砂率和胶凝材料用量都有明显提高。再加上处于模板周转的考虑，拆模越来越早，普遍养护较差，过度追求工期，使混凝土结构过早承受荷载，促使混凝土开裂的机会也随之加大。

4. 水泥方面的问题不容忽视

水泥标准的改变和施工单位对早期强度的要求，促使水泥生产企业提高水泥的早期强度。水泥生产厂家提高了水泥粉磨细度，并且加大了 C_3S 和 C_3A 的比例，在增加水泥强度的同时也提高了水泥的收缩率和水化热，使得混凝土更容易产生裂缝。

5. 对养护认识不足

施工人员对现在混凝土的性能不了解，依然采用以往的经验采用传统的、一般的方法进行养护，没有根据工程具体情况采取具有针对性的措施，不能有效控制裂缝。浇筑后的塑性混凝土养护的开始时间往往比养护持续的时间更重要，但很多施工单位没有意识到这一点，很容易导致早期裂缝的出现。

6. 外加剂问题

外加剂的使用促进了混凝土技术的飞跃发展，使低水胶比情况下，获得满意的工作性成为可能，但外加剂品种繁多，作用各异，质量参差不齐。市场上形形色色的外加剂，同品种外加剂，不同厂家差异很大，给具体工程应用中选择合适的外加剂带来不小的难度。在外加剂选用过程中，混凝土技术人员只注重混凝土抗压强度的考量，对其他性能和体积稳定性缺乏了解，甚至关注甚少，使用中往往根据以往经验和主观意识进行添加，无形之中增加了裂缝出现的概率。

7. 开裂敏感性因素增多

混凝土开裂主要由于变形引起的，造成混凝土变形的因素有塑性收缩、自收缩、干燥收缩、温度收缩、化学收缩和碳化收缩等，裂缝的出现往往不是单一因素的影响，而是两种或多种因素相互叠加造成的。对裂缝的控制，仅靠某一单个因素的评价和研究难以获得控制裂缝的有效手段，且影响裂缝的因素随着时间的动态变化而相互影响、相互转化。混凝土的微观结构非常复杂，使混凝土的开裂敏感性变化得十分复杂。在混凝土工程中不能准确地对混凝土开裂敏感性进行量化评价是裂缝难以工作的一个重要原因。

8.1.2 混凝土收缩是产生裂缝的重要原因

混凝土的收缩是指混凝土在凝结硬化及使用过程中产生的化学反应、水分变化和温度变化等引起的体积减小，按照形成原因可以简单分为温度收缩和失水收缩。温度收缩主要由水泥水化期间引起的温差收缩，混凝土失水现象是另一个引起收缩的因素，失水收缩包括水化消耗水和外部环境作用下的干燥失水。水泥的水化过程伴随着温度和湿度的共同变化，并且热交换与湿度交换也同时发生，所以由温度作用所引起的温度收缩变形和由湿度作用所引起的湿度收缩变形是同时发生的，两者相互交织共同作用，很难做出明显的区别将它们区别、分离出来。

由于混凝土结构所处的环境复杂，其收缩一般为多种因素叠加引起的，而不是单一因素造成的，具体包括塑性收缩、自收缩、干燥收缩、温度收缩、化学收缩和碳化收缩六类。因此，仅仅重视其中一个因素而忽视其他因素的影响很难有效控制裂缝的产生。

1. 塑性收缩裂缝

混凝土浇筑后，一直存在蒸发现象，即使空气湿度特别大（只要湿度小于 100%），当混凝土表面蒸发速度大于混凝土泌水速度时便会产生收缩，因为发生在混凝土的塑性阶段所以被称为塑性收缩。当混凝土表面的失水速度大于混凝土的泌水速度时，混凝土表面的毛细孔变空，由于毛细管张力的作用，会使混凝土的宏观体积收缩。混凝土收缩导致骨料受压、水泥胶结体受拉，故其既可使水泥石与骨料结合紧密，又可能使水泥石产生裂缝。当塑性收缩产生的应力大于混凝土自身抗拉力时就会引起塑性开裂，混凝土初凝前不具备强度，微弱的收缩拉力都会造成混凝土产生裂缝。塑性收缩大多发生在混凝土拌和后约 3～12h 以内，即在终凝前比较明显，造成塑性收缩的原因有沉降收缩、化学收缩和混凝土表面失水三个方面。炎热天气下，在混凝土的失水速度小于 1kg/（$m^2 \cdot h$）时，混凝土也发生了塑性收缩裂缝，防止发生塑性收缩裂缝应该着眼于外界温度，而不应该是失水速度。另外，混凝土表面因蒸发失水或因基底干混凝土吸水引起的失水均能增加混凝土的收缩，并且可能导致混凝土表面开裂。一般来说，干硬性混凝土拌和物的塑性收缩比塑性混凝土的小，而流态混凝土拌和物的塑性收缩最大。由于混凝土浇筑后不久，从凝胶体中析出的晶体不多，所以凝胶粒子间主要是物理性接触，塑性变形能力较大。因此，只要加强早期养护，避免混凝土表面干燥，一般不会开裂。

2. 化学收缩引起的裂缝

化学收缩是指水泥水化后引起的体积收缩，化学收缩伴随着水化反应产生，理论上说硅酸盐水泥浆体完全水化后体积将减缩 7%～9%。水泥的化学减缩贯穿于水泥水化的全过程，它是引起自缩的根本原因，在水泥硬化的不同阶段，化学减缩通过不同的方式表现。在水泥硬化前，水化生成的固相体积填充了先前水分占据的空间，使水泥石密实，此阶段混凝土仍然是塑性状态，化学减缩通过宏观体积减小的方式表现。在水泥硬化后，混凝土具有一定的弹性模量而不能轻易产生宏观体积收缩，化学减缩以形成内部孔隙的方式表现。因此，化学减缩在硬化前不影响混凝土塑性阶段的性质，硬化后则随水胶比的不同形成不同孔隙率而影响混凝土的各种力学性能（如强度）和非力学性能（如渗透性）。

3. 干燥收缩引起的裂缝

置于未饱和空气中的混凝土因失去内部毛细孔和凝胶孔的吸附水而发生的不可逆收缩，称为干燥收缩变形，简称干缩。一般认为，干燥收缩发生在混凝土硬化后，随着湿度进一步降低引起水泥浆体开始失去较小毛细孔中的水，在毛细孔中形成弯液面对硬化浆体产生负压会引起收缩，引起干燥收缩的主要是物理吸附水的散失。混凝土干燥收缩的大小受环境、水泥用量和品种、水胶比、外加剂、矿物掺合料品种和掺量、砂率及骨料的种类影响。严格来说，干燥收缩应为混凝土在干燥条件下实测的变形扣除相同温度下密封试件的自生体积变形。但考虑到干燥收缩变形与自生体积收缩变形对工程的效应是相似的。为了方便起见，观测干燥收缩变形不再与自生体积变形分开，故所测结果反映了这两者的综合结果。混凝土干燥收缩的影响因素有水胶比、水化程度、水泥组成、水泥用量、矿物掺合料、外加剂、骨料的品种和用量、试件尺寸、环境温度和温度等。当水胶比很低时，未水化的水泥颗粒多，对干燥收缩有抑制作用。

混凝土干燥收缩包含了碳化收缩，但干燥收缩与碳化收缩在本质上是完全不同的。干燥收缩是物理收缩，而碳化收缩是化学收缩。碳化作用是指大气中的二氧化碳在有水分条件下

（实际上真正的媒介是碳酸）与水泥的水化物发生化学反应生成 $CaCO_3$ 和游离水等，从而引起收缩。碳化速度取决于混凝土的含水量、周围介质相对湿度以及二氧化碳的浓度。碳化作用只在适中的湿度（约 50%）才会较快地进行，这是因为过高的湿度使混凝土孔隙中充满水，二氧化碳不易扩散到水泥石中去，或水泥石中的钙离子通过水扩散到混凝土表面，碳化生成的 $CaCO_3$ 把表面孔隙堵塞，所以碳化作用不易进行，故碳化收缩小：相反，过低的湿度下，孔隙中没有足够的水使 CO_2 生成碳酸根，显然碳化作用也不易进行，碳化收缩相应也很小。

4. 自收缩

自收缩是指混凝土或其他水泥基材料在恒温密封条件下，在表观体积或长度上的减小。一方面，自收缩是混凝土中胶凝材料水化消耗毛细管孔隙中的水分，引起内部湿度降低的干燥收缩。另一方面，自收缩是由化学反应引起的，也属于化学收缩。混凝土初凝后，内部的水分虽然难以向外部散失，但随着水化的进行，混凝土内部的水分逐渐降低导致毛细孔液面形成弯月面，使毛细孔压升高而产生毛细孔负压，引起混凝土的自收缩。随着高效减水剂的使用，混凝土水胶比的大幅度降低，混凝土的自收缩现象越来越不可忽略。

（1）自收缩与干燥收缩。

1）相同点。混凝土自收缩的产生机理与干燥收缩在本质上是一致的，均由混凝土水分迁移导致内部相对湿度的降低所引起。

2）不同点。

① 失水方式不同。自收缩是混凝土体系初凝后，胶凝材料进一步水化消耗毛细孔的水分所引起的自干燥收缩，而干燥收缩是由于混凝土内部湿度大于外界环境湿度引起的混凝土内部水分向外界散失造成干燥收缩。

② 发生的时间不同。自收缩更多地表现在早期（浇筑后的前三天），高性能混凝土的自收缩主要发生在初凝后 1d 龄期内，但干缩则相对来说表现得晚些，主要发生在养护结束之后。

③ 自收缩在混凝土自身水化作用下均匀地发生且混凝土不失重，干燥收缩由表及里地发生。

④ 水灰比降低时对自收缩和干缩的影响正好相反，干缩减小，自收缩增大，且自收缩与干缩的比率、自收缩在总收缩中所占的比率也发生明显的变化。

⑤ 养护对自收缩和干缩的影响也不相同。高强度混凝土水胶比较低，孔隙极其细小，结构特别密实，抗渗能力强，外部水分只能达到混凝土表层，很能对内部水泥水化消耗的水分进行补充。因此，养护并不能防止高强度等级混凝土内部自干燥的发生。干燥收缩是由于混凝土内部水分向外蒸发引起的，只要进行充分的保湿养护，就可以抑制水分蒸发，减少混凝土干燥收缩。

（2）自收缩与化学收缩。自收缩是由于水泥水化引起的，与化学收缩有一定的联系，但两者有本质的区别。化学收缩是水泥与水反应前的绝对体积之和与水泥与水反应后绝对体积减小的现象。化学收缩有两部分组成，一部分是水泥水化反应在水泥石内部形成的孔，另一部分是混凝土的自生体积收缩。在混凝土初凝前，拌和物塑性很好，化学减缩则主要以宏观体积减小的形式表现出来，但对建筑结构的危害不大；在混凝土初凝之后，水泥继续水化引起毛细孔水分减少产生自干燥现象引起自收缩，之后随着混凝土强度的不断提高，化学减缩则主要以形成内部孔隙的形式表现出来。

抑制自收缩的手段通常有加强养护，使用减缩剂，掺入矿物掺合料，选用低 C_3A、C_4AF

和高 C_2S 的水泥可以降低自收缩。

5. 温度收缩

混凝土随温度下降而发生的收缩变形称为温度收缩，简称冷缩。水泥水化是放热反应，而混凝土的导热性差，造成内外温度存在差异。在物体热胀冷缩的特性下，在不同的部位导致体积变化的差异，当这种体积变形差异所引起的拉应力超过混凝土的极限抗拉强度时，会产生收缩开裂。一般情况下，混凝土的温度收缩与其本身及各成分的热膨胀系数、内部温度和降温速度等因素有关。

对于热传导差的大体积而言，水泥用量大，总放热量大，使混凝土升温。如果不采取保温措施，当混凝土外部接近环境温度时，内部温度可能仍处于高温或上升阶段，此时的混凝土内部高温膨胀，外部降温收缩，限制内部膨胀。水泥水化速度随时间减慢，当发热量小于散热量时，混凝土温度便开始下降。混凝土在升温期发生膨胀，在降温期发生收缩，如果混凝土处于约束状态下，则温度收缩变形受到限制，就转变为温度收缩应力，很可能导致温度收缩裂缝。混凝土内外温度变化不同产生的收缩（膨胀）也不同，使得毛细孔水的表面张力随着温度下降而增大，孔壁受到的收缩力增大导致水泥石的收缩。对大体积混凝土，如何尽量减小其温度变形是一个极其重要的问题，混凝土配合比及性能、环境条件、结构、施工及养护条件五方面都可能导致混凝土产生温度收缩裂缝。

6. 外加剂引起的裂缝

高效减水剂掺量的增加会使干燥收缩增加，同水胶比同坍落度下，萘系和脂肪族减水剂增大混凝土最大裂缝宽度和总开裂面积，加剧混凝土开裂风险。与萘系和脂肪族减水剂相比，聚羧酸减水剂能抑制砂浆收缩，降低混凝土开裂风险，尤其能显著降低混凝土最大裂缝宽度。同水胶比（0.42 以下），聚羧酸减水剂在 0.6%～1.5%（固含量 20%）掺量范围，混凝土最大裂缝宽度和总开裂面积随掺量增加而增加。同坍落度下，聚羧酸减水剂掺量在 0.6%～1.5%（固含量 20%）（W/B=0.50～0.40）范围，混凝土最大裂缝宽度和总开裂面积随掺量增加而降低。

在满足工作性的前提下，应该尽量减少高效减水剂的掺量；掺加过量高效减水剂会导致混凝土产生外部泌水，使混凝土的干燥收缩值有减小的趋势。因此，检测机构在进行高效减水剂性能检验时，应注意有些易泌水外加剂（如氨基磺酸盐类高效减水剂），避免混凝土出现外部泌水，引起干燥收缩的检测值偏小。

掺入引气剂能使混凝土变形能力增加，使混凝土的干燥收缩值增加。工程中，在使用引气剂或一些引气型的减水剂时，应尽量控制其含气量值。聚羧酸减水剂是一类新型的高效减水剂，能降低溶液表面张力，但其具有较大的引气性能，双重作用使它在不同水胶比时对收缩的影响不同，在较高水胶比时，混凝土的干燥收缩值有增加的趋势，在较低水胶比时，能使混凝土的干燥收缩值减小。

8.1.3 设计因素对裂缝的影响

设计因素是造成混凝土板裂缝的原因之一，如工程设计空间布置不当，伸缩缝位置不当等，即使是施工及其他方面没有出现问题，楼板也会出现裂缝。

1. 建筑物不规则

建筑物设计过程中过度追求外观的新颖性，同时为满足通风、采光等要求，使建筑造型变得复杂，导致建筑平面很不规则，转角数量太多。在楼板转角处混凝土收缩受纵、横两个方向约束，成为结构的薄弱部位，在温度等因素变化时，常引起楼板的开裂。在楼板的转角角部设置放射形分布筋或将角区局部板块支座负筋全跨贯通设置，避免开裂现象。

2. 伸缩缝设置不合理

楼板体型过长，伸缩缝的设置不合理，如没有设伸缩缝或伸缩缝间距设置过大时，导致混凝土收缩产生的拉应力积聚在结构的中间部位，从而产生横向裂缝。此类裂缝常见于楼梯间、天井、凹角处等相对薄弱的瓶颈处，裂缝宽度自板中往板边的墙、梁逐渐减小最后消失，一般呈梭形，并贯通截面。合理设置伸缩缝可以缩小变形单元，同时也减轻了约束作用，可以有效控制收缩裂缝的出现。

3. 配筋不当

有些楼面配筋率偏低，造成钢筋间距过大，并且现浇楼板按照周边嵌固的双向板设计，板跨中没有板面钢筋只有板底钢筋，跨中上部混凝土发生变形不受钢筋约束，因此裂缝容易出现在板中央。楼板底部钢筋约束使楼板表面裂缝较宽，一般裂缝呈楔形，上宽下窄且不贯通。同样的钢筋面积可选择多布置直径较小配筋方式，可以减小钢筋间距，约束混凝土变形。一般宜选用直径为8～14mm的钢筋，间距控制在150～200mm，且保证配筋率不低于0.3%。

4. 地基基础处理不当

地基基础设计不合理，软土地基若处理不当，在受到墙体传递下来的力时发生不均匀沉降，引起墙体的开裂，进而造成楼板的开裂。

5. 楼板预埋线管数量过多

现代建筑智能化设计的要求，使得楼板内暗埋的线管数量及直径都有所增加。由于楼板的厚度较小，线管的存在大大削弱了楼板强度，再加上楼板只在底部配筋，并且受温度变形影响，板面的混凝土就很容易开裂，形成沿管伸长的裂缝。

6. 设计规范考虑不足

设计规范中，在验证楼板最大裂缝宽度时，只考虑一般情况下的主要影响因素，包括结构荷载、几何尺寸和边界条件等，不包含有施工工艺方面的诸多可能成为主要影响因素的情况。目前，建筑工程施工普遍都采用泵送工艺，混凝土水泥用量、水胶比、砂率、坍落度都比较大，而粗骨料的粒径较小，导致楼板内温差和收缩引起的局部应力集中将增大。这时，应在楼板的转角角部设置放射形分布筋或将角区局部板块支座负筋全跨贯通设置，避免开裂现象。

7. 设计时忽略了屋面板的温度应力作用

钢筋混凝土楼板温度收缩裂缝主要是由于温度变化引起的应力和应变及混凝土受到自身强度和抵抗变形能力的内、外部约束共同作用产生的。楼板在硬化过程中，水泥水化放热使刚成形的混凝土楼板温度升高，由于混凝土缺乏导热性使散热过程缓慢造成热量积聚，而外部表面混凝土温度下降较快导致内外温度差出现，在热胀作用下，内部混凝土膨胀速率大于外部。屋面板应采取双层双向配筋，若楼面双向板负筋按分离式配筋，在板面无负筋区应配置双向钢筋网与负筋搭接200mm，条件允许时宜将负筋也拉通配置。

在内部约束与墙、梁等外部构件的约束下，楼板表明出现拉应力，由于混凝土抗拉强度很低，一旦拉应力超过极限抗拉强度，在楼板表面将产生裂缝。建筑平面的凹口处外横墙应与内横墙拉通对齐，并在凹口外缘设置拉梁，且应适当增大梁截面尺寸与配筋。凹口处的楼板容易出现集中的温度应力及混凝土收缩应力，因此需要适当增加楼板厚度与配筋率。

8.1.4 施工因素对裂缝的影响

施工过程中的施工工艺和各个环节对混凝土裂缝控制均有重要的作用。只有充分了解混凝土性能，不断完善施工工艺，才能有效防止裂缝出现。

1. 过早的施工荷载

施工过程中常常遇见为加快工程进度混凝土过早承受荷载现象，现在每个楼层一般施工为5～7d，部分施工单位不足5d就可完成一层的施工。混凝土尚未达到荷载的强度要求，就开始钢筋绑扎、材料吊运等施工活动，混凝土板面强度低，过早堆积材料，极易产生受力裂缝。这些微裂缝在后期混凝土收缩变形过程中逐渐扩展直至相互贯通形成可见裂缝。在混凝土施工过程中，首先，要控制施工速度，保证楼层混凝土浇筑后得到充分养护，每层混凝土施工工期不宜低于7d；其次，模板安装，吊运材料时应尽量分散，避免集中堆放，减少荷载冲击和楼板负重。最后，混凝土浇筑后强度不足1.2MPa时，应禁止堆放材料及人员踩踏。

2. 钢筋下移变形

在施工过程中，应注意保护钢筋保护层，防止板面负筋被踩弯、板面底筋下陷等现象发生。板面底筋下陷造成底筋保护层太小，易形成顺筋裂缝。施工过程中，合理安排各工种交叉作业时间，减少楼板钢筋绑扎后施工人员数量。混凝土浇筑前，安排专门人员对已绑扎的钢筋进行调整复位，尤其是大跨度房间、四周阳角、预埋管线等裂缝容易出现的部位。对裂缝的易发生部位和负弯矩筋受力较大区域，浇筑混凝土时可铺设临时性活动跳板，分散应力，避免上层钢筋受到踩踏变形。在楼梯、通道等通行处须设置临时通道，避免钢筋被频繁踩踏变形。

3. 预埋管线

预埋管线使混凝土截面被削弱，产生应力集中的现象，引起裂缝出现。若房间开间不大，预埋管线直径也较小，并且管线敷设也不垂直于混凝土收缩和受拉方向时，楼板几乎不会出现裂缝。若开间较大，预埋管线的直径也较大，同时线管的敷设走向又垂直于混凝土的收缩和受拉力向时，则极易出现裂缝。因此施工时一般采用直径小于1/3板厚的管线，对于直径较大的管线和多根线管的集散处，可在套管处上、下部位均加铺宽度不小于200mm的钢丝网片作为补强措施。

4. 后浇带

施工中预留的后浇带及后施工缝能有效削弱钢筋混凝土楼板的收缩变形与温度应力，然而很多施工单位并未按设计要求对后浇带施工，如出现未支模、未彻底凿除疏松混凝土、未留施工企口缝等现象。在已凝结的混凝土表面上继续浇筑混凝土前，应加以凿毛，并清除表面上松动的砂石、塑料薄膜及软弱混凝土层，用水清洗及湿润。水平施工缝浇筑前，可先加铺一层厚度为10～15mm的水砂浆，其配合比与混凝土内的砂浆成分相同。从施工缝处开始浇筑时，应避免直接靠近缝边下料。机械振捣前，宜向施工缝处逐渐推进，并在距80～100cm处停止振捣。

5. 拆模过早

施工方为赶工程进度，经常采取提前拆模的方法，以提高模板周转率，甚至混凝土还未达到规定强度提前受荷，直接引起混凝土楼板的弹性变形，致使混凝土楼板由于强度较低而无法承受弯、压、拉应力，造成楼板开裂现象。混凝土强度达到设计混凝土立方体抗压强度标准值的规定数额时模板方可拆除，并且严禁将一个房间的支撑同时全部拆完，相邻的支撑也需分批次拆除，下层支撑在上层混凝土凝结前禁止拆除，再下一层也只能拆除一部分。模板使用前，施工方应先进行模板计算，确定模板材料及支撑间距，保证模板体系有足够的刚度、强度和稳定性，防止因模板变形而产生裂缝。后浇带模板支撑系统应独立设置，并须等到后浇带混凝土浇筑完成并达到强度要求后才能拆除。

6. 温度变化引起混凝土裂缝

刚浇筑完的混凝土强度仍较低且抵抗变形能力较差，若环境温度较高，表面混凝土水分会蒸发较快出现干缩裂缝，若环境温度较低，则外部混凝土将散热较快，与内部混凝土形成较大的温差，产生较大的温度应力，造成开裂现象。因此，应及时采取保温养护措施可减少混凝土表面与内部温差，使混凝土处于适宜的温度及湿度环境中。一般施工多采用塑料薄膜遮盖养护，相比湿砂层和湿锯末层，塑料薄膜便于操作和周转存放，并且省去了蓄水养护工作。冬天一般采用草帘或湿麻袋片覆盖保温措施。

8.1.5　配合比参数对预拌混凝土早期裂缝的影响

混凝土的配合比参数对早期的裂缝的形成和出现时间有重要的影响，为了解决混凝土配合比参数对裂缝的影响，采用 P·O 42.5 水泥，Ⅱ级粉煤灰，S95 级矿渣粉，5～25 碎石和Ⅱ区中砂作为原材料进行系列试验。

1. 水胶比对早期裂缝的影响

水胶比对预拌混凝土性质有显著影响，水泥水化和塑性沉降等均受到水胶比的制约。不同水胶比条件下混凝土的早期收缩和开裂趋势有着明显的差别。

试验采用固定高效减水剂掺量，单纯变化水胶比进行试验，矿物掺合料的掺量为 40%（粉煤灰、磨细矿粉各 20%），拌制预拌混凝土。试件放置在温度 20℃，相对湿度 60%的室内环境下，应用平板试验装置进行试验，并用风速是 6～8m/s 的风扇进行吹风，以加速混凝土开裂。水胶比变化范围在 0.42～0.48，试验用预拌混凝土配合比与测试的开裂结果见见表 8-1 和表 8-2。

表 8-1　混凝土试验配合比

编号	水胶比	配合比/（kg/m³）							坍落度/mm
		水泥	粉煤灰	矿粉	水	砂	石	减水剂	
1	0.42	228	76	76	160	769	1063	7.6	180
2	0.44	228	76	76	167	767	1058	7.6	195
3	0.46	228	76	76	175	763	1054	7.6	220
4	0.48	228	76	76	182	760	1050	7.6	235

表 8-2　不同水胶比对混凝土裂缝的影响

序号	首次裂缝时间	12h 裂缝/mm		18h 裂缝/mm		24h 裂缝/mm	
		最大裂缝	总长度	最大裂缝	总长度	最大裂缝	总长度
1	1:50	0.45	1019	0.50	1236	0.55	1360
2	2:10	0.40	990	0.45	1034	0.50	1209
3	2:25	0.40	894	0.40	972	0.50	1053
4	3:31	0.20	206	0.20	458	0.25	608

可以看出随着水胶比的增加，首条裂缝出现的时间延长，从1h 50min增长到3h 31min，水胶比0.42～0.48时，延长首条裂缝出现时间的幅度最大。12h、18h、24h水胶比变化对预拌混凝土的最大裂缝宽度、裂缝总长度有很大的影响。可以看出，在三个所选观察的时间点上，所考察的裂缝各指标具有相同的发展趋势，即随着水胶比的增大，单位面最大裂缝宽度、裂缝总长度随水胶比的增长而递减。本组试验的水胶比抗裂性优劣为：0.48＞0.46＞0.44＞0.42。

从试验中发现，高效减水剂掺入量相同、矿物掺合料掺量相同的条件下，增大水胶比，新拌混凝土工作性能发生明显的改变，拌和物的流动性变大，但同时黏聚性、保水性变差。

随着水胶比的增大，四组试验试件有相同的裂缝开展趋势。即首条裂缝出现时间向后延长，单位面积的最大裂缝宽度、裂缝总长度减少。

产生这种结果的原因可能是由于增大水胶比而使新拌混凝土的自由水分含量增多，拌和物中毛细管水压力达到临界值的时间延长，从而使混凝土表面出现裂缝的时间向后推迟；同时在这段延长的时间里水化反应使新拌混凝土进一步凝结，体系抵抗塑性收缩变形的能力增强，混凝土塑性抗拉强度增大，自身收缩小，因而抑制了部分裂缝的开展。

同理，水胶比越小，混凝土中自由水分含量越少，相同的水分散失对它影响就会更大。水胶比小的混凝土结构比水胶比大的混凝土微观结构密实，不易与外界进行水分交换，因此由混凝土内部向外表面迁移用以补充表面蒸发散失的自由水量就越难扩散，从而使混凝土表面开裂严重。

另外，水胶比越小，混凝土自身收缩越大，这也是开裂增多的一个原因。早期水泥水化，使自由水消耗得过快，为了保证水化作用的进行，混凝土内部相对湿度迅速下降，毛细孔水产生的毛细压力立刻增加，水泥石承受这种压力后产生压缩变形而收缩。这也是水胶比影响早期裂缝的根源。

2. *矿物掺合料对预拌混凝土早期裂缝的影响*

矿物掺合料已成为预拌混凝土不可缺少的一个组分，粉煤灰和矿渣粉具有很多优良的特性，不仅对预拌混凝土硬化后性能有改善作用，而且对新拌混凝土塑性状态和水化进程发生影响，即降低水化热，提高预拌混凝土后期强度并改善耐久性。

试验采用固定水胶比和砂率，改变矿物掺合料的掺量（分别为0%、20%、40%），研究矿物掺合料对预拌混凝土早期开裂的影响。试验用预拌混凝土配合比及开裂试验的测试结果见表8-3和表8-4。

表8-3 不同矿物掺合料掺量对混凝土裂缝影响试验配合比

编号	水胶比	配合比/（kg/m³）							坍落度/mm
		水泥	粉煤灰	矿粉	水	砂	石	减水剂	
1	0.46	380	0	0	175	763	1054	7.6	170
2	0.46	304	38	38	175	763	1054	7.6	190
3	0.46	228	76	76	175	763	1054	7.6	225

表 8–4　不同矿物掺合料掺量对混凝土裂缝的影响试验结果

序号	首次裂缝时间	12h 裂缝/mm		18h 裂缝/mm		24h 裂缝/mm	
		最大裂缝	总长度	最大裂缝	总长度	最大裂缝	总长度
1	2:52	0.25	460	0.30	592	0.40	790
2	3:10	0.20	356	0.25	568	0.30	753
3	3:30	0.20	208	0.20	458	0.25	608

随着矿物掺合料的增加，预拌混凝土早期裂缝的初始时间向后推迟，从 2h 52min 延长到 3h 30min。不掺矿物掺合料的混凝土比掺入矿物掺合料混凝土出现裂缝的初始时间提前，说明矿物掺合料的加入能有效地延缓早期裂缝产生的时间。单位面积的最大裂缝宽度、裂缝总长度具有相同的发展趋势。在风吹条件下，随着矿物掺合料的增加，预拌混凝土早期裂缝的最大宽度、总长度呈减小趋势。由此可知，抗裂性优劣顺序为：40%的掺量＞20%掺量＞不掺矿物掺合料。

预拌混凝土中加入矿物掺合料可以明显改善混凝土拌和物的和易性，减少泌水，矿物掺合料对混凝土拌和物作用机理是分析所加掺量对早期裂缝影响的基础。加入矿物掺合料的混凝土比没有加入矿物掺合料的混凝土抗裂性好，并且随着矿物掺合料的增加，初始裂缝的时间延长，裂缝最大宽度、长度随之减小，抗裂性随之增加。

在掺入相同高效减水剂的情况下，随着矿物掺合料的增加，混凝土坍落度呈增大趋势，即掺入矿物掺合料可改善混凝土拌和物的流动性。混凝土拌和物孔隙水压力发展速度减慢，延缓了早期裂缝产生的时间。相对于未加入矿物掺合料的混凝土，加入矿物掺合料的混凝土拌和物早期水化程度降低，水化收缩减小。

同时，由于矿物掺合料的颗粒小、细度大，当矿物掺合料加入混凝土中，使其中大孔减少，物理填充作用使结构更致密，对水的吸附作用大，因而保水性较好，水分不易散失。然而通过试验观察可以看到，与基准预拌混凝土相比，掺入矿物掺合料在初期亦会产生很多小裂缝，这同样是由于拌和物内部水分向外迁移的速度赶不上表面水分的蒸发速度，表面部分还处于干燥状态。因此对于掺入矿物掺合料的混凝土相对于掺入矿物掺合料的混凝土也应加强养护和采用二次抹面等方式防治裂缝的开展。

3. *砂率对混凝土早期裂缝的影响*

试验采用固定水胶比为 0.46，调整砂率分别为 40%、42%和 44%，配合比及试验结果见表 8–5 和表 8–6。

表 8–5　砂率对混凝土裂缝影响的试验配合比

编号	砂率（%）	配合比/（kg/m³）							坍落度/mm
		水泥	粉煤灰	矿粉	水	砂	石	减水剂	
1	0.40	228	76	76	175	727	1090	7.6	185
2	0.42	228	76	76	175	763	1055	7.6	220
3	0.44	228	76	76	175	800	1018	7.6	200

表 8-6　砂率对混凝土裂缝的影响

序号	首次裂缝时间	12h 裂缝/mm		18h 裂缝/mm		24h 裂缝/mm	
		最大裂缝	总长度	最大裂缝	总长度	最大裂缝	总长度
1	3:52	0.20	156	0.20	342	0.40	549
2	3:30	0.20	208	0.25	468	0.30	608
3	3:00	0.25	318	0.35	528	0.25	807

随着砂率的增大，混凝土塑性收缩裂缝呈增大趋势。本试验的混凝土配合比，其砂率值在 40%左右时，抗裂性能较好。在胶凝材料浆体量一定情况下，砂率变化引起骨料空隙率和总表面积发生变化，混凝土拌和物流变性也随之发生改变，砂率较小时，拌和物中细料比重下降，粗骨料增多，使包裹粗骨料的浆体量减少，粗骨料容易相互搭接，造成粗骨料与粗骨料之间的浆体过渡层明显变小，拌和物系统可压缩性降低；随着砂率的增加，拌和物体系中细料总量增加，而浆体比重增加，这造成砂浆需水量增大，粗骨料与粗骨料之间的浆体过渡层厚度明显变大，拌和物系统可压缩性增强。故而，随着砂率的增大，混凝土的早期塑性收缩变形呈增大的趋势。

砂率较小时的蒸发量较大，主要是因为：

（1）骨料的总表面积较小，骨料所吸附的水分较少；

（2）供水分蒸发的通道更为通畅，水分蒸发快。

砂率较大时的蒸发速率较慢与上述两点原因正好相反。

塑性收缩随砂率增加而增加，塑性收缩裂缝面积在砂率为 44%时最大。砂率增加，拌和物体系浆体增加，混凝土收缩增加，因此砂率大混凝土早期开裂面积增加；砂率小，拌和物体系中粗骨料更易搭接，体系降低体系可压缩性，混凝土早期开裂面积较小。

8.1.6　不同养护方法对预拌混凝土早期裂缝的影响

预拌混凝土早期开裂很大一部分原因是养护不当或养护不及时而引起的干燥收缩。目前工程中对于预拌混凝土早期养护不够重视，或是没有了解到养护的作用，如何通过养护来抑制早期裂缝的发生还存在很多问题。为此，作者进行了系列试验。

试验采用常用的预拌混凝土配合比，比较保湿养护、二次抹面养护、保湿加抹面养护以及不采取任何措施四种情况，其对预拌混凝土早期裂缝的影响作用如下。

1. 试验配合比及具体操作过程

试验所用四种方法选用同一配合比，均未采用吹风手段加快试件蒸发。第一种方法为无养护措施，即取下塑料薄膜后不进行任何方式的养护；第二种方法为保湿养护，采用的方法是在取下塑料薄膜后每隔 1h 在预拌混凝土平板试件表面洒水一次，每次洒水量相同；第三种方法为二次抹面养护，即在取下塑料薄膜 1h 后用抹刀再进行二次抹面压光养护；第四种方法是保湿养护和二次抹面的方法同时进行。试验用预拌混凝土配合比及平板观测试验结果见表 8-7 和表 8-8。

表 8－7　养护方式对混凝土裂缝的试验配合比

编号	水胶比	配合比/（kg/m³）							坍落度/mm
		水泥	粉煤灰	矿粉	水	砂	石	减水剂	
1	0.46	228	76	76	175	763	1054	7.6	220

表 8－8　养护方式对混凝土裂缝的试验结果

养护方式	首次裂缝时间	12h 裂缝/mm		18h 裂缝/mm		24h 裂缝/mm	
		最大裂缝	总长度	最大裂缝	总长度	最大裂缝	总长度
无措施	3:30	0.20	208	0.35	458	0.40	608
保湿	8:15	0.15	38	0.25	138	0.30	234
二次抹面	12:25	0	0	0.20	64	0.25	103
保湿＋抹面	未出现	0	0	0	0	0	0

2. 养护方法对预拌混凝土早期裂缝的影响

从表 8－7 和表 8－8 可以知，随着时间的增长，除保湿加抹面养护的试件 24h 未出现裂缝外，其余试件的裂缝最大宽度、长度都有不同程度的增长。不采取养护措施的混凝土平板试件裂缝数量多，宽度大。采用保湿加二次抹面同时养护的预拌混凝土则始终未出现裂缝，抑制裂缝的程度达到 100%。不采取养护措施的混凝土试件，在取掉塑料薄膜后 3h 30min 时首条裂缝出现。保湿养护的预拌混凝土裂缝试件在取掉薄膜后 8h 15min 产生首条裂缝。二次抹面的混凝土试件在取掉塑料薄膜 12h 25min 后产生首条裂缝。同时采用保湿和二次抹面的混凝土试件则在取掉薄膜的 24h 内未产生裂缝。由此可见，早期采取一定的养护措施能有效地减小预拌混凝土开裂，且二次抹面养护效果更为明显，保湿加养护结合效果最佳。

洒水养护补充新拌混凝土水化和蒸发所消耗的水分，推迟了早期收缩发生的时间，降低水分蒸发速率。二次抹面养护使混凝土表面毛细管的通道破坏，降低水分蒸发并且经过抹刀的压平，混凝土表面横向收缩得到补偿，释放了先前积蓄的收缩应力。

综上所述，因为混凝土在早期抗拉强度较低，采用保湿加抹面方法使失水减少，并且减少了混凝土的收缩应力，随着混凝土强度的提高，混凝土的抗拉强度提高，可以抵抗一定程度的收缩应力。因此，在早期采取一定措施减少混凝土内部的收缩应力能有效地减少早期裂缝的产生。

8.1.7　提高混凝土抗裂性能的主要途径

1. 控制混凝土原材料质量

混凝土原材料的质量对混凝土性能有着十分重要的影响，制备收缩抗裂混凝土所用原材料的性能必须满足其相关标准的质量要求。水泥对混凝土收缩影响较大，应选用低碱性、比表面积较小（300～350m²/kg）、C_3A 含量低的水泥；选用优质活性掺合料，采用粉煤灰和矿粉双掺；骨料的质量对混凝土抗裂性有较大影响，应控制含泥量和泥块含量，选用级配良好的中粗砂和连续级配、空隙率小的石子；选用减水率高收缩率比小的高性能减水剂。

2. 优化混凝土配合比参数

混凝土配合比参数对混凝土的抗裂性影响很大，为提高混凝土体积稳定性，在混凝土配合比设计时应遵循抗裂混凝土的配合比设计法则，即低水泥用量、低用水量、适当水胶比、最大骨料堆积密度，还有活性掺合料和高效减水剂的双掺等。在保证满足设计和施工要求工作性的条件下，尽可能提高混凝土中粗骨料含量，降低砂率和减少浆体的含量，同时控制其混凝土流动性和均匀性。

3. 混凝土其他抗裂措施

（1）纤维的作用。目前我国研究和工程中广泛应用的纤维主要是碳纤维、玻璃纤维、聚丙烯纤维和钢纤维。纤维在土木工程材料中有增强增韧阻裂作用，向普通混凝土中掺入纤维，可以阻碍混凝土早期体积收缩，抵抗混凝土内部产生微裂缝的能力，提高抗裂性能。纤维的抗裂机理主要是防止裂缝的扩展以及阻止裂缝与裂缝之间的贯通而起作用的，其临界间距值10mm。掺加多种纤维的混凝土抗裂性能优于掺加单一品种纤维的混凝土。聚丙烯腈纤维对混凝土早期塑性收缩开裂具有良好的阻裂效果，当纤维掺量较低时（体积分数小于 2%），其阻裂效果随着纤维掺量的增加而增强；混杂纤维的抗裂效果最佳。试验对比发现，混凝土中掺加 0.1%聚丙烯腈纤维和 0.5%钢纤维时，抗裂效果最好。由于普通纤维掺量较高时易团聚，新型的 UF500 纤维素纤维掺入混凝土来提高混凝土抗裂性能，能有效抑制由于混凝土塑性收缩、温湿度变化等引起的裂纹的形成及发展。UF500 纤维在混凝土中分散很容易，且纤维分散后不会再次团聚。

（2）膨胀剂和减缩剂的作用。膨胀剂和减缩剂的作用不可一概而论，这是一把双刃剑。试验发现当粉煤灰掺量小于 30%，掺适量硫铝酸钙—氧化钙类膨胀剂能够提高混凝土抗裂性能，但粉煤灰掺量较高时，同样的措施会使混凝土抗裂性能变差。钙矾石类膨胀剂抑制混凝土早期收缩效果很明显，但较难控制混凝土后期收缩，因为对膨胀进行约束后干燥收缩较大，为了更好地发挥膨胀剂的补偿收缩作用，可以进行早期水养护和延长水养护时间。膨胀剂水化产生 $Mg(OH)_2$ 和 $Ca(OH)_2$，水化后体积膨胀，从而降低混凝土收缩。

减缩剂对水胶比不高的混凝土早期的收缩有良好的减缩效果；对于 $W/B<0.32$ 的低水胶比混凝土而言，通过它的掺用可以减小很大部分自收缩，对总收缩的降低意义比较大，并且膨胀剂在补偿收缩方面的效用需要有良好的养护；但对 $W/B>0.47$ 的高水胶比混凝土而言，如果进行良好的早期保湿养护，掺加减缩剂的效果不明显，因为占收缩绝大部分的干缩可以通过养护得以避免。

（3）内养护剂的作用。为了解决混凝土开裂问题，可添加辅助抗裂材料来提升混凝土抗裂性能。将具有典型功能高分子材料的高吸水树脂 SAP 掺入混凝土中，混凝土早期开裂面积有显著的降低。高吸水树脂是一种含有羧基（-COOH）、羟基（-OH）等强亲水性基团，它们能通过与水形成氢键发生水合作用，迅速吸收自重几十倍乃至上千倍的液态水而呈凝胶状的物质。与一般吸水材料不同，它具有极强的保水能力，即使在高压条件下所吸收的水也较难自然溢出。但是溶胀的高吸水聚合物会在环境 pH 值或离子浓度大的情况下释放出水分。对于水泥水化的过程而言，水泥矿物开始水化以后，由于水化生成的阳离子（主要是 Ca^{2+}）溶解到水中，体系的 pH 值上升，阳离子浓度的增加，促使 SAP 不断释放出水来，并供给水泥进一步水化所需的水分。当 SAP 掺量为胶凝材料质量的 0.2%～0.3%时，可明显改善膨胀混凝土的力学性能、变形性能、抗塑性开裂性能和耐久性能，尤其是在干燥环境中效果更明显。

4. 施工中的抗裂技术

进行混凝土浇筑时，振捣不当，漏振、过振或振捣棒抽插过快，这些均会对混凝土的密实性和均匀性有较大影响，进而产生裂缝。搅拌时间过长或过短，导致混凝土不均匀，以及拌和后到浇筑时间间隔过长等，也易产生裂缝。混凝土浇筑时间过长，各结构接触部分处理不当，易产生裂缝。可以采取以下措施来预防裂缝的产生：对大面积混凝土进行表面湿养护；对大体积混凝土做好拆模后的保温或者降温措施；现场施工的时候避免在雨雪大风天气进行；对于地下连续墙结构，实施回填措施。

8.2　混凝土主体结构早期裂缝成因及对策

混凝土的裂缝问题成为设计单位、混凝土公司、施工单位头疼而又不得不面对的问题。现在混凝土普遍采用泵送技术，使混凝土具有高水泥用量、大坍落度、大砂率、低水胶比等问题，这使得混凝土的收缩变大，则是造成混凝土早期开裂的内在原因；施工单位为了缩短施工周期和模板周转周期，较少考虑现代混凝土的特性，过早拆模，早期养护、振捣不到位等施工工艺不匹配，是造成混凝土裂缝的直接原因；结构工程设计人员过度地从结构强度出发，未能充分考虑混凝土的自身收缩特性也加剧了该问题；当然，少数预拌混凝土公司的混凝土离析、跑浆、板结也是造成结构质量问题的原因之一。

“可见裂缝”是指肉眼正常视力在明视距离（约 1m）能目视到的可见裂缝。对这种裂缝在大于或等于 0.2mm 时，视为有害裂缝，在常压下对小于或等于 0.1mm 的，称之为无害裂缝。混凝土本来就是一个多组分、无机有机相结合、多种孔隙的不连续的复合固体材料。从宏观到微观完全消除孔隙是不可能的，混凝土界对此讨论了 30 多年，特别是预拌混凝土出现以后，裂缝成为混凝土科技界的议论焦点，而且经久不衰。

对于此问题的研究不少专家学者做了很有价值的贡献，特别值得提出的是清华大学的廉慧珍和覃维祖两位资深教授，他们在裂缝问题上从试验到理论做了深入的探讨，作者从他们的著作中学到不少有关这一问题的知识；浙江大学的钱小倩教授针对现代混凝土的特点，在总结工程实际和理论研究的基础上提出了“八小时内养护理念”；甘昌成高工在总结大量工程实践的基础上提出了混凝土早期的“完美湿养护”；同济大学的孙振平教授对现代混凝土工作环境的复杂性及早期裂缝形成的原因深入研究分析，总结出“混凝土早期开裂的三位一体的预防体系”。这些研究成果对正确认识、预防混凝土裂缝具有很好的指导意义。

8.2.1　墙体裂缝

混凝土墙体一般是指厚度小于 400mm，墙体高度 H 与墙体长度 L 的比值小于或等于 0.2（即 $H/L \leqslant 0.2$）的混凝土工程结构。高层建筑地下室挡土墙和剪力墙所用混凝土的强度等级常为 C30～C50。墙体内分布双排双向钢筋，模板体系常用木模板或钢模板，用穿墙螺栓固定模板，混凝土通过泵管下料，振捣密实，混凝土凝结硬化，经保温、保湿养护后，脱模形成混凝土墙体结构。

1. 垂直地面的裂缝

（1）裂缝特点。墙体垂直裂缝通常在拆模时或拆模后 1～3d 出现，相邻两裂缝间的距离 2～4m，裂缝宽度 0.1～0.3mm，垂直向下中间宽两端细直至消失。当墙两侧外露在大气环境中，墙体内外裂缝呈对称分布，墙体厚度300～400mm，裂缝宽度大于0.3mm时，裂缝就贯穿了。

为了观察裂缝发展情况，在裂缝的上、中、下三处各涂抹了一层30mm宽的石膏浆条，观察2周时间，看石膏层有无开裂，观察裂缝的稳定情况。

（2）混凝土墙体垂直裂缝形成的原因。混凝土是一种脆性材料，抗压强度高，抗拉强度低，拉压比在1/7～1/15之间。混凝土强度等级大于C30，厚度为300～400mm的墙体属于薄壁构件，墙柱变截面转角降温收缩不均匀，而未采取相应措施，是墙体裂缝的原因之一。

混凝土早期（或称幼龄期）的开裂主要收缩引起的，在配合比和原材料确定的情况下，失水和温差引起的收缩可以认为是裂缝形成的主导。厚度在30～50mm的墙体结构两者的影响相对会复杂些，混凝土浇筑后处于饱水状态，只要失水必然引起收缩，在水化前期（温度达到顶峰前）混凝土在水化的作用下，一直在失水，一直在收缩，但混凝土结构在升温过程中会产生一定的膨胀而抵消一部分失水造成收缩的力，达到温峰后，在环境温度差异的情况下结构会降温，产生收缩，在这个阶段再叠加上失水造成的收缩，形成裂缝的概率也在加大。

墙体混凝土浇筑早期（1～3d）内部的水化热可使温度达到40～50℃。在春、秋季节墙体施工时，昼夜温差变化大，白天15～20℃，夜间降温至5～10℃。此时，如过早拆模，事必造成墙体内外温差超过25℃，增加混凝土开裂的概率。

混凝土墙体裂缝的方向主要取决于两个因素，一是约束力的方向，二是抗拉力的大小和方向。裂缝方向一般垂直于约束力方向和拉应力方向，并且垂直于抗拉能力较弱的方向。对于混凝土墙体结构来说，在水平方向上，中下部墙体受到基础和柱的约束，约束了墙体水平方向的变形，产生了水平方向拉应力，当拉应力大于墙体抗拉能力时，墙体开裂。

（3）垂直裂缝控制措施。由于混凝土墙体竖向裂缝主要是由墙体混凝土变形和基础等约束产生的，如何减少变形和提高墙体抗拉强度时预防裂缝的重要手段。

1）材料方面。水泥选用中低热水泥，减少早期水化热；选用含泥量低的中粗砂；选用级配良好，针片状含量小的石子；粉煤灰使用不低于Ⅱ级标准，矿渣粉使用不低于S95级，必要时，添加膨胀剂或纤维以提高混凝土抗裂性能。

2）优化配合比。减少水泥用量，增加矿物掺合料用量，采用60d或90d强度作为验收强度。在满足工作性的条件下，采用低用水量、低砂率、低坍落度，减少混凝土收缩。

3）配筋方面。适当提高配筋率，水平方向钢筋间距不宜大于150mm，钢筋直径不小于10mm，增大墙体的抗拉强度。将水平构造分布钢筋移到主筋的外侧，保证水平构造钢筋的保护层不小于30mm。

4）采用分层浇筑。在施工过程中严格按照规范要求进行分层浇筑混凝土，采用溜槽，保证混凝土自由倾落高度不大于2m，混凝土下落过程中不发生离析、分层，浇筑过程分层分段连续进行。每层浇筑厚度不超过500mm，宜控制在30～50cm。充分振捣做到不漏振，不过振，保持混凝土匀质性。

5）注意保温保湿养护。保温可以降低混凝土温度散失，减少混凝土内外温差，减少环境温度变化对混凝土的影响，防止表面裂缝的产生。适当延长散热时间，提高混凝土自身抗拉能力，使温度应力小于混凝土抗拉能力，预防裂缝产生。施工中适当延长拆模时间，拆模后及时采用覆盖措施保温保湿。

施工人员应根据当时的气温，做好测温工作，若发现混凝土内外温差超过25℃，混凝土表面温度与大气温差超过20℃，立即采取保温措施，并适当推迟拆模时间。对已完全终凝的混凝土墙体应及时洒水养护，应注意混凝土表面温度与养护水的温差控制在 15℃以内。在秋季转冬季或有寒流气温剧降时，混凝土日平均降温速率建议不超过 2℃/d。控制拆模时混凝土表面与最低环境温度的差值，建议不小于 10℃时方可拆模。封闭通风口，防止冷风快速冷却墙体形成新的温差裂缝。

2. 墙体水平裂缝

（1）墙体水平裂缝与斜裂缝特点。墙体水平裂缝一般宽度 0.1～0.5mm，分布高度在 1～3m，长度由数米到十多米不等，走向基本水平或走向与地面成 45°～60° 夹角斜裂缝，长度较长，非连续撕裂状裂缝。

（2）水平裂缝成因。混凝土浇筑过程中，在浇筑混凝土时，同一下料点浇筑厚度过大，用振动棒驱赶混凝土流动，造成混凝土离析分层，接缝处欠振；拌和物黏稠，在施工过程中为加快施工，在施工现场加水增大混凝土坍落度造成混凝土离析，在水化过程中混凝土收缩不同；泵送混凝土连续浇筑入模，分层振捣不够，混凝土拌和物供应不及时，形成水平施工冷缝；沉降不匀，造成拉裂；钢筋保护层厚度不够，拌和物沿模板下滑较慢，从而形成撕裂状裂缝。

（3）控制措施。对连续浇筑高度超过 3m 的墙体时，一般每层浇筑高度不超过 500mm，浇筑高度以不离析为准，两个下料口间的距离不大于 3m，浇筑混凝土时应移动下料，使料面均匀上升，以利于墙体内混凝土均匀，强度发展均匀，不造成薄弱环节；分层振捣，使混凝土充满端头角落，应留有等待时间，让墙体内拌和物充分均匀沉降；应在下一层混凝土初凝前将上一层混凝土浇筑完毕，在浇筑上层混凝土时，必须将振捣器插入下一层混凝土 5cm 左右以便形成整体，尽量不留施工缝。

8.2.2 楼板裂缝

1. 沉降收缩裂缝

沉降收缩裂缝一般多在混凝土浇筑过程中或浇筑成形后，在混凝土初凝前发生，由于混凝土拌和物中的骨料在自重作用下缓慢下沉，水向上浮，即所谓的泌水。在骨料沉降过程中受到钢筋、预埋件、模板等的阻挡使而钢筋两侧及下方的混凝土产生下沉，钢筋上部混凝土产生薄弱层，尤其是钢筋的保护层过薄时，混凝土产生的拉应力大于这部分混凝土的抗拉强度时，混凝土就会沿钢筋表面产生顺筋裂缝。这种塑性沉降裂缝，对于大流动性混凝土或离析、泌水分层的混凝土尤为严重。通常发生在混凝土浇筑后 1～3h 的塑性阶段，沿着梁上面或楼板上面钢筋的位置出现，并随钢筋直径加粗和保护层减薄而越趋严重，裂缝深度通常达到钢筋表面，裂缝宽度一般 1～2mm。板底顺筋裂缝与板面顺筋裂缝成因不同，主要有以下几种：第一，板面浇筑后，过早荷载；第二，模板支撑刚度不够，引起沉降变形；第三，混凝土浇筑过程中，钢筋受压力作用，紧贴模板上，造成保护层过薄；第四，混凝土浇筑过程中，振动钢筋造成周围混凝土离析，形成薄弱环节。

另一种沉降裂缝发生在梁、板或柱交接的阴角处，由于这些部位的深度不同，有着不同的沉降。混凝土初凝前梁内的混凝土粗骨料下沉，灰浆上浮，灰浆自身收缩性比较大，在这些构件交接面处形成沉降差并产生塑性沉降裂缝，裂缝宽达 1～3mm，长达几十厘米。这种沉降裂缝与混凝土的坍落度的大小和砂率大小有直接的关系，砂率越大，混凝土的流动性越大，就越容易产生这种沉降性裂缝。预防这种沉降裂缝的措施是，分层浇筑，充分沉降，必要时进行二次振捣密实。

此外，混凝土的坍落度偏小，流动性较差，模板粗糙、干燥、钢筋密度大、振捣密实度不足，混凝土受钢筋等构件阻隔也会形成沉降裂缝。防止这种裂缝的方法是，采用合适的混凝土配合比控制混凝土工作性，保证合适的振捣和养护等，在裂缝发生、塌落终止后，将混凝土表面重新抹面压光，可使裂缝闭合。

2. 塑性收缩裂缝

混凝土浇筑后由流体逐渐变为塑态，然后硬化为固态，在塑态阶段产生的裂缝通称为塑性收缩裂缝。塑性收缩开裂主要是由混凝土表面水分快速蒸发引起，在道路和平板的水平面较普遍。塑性收缩裂缝的形状不规则，既宽且密，长短不一，多在横向，属表面裂缝，类似干燥的泥浆面的裂缝。塑性收缩裂缝发生在便产生裂缝。

混凝土浇筑后的 2～4h 至初凝的时间范围内，当混凝土表面蒸发速率大于 1～1.5kg/（m^2·h）时，造成失水过快产生塑性收缩，混凝土凝结前期抗拉强度低，当收缩应力大于混凝土抗拉强度时很容易出现塑性收缩裂缝。影响混凝土表面水分蒸发速率主要因素有空气的相对湿度、空气温度、风速和太阳辐射等环境因素有关，蒸发速率超过 1.0kg/（m^2·h）或 0.2lb/（ft·h）时，就需要采取保护措施。混凝土水胶比较低，由于减少了混凝土泌水速率，因此在蒸发速率达到 0.5kg/（m^2·h）或 0.1lb/（ft·h）时，就应采取养护措施控制塑性收缩裂缝。图 8-1 和表 8-9 提供基于空气湿度、相对湿度、混凝土温度和风速估计蒸发速率的方法。

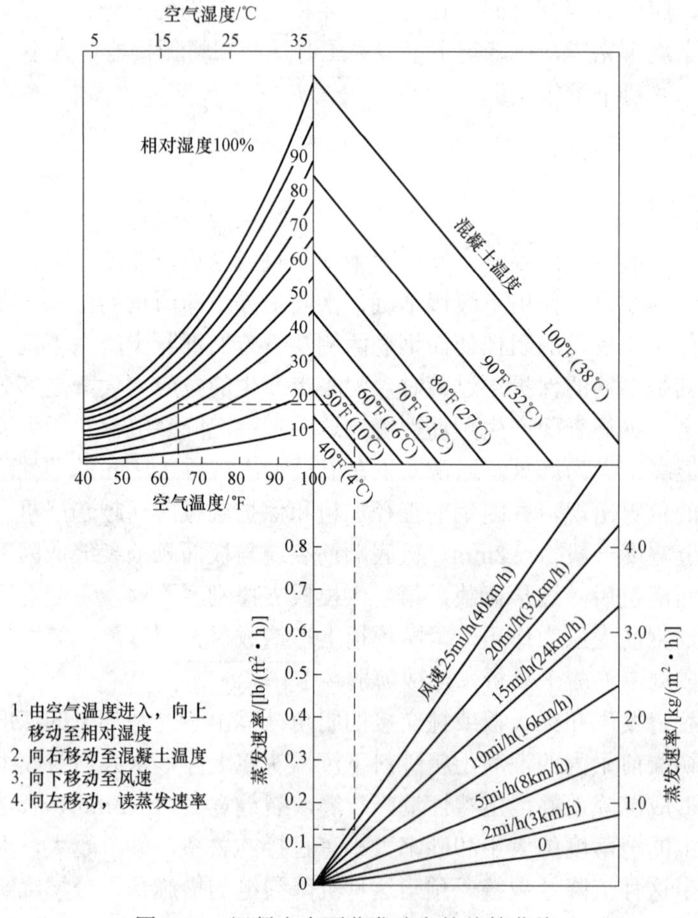

图 8-1 混凝土表面蒸发速率的估算曲线

表8-9　风力等级与风速的关系

风级	名称	离地面10m处风速		现象
		/（m/s）	/（km/h）	
0	无风	0～0.2	<1	静，烟直上
1	软风	0.3～1.5	1～5	烟示风向
2	轻风	1.6～3.3	6～11	感觉有风
3	微风	3.4～5.4	12～19	旌旗展开
4	和风	5.5～7.9	20～28	吹起尘土
5	劲风	8.0～10.7	29～38	小树摇摆
6	强风	10.8～13.8	39～49	电线有声

混凝土塑性收缩裂缝是由于混凝土失水造成的，混凝土浇筑后应及时采取覆盖、喷洒养护剂等措施防止水分蒸发过快，一般来说粘贴薄膜是方便易行且效果良好的保湿手段。对于不便粘贴薄膜的工程部位，应注意观察，当裂缝出现时，及时进行二次抹压，在混凝土处于塑性状态将微裂缝抹压弥合，增强混凝土的密实度和抗裂性能并可消除混凝土表面已经形成的塑性裂缝，防止其扩展连通形成裂缝。

混凝土抹压工序是消除塑性裂缝的重要手段，如果裂缝形成初期，混凝土初凝前不采用抹压措施，待初凝后裂缝便无法消除。要注意抹压时机的把握：初凝（手指按压混凝土，可以按出1～2mm小坑，不粘手为初凝）至终凝（按压混凝土表面不能按压下去为终凝），抹压过迟，混凝土表面干硬，难以消除裂缝。特别是对于使用缓凝型减水剂并大掺量使用粉煤灰的混凝土更需要多次收光，施工面积大时宜用平板振动器或抹光机压实。

3. 板面45°斜裂缝

（1）现象。在两个相交的外墙角处的现浇楼板，时常会出现与两个外墙呈45°的条形裂缝（见图8-2）。裂缝与外墙角垂直距离在50～100cm，宽度0.1～0.3mm左右，中间宽两端窄，端头消失在梁边，多数是沿楼板厚度的贯穿性裂缝。这种裂缝对多层住宅从第3层开始到顶层为常见，沿着个楼层45°夹角裂缝在顶层从上部楼层比下部楼层裂缝的宽度要大，越往下层，裂缝宽度逐渐减小，直至消失。

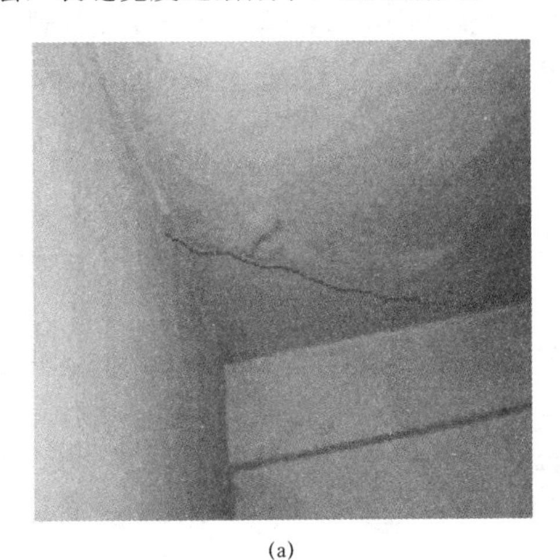

(a)

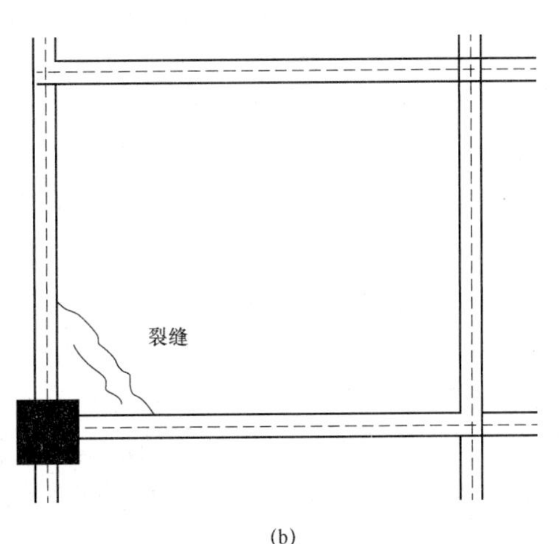

(b)

图8-2　混凝土板面45°斜裂缝

（2）45° 裂缝产生的原因。一般的现浇混凝土板厚度为100～130mm，现浇板厚度薄而面积大，体积与表面积比值小。在楼板的变形过程中，板的变形要明显大于梁的变形，这样梁就对板起到了约束作用，水平方向来看，板内出现拉应力，梁内出现压应力。同时，房屋结构的外墙与山墙受外界温度影响，冷热交替作用，使得外墙角位置的楼板产生较大拉应力。两者共同作用，对外墙角位置楼板最为不利，易形成与梁斜角为45° 的裂缝，如图 8-2 所示。

（3）控制措施。现行设计规范侧重于满足结构强度，在楼板的配筋量和构造配筋方面较少考虑混凝土收缩性和温差变形等多种因素，尤其是未考虑在平面变化处（如阳角）的配筋，应采用双向双层加密或设置放射筋等措施，在施工过程中注意保湿、保温养护，减少内部应力。

8.2.3 梁、柱的裂缝

1. 梁侧面竖向裂缝和龟裂缝

竖向裂缝一般沿梁长度方向基本等距，呈中间大两头小的趋势，深度不一，严重时裂缝深度可达 100～200mm，更严重时则出现穿透裂缝；龟裂缝沿梁长非均匀分布，裂缝深度浅，为表层裂缝，多出现在梁上下表面边缘。竖向裂缝产生的原因是混凝土养护时浇水不够，特别是在拆模后未做保湿养护，夏季施工容易发生，是一种干缩裂缝；龟裂缝产生的原因是模板浇水不够，特别是采用未经水湿透的模板时，容易产生这类裂缝。

2. 梁拆模后出现枣核状裂缝

钢筋混凝土梁在受拉和受压钢筋的中部，拆模后常出现中间宽两端窄，呈枣核状裂缝，一般不延伸到梁的下表面。其形成原因为：梁硬化过程中产生收缩，两端受墙、柱的约束，收缩应力大于混凝土抗拉能力时，便可能产生裂缝。梁上、下部有钢筋约束混凝土变形不会产生裂缝，而中间配筋少，拉应力差，便形成枣核状裂缝。

3. 柱子水平裂缝和水纹裂缝

这类裂缝特征是一般都在拆模或拆模后发生。水纹裂缝多沿柱四角出现，多为不规则龟裂裂纹；严重者则沿柱高每隔一段距离出现一条横向裂缝，这种裂缝宽度大小不一，小的如发丝，严重的缝宽可达 2～3mm，裂缝深度一般不超过 30mm，属于塑性收缩裂缝。裂缝产生的主要原因有两个：一是木模板干燥吸收了混凝土的水分，致使产生水纹裂缝；二是未进行充分保湿养护，致使产生横向裂纹。

4. 梁板（梁板柱）交界处裂缝

这类裂缝形成的原因一般是，梁板同时浇筑，由于浇筑速度过快，梁内部混凝土沉降时受到两侧模板和钢筋约束，下沉速度慢，待混凝土浇筑完成后，梁内混凝土发生后期沉降，形成沿梁板交界处产生水平横向裂缝。

同样，梁板柱同时浇筑时，柱高 3～4m，混凝土浇筑后会有较大的沉降，但由于受到四周模板的约束，沉降速度比较慢，往往滞后于梁板混凝土的沉降速度，导致硬化后在交界处产生水平横向裂缝。建议先浇筑柱的混凝土，0.5～1h 后进行二次振捣，在浇筑梁板混凝土。此外，浇筑墙柱时，应分层浇筑，每层厚度不超过 500mm，防止浇筑厚度过大，混凝土沉降不均。

混凝土柱上端部出现网状裂缝，一般是由于混凝土浮浆造成的。浇筑混凝土时坍落度过大，振捣过程中浆体上浮至柱的上端。浆体的稳定性差，在硬化过程中受到钢筋约束的情况下产生收缩作用形成网状裂缝。

5. 梁、柱裂缝的控制措施

梁、柱的养护存在着困难，洒水不易保留。成功的经验是：柱子在折模浇透水后，用塑料薄膜包裹，而梁的养护可用喷涂养护剂的方法。养护剂是一种高分子塑料乳液，喷涂于梁、柱结构的表面，待乳液中水分蒸发后，相当于包裹一层半渗透性的塑料薄膜，可阻止水分蒸发。利用混凝土自身多余的水分，起到自养护作用，可不必再洒水养护。

8.2.4　裂缝处理

一般网状小裂缝尽量在梁板结构做面层时将其消除，水泥砂浆中加入防水剂、膨胀剂防止渗漏和钢筋锈蚀。如果裂缝较深可采用灌注法或防水涂料处理。

1. 灌注法

（1）第一种方法。采用冶金部建筑科学院工程裂缝处理中心研制的自动低压灌浆器及配套 AB 灌浆树脂，处理 0.05～3mm 裂缝。该设备采用 6kg 弹簧作压力源，可在无电源、有障碍、高空环境下作业。

（2）第二种方法。自配环氧树脂注浆法。

1）材料准备。环氧树脂、稀释液（一般为丙酮）、固化剂（乙二胺因有毒和刺激性气体，现不再采用）、兽用 20ml 针管和针头。

2）注浆液配制。环氧树脂加温至 30℃，环氧树脂加入稀释剂，不断搅拌，其稀释稠度以能通过兽用针头为宜，配好待用。

3）贯穿性裂缝板下部处理。用环氧树脂液加适量的水泥调匀后，掺少量固化剂，用刮刀将板下裂缝堵死，环氧胶泥随用随配。

4）板上部清理。用压缩空气将裂缝内部吹净。

5）注浆。注浆液使用前，视气温加入适量的固化剂配成灌缝胶，用针管抽出灌缝胶，迅速注入裂缝中，经多次注浆待浆液灌满后即可。注射器可用稀释液清洗反复使用。

如注浆难以实施，也可以在板上部沿裂缝凿成倒楔形槽，在槽内填充环氧胶泥。

2. 采用防水涂料处理

（1）采用水泥基结晶抗渗材料处理。

（2）采用丙乳液处理。

混凝土的早期裂缝并不是单一的因素造成的，是环境、温度、养护、原材料的多种因素共同作用的结果，各个因素在各个阶段的作用并不相同。辩证地分析和看待新问题，不断更新认识，从整体论角度认识事物的本质，全面地解决问题。因时、因环境、因工程条件的差异，不能简单照搬、套用别人、别处、别国的经验。

混凝土主体结构早期裂缝的控制要在充分认识现代混凝土变化的基础上，混凝土材料设计者、结构工程设计者、施工人员根据具体的工程部位，在充分考虑当时、当地的气候环境的基础上，因时因地的设计施工。并注意对混凝土进行早期养护，做到混凝土材料设计者、结构工程设计者、施工人员有效沟通，共同解决混凝土主体结构的早期裂缝问题。

8.3 混凝土工程出现的其他缺陷

8.3.1 混凝土（地坪）起粉、起砂

混凝土表面起粉、起砂是预拌混凝土施工中常见的质量纠纷问题之一，其表现为表面强度不足，造成的直接后果除不易清扫，还影响其使用功能，最终将产生露石、表层剥落等耐久性问题。起粉、起砂问题，一般对混凝土结构实体的强度和钻孔取芯强度影响不显著。但对混凝土的外观、耐磨性和回弹强度有直接影响，对表面要求比较严格的道路和清水混凝土工程也是绝对不容许的。

1. 原因分析

引起混凝土表面“起粉、起砂”的原因也经常是施工单位与预拌混凝土企业之间争论的焦点。施工单位认为预拌混凝土企业拌制混凝土时掺入的粉煤灰或水泥厂家磨制水泥时掺入水硬性较差的混合材是造成路面“起粉、起砂”的罪魁祸首，认为这部分材料密度较小，易富集于新拌混凝土表面，从而导致混凝土表面硬度大幅度下降，造成“起粉、起砂”。预拌混凝土企业则认为，混凝土表面“起粉、起砂”主要原因有两方面：① 施工过程中振捣过度造成混凝土泌水，混凝土表层的水胶比大于混凝土内部，表层水化产物之间搭接不致密，孔隙率大，与混凝土材料本身及是否掺有粉煤灰无关；② 混凝土养护不当，施工早期水分散失过快，形成大量的水孔，表层的水泥得不到足够的水分进行水化。

2. 预拌混凝土质量控制

为避免混凝土路面（地坪）起粉、起砂现象，首先要保证预拌混凝土的质量，从原材料选择使用、配合比设计到生产过程都要进行有效控制。

（1）原材料要求。

1）水泥宜采用普通硅酸盐水泥，强度等级不低于 42.5 级。

2）粉煤灰不低于Ⅱ级。

3）矿渣粉不低于 S95 级。

4）石子采用质地坚硬的碎石，最大粒径不应大于 31.5mm。

5）砂采用质地坚硬、细度模数 2.5 以上的河砂或人工砂。

6）外加剂与水泥应有良好的适应性。

（2）配合比设计。

1）依据标准、规范要求设计的混凝土应具有足够的强度保证率。

2）在满足浇筑、施工和易性的情况下，选择较小砂率。

3）掺用缓凝型减水剂时，应根据季节、气温确定好掺量，掺量不可过大，避免造成混凝土凝结时间过长影响施工及出现泌水、离析现象。

4）冬期混凝土浇筑，应根据气温变化情况，及时掺加足量、合格的早强剂、防冻剂。

5）粉煤灰、矿粉等矿物掺合料掺量不宜过大，尽量控制在 20%以内。

（3）预拌混凝土生产过程控制。

1）严格控制混凝土出机坍落度，在满足施工要求的前提下，采用较小的坍落度。

2）混凝土运输、浇筑过程中严禁加水。监督、检查现场供货混凝土坍落度，如坍落度过

大或混凝土出现泌水离析、和易性不好现象，严禁混凝土出厂。

3. 施工关键环节控制

（1）混凝土振捣。对厚度不大于 22cm 的混凝土板，靠边角应先用振捣棒振捣，再振动梁振捣拖平。应以混凝土拌和物停止下沉、不再冒气泡，泛出水泥砂浆为准，并不宜过振。施工过程中出现了过振，使混凝土中矿物掺合料上浮形成一层浮浆，影响面层效果。

（2）混凝土抹面、收光。初凝前，在混凝土表面无泌水时，用带有浮动圆盘的重型抹面机抹压，消除混凝土泌水通道和表面浮浆。终凝前用带有振动抹面机收光，临近终凝抹压，这时水泥水化速度加快，是混凝土强度增长的关键时期。要注意收光时间的把握，收光过早有时候由于收光阻断泌水通道在收光压实层形成泌水层，造成收光层脱落，收光时间过迟，会扰动或损伤水泥凝胶体凝结的结构，影响强度增长，造成面层强度过低，也会产生起粉、起砂现象。

有的施工人员为便于收光、抹面，在混凝土表面随意撒很多水，致使混凝土面层水胶比增大，强度严重降低而出现起粉、起砂现象，采用抹面机抹平及收光过程中严禁对混凝土表面洒水。

（3）混凝土养护。混凝土地坪压光成形、混凝土路面拉毛或压痕后应随即覆盖一层塑料薄膜或棉毡、草帘等进行及时养护，确保了混凝土表面强度的形成。尤其是遇到大风、高温空气干燥的天气，混凝土表面水分的蒸发大于混凝土的泌水速度，将导致表层水分大量挥发，表层水泥得不到充分的水化，建立不起足够的表面强度而产生的“起粉、起砂”现象。覆盖薄膜时应使薄膜紧紧贴在混凝土表面，确保达到保湿养护的目的。塑料薄膜覆盖养护 3d 内应禁止人员行走，使混凝土表层保湿养护 14d。

（4）避免在雨、雪天气浇筑路面（地坪）。如施工中途下雨、雪，应暂停施工，并及时用塑料薄膜或其他材料覆盖路面（地坪），避免水泥浆被雨水冲走或雪水浸入使表面水胶比增大，造成起粉、起砂现象。

混凝土浇筑过程中，遇到雨水冲刷或者在空气湿度较大时混凝土表面出现大量泌水，可以在上面均匀撒干水泥，用铁筢子来回拉几遍，然后通过抹压工序能够使水泥粉与混凝土较好的结合。提高混凝土表面强度，可避免混凝土路面（地坪）的起粉、起砂现象。但在混凝土抹面时严禁洒水、洒水泥粉。这里需要说明的是，应禁止在混凝土初凝后，特别是临近终凝才洒水泥粉，这时水泥粉与浇筑混凝土不能很好地结合，容易形成二层皮，最后出现掉皮现象。洒水则在任何时候都应是禁止的。

（5）冬期浇筑混凝土路面（地坪），应根据气温情况，及时对混凝土采取早期保温养护，避免混凝土受冻造成起粉、起砂现象。

4. 混凝土起粉、起砂的治理

对于混凝土路面（地坪）施工中出现起粉、起砂现象，预拌混凝土公司应协助施工方解决这一问题。这里仅介绍几种处理办法。

（1）对轻度的大面积起粉的混凝土表面，可选用经稀释后的高分子树脂乳液喷涂。使乳液渗透进基层混凝土，表面没水化的粉状物作为乳液胶黏剂的体质材料与基层黏结成整体。

（2）乳液的选择，以其性能优劣程度，可分为：环氧树脂乳液＞苯丙乳液＞丙烯酸树脂乳液＞丁苯树脂乳液＞聚醋酸乙烯树脂乳液（白乳胶）＞108 胶等。

（3）对墙、柱混凝土表面耐磨性要求不很高的起粉，用苯丙、丙烯酸树脂、丁苯树脂乳液都可取得较好的效果。这些乳液的固含量浓度一般为40%，需用清水稀释到3%～4%或更低，切忌浓度过高。浓度过高不但不易渗透入基层混凝土，且易形成表面起皮、反光。

工艺：用吹风机清除表面的附灰，不必用水冲洗，保持混凝土表面干燥。以稀释过的乳液，用喷雾器均匀喷涂1～2遍，其间隔时间，以第一遍完全干燥后，视其是否抑制起粉，必要时再喷涂第二、第三遍。过多遍的喷涂必然形成表面反光。

（4）对耐磨性要求较高的路面、厂房地坪，以选用环氧树脂乳液较好。环氧树脂为建筑结构胶，有较高的耐磨性。该乳液分甲、乙双组分。甲组分是环氧树脂乳液，乙组分是其固化剂乳液，两组分都可用水稀释到任意浓度。

（5）工艺。

1）用水清洗表面，清除油污，使表面洁净，没有浮浆，并使其晾干。

2）按说明书提供甲、乙两组分的浓度，先将甲、乙两组分分别稀释到2%～3%的浓度，并按比例混合，用此稀释后的乳液，喷涂混凝土表面，使其渗透起表面处理作用。待表面明水蒸发后，仍为潮湿状态时进行下一步处理工作。

3）将甲、乙两组分分别稀释到5%～7%的浓度，甲、乙两组分按比例混合，固化组分以取低限为好。用此稀释后的乳液，拌制成1:（2～3）水泥净浆或水泥砂浆，用以刮涂或抹平路面、地坪。切忌用过高浓度的乳液，否则会因固化收缩而起皮分层，常见因乳胶浓度过高而导致失败。

4）抹平后需立即覆盖养护。根据需要可以在砂浆中添着色剂或其他耐磨增强（如“钢砂”）等组分，环氧胶乳中的水分提供水泥水化的必要条件，多余的水分随环氧胶乳固化后析出。新刮涂或抹平的水泥砂浆，通过环氧树脂与基层混凝土结合成整体。

8.3.2 硬化混凝土气泡的成因及预防措施

混凝土是一种由胶凝材料、砂、石、水和外加剂等多种材料组成的气、液、固的混合体，其中混凝土的气相与原材料、配合比参数、生产控制、浇筑施工工艺等因素密切相关。气泡的形成既与混凝土本身所组成的材料特性有关，又与构件的截面形状和混凝土成形过程中的施工工艺有关，可以说和施工环境关联较大。

1. 水胶比

水胶比是影响混凝土黏度的重要因素之一，在一定范围内，水胶比越小浆体的稠度越大，气泡排出的难度也越大，形成气泡的概率也越大。反之，水胶比越小，浆体的稠度越小，气泡排出相对容易，但混凝土蒸发多余的水后形成的气泡增多。由此可见，水胶比不宜过大，也不宜过小。在原材料品种和质量不变的情况下，有两种方式可以影响混凝土强度，一方面在胶凝材料体系中各组分比例不变的情况下，水胶比越小，混凝土强度越高；另一方面是在水胶比不变的情况下，改变胶凝材料体系中个组分所占的比例来影响混凝土强度。在控制混凝土气泡时，也同样可以采用这两种手段：当浆体稠度较大时，通过调整胶凝材料体系的各组分比例提高混凝土强度，使用较高的水胶比满足工程需求；当浆体稠度较小时，适当降低水胶比来提高浆体稠度，如果混凝土强度富裕过多，通过改变胶凝体系的各组分比例。

2. 粗细骨料

粗细骨料也是影响混凝土气泡的因素。首先，粗细骨料颗粒级配不合理，或粗骨料针片状颗粒含量偏多，及生产过程中实际砂率比配合比设计小，都会使粗骨料间的空隙增大，增加了气泡产生的自由空间。因此，在生产中，骨料要严控碎石中针片状颗粒含量及骨料级配。其次，粗骨料的最大粒径越大混凝土的含气量越低，混凝土硬化后形成的气泡越少，细骨料中 0.15～0.6mm 粒径范围的砂子所占的比例增大时，混凝土气泡增多；小于 0.15mm 或大于 0.6mm 的砂子比例增加时，混凝土气泡减少。最后，骨料的种类也是影响混凝土气泡的因素，一般而言天然骨料拌制的混凝土的气泡多于人工砂石的。

3. 掺合料

在保证混凝土强度的同时，掺一定量的粉煤灰替代部分水泥，能降低混凝土成本，改善和易性；另外，粉煤灰中的碳有一定吸附气泡的能力，能增加混凝土的黏聚性，减少内部气泡的聚合，使气泡溢出到混凝土面的机会减少，但掺量较多时又会增大混凝土黏度，影响气泡溢出。混凝土生产厂家抽检时，多数只检测其细度，需水量比和烧失量检测较少，但烧失量对混凝土含气量影响较大，过高会导致含气量严重超标。随着国家环保力度的加大，矿物掺合料的质量也受到一定的影响。生产厂家应加大对掺合料抽检的频率，做到每批次必抽检，特别是粉煤灰必检测其需水量比和烧失量。

4. 外加剂

与混凝土相容性较好的外加剂可以减少用水量，改善混凝土的流动性。使用外加剂后，即使是较低的水胶比，混凝土的浆体的稠度均可以通过外加剂调整混凝土浆体的黏度，满足工作性的要求。外加剂在改善混凝土工作性的同时，也使混凝土引入一定量的气泡，尤其是使用聚羧酸高性能减水剂，有部分厂家出于对成本的考虑，没有进行“先消，后引”的程序，造成拌制的混凝土气泡较大，在混凝土运输或振捣过程中，小泡聚合成大气泡，并最终溢出形成气泡。另外，外加剂厂家在复配的过程中，使用的母体及复配小料的差异，也将造成混凝土气泡排出的难易程度，气泡的大小、数量、分布情况及其稳定性都产生一定的差异，进而影响混凝土气泡的产生。例如：部分消泡剂在萘系减水剂可以使用，但是用到聚羧酸减水剂中就会有些不适应。

5. 混凝土搅拌时间

搅拌时间偏短，会导致混凝土搅拌不均匀，气泡在混凝土内密集度不均，影响混凝土的质量；搅拌时间偏长，会使混凝土中带入过多的空气，增加了气泡形成的概率，搅拌时间一般宜控制在 30～50s。预拌混凝土厂家搅拌时间往往偏短，增大了气泡形成的可能。

6. 混凝土振捣

施工工艺是减少混凝土气泡的关键环节，振捣时间偏短，会导致混凝土不密实，气泡不能及时排除；如果延长振捣时间，混凝土会分层、泌水，减水剂引入的气泡会聚合，增大了形成气泡的概率。对于墙体结构，施工时，按混凝土自然流淌形成的坡度，先振捣低处再振捣高处，快插慢拔，充分振捣。每层混凝土浇筑高度不超过 500mm，待墙内混凝土达到分层高度后，再重新振捣一次，至混凝土面出现浮浆不再有气泡和沉陷为止。浇筑第二层时，振捣棒应插入第一层混凝土内 50mm，并按第一层浇筑方法依次循环，至第三层止。待全部完成后，再用小型振动棒沿模板外表面高度方向振捣、长度方向推进的方式重新振捣一次，将停滞在模板面的气泡及时排出到混凝土面。

7. 模板与构件截面

模板的材质与构件截面形状对气泡排除效果影响也较大。模板光洁度越高，材质越好，对气泡排除时的阻力就越小，气泡就越能及时排出，新模板比周转使用多次的模板形成的气泡就明显减少，质量好的比差的也明显减少。选择质量与光洁度较好的竹胶板模，虽一次性投入较大，但其周转次数明显增加，摊销后仍较质量差的模板经济。周转使用时，应及时将其表面杂物清除干净，均匀涂刷水性脱模剂，同时控制涂刷的厚度，保持模板面的光洁度。

构件截面越简单、规则，气泡就越少，相反就有增大的趋势；不规则的构件，气泡排出路径长，遇到的阻力也大，形成气泡可能性也就越大。

8. 施工环境

混凝土坍落度越小，黏度就越大，气泡排除的难度就越大，形成气泡可能性也就越大。气温高、运距远，混凝土坍落度损失也较大，影响了气泡的排出，应选择夜间气温较低时浇筑环墙混凝土。浇筑时，如果随意往混凝土中添加水来增加坍落度，自由水就会更多，气泡形成的概率就更大，所以现场应严禁随意加水。

8.3.3 混凝土外表面泛碱防治措施

混凝土和水泥砂浆成品的表面有一种白色松软如絮毛物质俗称泛碱。在一些特定条件下碱絮毛长期残留在结构物表面上，影响了结构表面的色泽，装饰性混凝土的外观会受到不良影响。随着对建筑产品的性能和对外观装饰的需要，对结构外部有彩色要求的混凝土来说，重视防治泛白的出现不容忽视。

1. 表面泛白的形成原因

设想如果像外加剂之类的物质加入混凝土中来防治碱白，但目前尚未见有报道，但对泛白形成的过程早有论述，分析结果表明；所有的泛白几乎都是不溶于水的碳酸钙（$CaCO_3$），也有较少其他碱类泛白。由于这些盐类多数是可溶性的，在雨雪的作用下会流去消失。

泛白的产生形成过程如何？从众多的施工中知道，浇筑中处于塑性的混凝土的硬化是水泥与水发生反应的结果，这个过程不仅能生成含水的硅酸钙，同时也产生大量的氢氧化钙($Ca(OH)_2$)。这是一个无法控制的过程，氢氧化钙是一种溶解的物质，在水化初期，它往往存在于混凝土的游离水中，当混凝土继续硬化干燥时，结构内部这种浓度较高的氢氧化钙游离水就会逐渐沿混凝土毛细孔或微裂缝向表面潜出，移在表面后即逐渐蒸发掉，但带出的氢氧化钙却能迅速地吸收空气中的二氧化碳，发生化学反应成为不易溶水的白色碳酸钙残留在混凝土表面，这就是目前所认识的泛白现象。其化学反应式是：

$$Ca(OH)_2+CO_2 = CaCO_3+H_2O$$

这种在从塑性到逐渐水化强度提高硬化过程中产生的泛白为初次出现。初次泛白一般比较均匀出现在表面，但不一定发生在每一个结构面上。一般情况是，背风背光处出现的频率要比向阳迎风面小得多，也可能就不泛白。这是由于朝阳迎风面对蒸发水分有利较快的干燥，内部的游离水向表面迁移时，会向热量大蒸发快表面移动，因而被带到这些面的氢氧化钙较其他表面多，泛白现象就较其他面严重，有时会覆盖一层不能见原色的情况。许多资料证实，混凝土的硬化过程较长，随着时间的延长速度也逐渐减弱、增长趋于平稳。在雨雪的不断侵蚀下，水分又会在适当部位再渗入混凝土内部，初次泛白后的内部氢氧化钙不会被全部带出，进入的水分会溶解残存的氢氧化钙。这些水分在外界温度影响下蒸发时，溶后的氢氧化钙就会带到结构表面，同初次泛白一样重新形成白色。这种因外界水分重新渗入所产生的泛白应该属于第二次泛白。

第二次出现泛白同初次有所不同，多数情况下不会出现在混凝土的整个面上，而是不均匀地出现在表面的局部。这种泛白与水泥品种、用量、密实度、吸水率和孔隙有关；表面粗糙易积水、内部疏松吸水率大的部位最容易产生多次泛白。在正常情况下，未采取任何措施的常规施工，出现泛白是必然的，但影响后果会不相同，但以后再出现泛白是有偶然性的，多次出现泛白不会同初次危害性大。

2. *泛碱白现象的预防*

为满足人们对建筑外观的审美要求，提高外观感质量，对外露混凝土构件、彩色混凝土必须预防其泛白，对不进行外装修的建筑混凝土也应防止泛白。目前尚无产品可以阻止内部的氢氧化钙水分向表面析出，来达到防白的目的，唯一的方法只能是对形成泛白的机理采取相应的办法。混凝土在初凝时，析出到结构表面的水分越多，出现泛白的严重性就大，也就是水胶比大的混凝土泛白越多，而干硬性混凝土就越少。为此，在满足施工浇捣允许的前提下减少拌和用水量是减少泛白的方法之一。

预防泛白的另一有效途径是让氢氧化钙在未到达混凝土表面前就能同二氧化钙发生反应，在内部生成碳酸钙，水化蒸发的只是水分，氢氧化钙不被带出在表面。这同养护方法有一定关系，如有条件时增加混凝土周围的空气含水量，放慢干燥蒸发速度，也可达到初步目的。因蒸发干燥速度放慢后，空气中的二氧化碳就有机会从孔隙或裂纹中进入内部，与正处在溶解状态的氢氧化钙发生反应生成碳酸钙停留在原处。空气中二氧化碳进入混凝土内部的通道与内部水分向外析出的都是一致的，如把构件放在密闭的室内养护是最理想的。也可把构件放在封闭的塑料棚中用不透水布盖上，防止凝积水珠滴在其上.会产生更严重泛白。养护的构件不应紧密堆集，预防块件之间接触面水分不易散发在表面泛白。

在浇筑结构强度未完全达到干燥前，不应过早停止养护和覆盖，必须移动时也应在逐渐干燥后再移动。如早期重视了预防泛白而后期干裸放在受风吹日晒、没有湿度补充急骤干燥前二氧化碳气体不进入内部，含氢氧化钙的水分析出又同样产生泛白的现象。

在施工配合比级配合理，尤其粗细骨料适当、振捣及时内部密实，使外部水分不易进入内部是预防再次泛白的关键所在。假如混凝土需外部喷涂处理，必须等完全干燥再进行、预防泛白和涂刷后返碱出现的黏结不牢或变色。

3. *对泛白表面的处理*

当按照上述措施处理后经过使用久了又出现泛白时，如需在其表面重新装饰就需清除。一般简单易行的办法是用酸洗法。笔者曾在泛碱腐蚀严重的墙勒脚处治理过几次，其做法是用 1:（9～10）（盐酸:水）的稀盐酸清洗。在需清洗表面用清水冲洗该处，然后用稀释盐酸清洗，约 30min 左右能发挥作用，这时再用大量清水冲洗干净表面即除去了泛白。

另外也可用压力喷砂法除白，在干燥的压力细砂粒的冲击下，泛白层会除去而露出原状，如彩色表面会使颜色更艳，但必须不能损伤表面形成又一弊病。

泛白的现象随着使用时间的延长即使不去人工清除也会自然消失。当空气中的二氧化碳和各种水分的长期作用在结构物上，泛白的主要成分碳酸钙变成了碳酸氢钙，由于碳酸氢钙是一种易溶于水中的特质，受到雨雪水的长期浸湿冲击会流带走，使表面恢复其自然状。

8.3.4　清水混凝土黑斑成因分析

清水混凝土是一种对表观质量具有特殊要求的混凝土，清水混凝土从制备到施工中的各因素都可能对清水混凝土表观质量等造成不良影响。而清水混凝土的黑斑问题，是清水混凝土工程中常见且不易控制的关键表观质量问题，对清水混凝土表观质量造成严重不良影响。综合国外相关技术资料以及国内有关技术成果，探索清水混凝土黑斑的应对技术措施，以期达到预防或避免清水混凝土黑斑发生的目的，提高清水混凝土工程施工质量。

1. 黑斑一

（1）现象。此种清水混凝土黑斑多出现于清水混凝土模板拼接处、施工缝处等，且清水混凝土存在不同程度的质量缺陷。

（2）成因分析。根据黑斑出现的部位，分析此类黑斑产生的原因是清水混凝土模板拼接或施工缝处的清水混凝土水分会通过接缝散失或被前期施工的清水混凝土吸收，进而导致此部位清水混凝土水胶比低于其他部位清水混凝土水胶比，因为此部位清水混凝土水胶比低而使此部位清水混凝土颜色深于其他部位。

2. 黑斑二

（1）现象。此类黑斑分布较有规律，通常均匀分层分布于清水混凝土竖向结构上。

（2）成因分析。清水混凝土表面出现此种黑斑与清水混凝土施工工艺的关联性较大，且从黑斑宽度、分布等分析，与黑斑宽度与清水混凝土浇筑时的分层厚度一致。此类黑斑的出现是由于清水混凝土分层施工时，每层清水混凝土在振动时都会倾向骨料下沉、浆体上浮、同一层清水混凝土上、下部分水胶比差异等细微变化，综合多因素作用下表现出同一层清水混凝土颜色的差异及此类黑斑的有规律出现现象。

3. 黑斑三

（1）现象。清水混凝土拆模较早、养护不足、气温大幅波动的情况下，清水混凝土会出现黑斑。

（2）成因分析。此类黑斑多发生在春秋季节，即气温常出现大幅波动的气候环境下。通过对黑斑特征进行分析，此类黑斑相对于其他部位其结构较密实，且此区域清水混凝土氢氧化钙含量较高。

为证实此类黑斑的成因，于室内进行了相关试验：改变清水混凝土硬化过程的养护条件，试验表明清水混凝土在相对湿度大于或等于95%的环境下养护，其表面均会出现此类黑斑。

根据工程实体特征及室内试验情况分析，清水混凝土的表面结构特征与黑斑的产生有关。在环境温度较低、相对湿度较高时，清水混凝土表面水分散失较慢，清水混凝土内部氢氧化钙在毛细管吸力作用下由内向外迁移，在水分散失后，氢氧化钙沉积于清水混凝土表面孔隙内，并封闭毛细管使清水混凝土表面致密。在环境温度较高、湿度较低时，清水混凝土表面水分快速散失而氢氧化钙沉积于清水混凝土内部，在氢氧化钙晶体、清水混凝土表面密实度等因素作用下，表现出清水混凝土颜色的差异，即黑斑。

4. 黑斑四

（1）现象。对于使用油性脱模剂的清水混凝土工程，由于混凝土泌水出现黑斑。

（2）成因分析。为了研究此类黑斑的成因，进行了工程模拟试验：选择与工程模板同品质钢板作为模板，选择工程中使用的油性脱模剂，在钢板上洒水，以模拟清水混凝土泌水，进行有泌水的油性脱模剂清水混凝土表面状况、无泌水的油性脱模剂清水混凝土表面状况、有泌水的无脱模剂清水混凝土表面状况、无泌水的无脱模剂清水混凝土表面状况的对比试验。

通过对比发现，颜色分布不均匀是由于清水混凝土所泌出水分分布不均匀导致清水混凝土表面水养护差异。由于清水混凝土泌水，水在混凝土表面分布不均匀，导致清水混凝土表面水养护情况不同，进而导致清水混凝土表面颜色不均匀，而油的存在进一步加剧了颜色不均匀程度。这主要是由于清水混凝土泌水，所泌出的水与油混合，导致水分布不均匀，当水被消耗或蒸发后，油中固体物质在混凝土表面沉淀，导致清水混凝土表面颜色不均匀。上述清水混凝土此类黑斑成因的分析，可以解释以下清水混凝土现象。

（1）现有清水混凝土墩柱的黑斑下部较为严重，而上部较轻。这是由于清水混凝土上部压力小，不易产生泌水，而清水混凝土下部压力大，清水混凝土易产生泌水，泌水是清水混凝土出现黑斑的直接原因。

（2）使用水性脱模剂的清水混凝土表面颜色较为均匀。这是由于即使清水混凝土墩柱下部由于压力作用而产生了泌水，但水性脱模剂的存在使清水混凝土泌出的水分能较为均匀地分散，而不同于水油共存时的不均匀分散，这就使清水混凝土表面水养护较为均匀，而使清水混凝土表面颜色较为均匀。

8.3.5　蜂窝麻面

1. 现象

混凝土结构局部出现酥松、砂浆少、石子多、石子之间形成空隙类似蜂窝状的窟窿，麻面是指混凝土局部表面出现缺浆和许多小凹坑、麻点，形成粗糙面，但无钢筋外露现象。

2. 原因分析

（1）混凝土配合比不当或砂、石子、水泥材料水加量计量不准，造成砂浆少、石子多。

（2）混凝土搅拌时间不够，未拌和均匀，和易性差，振捣不密实。

（3）下料不当或下料高度超过 2m，未设串筒或溜槽使石子集中，造成石子砂浆离析。

（4）混凝土未分层下料，振捣不实，或漏振，或振捣时间不够。

（5）模板缝隙未堵严，水泥浆流失。

（6）钢筋较密，使用的石子粒径过大或坍落度过小，造成振捣不实。

（7）基础、柱、墙根部未加间歇就继续灌上层混凝土。

（8）模板表面粗糙或黏附水泥浆渣等杂物未清理干净，拆模时混凝土表面被粘坏。

（9）模板未浇水湿润或湿润不够，构件表面混凝土的水分被吸去，使混凝土失水过多出现麻面。

（10）模板拼缝不严，局部漏浆。

（11）模板隔离剂涂刷不匀，或局部漏刷或失效。混凝土表面与模板黏结造成麻面。

（12）混凝土振捣不实，气泡未排出，停在模板表面形成麻点。

3. 防治的措施

（1）认真设计、严格控制混凝土配合比，经常检查，做到计量准确，混凝土拌和均匀，坍落度适合；混凝土下料高度超过 2m 应设串筒或溜槽；浇灌应分层下料，分层振捣，每层混凝土均应振捣至气泡派出为止，防止漏振；模板缝应堵塞严密，浇灌中，应随时检查模板支撑情况防止漏浆；基础、柱、墙根部应在下部浇完间歇 1～1.5h，沉实后再浇上部混凝土，避免出现“烂脖子”。

（2）小蜂窝。洗刷干净后，用 1:2 或 1:2.5 水泥砂浆抹平压实；较大蜂窝，凿去蜂窝处薄弱松散颗粒，刷洗净后，支模用高一级细石混凝土仔细填塞捣实，较深蜂窝，如清除困难，可埋压浆管、排气管，表面抹砂浆或灌筑混凝土封闭后，进行水泥压浆处理。

（3）模板表面要治理干净，不得粘有干硬水泥砂浆等杂物，浇灌混凝土前，模板应浇水充分湿润，模板缝隙，应用油毡纸、腻子等堵严，模板隔离剂应选用长效的，涂刷均匀，不得漏刷；混凝土应分层均匀振捣密实，至排除气泡为止。

（4）表面作粉刷的，可不处理，表面无粉刷层的，应在麻面部位浇水充分湿润后，用原混凝土配合比去石子砂浆，将麻面抹平压光，修补完成后，用草帘或草袋进行保湿养护。

8.3.6 孔洞

1. 现象

混凝土结构内部有尺寸较大的空隙，局部没有混凝土或蜂窝特别大，钢筋局部或全部裸露。

2. 原因分析

（1）在钢筋较密的部位或预留孔洞和埋件处，混凝土下料未振捣就继续浇筑上层混凝土。

（2）混凝土离析，砂浆分离，石子成堆，严重跑浆，又未进行振捣。

（3）混凝土一次下料过多，过厚，下料过高，振捣器振动不到，形成松散的孔洞。

（4）混凝土内掉入工具、木块、泥块等杂物，混凝土被卡住。

3. 防治的措施

（1）一般的孔洞处理方法。将孔洞周围的松散混凝土凿除，用压力水冲洗，支设模板洒水充分湿润后，用高一标号的半干硬性细石混凝土分层浇筑，强力捣实，并养护。突出结构面的混凝土，需达到50%的强度后，再凿除，表面用1:2的水泥砂浆抹光。对面积较大而深进的孔洞，按上述方法清理后，在内部埋设压浆管、排气管。填充碎石（粒径10～20mm），表面抹砂浆或浇筑薄层混凝土，然后用水泥压力灌浆法进行处理使之密实。

（2）将孔洞周围的松散混凝土和软弱浆膜凿除，用压力水冲洗，湿润后用高强度等级细石混凝土仔细浇灌、捣实。

8.3.7 露筋

1. 现象

柱、梁、墙、板等工程部位拆模后，发现混凝土内部主筋、副筋或箍筋局部裸露在结构构件表面。

2. 原因分析

（1）灌筑混凝土时，钢筋保护层垫块位移或垫块太少或漏放，致使钢筋紧贴模板外露。

（2）结构构件截面小，钢筋过密，石子粒径较大卡在钢筋上，使水泥砂浆不能充满钢筋周围，造成露筋。

（3）混凝土配合比不当，产生离析，靠模板部位缺浆或模板漏浆。

（4）混凝土保护层太小或保护层处混凝土振或振捣不实；或振捣棒撞击钢筋或踩踏钢筋，使钢筋位移，造成露筋。

（5）木模板未浇水湿润，吸水黏结或脱模过早，拆模时缺棱、掉角，导致漏筋。

3. 防治的措施

（1）浇灌混凝土，应保证钢筋位置和保护层厚度正确，并加强检查，钢筋密集时，应选用适当粒径的石子，石子最大颗粒粒径不得超过结构截面最小尺寸的1/4，且不得超过钢筋间最小净距的 3/4，保证混凝土配合比准确和良好的和易性；浇灌高度超过 2m，应用串筒或溜槽进行下料，以防止离析；模板应充分湿润并认真堵好缝隙；混凝土振捣严禁撞击钢筋，操作时，避免踩踏钢筋，如有踩弯或脱扣等及时调整直正；保护层混凝土要振捣密实；正确掌握脱模时间，防止过早拆模，碰坏棱角。

（2）表面漏筋，刷洗净后，在表面抹 1:2 或 1:2.5 水泥砂浆，将充满漏筋部位抹平；漏筋较深的凿去薄弱混凝土上的突出颗粒，洗刷干净后，用比原来高一级的细石混凝土填塞压实。

8.3.8　缝隙、夹渣

1. 现象

混凝土内存在水平或垂直的松散混凝土夹层。

2. 原因分析

（1）施工缝或变形缝未经接缝处理、消除表面水泥薄膜和松动石子，未除去软弱混凝土层并充分湿润就灌筑混凝土。

（2）施工缝处锯屑、泥土、砖块等杂物未清除或未消除干净。

（3）混凝土浇灌高度过大，未设串筒、溜槽，造成混凝土离析。

（4）底层交接处未灌接缝砂浆层，接缝处混凝土未很好振捣。

3. 防治的措施

（1）认真按施工验收规范要求处理施工缝及变形缝表面；接缝处锯屑、泥土、砖块等杂物应清理干净并洗净；混凝土浇灌高度大于 2m 应设串筒或溜槽，接缝处浇灌前就先浇 5～10mm 厚原配台比无石子砂浆，以利于它们之间结合良好，并加强接缝处混凝土的振捣密实；在施工缝处继续灌注混凝土时，如间歇时间超过规定，则按施工缝处理，在混凝土抗压强度不小于 1.2MPa 时，才允许继续灌注。

（2）缝隙夹层不深时，可将松散混凝土凿去，洗刷干净后，用 1:2 或 1:2.5 水泥砂浆填塞密实；缝隙夹层较深时，应消除松散部分和内部夹杂物，用压力水冲洗干净后支模，灌细石混凝土或将表面封闭后进行压浆处理。

8.3.9　缺棱掉角

1. 现象

混凝土结构或构件边角处混凝土局部掉落，不规则，棱角有缺陷。

2. 原因分析

（1）木模板未充分浇水湿润或湿润不够，混凝土浇筑后养护不好，造成脱水，强度低，或模板吸水膨胀将边角拉裂，拆模时，棱角被粘掉。

（2）低温施工过早拆除侧面非承重模板。

（3）拆模时，边角受外力或重物撞击，或保护不好，棱角被碰掉。

（4）模板未涂刷隔离剂，或涂刷不均。

3. 防治的措施

（1）木模板在浇筑混凝土前应充分湿润，混凝土浇筑后应认真浇水养护，拆除侧面非承重模板时，混凝土应具有 1.2MPa 以上的强度；拆模时注意保护棱角，避免用力过猛过急；吊运模板，防止撞击棱角，运输时，将成品阳角用草袋等保护好，以免碰损；冬季混凝土浇筑完毕，做好覆盖保温工作，加强测温，及时采取措施，防止受冻。

（2）缺棱掉角，可将该处松散颗粒凿除，冲洗充分湿润后，视破损程度用 1:2 或 1:2.5 水泥砂浆抹补齐整，或支模用比原来高一级混凝土捣实补好，认真养护。

8.3.10 表面不平整

1. 现象

混凝土表面凹凸不平，或板厚薄不一，表面不平。

2. 原因分析

（1）混凝土浇筑后，表面仅用铁锹拍了，未用抹子找平压光，造成表面粗糙不平。

（2）模板未支承在坚硬土层上，或支承面不足，或支撑松动、泡水，致使新浇灌混凝土早期养护时发生不均匀下沉。

（3）混凝土未达到一定强度时，上人操作或运料，使表面出现凹陷不平或脚印。

3. 防治的措施

模板应有足够的承载力、刚度和稳定性，支柱和支撑必须固定牢固。在混凝土浇筑过程中，要经常检查模板和支撑情况，如有松动变形，应立即停止浇筑，并在混凝土凝结前修整加固，再继续浇筑。墙浇筑混凝土应分层进行，第一层混凝土浇筑厚度为 50cm，然后均匀振捣；上部墙体混凝土分层浇筑，每层厚度不得大于 1.0m，防止混凝土下料过多。

严格按施工规范操作，灌筑混凝土后，应根据水平控制标志或弹线用抹子找平、压光，终凝后浇水养护；模板应有足够的强度、刚度和稳定性，就支在坚实地基上，有足够的支承面积，防止浸水，以保证不发生下沉；在浇筑混凝土时，加强检查，凝土强度达到 1.2MPa 以上，方可在已浇结构上走动。

治理方法：① 凡凹凸膨胀不影响结构质量时，可不进行处理；如需进行局部剔凿和修补处理时，应适当修整，一般再用 1:2 或 1:2.5 水泥砂浆或比原混凝土高一强度等级的细石混凝土进行修补；② 凡凹凸膨胀影响结构受力性能时，应会同有关部门研究处理方案后，再进行处理。

8.3.11 松顶

1. 现象

混凝土柱、墙、基础浇筑后，在距定面 50～100mm 高度内出现粗糙、松散，有明显的颜色变化，内部呈多孔性，基本上时砂浆，无石子分布其中，强度低，影响结构的受力性能和耐久性，经不起外力冲击。

2. 原因

（1）混凝土配合比不当。

（2）振捣时间过长，造成离析。

（3）混凝土的泌水没有排除。

3. 防治的措施

（1）设计混凝土配合比，水胶比不能过大，以减少泌水性及良好的保水性。

（2）掺加加气剂或减水剂。

（3）控制振捣时间。

（4）采用真空吸水工艺等。

（5）将松顶部分砂浆层凿去，洗刷干净充分湿润后，用高一强度等级的细石混凝土填筑密实，并认真养护。

8.3.12 烂根

1. 现象

拆模后，发现柱、墙根部混凝土有一些缺浆，有空隙，或形成蜂窝状孔洞等现象，且有一定的延伸长度。

2. 原因分析

（1）模板根部缝隙不严、漏浆。

（2）浇筑前未进行同混凝土配合比砂浆接浆。

（3）水胶比过大，混凝土和易性差，使石子沉底。

（4）一处下料太多，振捣不实。

3. 防治的措施

（1）模板根部缝隙要采取堵嵌措施，防止浇捣漏浆。

（2）浇筑时，先下同混凝土配合比砂浆接浆。

（3）严格控制混凝土水胶比，经过试配，选择合适的配合比。

（4）控制一次下料厚度，防止混凝土离板。

（5）采用正确振捣方法，振动棒插点应均匀排列，采用行列式或交错式顺序移动，快插慢拔，循序振捣，以免漏振。

附　　录

附表 1　　外加剂在水中的溶解度表　　（g/100g 水）

名称	0℃	10℃	20℃	30℃
葡萄糖酸钠	—	52.91/15℃	57.98	65.24
硼砂	1.3	—	2.7	3.9
六水氯化钙	59.5	65.0	74.5	102.0
氯化钠	35.7	35.8	36.0	36.3
氯化钾	27.6	31.0	34.0	37.0
氯化锂	45.5	—	78.5	—
六水氯化铝	44.9	—	69.8	—
氯化铁	74.4	81.9	91.8	—
硫酸钾	7.33	—	11.1	—
焦磷酸钠	3.16	3.95	6.33	9.95
三聚磷酸钠	—	14.5	14.6	15.0
六偏磷酸钠	—	—	97.3	—
磷酸钠	1.5	4.1	11.0	20.0
无水硫酸钠	4.5	8.43	24.0	29.0
十水硫酸钠	5.0	9.0	19.4	40.8
亚硫酸钠	12.59	15.6	16.5	27.9/33℃
七水亚硫酸钠	12.0	—	24.0	—
焦亚硫酸钠	0.2	—	38.0	—
硫代硫酸钠	—	50.0	60.0	82.0
硫酸氢钠	—	23.08/16℃	—	22.2/25℃
硫酸铝钾	2.59	5.04/15℃	—	8.04
硫酸铝钠	27.24	28.23	28.43	29.45
硝酸钠	73	80	88	96

续表

名称	0℃	10℃	20℃	30℃
硝酸钾	278.8	—	298.4	—
硝酸钙	102.0	115.3	129.3	152.6
亚硝酸钠	72.10	78.0	84.5	91.6
碳酸钙	7.0	12.5	21.5	38.8
碳酸钾	105.5	108.0	110.5	113.7
硅酸钠	42.0	41.5	41.0	46.6
氟硅酸钠	4.35	6.37	7.37	9.4/35℃
氟硅酸钾	0.77	1.32/16℃	1.77/25℃	2.46/35℃
亚硝酸钙	62.07	—	76.68	—
硫酸锌	41.9	—	54.2	—
尿素	—	—	100/17℃	—

注：“某数值/某℃”是指该温度下的溶解度。

附表 2　　**各种常用外加剂的掺量表**

类别	品种	折固掺量范围	
普通减水剂	木质素普通减水剂	≤0.3%	
高效减水剂	萘系高效减水剂	0.5%～1.0%	
	脂肪族高效减水剂	0.5%～0.8%	
高性能减水剂	聚羧酸高性能减水剂	0.15%～0.25%	
缓凝剂（缓凝组分）	葡萄糖酸钠	≤0.1%	
	柠檬酸（钠）	≤0.05%	
	三聚磷酸钠	≤0.2%	
	六偏磷酸钠	≤0.2%	
	酒石酸（钠）	≤0.06%	
	丙三醇（甘油）	≤0.1%	
引气剂（引气组分）	十二烷基硫酸钠（K12）	≤0.000 4%	聚羧酸
		≤0.002%	萘系
	三萜皂苷	≤0.002%	
	十二烷基苯磺酸钠	≤0.005%	
	松香酸钠	≤0.005%	
	木质素磺酸钙	≤0.02%	

续表

类别	品种	折固掺量范围
早强剂（组分）	氯化钠（工业盐）	≤1.8%
	硫酸钠（元明粉）	0.8%～2.0%
	硫代硫酸钠	0.5%～1.5%
	三乙醇胺	≤0.05%
防冻剂（防冻组分）	氯化钠（工业盐）	≤1.8%
	硫酸钠（元明粉）	0.8%～2.0%
	亚硝酸钠	≤0.5%
	硝酸钠	≤0.3%
	乙二醇	≤0.3%

注：由掺量转换为每吨用量的计算：

$$母体（或小料）=\frac{母体（或小料）的掺量}{外加剂产品掺量}$$

附表 3　　影响混凝土坍落度的主要因素和对策

坍落度变化	主要原因	具体原因	对策
坍落度偏大或变大	用水量高	砂石含水率增大	及时检测砂石含水率，尤其是新进砂和降雨后生产用砂石；增加含水率检测频率，按照实际含水率调整生产用水量。对于堆放一段时间的砂，砂子底部含水率较高，上料时不可托底铲取
		砂石含泥量降低（生产时使用的砂石含泥量较试配试验时的样品低）	降低生产用水量或外加剂掺量
		计量超差	若由于冲量设置值不合适，可进行修改；若由于传感器故障，需要更换传感器；若认为误操作，则改正
	外加剂掺量高	设定掺量偏高	降低外加剂掺量
		减水率提高	降低外加剂掺量，调整外加剂配方
		砂变粗（细度模数变大）	提高砂率，降低外加剂掺量
		石子粒径大	降低外加剂掺量或补充较小粒径石子
		砂石含泥量降低	降低外加剂掺量
	与外加剂适应性不良	保坍组分偏高，引起坍落度经时损失减小，出厂时仍按照一定的坍损值考虑预留	首先降低外加剂掺量，减小坍落度控制值，并尽快调整外加剂配方，降低保坍组分用量或更换保坍剂品种
		水泥组分变化（水泥熟料更换批次或厂家、混合材品种和比例调整、放置时间长、温度减低、吸潮）	降低外加剂掺量，减少保坍组分或缓凝组分的用量
		矿渣粉用量偏高或磨细过程中掺加石膏	降低矿渣粉用量，提高粉煤灰用量

续表

坍落度变化	主要原因	具体原因	对策
坍落度偏大或变大	气温	气温降低，水泥水化速度慢，外加剂中的缓凝组分发挥作用效果增强	减低外加剂掺量，调整外加剂配方
	搅拌时间不足	搅拌时间短，在搅拌机内没有搅拌均匀，外加剂的作用效果未发挥完全，从电流表及电压表观测、判断混凝土坍落度合适而经过罐车一路搅拌，到达交货现场时增大	延长搅拌时间，尤其在应用聚羧酸外加剂和高强度等级混凝土及冬季生产时
坍落度变小或偏小	用水量降低	砂石含水率降低	及时检测砂石含水率，尤其是新进和露天堆放一段时间后的生产用砂石，表面较内部含水率低或夏季高温暴晒及风干；增加含水率检测频率，按照实际含水率调整生产用水量
		砂石含泥量升高（生产所用砂石含泥量较试验试配时高）	提高外加剂掺量或，保持水胶比不变的情况下增加用水量
		计量超差	若由于冲量设置不合适，可进行修改；若由于传感器故障，需更换传感器；若人为误操作，则改正
		矿物掺合料需水量高	降低需水量较大的矿物掺合料掺量
	外加剂掺量低	设定掺量偏低	提高外加剂掺量
		降水率降低	提高外加剂掺量或调整外加剂配方
		砂变细（细度模数减小）	减低砂率，提高外加剂掺量
		石子粒径变小	提高外加剂掺量或补充大粒径石子
		砂石含泥量升高	提高外加剂掺量或更换外加剂品种
	与外加剂适应性不良	保坍组分用量偏低，引起坍落度经时损失增大，出厂时仍按照一定的坍落度值考虑预留	首先提高外加剂掺量，增大出厂坍落度控制值，并尽快调整外加剂配方，提高保坍组分的用量或更换缓凝剂品种
		水泥组分变化（水泥熟料更换批次或厂家、混合材品种和比例调整、放置时间短、温度高	提高外加剂掺量，增加保坍组分或缓凝组分用量
		矿物掺合料用量低	增加矿物掺合料用量
		掺膨胀剂或粉类外加剂	提高外加剂掺量
	气温	气温升高（包括所能接触的如材料存储仓、搅拌车罐体、泵管、模板）导致水分挥发量大，水泥水化速度加剧，尤其是夏季的高温时段，外加剂中的缓凝组分发挥作用效果不显著	提高外加掺量或调整外加剂配方
	水泥与外加剂适应性差	C_3A 含量较高，或石膏与 C_3A 的比例小，碱含量高	提高外加剂掺量，适当补充 SO_4^{2-}，增加缓凝剂用量
		含有硬石膏	避免使用木钙或糖钙，适当补充 SO_4^{2-}
		水泥中石膏偏高或石膏与 C_3A 的比例大	适当提高水泥或外加剂的碱含量

参 考 文 献

[1] 王永逵．做好搅拌楼调控是确保预拌混凝土出厂前质量的最后一道工序［J］．预拌混凝土，2010（7）：33－35．

[2] 张承志．预拌混凝土［M］．北京：化学工业出版社．2006．

[3] 谷炼平．青藏铁路高原冻土区混凝土裂缝的成因与防治［J］．混凝土，2003（02）：18－20．

[4] 阎培渝．通用水泥中的混合材超掺问题的一点看法［J］．水泥工程，2014（01）：2－4．

[5] 张大康．混凝土耐久性对水泥的技术要求［J］．混凝土，2016（03）：96－101．

[6] 李宪章．提高水泥与外加剂相容性的保坍助磨剂的研究［D］．西安：西安建筑科技大学，2008．

[7] 匡楚胜．论高性能混凝土用水量［J］．混凝土，2001（01）：53－56．

[8] 钱觉时．粉煤灰特性与粉煤灰混凝土［M］．北京：科学出版社，2002．

[9] 王保民，张源，韩瑜．粉煤灰资源的综合利用研究［J］．建材技术与应用，2011，10：10－13．

[10] 沈旦申．粉煤灰混凝土［M］．北京：中国铁道出版社，1989：149－191．

[11] 吴中伟，廉慧珍．高性能混凝土［M］．北京：中国铁道出版社，1999：156．

[12] 廉慧珍，李玉琳．当前混凝土配合比设计存在的问题之一［J］．混凝土，2009（03）：1－5．

[13] 覃维祖．利用粉煤灰开发高性能混凝土若干问题的讨论［J］．粉煤灰，2000（05）：3－6．

[14] 孙伟，缪昌文．现代混凝土理论与技术［M］．北京：科学出版社，2012：575．

[15] 董刚．粉煤灰和矿渣粉在水泥浆体中的反应程度研究［D］．北京：中国建筑材料科学研究院，2008．

[16] 王华生，赵慧如．混凝土工程便携手册［M］．北京：机械工业出版社，2001．

[17] 冯浩，朱清江．混凝土外加剂工程应用手册［M］．北京：中国建筑工业出版社，1999．

[18] 吴中伟，廉慧珍．高性能混凝土［M］．北京：中国铁道出版社，1999．

[19] 李北星，周明凯，等．机制砂中石粉对不同强度等级混凝土性能的影响研究［J］．混凝土，2008（07）：51－54．

[20] 张如林，陈玉前，等．机制砂石粉含量对混凝土的性能影响研究［J］．混凝土，2016（03）：84－85．

[21] 王雨利，王卫东，等．中低强度机制砂混凝土石粉含量确定的研究［J］．2012（10）：154－157．

[22] 黄世谋．脂肪族高效减水剂的合成及工艺优化研究［D］．西安：西安建筑科技大学，2009．

[23] 冯浩，朱清江．混凝土外加剂工程应用手册［M］．北京：中国建筑工业出版社，2005（11）：227．

[24] 施惠生，孙振平，邓凯，郭晓潞．混凝土外加剂技术大全［M］．北京：化学工业出版社，2013（07）：84，66．

[25] 覃维祖．掺加引气剂就降低混凝土强度吗［J］．混凝土及加筋混凝土，1983（03）：49－50．

[26] 赵恒树，孙伯海，徐楗涌．防冻混凝土在浇筑初期也不能受冻［J］．预拌混凝土，2014（03）：72．

[27] 杨华，耿加会．调整外加剂在混凝土中相容性方法探究［J］．预拌混凝土，2012（10）：25－27．

[28] 廉慧珍．没有好的和不好的只有合适的和不合适的［J］．混凝土世界，2011（03）：46－52．

[29] 张大康．SO_3 含量对水泥和混凝土流变性能的影响［J］．预拌混凝土，2011（07）：33－37．

[30] Shiping Jiang，Byung-Gikim，Pierre-Claude Aitein．Importance of adequate soluble alkalicontent to ensure cement/superplasticizer compatibility［J］．Cement and Concrete Research．1999（29）：71－78．

[31] 李宪军．提高水泥与外加剂相容性的保坍助磨剂的研究［D］．西安：西安建筑科技大学硕士学位论文，

2008.
[32] 兰自栋，方云辉，郭毅伟，林添兴. 水泥助磨剂与混凝土外加剂的相容性试验研究［J］. 新型建筑材料，2013（06）：9－10.
[33] 王子明，程勋，李明东. 不同黏土对聚羧酸减水剂应用性能的影响［J］. 预拌混凝土，2010（03）：24－26.
[34] 孙向阳. 针片状、含泥量对混凝土性能的影响［J］. 预拌混凝土，2014（05）：65－66.
[35] 冯浩. 甄别及调整外加剂与水泥相容性的试验方法［J］. 混凝土世界，2011（11）：34－36.
[36] 吉林，缪昌文，孙伟. 结构混凝土耐久性及其提升技术［M］. 北京：人民交通出版社，2011.5：170.
[37] 徐亚丁，王玲. 混凝土的耐久性及其提升对策［J］. 混凝土与水泥制品 2016（06）：20－23.
[38] 杨静.《建筑材料》［M］. 北京：中国水利水电出版社，2004.
[39] 赵卫星，赵银花，金艳，等. 预拌混凝土冬期施工控制措施［J］. 预拌混凝土，2005，11：46－48.
[40] 吴中伟，廉慧珍. 高性能混凝土［M］. 北京：中国铁道出版社，1999.
[41] 覃维祖. 初龄期混凝土的泌水、沉降、塑性收缩与开裂［J］. 预拌混凝土. 2005（01）：1－8.
[42] 钱晓倩，朱耀台，詹树林. 现代混凝土早期收缩裂缝形成机理及控裂理念［J］. 预拌混凝土，2008（02）：4－7.
[43] 甘昌成. 混凝土收缩裂缝控制及提高硬化混凝土质量的若干新观［J］. 预拌混凝土，2012（2）：32－35.
[44] 孙振平，杨辉，等. 混凝土结构裂缝成因及预防措施［J］. 混凝土世界，2012（05）：44－50.
[45] 金伟良，赵羽习. 混凝土结构耐久性［M］. 北京：科学出版社，2014.